高职高专"十一五"规划教材

★ 农林牧渔系列

动物解剖与组织胚胎

DONGWU JIEPOU YU ZUZHI PEITAI

秦睿玲　张　玲　主编

化学工业出版社

·北京·

本教材主要讲述动物体正常的形态结构及其与功能的关系。全书共分为十五章：第一章从细胞、组织和系统三个层次叙述动物体基本结构；第二～十二章按系统描述动物体各器官的大体解剖结构；第十三章以鸡为重点介绍家禽解剖特征；第十四章集中描述动物体主要器官的微细结构；第十五章介绍畜禽胚胎学基础。

　　本教材内容丰富充实，主线清晰，表述精练，突出重点，图文并茂，配以几百幅精致插图，直观易懂；突出实践性和实用性。考虑到近年来我国动物结构的特点和兽医服务对象的变化，本教材编写以牛（羊）、猪为主线，并增加了犬、猫、兔的教学内容，并适当联系相关的专业知识，起到承上启下的作用。学习要求及目标明确，注重能力的培养，每章前面有教学要求和技能目标，每章后面附有本章小结和复习思考题，书后附有动物解剖学与组织胚胎学实验指导。

　　本教材可作为高等农业职业技术学院和普通高等农业专科学校及成人教育相关专业的课堂教学教材，也可以作为畜牧兽医科技人员临床参考资料。

图书在版编目（CIP）数据

动物解剖与组织胚胎/秦睿玲，张玲主编. —北京：
化学工业出版社，2010.8（2021.11 重印）
高职高专"十一五"规划教材★农林牧渔系列
ISBN 978-7-122-08564-1

Ⅰ. 动…　Ⅱ. ①秦…②张…　Ⅲ. ①动物解剖学-高等学
校：技术学院-教材②动物学：组织学（生物）：胚胎学-
高等学校：技术学院-教材　Ⅳ. Q954

中国版本图书馆 CIP 数据核字（2010）第 088219 号

责任编辑：梁静丽　　　　　　　　文字编辑：张春娥
责任校对：周梦华　　　　　　　　装帧设计：史利平

出版发行：化学工业出版社（北京市东城区青年湖南街 13 号　邮政编码 100011）
印　　装：北京虎彩文化传播有限公司
787mm×1092mm　1/16　印张 18　字数 469 千字　2021 年 11 月北京第 1 版第 8 次印刷

购书咨询：010-64518888　　　　　售后服务：010-64518899
网　　址：http://www.cip.com.cn
凡购买本书，如有缺损质量问题，本社销售中心负责调换。

"高职高专'十一五'规划教材★农林牧渔系列"
建设委员会成员名单

主 任 委 员　　介晓磊
副主任委员　　温景文　陈明达　林洪金　江世宏　荆　宇　张晓根
　　　　　　　　窦铁生　何华西　田应华　吴　健　马继权　张震云
委　　　　员　（按姓名汉语拼音排列）

边静玮	陈桂银	陈宏智	陈明达	陈　涛	邓灶福	窦铁生	甘勇辉	高　婕	耿明杰
宫麟丰	谷风柱	郭桂义	郭永胜	郭振升	郭正富	何华西	胡克伟	胡孔峰	胡天正
黄绿荷	江世宏	姜文联	姜小文	蒋艾青	介晓磊	金伊洙	荆　宇	李　纯	李光武
李彦军	梁学勇	梁运霞	林伯全	林洪金	刘　莉	刘俊栋	刘　蕊	刘淑春	刘万平
刘晓娜	刘新社	刘奕清	刘　政	卢　颖	马继权	倪海星	欧阳素贞	潘开宇	潘自舒
彭　宏	彭小燕	邱运亮	任　平	商世能	史延平	苏允平	陶正平	田应华	王存兴
王　宏	王秋梅	王水琦	王秀娟	王燕丽	温景文	吴昌标	吴　健	吴郁魂	吴云辉
武模戈	肖卫苹	谢利娟	谢相林	谢拥军	徐苏凌	徐作仁	许开录	闫慎飞	颜世发
燕智文	杨玉珍	尹秀玲	于文越	张德炎	张海松	张晓根	张玉廷	张震云	张志轩
赵晨霞	赵　华	赵先明	赵勇军	郑继昌	周晓舟	朱学文			

"高职高专'十一五'规划教材★农林牧渔系列"
编审委员会成员名单

主 任 委 员　　蒋锦标
副主任委员　　杨宝进　张慎举　黄　瑞　杨廷桂　刘　莉　胡虹文　张守润
　　　　　　　　宋连喜　薛瑞辰　王德芝　王学民　张桂臣
委　　　　员　（按姓名汉语拼音排列）

艾国良	白彩霞	白迎春	白永莉	白远国	柏玉萍	毕玉霞	边传周	卜春华	曹　晶
曹宗波	陈传印	陈杭芳	陈金雄	陈　璟	陈盛彬	陈现臣	程　冉	褚秀玲	崔爱萍
丁玉玲	董义超	董曾施	段鹏慧	范洲衡	方希修	付美云	高　凯	高　梅	高志花
弓建国	顾成柏	顾洪娟	关小变	韩建强	韩　强	何海健	何英俊	胡凤新	胡虹文
胡　辉	胡石柳	黄　瑞	黄修奇	吉　梅	纪守学	纪　瑛	蒋锦标	鞠志新	李碧全
李　刚	李继连	李云军	李雷斌	刘　莉	刘振湘	刘贤忠	刘晓欣	刘振华	林　纬	林仲桂
刘革利	刘广文	刘丽云	刘　莉	刘振湘	刘贤忠	刘晓欣	刘振华	刘宗亮	柳遵新
龙冰雁	罗　玲	潘　琦	潘一展	邱深本	任国栋	阮国荣	申庆全	石冬梅	史兴山
史雅静	宋连喜	孙克威	孙雄华	孙志浩	唐建勋	唐晓玲	田　伟	田伟政	田文儒
汪玉琳	王爱华	王朝霞	王大来	王道国	王德芝	王　健	王立军	王孟宇	王双山
王铁岗	王文焕	王新军	王　星	王学民	王艳立	王云惠	王中华	吴俊琭	吴琼峰
吴占福	吴中军	肖尚修	熊运海	徐公义	徐占云	许美解	薛瑞辰	羊建平	杨宝进
杨平科	杨廷桂	杨卫韵	杨学敏	杨　志	杨治国	姚志刚	易　诚	易新军	于承鹤
于显威	袁亚芳	曾饶琼	曾元根	战忠玲	张春华	张桂臣	张怀珠	张　玲	张庆霞
张慎举	张守润	张响英	张　欣	张新明	张艳红	张祖荣	赵希彦	赵秀娟	郑翠芝
周显忠	朱雅安	卓开荣							

"高职高专'十一五'规划教材★农林牧渔系列"建设单位

安阳工学院
保定职业技术学院
北京城市学院
北京林业大学
北京农业职业学院
长治学院
长治职业技术学院
常德职业技术学院
成都农业科技职业学院
成都市农林科学院园艺研
　究所
重庆三峡职业学院
重庆文理学院
德州职业技术学院
福建农业职业技术学院
抚顺师范高等专科学校
甘肃农业职业技术学院
广东科贸职业学院
广东农工商职业技术学院
广西百色市水产畜牧兽医局
广西大学
广西职业技术学院
广州城市职业学院
海南大学应用科技学院
海南师范大学
海南职业技术学院
杭州万向职业技术学院
河北北方学院
河北工程大学
河北交通职业技术学院
河北科技师范学院
河北省现代农业高等职业技术
　学院
河南科技大学林业职业学院
河南农业大学
河南农业职业学院
河西学院

黑龙江农业工程职业学院
黑龙江农业经济职业学院
黑龙江农业职业技术学院
黑龙江生物科技职业学院
黑龙江畜牧兽医职业学院
呼和浩特职业学院
湖北生物科技职业学院
湖南怀化职业技术学院
湖南环境生物职业技术学院
湖南生物机电职业技术学院
吉林农业科技学院
集宁师范高等专科学校
济宁市高新区农业局
济宁市教育局
济宁职业技术学院
嘉兴职业技术学院
江苏联合职业技术学院
江苏农林职业技术学院
江苏畜牧兽医职业技术学院
金华职业技术学院
晋中职业技术学院
荆楚理工学院
荆州职业技术学院
景德镇高等专科学校
昆明市农业学校
丽水学院
丽水职业技术学院
辽东学院
辽宁科技学院
辽宁农业职业技术学院
辽宁医学院高等职业技术学院
辽宁职业学院
聊城大学
聊城职业技术学院
眉山职业技术学院
南充职业技术学院
盘锦职业技术学院

濮阳职业技术学院
青岛农业大学
青海畜牧兽医职业技术学院
曲靖职业技术学院
日照职业技术学院
三门峡职业技术学院
山东科技职业学院
山东省贸易职工大学
山东省农业管理干部学院
山西林业职业技术学院
商洛学院
商丘职业技术学院
深圳职业技术学院
沈阳农业大学
沈阳农业大学高等职业技术
　学院
思茅农业学校
苏州农业职业技术学院
温州科技职业学院
乌兰察布职业学院
厦门海洋职业技术学院
咸宁学院
咸宁职业技术学院
信阳农业高等专科学校
杨凌职业技术学院
宜宾职业技术学院
永州职业技术学院
玉溪农业职业技术学院
岳阳职业技术学院
云南农业职业技术学院
云南省曲靖农业学校
张家口教育学院
漳州职业技术学院
郑州牧业工程高等专科学校
郑州师范高等专科学校
中国农业大学烟台研究院

《动物解剖与组织胚胎》编写人员名单

主　编　秦睿玲　张　玲

副主编　刘建钗　冯雪建　曲　悦

编　者　（按照姓名汉语拼音排列）

冯雪建　河北北方学院

高　婕　保定职业技术学院

高　岩　沈阳农业大学高等职业技术学院

姜忠玲　青岛农业大学莱阳农学院

李建柱　信阳农业高等专科学校

刘　刚　唐山农业职业技术学院

刘建钗　河北工程大学

刘谢荣　河北科技师范学院

秦睿玲　河北北方学院

曲　悦　辽宁医学院

苏亚卫　玉溪农业职业技术学院

王海梅　贵州省畜牧兽医学校

吴玉臣　郑州牧业工程高等职业技术学院

向金梅　湖北生物科技职业学院

张　玲　信阳农业高等专科学校

赵香菊　商丘职业技术学院

序

当今，我国高等职业教育作为高等教育的一个类型，已经进入到以加强内涵建设，全面提高人才培养质量为主旋律的发展新阶段。各高职高专院校针对区域经济社会的发展与行业进步，积极开展新一轮的教育教学改革。以服务为宗旨，以就业为导向，在人才培养质量工程建设的各个侧面加大投入，不断改革、创新和实践。尤其是在课程体系与教学内容改革上，许多学校都非常关注利用校内、校外两种资源，积极推动校企合作与工学结合，如邀请行业企业参与制定培养方案，按职业要求设置课程体系；校企合作共同开发课程；根据工作过程设计课程内容和改革教学方式；教学过程突出实践性，加大生产性实训比例等，这些工作主动适应了新形势下高素质技能型人才培养的需要，是落实科学发展观，努力办人民满意的高等职业教育的主要举措。教材建设是课程建设的重要内容，也是教学改革的重要物化成果。教育部《关于全面提高高等职业教育教学质量的若干意见》（教高〔2006〕16号）指出"课程建设与改革是提高教学质量的核心，也是教学改革的重点和难点"，明确要求要"加强教材建设，重点建设好3000种左右国家规划教材，与行业企业共同开发紧密结合生产实际的实训教材，并确保优质教材进课堂。"目前，在农林牧渔类高职院校中，教材建设还存在一些问题，如行业变革较大与课程内容老化的矛盾、能力本位教育与学科型教材供应的矛盾、教学改革加快推进与教材建设严重滞后的矛盾、教材需求多样化与教材供应形式单一的矛盾等。随着经济发展、科技进步和行业对人才培养要求的不断提高，组织编写一批真正遵循职业教育规律和行业生产经营规律、适应职业岗位群的职业能力要求和高素质技能型人才培养的要求、具有创新性和普适性的教材将具有十分重要的意义。

化学工业出版社为中央级综合科技出版社，是国家规划教材的重要出版基地，为我国高等教育的发展做出了积极贡献，曾被新闻出版总署领导评价为"导向正确、管理规范、特色鲜明、效益良好的模范出版社"，2008年荣获首届中国出版政府奖——先进出版单位奖。近年来，化学工业出版社密切关注我国农林牧渔类职业教育的改革和发展，积极开拓教材的出版工作，2007年年底，在原"教育部高等学校高职高专农林牧渔类专业教学指导委员会"有关专家的指导下，化学工业出版社邀请了全国100余所开设农林牧渔类专业的高职高专院校的骨干教师，共同研讨高等职业教育新阶段教学改革中相关专业教材的建设工作，并邀请相关行业企业作为教材建设单位参与建设，共同开发教材。为做好系列教材的组织建设与指导服务工作，化学工业出版社聘请有关专家组建了"高职高专'十一五'规划教材★农林牧渔系列建设委员会"和"高职高专'十一五'规划教材★农林牧渔系列编审委员会"，拟在"十一五"期间组织相关院校的一线教师和相关企业的技术人员，在深入调研、整体规划的基础上，编写出版一套适应农林牧渔类相关专业教育的基础课、专业课及相关外延课程教材——"高职高专'十一五'规划教材★农林牧渔系列"。该套教材将涉及种植、园林园艺、畜牧、兽医、水产、宠物等专业，于2008～2010年陆续出版。

　　该套教材的建设贯彻了以职业岗位能力培养为中心，以素质教育、创新教育为基础的教育理念，理论知识"必需"、"够用"和"管用"，以常规技术为基础，关键技术为重点，先进技术为导向。此套教材汇集众多农林牧渔类高职高专院校教师的教学经验和教改成果，又得到了相关行业企业专家的指导和积极参与，相信它的出版不仅能较好地满足高职高专农林牧渔类专业的教学需求，而且对促进高职高专专业建设、课程建设与改革、提高教学质量也将起到积极的推动作用。希望有关教师和行业企业技术人员，积极关注并参与教材建设。毕竟，为高职高专农林牧渔类专业教育教学服务，共同开发、建设出一套优质教材是我们共同的责任和义务。

介晓磊

2008 年 10 月

前言

　　《动物解剖与组织胚胎》为高职高专农林牧渔类专业"十一五"规划教材，是动物医学、动物科学、动植物检疫和生物技术等相关专业重要的专业基础课。

　　本教材主要讲述动物体正常的形态结构及其与功能的关系。全书理论部分共分为十五章：第一章从细胞、组织和系统三个层次介绍动物体的基本结构；第二～第十二章按系统描述动物体各器官的大体解剖结构；第十三章以鸡为例介绍家禽解剖特征；第十四章集中描述动物体主要器官的微细结构；第十五章介绍畜禽胚胎学基础。

　　教材内容丰富充实，主线清晰，表述精练，突出重点，图文并茂，配以几百幅精致插图，直观易懂；突出实践性和实用性，以符合我国高等农业职业技术教育的特点，培养有一定的基本理论知识、会实践、能适应畜牧兽医生产一线需要的高级应用型专门人才为目的。考虑到近年来我国动物结构的特点和服务对象的变化，本教材编写以牛（羊）、猪为主线，并增加了犬、猫、兔的教学内容，并适当联系相关的专业知识，起到承上启下的作用。学习要求及目标明确，注重能力的培养，每章前面有教学要求和技能目标，每章后面附有本章小结和复习思考题。书后附有动物解剖学与组织胚胎学实验指导。

　　来自全国 14 所高职高专院校长期从事动物解剖学与组织胚胎学教学工作，具有丰富教学实践经验的 16 位教师参加了本教材的编写。在编写过程中所有编者本着高度负责的态度，参阅了大量资料，集众家之长，并结合自己在教学和实践中的体会，对教材内容进行了精心编写，力求达到适应教学和生产实际需要的目的，使本书内容集众家之长更具实用性。书中部分插图是根据书后所附参考文献绘制或修改的，在此对原书作者和出版者致以衷心的感谢。

　　通过本课程的学习，学生可获得动物养殖管理人员和疫病防治人员应具备的动物解剖与组织胚胎学方面的基本知识和基本技能，为学习其他的专业基础课和专业课奠定坚实的基础。

本书可作为高等农业职业技术学院和普通高等农业专科学校及成人教育相关专业的教材，也可以作为畜牧兽医科技人员的临床参考资料。

本教材在编写过程中虽经多次修改，但由于编者水平有限，时间仓促，不足和疏漏之处在所难免，敬请读者批评指正，以便再版修订完善。

编者
2010 年 5 月

目录

绪　　论

一、动物解剖学与组织胚胎学的研究内容

动物解剖学与组织胚胎学是研究正常动物有机体的形态、结构及发生和发展规律的科学，是生物学的一个综合学科，属于形态学范畴，包括大体解剖学、组织学和胚胎学。

1. 大体解剖学

大体解剖学是借助于刀、剪、镊等解剖器械，用切割的方法，通过肉眼或解剖镜观察，研究动物体各器官的形态、结构及相互位置关系的科学。根据研究目的和叙述方法的不同，可分为系统解剖学、局部解剖学、比较解剖学、X射线解剖学和发育解剖学等。系统解剖学是按照各器官的功能将动物体分成若干系统，如运动系统、消化系统、神经系统等，每个系统执行一定的功能，并按照各系统来阐述；局部解剖学是研究动物体的某一部位，如头、颈、胸、腹、四肢等局部的所有器官的结构、排列层次及相互位置关系，常可涉及几个系统，局部解剖学对于临床有比较实际的意义；比较解剖学是研究和比较各种动物同类或同源器官的形态和结构特征；而用X射线观察机体器官的结构，叫X射线解剖学。本书介绍的内容属系统解剖学范畴。

2. 组织学

组织学又称显微解剖学，是借助显微镜研究动物体微细结构及相关功能的科学，研究内容包括细胞、基本组织和器官组织。其中细胞是动物体最基本的结构和功能单位。一些起源相同、形态和功能相似的细胞和细胞间质构成了组织。几种不同的组织有机地结合在一起构成的具有一定形态和执行特殊功能的结构称为器官，如心、肝、肺、肾、胃、脾等。若干个功能相关的器官联系起来，共同完成某种特定的生理功能，则构成系统。

3. 胚胎学

胚胎学是研究动物个体发生及发展规律的科学，主要研究从卵子受精开始到个体形成过程中胚胎发育的形态和结构变化。

动物解剖学与组织胚胎学是动物科学、动物医学等畜牧兽医专业必修的专业基础课，与后续专业基础课及专业课有着密切的联系，只有掌握动物体正常的形态、结构，才能进一步学好动物生理、病理、饲养、繁殖以及内科和外科等课程。

二、动物体主要部位

在动物解剖学中，为了便于阐述，将动物体以骨为基础划分为头部、躯干和四肢三部分（图0-1）。

1. 头部

（1）颅部　位于颅腔周围，又可分：①枕部，在头颈交界处、两耳根之间；②顶部，牛在两角根之间，马在颅腔顶壁；③额部，在顶部之前，两眼眶之间；④颞部，在耳和眼之间；⑤耳部，包括耳及耳根；⑥腮腺部，在耳根腹侧，咬肌部后方。

（2）面部　位于口腔和鼻腔周围，又可分为：①眼部，包括眼和眼睑；②眶下部，在眼眶前下方，鼻后部的外侧；③鼻部，包括鼻孔、鼻背和鼻侧；④咬肌部，为咬肌所在部位；

⑤颊部，为颊肌所在部位；⑥唇部，上唇和下唇；⑦颏部，在下唇腹侧；⑧下颌间隙部，在下颌支之间。

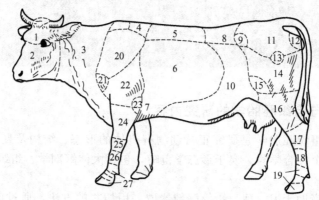

图 0-1　牛体各部位

1—颅部；2—面部；3—颈部；4—鬐甲部；5—背部；6—胸侧部（肋部）

7—胸骨部；8—腰部；9—髋结节；10—腹部；11—荐臀部；12—坐骨结节；13—髋关节；14—大腿部（股）；

15—膝关节；16—小腿部；17—跗部；18—跖部；19—趾部；20—肩带部；21—肩关节；

22—臂部；23—鹰嘴结节；24—前臂部；25—腕部；26—掌部；27—指部

2. 躯干

包括颈部、胸背部、腰腹部、荐臀部和尾部。

（1）颈部

① 颈背侧部　位于颈部背侧。前端接枕部，后端达鬐甲的前缘。

② 颈侧部　位于颈部两侧。颈侧部有颈静脉沟，沟内有颈静脉。

③ 颈腹侧部　位于颈部腹侧。前部为喉部，后部为气管部。

（2）胸背部

① 背部及鬐甲部　为颈背侧部的延续，主要以胸椎为基础。前部最高处为鬐甲部，后部为背部。

② 胸侧部（肋部）　以肋为基础，其前部由前肢的肩带部和臂部所覆盖，后部以肋弓与腹部为界。

③ 胸腹侧部　又分前后两部，前部在胸骨柄附近，称为胸前部；后部自两前肢之间向后达剑状软骨，称为胸骨部。

（3）腰腹部　分腰部和腹部。

① 腰部　以腰椎为基础，为背部的延续。

② 腹部　为腰椎横突腹侧的软腹壁部分。

（4）荐臀部　分荐部和臀部。荐部以荐骨为基础，是腰部的延续；臀部位于荐部两侧。

（5）尾部　位于荐部之后，可分尾根、尾体与尾尖。

3. 四肢

包括前肢和后肢。

（1）前肢　又分肩带部（肩部）、臂部、前臂部和前脚部（包括腕部、掌部和指部）。

（2）后肢　又分大腿部（股部）、小腿部和后脚部（包括跗部、跖部和趾部）。

三、动物解剖学的方位用语

为了准确介绍动物体各部位和各器官的方向及位置关系，以其正常站立的姿势为标准，提出了定位用的轴、面和方位术语。

1. 轴

（1）长轴　或称纵轴，从畜体的头端至尾端，与地面平行。头、颈、四肢和各器官的长轴，均以自身的纵长作基准。

（2）横轴　垂直于长轴并与地面平行。

2. 切面

（1）矢状面　与动物体纵轴平行，同时又与地面垂直的切面。位于动物体纵轴正中线上的为正中矢状面，只有一个，将动物体分为左、右对称的两部分。与正中矢状面平行的切面为侧矢状面，有多个。

（2）额面　又称水平面，是与地面平行，并与矢状面垂直的切面。

（3）横切面　横过动物体，并与矢状面及额面均垂直的切面。

3. 方位术语

（1）用于躯干的术语　靠近正中矢状面的一侧为内侧，远离正中矢状面的一侧为外侧。额面可以将动物体分为上、下两部，上部叫背侧部，下部叫腹侧部。横切面可将畜体分为前、后两部分，向前的一方叫前面或颅侧，向后的一方叫后面或尾侧。

（2）用于四肢的术语　四肢离躯干近的一端叫近端或上端；离躯干远的一端叫远端或下端。前肢和后肢的前面叫背侧面；前肢的后面叫掌侧面；后肢的后面则叫跖侧面。在四肢的内、外侧器官，离四肢中轴近的一侧叫近轴侧，离中轴远的一侧叫远轴侧。

其他方位术语还有内、外、深、浅等。内和外用于描述骨性腔和中空的器官，如胸腔、腹腔、颅腔以及口腔、胃、肠、膀胱等器官，靠近腔的一侧为内。深、浅常用于描述器官离皮肤的远近、方向和层次，如器官靠近皮肤表面近的一面叫浅面，远的一面叫深面。离皮肤表面近的一层叫浅层，远的一层叫深层。

四、动物组织学与胚胎学的研究方法

研究和学习组织学的方法有很多，无论何种方法，均需将机体的器官和组织经过特殊处理，再应用各种显微镜进行观察研究得出科学的结果。各种研究及处理器官和组织的方法有固定组织研究法、活体组织研究法以及不断出现的很多新技术研究等。

1. 固定组织研究法

（1）组织学制片技术　这是组织学研究方法中最基本而又广泛使用的一种技术，其中最常用的是石蜡切片技术。其主要制作步骤是：将观察的新鲜材料切成小块，放入固定液中，使蛋白质成分迅速凝固，以保持生活状态下的结构。固定好的组织经酒精脱水、二甲苯透明后，包埋于石蜡中。包埋好的组织用切片机切成 $5\sim7\mu m$ 的薄片，贴于载玻片上，脱蜡后进行染色，最后用树胶加盖玻片封固。常用的染色方法是苏木精和伊红染色，简称 HE 染色。苏木精是碱性染料，可将细胞核内的染色质与胞质内的核糖体等染成蓝紫色。伊红为酸性染料，可使多数细胞的细胞质染成红色。凡组织对碱性染料亲和力强的称嗜碱性，对酸性染料亲和力强的称嗜酸性，对碱性或酸性染料亲和力均不强的称嗜中性。

此外，血液、骨髓、精液等液体组织可制成涂片，骨组织可制成磨片，肠系膜、腹膜和疏松结缔组织可制成铺片，小的鸡胚可制成整装片，都需经过固定、脱水、染色、封固等一系列步骤后再观察。

（2）组织化学与细胞化学技术　组织化学和细胞化学技术是应用物理、化学反应的原理，检测组织或细胞内某种化学物质的技术。如糖类、脂类和核酸等可与试剂发生物理、化学反应，形成有色沉淀产物，通过显微镜对沉淀产物的观察，可对其进行定性、定位和定量的研究。例如，过碘酸-雪夫反应（PAS反应），其阳性产物为紫红色，可显示组织或细胞内的多糖或黏多糖；苏丹Ⅲ法可使脂肪呈橙红色；汞-溴酚蓝法使蛋白质呈深鲜蓝色。

（3）免疫组织化学技术　免疫组织化学是利用抗原与抗体特异性结合的免疫学原理，检测组织或细胞中某些蛋白质或肽类等具有抗原性的大分子物质分布。其方法是向动物体内注入抗原，使之产生相应的抗体，然后从动物血清中提取出该抗体，进行抗体标记，再用标记的抗体与含相应抗原的组织进行反应，即可确定被检物质（抗原）在组织细胞中的分布部位。根据标记物的种类，可将免疫组织化学方法分为荧光抗体法、酶标抗体法、金标记抗体法以及放射性同位素法等。这些方法特异性强，敏感度高，应用广泛，而且进展迅速，是一些非常重要的研究手段。

（4）显微放射自显影法　显微放射自显影术亦称同位素示踪术。应用某种具有放射性的同位素标记物，注入动物体内或加入细胞培养的培养基内，待该物质被细胞摄取后，将组织或细胞制成切片或涂片，并在切片（或涂片）表面涂上一层感光乳胶后放进暗匣中，细胞内放射性同位素产生的射线就会慢慢使乳胶感光，再经显影和定影处理即得到放射性同位素分布和强度的影像，也就是被同位素标记的物质的分布和浓度。此技术在细胞学的研究中占有重要地位。

2. 活体组织研究法

（1）组织培养术　组织培养术又称体外实验，是将离体的组织、细胞甚至器官放在体外适宜的环境中（培养基）培养，使其存活并观察细胞的运动、吞噬、分化、繁殖等。组织培养是研究活细胞的最好方法。在培养液内分离出单个的细胞进行培养后可获得由单细胞繁殖的纯细胞株，称为克隆。克隆技术广泛应用于生物学、医学、胚胎学各个领域，成为研究细胞免疫、病毒、肿瘤防治的重要手段。

（2）活体染色　是将无毒或毒性很小的某种染料如台盼蓝等注入动物体内，在其体内被一些细胞摄取后，再制成切片，在光学显微镜下观察染料颗粒的多少及存在位置，可研究细胞的吞噬功能及分布情况。

（3）细胞融合　细胞融合是应用人工方法将两个或两个以上的细胞合并成一个新细胞的技术。有的新细胞具有很强的生命力，可培育出新的动物杂交品种，其应用前景非常广阔。

除以上技术外，还有很多技术方法用于组织学和胚胎学的研究，如原位杂交术、冷冻蚀刻复型术、细胞形态计量术、流式细胞术以及显微分光光度测量术等。

3. 显微镜技术

人们对动物机体微细结构的认识主要依靠各种显微镜的观察，包括光学显微镜和电子显微镜。对微观世界的深入认识，给组织学与胚胎学增添了大量的新内容，不断有突破性的进展，并跃入了分子和原子水平。

（1）光学显微镜技术　通常用的光学显微镜（简称光镜），可将物体放大约 1500 倍，其分辨率约为 $0.2\mu m$。目前应用先进的光学显微镜，已可将标本放大到 4000 多倍。最常用的是生物显微镜，其结构简单，使用方便，扩大倍数可由几十倍到几千倍。借助各种光学显微镜观察到的细胞和组织的微细结构，称光学显微镜结构。另外还有荧光显微镜、相差显微镜、暗视野显微镜以及偏光显微镜等。

（2）电子显微镜技术　光学显微镜由于受到光波的限制，分辨率只能达到 $0.2\mu m$ 这个极限。在 20 世纪 40 年代又发明了电子显微镜，简称电镜，是以电子枪代替光源，以电子束代替光线，以电磁透镜代替光学透镜，最后将放大的物像透射到荧光屏上进行观察。电镜的分辨率约为 0.2nm，比光镜高 1000 倍，可将物体放大几万倍到几十万倍。电镜下所见的结构称超微结构。

常用的电镜有透射电镜和扫描电镜。透射电镜用于观察细胞内部的超微结构。进行透射电镜观察时，需要制成超薄切片，并经重金属盐染色等多个步骤。组织被重金属染色的部位，在荧光屏上图像较暗，称电子密度高；反之，称电子密度低。扫描电镜用于观察组织和细胞表面的立体结构。

五、学习动物解剖学与组织胚胎学应持有的基本观点

学习解剖学与组织胚胎学必须运用形态与功能统一的观点、局部与整体统一的观点、发生发展的观点、理论联系实际的观点和组织结构的立体形态与断面形态相结合的观点来观察和研究动物体的形态结构，运用科学的逻辑思维，在分析的基础上进行归纳综合，以期达到整体地、全面地掌握和认识动物体各部的形态结构特征的目的。

1. 形态与功能统一的观点

动物体的各个器官的形态结构是一个器官完成其功能活动的物质基础；反之，功能的变化又能影响该器官形态结构的发展。因此，形态与功能是相互依存又相互影响的。一个器官的成型，除在胚胎发生过程中有其内在因素外，还受出生后周围环境和功能条件的影响。认识和理解形态与功能相互制约的规律，人们可以在生理限度范围内，有意识地改变生活条件和功能活动，促使形态结构向人类需要的方向发展。

2. 局部与整体统一的观点

动物体是一个完整的有机体，任何器官、系统都是有机体不可分割的组成部分，局部可以影响整体，整体也可以影响局部。我们虽按照系统学习动物解剖学，但应该从整体的角度来理解局部，认识局部，以建立局部与整体统一的概念。

3. 发生发展的观点

学习动物解剖学应该运用发生发展的观点，适当联系种系的发生和个体的发生，了解动物体由低级到高级、由简单到复杂的演化过程，从而进一步认识动物体的形态结构。这样既学习了动物解剖学的具体知识，又增进了对动物体的由来、发展规律及器官变异的理解，从而使分散的、孤立的器官形态描述成为有规律性的、更加接近事物内在本质的科学知识。了解这些发展和变异就能更好地认识动物体。

4. 理论联系实际的观点

动物解剖学是一门形态学学科，动物体结构复杂，名词繁多，需要记忆的内容也比较多，所以在学习过程中，要把课堂讲授知识和书本知识与尸体标本、模型和活体观察以及各种教具联系起来；还要密切结合生产实际进行学习，以帮助记忆和加深印象。

5. 组织结构的立体形态与断面形态相结合的观点

组织和细胞的结构是立体的，但是在光学显微镜和透射电子显微镜下观察组织和细胞的结构必须将其制成普通切片或超薄切片，所以我们在切片上所看到的都是组织和器官某一个断面的形态，而同一结构的组织和器官，不同的切面表现为不同的形态（图 0-2）。所以学习组织学就要善于分析切片中出现的各种现象，把不同的断面与立体形态结合起来，运用空间想象能力，将所看到的二维图形还原为事物本身的三维构象，在头脑中建立一个立体的概念。

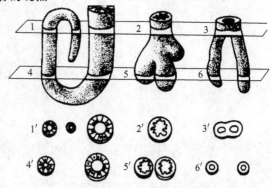

图 0-2　不规则的管状器官不同平面切面图像
标本切面的形象（1'、2'、3'、4'、5'、6'）
因所在平面（1、2、3、4、5、6）不同而异

【复习思考题】

1. 动物解剖学与组织胚胎学的研究内容是什么？
2. 动物组织学与胚胎学的研究方法有哪些？
3. 动物体划分为哪几个部位，各部位名称是什么？对动物体如何进行定位？

【本章小结】

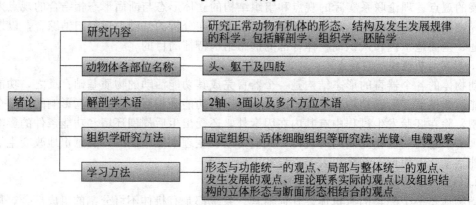

绪论	研究内容	研究正常动物有机体的形态、结构及发生发展规律的科学。包括解剖学、组织学、胚胎学
	动物体各部位名称	头、躯干及四肢
	解剖学术语	2轴、3面以及多个方位术语
	组织学研究方法	固定组织、活体细胞组织等研究法；光镜、电镜观察
	学习方法	形态与功能统一的观点、局部与整体统一的观点、发生发展的观点、理论联系实际的观点以及组织结构的立体形态与断面形态相结合的观点

第一章　动物体的基本结构

【本章要点】

　　了解动物体的基本结构，掌握细胞、组织、器官和系统等重要概念及其结构和机能。

【知识目标】

　　1. 掌握细胞的基本结构及其机能。

　　2. 掌握四大基本组织的组成、结构、分布及机能。

　　3. 熟悉器官和系统的概念。

【技能目标】

　　能够在显微镜下认识细胞及各种组织的形态和结构特点。

第一节　细　　胞

一、细胞的一般特征

　　细胞是动物体形态结构、生理功能和生长发育的基本单位，是可以独立生存的最小生命体。一切生物体，不论其结构简单还是复杂，均由细胞和细胞间质构成（病毒除外，它是非细胞形态的生命体，但要在细胞内才能实现其基本的生命活动）。动物体的代谢过程和生理功能的体现，都是在整个机体协调统一下，以细胞为结构单位进行的。即使动物体疾病的发生发展规律也离不开细胞的结构基础。

　　构成动物体的细胞形态多样、大小不一（图1-1），功能亦不同，但却具有共同的特征：

　　① 细胞均由细胞膜、细胞质（包括各种细胞器）和细胞核构成。

　　② 能利用和转化能量，维持细胞的生命活动。

　　③ 具有生物合成的能力，能把小分子的简单物质合成为大分子的复杂物质，如蛋白质、核酸等。

　　④ 具有自我复制和繁殖能力。细胞是遗传的基本单位，每个细胞都含有全套的遗传信息，即基因，它们具有遗传的全能性。

　　⑤ 具有协调整体生命活动的能力。以细胞的分裂、增殖、分化与凋亡来实现有机体的生长与发育，细胞也是有机体生长与发育的基本单位。

二、细胞的化学组成

　　构成细胞的基本物质是原生质，其化学成分主要由有机物（蛋白质、核酸、脂类、糖类等）和无机物（水、无机盐等）组成。其中C、H、O、N、P、S构成生物大部

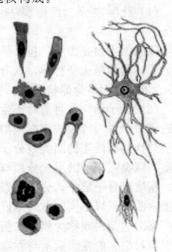

图1-1　动物细胞的各种形态

分的有机分子，对生命起着特别重要的作用；Ca、K、Na、Cl、Mg、Fe 等元素也是必需的；其他的 12 种如 Mn、I、Mo、Co、Zn、Se、Cu、Cr、Sn、V、Si、Ft 等微量元素亦是生命不可缺少的。

1. 蛋白质

细胞的基本物质是生命活动的基础，由氨基酸构成，已知的氨基酸约 20 余种。蛋白质是由几十、几百甚至成千上万的氨基酸分子通过肽键按一定顺序相连而成的长链，又按一定方式盘曲折叠形成复杂的生物大分子。蛋白质具有种的特异性，可作为种类鉴别及种类间亲缘关系的证据。

2. 核酸

生物的遗传变异是由核酸决定的。核酸可分为 RNA 和 DNA。前者在细胞质和细胞核中均能发现，后者是细胞核的主要成分。构成核酸的基本单位是核苷酸，核酸就是由几十个到几万个甚至几百万个核苷酸聚合而成的生物大分子。DNA 分子是由两条多核苷酸链平行围绕着同一轴盘旋成一双链螺旋结构，对生物的多样性及传递遗传信息具有极大的优越性，为遗传物质的复制提供了条件。

3. 糖类

糖的基本单位是由 C、H、O 组成，是细胞的主要能源，也是细胞的成分。

4. 脂类

主要有甘油三酯和类脂两大类。脂类既是能源，也是细胞的重要组成成分。

三、细胞的构造

1. 细胞膜

细胞膜又称质膜，包围在细胞质的外面，为一层极薄的连续封闭的界膜，将细胞内物质与外界环境隔开。

细胞膜在电镜下可清晰地分为三层结构，即内外两层致密的深色带，厚度各约 2nm；中间夹有一层疏松的浅色带，厚度约 3.5nm，亦即暗—亮—暗结构，整个膜的厚度约 7.5nm。通常将这三层结构形式作为一个单位，称为单位膜。细胞膜的这种结构不仅存在于细胞的外表面，即细胞膜，同时也存在于细胞的内部，即细胞质内一些细胞器的外表面，如内质网等，称为细胞内膜。细胞膜相对于内膜又称为外周膜。外周膜和细胞内膜统称为生物膜。

（1）化学成分　细胞膜主要由脂类、蛋白质和糖类组成，其中脂类和蛋白质是主要成分。

膜脂类主要是类脂，包括磷脂、糖脂和胆固醇，其中以磷脂为主要成分。磷脂分子是极性分子，构型呈火柴杆样，具有一个亲水的极性部分（头部）和两条疏水的非极性部分（尾部）。蛋白质大多为球状蛋白。糖类主要以糖蛋白和糖脂的结合形式存在。

（2）分子结构　目前对于生物膜中各种化学成分的排列组合方式有许多学说，如"晶格镶嵌模型学说"、"板块镶嵌模型学说"等，但比较公认的是"液态镶嵌模型学说"——膜的分子结构是以液态的脂类双分子层为基架，其中镶嵌着各种不同生理功能的可移动的球状蛋白质，糖类以糖链的形式分别与脂类和蛋白质结合成糖蛋白和糖脂（图 1-2）。

脂质双分子层中，分子的亲水头部伸向膜的两侧表面，疏水的尾部则朝向膜的中央。球状蛋白质分子以不同的方式镶嵌在脂质双层分子之间或结合在其表面，主要分为两大基本类型：膜周边蛋白或称为膜外在蛋白、表在蛋白，分布在膜的内外表面，为水溶性，能收缩和伸展，与细胞的变形运动与吞噬有关；膜内在蛋白或称为整合膜蛋白、嵌入蛋白质，是嵌入脂类双分子层中的蛋白质，是膜蛋白的主要存在形式，它可贯穿膜的全层，亦可亲水端露于

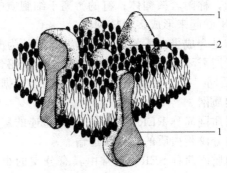

图 1-2 细胞膜液态镶嵌模型图
1—蛋白质；2—磷脂分子

表面。蛋白质可以在液态的脂质双分子层中运动。糖类与蛋白质或类脂分子结合成糖蛋白或糖脂，被覆在细胞膜的外表面，称为细胞衣，具有黏着、支持、保护和物质交换以及参与细胞的吞噬和吞饮等作用。

（3）功能　细胞膜的基本作用是保持细胞形态结构的完整，维护细胞内环境的相对稳定，参与细胞识别、免疫，并与外界环境不断地进行物质交换以及能量和信息的传递等。此外，细胞膜对细胞的生存、生长、分裂和分化都是至关重要的。

2. 细胞质

细胞质是充盈在细胞膜和细胞核之间的半透明的胶状物，嗜酸性，HE 染色呈粉红色。其在生活状态下由基质、细胞器和内含物组成。

（1）基质　为细胞质中除细胞器和内含物以外的半透明胶状物质，是细胞重要的结构成分，亦是细胞生理功能和化学反应的重要场所。其体积约占细胞质的一半，含有较多蛋白质，还有水、糖类、脂类和无机盐类。各种细胞器、内含物和细胞核悬浮于基质中。

（2）细胞器　是细胞质内具有一定形态结构并执行一定功能的微小器官，包括线粒体、内质网、高尔基复合体、溶酶体、过氧化物体（微体）、核蛋白体、中心体、微管和微丝等（图 1-3）。

① 线粒体　线粒体光镜下呈粗线状或粗粒状。电镜下是由双层单位膜构成的圆形或椭圆形小体，外膜平滑，内膜向内折叠形成许多嵴，称线粒体嵴，为线粒体的标志性结构，嵴之间的腔称嵴间腔，腔内充满基质，基质内含有许多酶类，内膜的内表面有很多球状小颗粒称基粒，基粒含有多种酶类。线粒体是细胞内生物氧化和供能的场所。

② 核糖体　亦称核糖核蛋白体或核蛋白体，由 RNA 和蛋白质构成，电镜下呈小颗粒状，由大小两个亚基组成。有的核糖体附着在

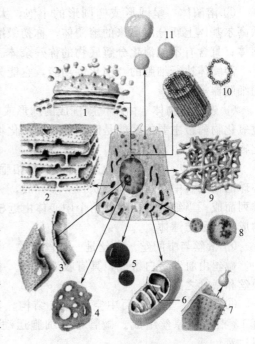

图 1-3 细胞结构模式图
1—高尔基复合体；2—粗面内质网；3—核膜；
4—核仁；5—脂滴；6—线粒体；7—基粒；
8—溶酶体；9—滑面内质网；
10—中心体；11—分泌颗粒

内质网表面，称附着核糖体；有的游离于细胞质中称游离核糖体。几个或几十个核糖体由一条 mRNA 串联起来形成多聚核糖体。

核糖体是合成蛋白质的重要结构。一般认为游离核糖体主要合成结构蛋白，供细胞本身的生长及代谢需要；而附着核糖体主要合成分泌蛋白，如抗体、分泌物等。

③ 内质网　是一种膜性管、网状结构，根据其表面是否附着有核糖体而分为粗面内质网和滑面内质网。

粗面内质网简称 RER，大多由相互通连的扁平囊组成，其外表面有附着核糖体。粗面内质网参与分泌蛋白质的合成和运输。

滑面内质网简称 SER，通常由具有分支的小管或小泡相互吻合而成，膜表面光滑，无核糖体分布。根据细胞种类不同，滑面内质网具有不同功能。

④ 高尔基复合体　1898 年意大利学者 C. Golgi 用光镜观察银染的神经细胞时发现，在细胞内有呈黑褐色的网状结构，称内网器，后人为了纪念他，称高尔基器或高尔基体。电镜下高尔基体由扁平囊、大泡、小泡三部分组成，亦称高尔基复合体。

扁平囊是高尔基复合体的主体，一般由 3～8 层表面光滑的扁平囊平行排列成略呈弯曲的弓形，中央较窄，边缘稍膨大。有两个面，向核的一面凸，为生成面，向胞膜的一面凹，为成熟面，又叫分泌面。扁平囊能对腔内的分泌物质进行加工、浓缩及成熟。

小泡多位于扁平囊的生成面，一般认为它是由附近粗面内质网脱落而来的，小泡与扁平囊融合，把内质网合成的物质运送到扁平囊内。

大泡位于扁平囊的分泌面和两侧，一般认为由扁平囊周围膨大部分脱落而成，内含扁平囊加工浓缩后的各种物质。

高尔基复合体的功能主要是参与细胞的分泌活动。

⑤ 溶酶体　呈圆形或椭圆形的小泡，大小不一，外包单位膜，内含多种酸性水解酶。从高尔基体上新分离出来的溶酶体，称初级溶酶体；和作用底物相结合的溶酶体，称次级溶酶体；只含有不能消化分解底物的称残余体。

溶酶体执行细胞的"消化"功能，它能分解进入细胞的异物和细菌或细胞自身失去功能的细胞器等。

⑥ 过氧化物体　由单位膜围成的球形或椭圆形的小泡，内含过氧化物酶和多种氧化酶。过氧化物酶最主要的功能是防止细胞过氧化物中毒，因氧化酶能催化过氧化氢的形成，过氧化物酶则使之生成氧和水。

⑦ 中心体　电镜下中心体由两个互相垂直的中心粒和周围一团电子密度高的物质称中心球的构成。中心粒呈圆筒状，一端开放，一端封闭，管壁由 9 组纵行的三联微管有秩序地排列而成。当细胞分裂时，两个中心体由近核部位移向细胞两极，并向周围发出许多细丝，构成星体和纺锤体。

⑧ 微丝与中间丝　微丝是一种丝状物，可呈网状或规则的束状，广泛分布在各种细胞中。微丝由肌动蛋白组成，具有收缩功能。中间丝是细胞内另一种长的纤维状结构，直径在微丝和微管之间。

⑨ 微管　呈细长而中空的管状结构，其长短不一，由微管蛋白组成，典型的微管由 13 根细的原丝组成。微管参与细胞运动和细胞内大分子物质运输以及细胞的有丝分裂过程。

微丝、中间丝和微管组成细胞骨架系统。细胞骨架不仅作为细胞的支架和维持细胞的形状，而且还参与细胞的许多动力过程。

（3）内含物　细胞质内有不同折射率的颗粒，是细胞内具有一定形态的营养物质、代谢产物，或进入细胞的外来物，不具代谢活性。例如脂肪、糖原、色素颗粒等。

3. 细胞核

细胞核是细胞的重要组成部分。细胞核的形状多种多样，一般与细胞的形状有关。通常每一个细胞有一个核，也有双核或多核的。细胞核主要由核膜、核仁、核基质、核内骨架和染色质构成。

（1）**核膜**　是由双层单位膜构成，内外两层膜大致平行。外层与粗面内质网相连。核膜上有由内、外层单位膜融合而成的许多孔，称为核孔，直径约 $50\mu m$，它们约占哺乳动物细胞核总表面积的 10%。核膜对控制核内外物质的出入，维持核内环境的恒定有重要作用。

（2）**核仁**　是由核仁丝、颗粒和基质构成的，核仁丝与颗粒是由核糖核酸和蛋白质结合而成，基质主要由蛋白质组成。核仁没有界膜包围，主要机能是合成核蛋白体 RNA（rRNA），并能组合成核蛋白体亚单位的前体颗粒。

（3）**核基质**　可进行很多代谢过程，提供戊糖、能量和酶等。

（4）**核内骨架**　核基质内直径为 $3\sim30nm$ 的蛋白质纤维组成的三维网状结构。

（5）**染色质**　是一种嗜碱性的物质，能用碱性染料染色，因而得名。染色质主要由 DNA 和组蛋白结合而成的丝状结构——染色质丝构成。染色质丝在细胞分裂间期核内是分散的，因此在光学显微镜下一般看不见丝状结构。在细胞分裂时，由于染色质丝螺旋化，盘绕折叠，形成明显可见的染色体。在染色体内不仅有 DNA 和组蛋白，还有大量的非组蛋白和少量的 RNA。染色体上具有大量控制遗传性状的基因。

细胞核的机能是保存遗传物质，控制生化合成和细胞代谢，决定细胞或机体的性状表现，把遗传物质从细胞（或个体）一代一代传下去。但细胞核不是孤立地起作用，而是和细胞质相互作用、相互依存而表现出细胞统一的生命过程。细胞核控制细胞质；细胞质对细胞的分化、发育和遗传也有重要作用。

四、细胞的基本生命现象

1. 细胞的增殖

细胞增殖是机体生长发育的基础，是指细胞通过分裂增加数量，以补充和更新细胞。细胞在生活过程中不断地进行生长和分裂，它的生长和分裂是有周期性的。细胞由一次分裂结束到下一次分裂完成之间的期限称为细胞周期，包括分裂间期和分裂期。细胞分裂的方式包括有丝分裂和无丝分裂，另外生殖细胞成熟过程中的分裂为特殊的减数分裂。

2. 新陈代谢

新陈代谢是细胞生命活动的基础。细胞必须从外界摄取营养物质，经过消化、吸收，使其转变为自身所需的物质，并把废物排出细胞外，同时提供细胞各种功能活动所需要的能量。前者称为同化作用（或合成代谢）；后者称为异化作用（或分解代谢）。通过新陈代谢，细胞内的物质不断得到更新，保持和调整细胞内、外环境的平衡，以维持细胞的生命活动。所以说细胞的一切功能活动都是建立在新陈代谢基础上的，如果新陈代谢"停止了"，就意味着细胞的死亡。

3. 感应性

感应性是细胞对外界刺激产生反应的能力。因细胞种类不同，其感应性也有所不同，如神经细胞受刺激后能产生兴奋并传导冲动；刺激肌细胞可使之收缩；刺激腺细胞可使之分泌；细菌和异物的刺激可引起吞噬细胞的变形运动和吞噬活动；受抗原物质刺激后，浆细胞可产生抗体等，这些都是细胞对外界刺激发生反应的表现形式。

4. 细胞的运动

生活的细胞在各种环境条件刺激下，均能表现出不同的运动形式。常见的有变形运动（如嗜中性粒细胞）、舒缩运动（肌细胞肌原纤维舒缩）、纤毛运动和鞭毛运动（气管和支气管纤毛上皮的摆动和精子的游动）等。

5. 细胞的内吞和外吐

细胞从周围环境摄取物质和排出残余物的过程。细胞从周围环境摄取固体物质（如细菌）的过程，称为吞噬作用；从周围环境摄取液体物质的过程，称为吞饮作用，二者统称为内吞作用。内吞形成的吞噬小体或吞饮小泡与溶酶体接触融合成一体，异物则被溶酶体的酶系消化。

细胞的分泌物或一些不能被细胞"消化"的残余物质（残余体），在细胞内逐渐移至细胞内表面，通过与细胞膜的融合、重组后将内容物排出的过程，称为外吐（外倾）作用，典型的如分泌细胞排出分泌物的过程。

6. 细胞的分化、衰老和死亡

（1）细胞的分化　在个体发育中，由一种相同的细胞类型经细胞分裂后逐渐在形态、结构和功能上形成稳定性的差异，产生不同细胞类群的过程称为细胞分化。组成动物有机体的各种细胞就是由一个受精卵细胞经增殖分裂和细胞分化衍生而来的后代。

分化程度低的细胞，其分裂繁殖的能力较强（如间充质细胞），有些细胞不断地分裂繁殖，同时又不断地进行着分化，如造血干细胞和精原细胞，这些细胞通常在形态上表现出细胞核大、核仁明显、染色浅、细胞质嗜碱性，这种幼稚的细胞（低分化细胞）常称为干细胞。分化程度较高的细胞，其分裂繁殖的潜力较弱或完全丧失，如神经细胞。细胞的分化既受到内部遗传的影响，也受外界环境的影响。如某些化学药物、激素、维生素缺乏等因素，可引起细胞异常分化或抑制细胞分化。

（2）细胞的衰老与死亡　衰老和死亡是细胞发展过程中的必然规律。细胞衰老时，细胞形态结构发生相应的变化。例如：细胞器数量增加或减少，体积膨胀变形、破裂；核固缩；胞质内出现空泡、脂滴、色素等。细胞死亡主要是水解酶把细胞内大分子物质破坏，细胞液化。

细胞凋亡是一个主动的由基因决定的自动结束生命的过程，普遍存在于动物和植物中，在有机体生长发育过程中具有极其重要的意义，通过细胞凋亡，有机体得以清除不再需要的细胞，保持自稳平衡以及抵御外界各种因素的干扰。近年来对它的研究受到广泛的重视。

第二节　基本组织

组织是由细胞间质结合而成的细胞群体，是动物各种器官的结构基础。细胞间质位于细胞之间，是由细胞产生的生活物质。其由两种成分组成：一种是纤维，主要有胶原纤维、弹性纤维和网状纤维；另一种为基质，含有透明质酸、氨基酸和无机盐等。细胞间质有的呈液态，如血浆；有的呈半固态，如软骨；有的呈固态，如骨。细胞间质对细胞有营养、支持和保护等重要作用。

每种组织具有相同的形态和功能特征，与其存在的器官无关。在高等动物体内具有很多不同形态和不同机能的组织。通常把这些组织归纳起来分为四大类基本组织，即上皮组织、结缔组织、肌肉组织和神经组织。

一、上皮组织

上皮组织简称上皮，是由大量紧密排列的细胞和少量细胞间质构成。上皮组织有被覆上皮、腺上皮、感觉上皮、生殖上皮和肌上皮等。被覆上皮和腺上皮在动物体内分布非常广泛，功能主要以保护为主；感觉上皮分布在能感受特定刺激的部位和一些感觉器官内，如味蕾、嗅上皮、听觉感受器及视网膜的感光细胞等；生殖上皮见于睾丸曲细精管的生精上皮和卵巢表面的上皮；肌上皮指的是一些位于腺泡基部的具有收缩功能的细胞。上皮组织具有以下形态结构特点。

① 上皮组织的细胞多，排列紧密，细胞形态较规则，细胞间质极少。

② 上皮组织的细胞呈现明显的极性，即细胞的两端在结构和功能上具有明显差别。上皮细胞的一面朝向身体表面或有腔器官的腔面，称游离面；与游离面相对的另一面朝向深部的结缔组织，称基底面。上皮细胞基底面附着于基膜，基膜是一薄膜，上皮细胞借此膜与结缔组织相连。

③ 上皮组织内没有血管，其营养主要依靠结缔组织中的血管通过基膜扩散而获得；但上皮组织有丰富的神经末梢。

④ 相邻上皮细胞间常形成特化的细胞连接结构。

⑤ 位于动物机体不同部位和不同器官的上皮，面临不同的环境，功能也不相同，细胞顶部常具有不同的结构，以适应各自的功能需要，如微绒毛、纤毛。

1. 被覆上皮

被覆在机体的外表或衬在管腔内表面，呈薄膜状，通常说的上皮是指被覆上皮。

（1）被覆上皮的类型和结构　根据其上皮细胞的形态及排列层次不同，可将被覆上皮分为如下几种类型（表1-1）。

① 单层扁平上皮　仅由一层不规则扁平形细胞借少量的黏合质嵌合而成（图1-4）。细胞呈多边形，边缘呈锯齿状，细胞核扁圆，位于细胞中央。衬于心脏、血管、淋巴管内表面的单层扁平上皮，称内皮。其游离面光滑，可减少血液和淋巴液流动时的阻力。分布于胸膜、腹膜、心包膜表面等处的单层扁平上皮，称为间皮。间皮滑润，可减少脏器活动时的摩擦。单层扁平上皮还分布于肾小囊壁层、肺泡壁、肾小管细段等处。

② 单层立方上皮　由一层排列整齐的近似于立方形细胞组成，细胞核大、呈球形，位于细胞中央（图1-5）。从上皮表面看，每个细胞呈六角形或多角形；垂直切面呈立方形。分布于甲状腺滤泡、肾小管等处，具有吸收、分泌功能。

③ 单层柱状上皮　由一层排列整齐的高棱柱状细胞组成，细胞核呈椭圆形，靠近基底部，含丰富细胞器。从表面看，细胞呈六角形或多角形；垂直切面则呈柱状（图1-6）。主要分布在胃、肠等器官内表面，具有吸收和分泌作用。

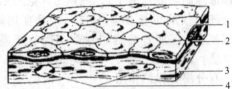

图 1-4　单层扁平上皮

1—上皮；2—基膜；3—固有膜；4—毛细血管

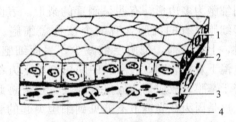

图 1-5　单层立方上皮

1—上皮；2—基膜；3—固有膜；4—毛细血管

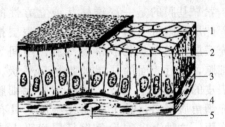

图 1-6　单层柱状上皮

1—微绒毛；2—上皮；3—基膜；
4—固有膜；5—毛细血管

在小肠和大肠腔面的单层柱状上皮中，柱状细胞间还分布有许多散在的杯状细胞。杯状细胞形似高脚酒杯，细胞顶部膨大，充满黏液性分泌颗粒，基底部较细窄。胞核位于基底部，常为较小的三角形或扁圆形，染色质浓密，着色较深。杯状细胞是一种腺细胞，分泌黏液，有滑润上皮表面和保护上皮的作用。

④ 假复层纤毛柱状上皮　由一层高矮、形状不一的柱状细胞、梭形细胞、杯状细胞、

表1-1　被覆上皮的类型和主要分布

细胞层次	上皮分类	分　　布
单层	单层扁平上皮	内皮：心脏、血管、淋巴管腔面
		间皮：胸膜、腹膜、心包膜的腔面
		其他：肺泡、肾小囊壁层、肾小管细段等
	单层立方上皮	肾小管、甲状腺滤泡、小叶间胆管等
	单层柱状上皮	胃、肠、子宫、胆囊等腔面
假复层	假复层纤毛柱状上皮	呼吸道、附睾等腔面
	变移上皮	输尿管、膀胱的腔面
复层	复层扁平上皮	角化型：皮肤的表皮
		非角化型：口腔、食管等腔面
	复层柱状上皮	眼睑结膜

锥体形细胞组成［图1-7，图版5（见封三）］。柱状细胞游离面具有纤毛。由于细胞高矮不一，细胞核的位置参差不齐，在垂直切面上观察，形似复层，但所有细胞的基部均附着于基膜上，实为单层。该上皮分布于呼吸道、附睾管、输精管等处，有分泌和保护作用。

⑤变移上皮　又称移行上皮。这种上皮形状及层次可依所在器官的胀缩而改变。当器官空虚时，上皮变厚，细胞层数增多，基底层为低柱状或立方形，中间细胞为多边形，有些呈倒置的梨形。表面为大立方形细胞，有的细胞含有两个核称盖细胞。器官扩张时，上皮变薄，细胞层数减少，表面细胞为扁平形。电镜下观察表明，表层和中间层细胞下方都有突起附着于基膜，故应列为假复层上皮，过去将此列为复层上皮是因为在光镜下不能见到细胞突起的缘故。分布在膀胱、输尿管等器官的内表面（图1-8）。

⑥复层扁平上皮　由多层细胞组成，是最厚的一种上皮。从上皮垂直面看，细胞的形状和厚薄不一。紧靠基膜的是一层矮柱状或立方性的基底层细胞，此层细胞可不断分裂增生并向表层推移，得以补充表层衰老或损伤脱落的细胞。中间为数层多边形细胞，靠近表面的几层细胞呈扁平状。分布在皮肤表皮的复层扁平上皮，浅层细胞无细胞核，胞质中充满角质蛋白，是干硬的死细胞，具有更强的保护作用，这种上皮称为角化复层扁平上皮。衬覆在口腔、食管和阴道等腔面的复层扁平上皮，浅层细胞是有核的活细胞，含角质蛋白少，称非角化型复层扁平上皮。复层扁平上皮具有耐摩擦和阻止异物侵入等作用（图1-9）。

⑦复层柱状上皮　表面为一层柱状细胞，基底层细胞呈矮柱形，中间为多角形细胞。这种上皮家畜比较少见，主要位于一些动物的眼睑结膜，在有些腺体内较大的导管也可以见到，起保护作用。

（2）被覆上皮的特殊结构　上皮组织常位于器官的表面，细胞之间连接非常紧密，在细

图1-7　假复层纤毛柱状上皮
1—黏液；2—纤毛；3—柱状细胞；
4—锥形细胞；5—基膜；6—固有膜

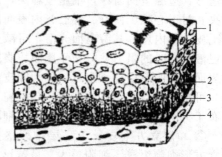

图1-8　变移上皮
1—表面细胞；2—基底层细胞；
3—基膜；4—固有膜

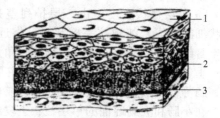

图1-9　复层扁平上皮
1—上皮；2—基膜；3—固有膜

胞的游离面、侧面和基底面可形成一些特殊结构以适应其相应功能。这些结构也可见于其他组织。被覆上皮特殊结构及主要功能见表 1-2 和图 1-10。

表 1-2　被覆上皮特殊结构及主要功能简表

位　置	名　　称	结构特点	功　能
游离面	细胞衣	附着于细胞表面的一层由复合糖构成的茸状结构	黏着、识别、保护
	微绒毛	细胞向表面伸出微小的指状突起,内含微丝	扩大吸收面
	纤毛	向表面伸出的突起,内含微丝	摆动、分泌、感觉
侧面	紧密连接	围绕细胞上部四周,形成网络状的封闭索连接	连接、屏障
	中间连接	由致密丝状物相连,胞质内密集微丝交织成终末网	强化粘连
	桥粒	散在的扣状连接,附着斑处张力细丝穿通互相勾连	牢固结合
	缝隙连接	细小的圆盘状间断融合,内有亲水小管相通	物质交换、通信
	镶嵌连接	细胞膜互相交错形成锯齿状连接	扩大接触面
基底面	基膜	含黏多糖和网状纤维,由透明板、基板和网板构成	固定细胞、物质渗透
	质膜内褶	细胞膜内陷形成平行排列长短不等的膜褶	扩大交换面积
	半桥粒	在胞质一侧的膜上形成半个桥粒样的结构	强化细胞固着力

① 游离面

a. 细胞衣　又称糖衣,是附着于细胞游离面的一薄层绒状结构。包括糖蛋白、糖脂及蛋白多糖。上皮细胞的游离面细胞衣尤为显著,细胞基底面及侧面也有类似细胞衣结构,但不甚明显。具有保护、识别、物质交换和黏着等功能。

b. 微绒毛　是细胞游离面向上伸出的许多细小的指状突起,直径约 0.1μm,长 0.5～1.4μm。光镜下不能见到单个或分散的微绒毛。电镜下可清楚见到微绒毛表面的糖衣和细胞膜,以及其内含有肌动蛋白的纵行排列的细丝。在吸收功能强的小肠和肾近曲小管上皮细胞的顶端有大量等长而密集排列的微绒毛,在光镜下,可分别显示为纹状缘和刷状缘。微绒毛除上皮细胞外,其他组织的一些细胞如白细胞、巨噬细胞和干细胞表面亦有数量不等的微绒毛。微绒毛可极大扩展细胞的表面积,可有微小的伸缩或变形运动,并具有分泌和吸收功能。

c. 纤毛　是细胞游离面伸出的细长突起,直径 0.2～0.5μm,长 5～10μm。一个细胞可有几百根纤毛。电镜下可见纤毛表面有细胞膜,内为细胞质,其中有纵向排列的微管。纤毛可有节律地向一定方向摆动,称为动纤毛。其微管由多种蛋白组成,其中的动力蛋白可使微管相互滑动,是纤毛运动的物质基础。把不能运动的纤毛称为静纤毛。不同部位的静纤毛功能不一,结构有所差异。

d. 鞭毛　鞭毛的结构与纤毛基本相同,更粗壮些,每个细胞仅有 1～2 条,可作波浪形摆动。哺乳动物精子的尾部就是典型的鞭毛。

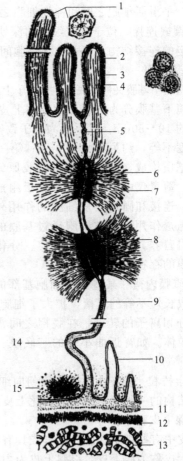

图 1-10　上皮细胞特殊结构模式图

1—纤毛;2—细胞膜;3—糖衣(在外);4—微绒毛;
5—紧密连接;6—中间连接;7—终末网;8—桥粒;
9—缝隙连接;10—质膜内褶;11—透明板;
12—基板;13—网板;14—镶嵌连接;15—半桥粒

② 侧面

a. 紧密连接 呈箍状环绕于单层立方细胞或柱状细胞上端的连接面,在相邻细胞膜的平面上有不规则网络状的封闭索,是两细胞膜上镶嵌蛋白的融合,此处无间隙,而无索的部分则有小的间隙,从侧面观察,则呈点状连接。紧密连接可封闭细胞顶部的间隙,阻止细胞外的异物进入组织内,具有屏障和连接作用。在肠道黏膜,闭锁小带结构可以防止吸收输送的营养分子漏出到肠腔。

b. 中间连接 位于紧密连接深部,此处相邻细胞膜不融合,存在 $15\sim20nm$ 的裂隙。在胞质内常有平行的微丝附着在细胞膜内层,而另一端组成终末网。此种连接在上皮细胞间和心肌细胞间常见。它除有黏着作用外,还有保持细胞形状和传递细胞收缩力的作用。

c. 桥粒 桥粒又称黏着斑,呈斑状或纽扣状连接,大小不等,位于中间连接的深部,主要存在于上皮细胞间。桥粒是一种很牢固的细胞连接,在易受机械性刺激和摩擦的部位,如表皮、食管、子宫颈等处的复层扁平上皮和心肌闰盘中可见到。

d. 缝隙连接 位于桥粒的深面,此处相邻细胞膜之间有 2nm 的裂隙,可见许多间隔大致相等的连接点。这种连接广泛存于胚胎和成体的多种细胞间,可供细胞相互交换某些小分子物质和离子,借以传递化学信息,调节细胞的分化和增殖。此种连接的电阻低,在心肌细胞之间、平滑肌细胞之间和神经细胞之间,可经此处传递电冲动。

e. 镶嵌连接 位于上皮细胞的深处,相邻两细胞间膜凹凸不平,互相形成锯齿状连接,没有固定的连接结构,但可加强细胞间的牢固结合,还可扩大细胞的接触面积。

③ 基底面

a. 基膜 基膜又称基底膜,是位于上皮基底面和结缔组织之间的一层薄膜,由细胞间质构成。电镜下基膜分为三层:紧贴在上皮细胞基底面的一层为透明板,为电子致密度低的薄层,厚约 $10\sim50nm$;其下面为电子致密度高的均质层,称致密板,又称基板,不同部位致密板厚度不等,约为 $20\sim300nm$;第三层为网织板,又称网板,位于致密板之下,由网状纤维和基质构成,有时可有少许胶原纤维。基膜厚薄不一,薄者仅由透明板和致密板组成。基膜除了起支持、连接和固定上皮细胞的作用外,还具有选择性的通透作用。上皮细胞通过基膜的渗透从组织液中获得营养。上皮细胞的位移、分化和再生也离不开基膜的存在(图 1-11)。

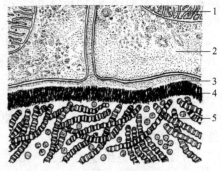

图 1-11 基膜超微结构模式图
1—线粒体;2—细胞基底面;
3—细胞衣;4—基板;5—网板

b. 质膜内褶 某些上皮细胞基部的质膜向内深陷,形成长短不等的膜褶,扩大了细胞的基底面积,利于水分和离子的转运,在膜褶之间常含有许多纵排的线粒体。如肾近曲小管的基底纹、唾液腺的纹管等。

c. 半桥粒 位于上皮基底面朝向细胞质的一侧,是桥粒结构的一半。半桥粒有强化上皮细胞固着力作用。

2. 腺上皮和腺

上皮中有些细胞在胞质内合成具有特殊作用的产物并将其分泌到细胞外,这种具有分泌功能的上皮称为腺上皮,以腺上皮为主构成的器官称为腺。但是,还有许多非上皮的细胞也有合成和分泌的功能,如某些神经细胞能分泌激素、浆细胞能分泌抗体等。

(1)腺的发生 腺上皮起源于胚胎时期,原始上皮细胞分裂增生,向深部结缔组织内生长,逐渐具有分泌功能并分化成腺。腺原来都有分泌部和导管部,但发育过程中一些腺的导管慢慢消失而变成无管腺。有管腺的分泌物经由导管排至体外或某些器官的腔内,称为外分泌腺，如各种消化腺、乳腺等。无管腺的分泌物渗入血液和淋巴，通过血液循环系统输送并作用于特定的组织和器官，故又称为内分泌腺。本节主要介绍外分泌腺。

（2）外分泌腺的类型与结构　外分泌腺的种类繁多，没有一种分类方法能把所有外分泌腺包括进去，只能应用不同的标准进行分类，对具体的某个腺体而言，可分属于不同的类型。如根据腺细胞多少可分为单细胞腺（如杯状细胞）和多细胞腺；根据分布可分为壁内腺（肠腺、子宫腺）和壁外腺（肝、胰）；此外，还有以下的一些分类方法。

① 按腺的形态分类　多细胞腺由分泌部和导管部组成，分泌部由一层腺上皮细胞围成管状、泡状和管泡状三种类型，而导管部又有不分支、分支和反复分支三种，腺泡和导管的结合可有多种形态（图1-12）。

② 按腺细胞分泌物的性质分类

a. 浆液腺　分泌物为较稀薄而清亮的液体，内含各种消化酶和少量黏液。腺细胞呈锥形，围成圆形腺泡，细胞界限不清晰，细胞核圆，位于细胞中央或近基部，核仁可见，胞质顶端有许多嗜酸性的分泌颗粒，呈红色。细胞

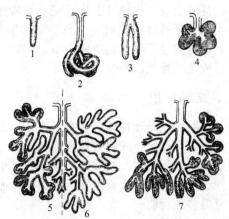

图1-12　外分泌腺的分类
1—单管状腺；2—单曲管状腺；3—分支管状腺；
4—分支泡状腺；5—复管泡状腺；
6—复管状腺；7—复泡状腺

基部有发达的细胞器，胞质嗜碱性，呈淡蓝色，基底部着色更深，腮腺和胰腺等腺泡属于此类。

b. 黏液腺　分泌物为黏稠的液体，主要成分是糖蛋白，也称黏蛋白。不同的黏液腺分泌物成分有一定的差异。黏液腺腺细胞多呈矮柱状、立方形或锥形，核多为扁平状，染色较深，位于细胞基底部，胞质顶端含有嗜碱性分泌颗粒，呈蓝紫色。黏液腺除杯状细胞呈单个分布外，大部分腺细胞亦围成大小不等的腺泡，如舌腺等。

c. 混合腺　这种腺含有浆液性腺泡和黏液性腺泡，并常可见到两种腺细胞同时围成的混合性腺泡。混合性腺泡多以黏液性细胞为主，有几个浆液性细胞位于黏液性细胞之间或环绕在黏液性细胞的一侧，染色时可明显见到浆液性细胞呈半月形，称为浆半月，浆半月的细胞通过细胞间分泌小管将分泌物排入腔内，如颌下腺。

③ 按腺细胞分泌的方式分类

a. 透出分泌　分泌物以分子的形式从细胞膜渗出的方式称透出分泌。如肾上腺皮质细胞、胃腺壁细胞（图1-13）。

b. 局浆分泌　分泌物在腺细胞内先形成有单位膜包裹的分泌颗粒，当颗粒达细胞顶端时颗粒膜与细胞膜融合，将分泌物排出。这种以胞吐方式分泌的腺细胞不受损伤，又称开口分泌。如胰腺细胞、腮腺细胞等。

c. 顶浆分泌　腺细胞内的分泌颗粒移到细胞顶部后，连同部分胞质由单位膜包裹后与细胞断离的分泌方式。这种分泌方式细胞会受到部分损伤，但很快即可修复。如胆汁、乳腺和汗腺的分泌。

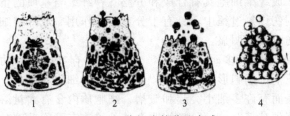

图1-13　腺细胞的分泌方式
1—透出分泌；2—局浆分泌；3—顶浆分泌；4—全浆分泌

d. 全浆分泌　这种分泌方式多为

脂类分泌物的分泌，当分泌物不断形成并充满整个细胞时，核固缩，细胞器消失，细胞崩溃与分泌物一同排出，再以腺内部未分化的细胞分裂增殖而予以补充。如皮脂腺、禽尾脂腺的分泌。

3. 感觉上皮

感觉上皮又称神经上皮，是具有特殊感觉功能的特化上皮。上皮游离端往往有纤毛，另一端与感觉神经纤维相连。当感觉细胞受到刺激而处于兴奋状态时，产生冲动传入感觉神经，感觉神经再穿入相应的中枢。感觉上皮主要分布在舌、鼻、眼、耳感觉器官内，具有味觉、嗅觉、视觉和听觉等功能。

二、结缔组织

结缔组织是动物体内分布最广、形态最多样的一大类组织，亦由细胞和细胞间质组成。主要结构特点是：细胞数量少而种类多，细胞形态多样，无极性，分散在细胞间质内；结缔组织的细胞间质多。结缔组织均来源于中胚层，可分为疏松结缔组织、致密结缔组织、脂肪组织、网状组织、软骨组织、骨组织、血液和淋巴。具有支持、连接、营养、保护、防御和修复等多种功能。

1. 疏松结缔组织

疏松结缔组织又称蜂窝组织，其特点是细胞种类多，细胞间质中的纤维排列疏松，基质丰富（图 1-14）。疏松结缔组织在体内分布广泛，可位于器官之间、组织之间以及细胞之间。具有连接、营养、防御、保护、支持和修复等功能。

（1）细胞

① 成纤维细胞　其是结缔组织中最主要的细胞。光镜下，细胞扁平有突起，呈星形，细胞轮廓不清，细胞质较多；细胞核较大，呈卵圆形，染色淡，核仁明显。胞质弱嗜碱性，HE 染色标本上细胞轮廓不清。电镜下，成纤维细胞的细胞质内有丰富的粗面内质网、游离核糖体和发达的高尔基复合体，细胞表面有少量微绒毛和短粗的突起。

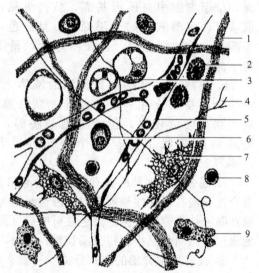

图 1-14　疏松结缔组织模式图
1—胶原纤维；2—肥大细胞；3—脂肪细胞；
4—弹性纤维；5—毛细血管；6—浆细胞；
7—成纤维细胞；8—淋巴细胞；9—巨噬细胞

当成纤维细胞的机能处于相对静止时，细胞体积变小，呈长梭形，突起少，胞核小，着色深，核仁不明显，此时称纤维细胞，电镜下，其各种细胞器均不发达。在手术及创伤修复等情况下，纤维细胞可转化为功能活跃的成纤维细胞，并可缓慢地向一定方向移动。成纤维细胞具有合成和分泌三种纤维与基质的蛋白多糖和糖蛋白的功能。在间质的更新和创伤修复过程中，具有十分重要的作用。成纤维细胞还有分裂增殖能力，尤其当结缔组织损伤时表现明显。

② 巨噬细胞　疏松结缔组织内巨噬细胞数量多而且分布广。由于它的存在方式和功能状态的不同，在形态上有很大差异。光镜下，细胞形态不规则，带有突起，细胞质丰富，内含颗粒物质，细胞核小。电镜下，细胞表面有许多细小突起和皱褶，细胞质内含有大量溶酶体、吞饮小泡和吞噬体，还有较发达的高尔基复合体。巨噬细胞在体外培养有贴附玻璃和塑料表面的特性。巨噬细胞来源于血液中的单核细胞，当它穿出血管壁进入结缔组织后，增

殖、分化为巨噬细胞。

巨噬细胞的主要功能如下所述。

a. 趋化性和变形运动　当巨噬细胞受到趋化因子（如细菌的代谢产物、炎症部位细胞分解的碎片、淋巴细胞分泌的巨噬细胞活化因子等）的刺激时，便立即以活跃的变形运动向着产生趋化因子的部位定向移动，称此特性为趋化性。并在淋巴细胞释放的巨噬细胞运动抑制因子的影响下，停留并聚集在其周围，吞噬感染源。

b. 吞噬作用　巨噬细胞能识别异物、细菌以及衰老变性和死亡的细胞及肿瘤细胞等，并将它们黏附在细胞表面，随即通过吞噬作用将其吞入细胞内，形成吞噬体或吞饮泡，与初级溶酶体融合后，成为次级溶酶体，溶酶体的酶类分解消化这些异物。不能被消化的则形成残余体（如尘埃颗粒）。所以巨噬细胞是机体防御的重要细胞成分。

c. 参与免疫应答　巨噬细胞从免疫感应和免疫效应两个方面参与免疫应答。前者表现为巨噬细胞具有捕捉、加工处理和呈递抗原的功能：巨噬细胞将捕捉的抗原分解，加工处理，增强其抗原性，形成某种特定的抗原复合物后直接贮存于巨噬细胞表面，并呈递给淋巴细胞，启动淋巴细胞的免疫应答。巨噬细胞本身也是免疫应答中的效应细胞，受抗原刺激而活化的巨噬细胞，其吞噬作用更强，能有效地杀伤细胞内的病原体和肿瘤细胞。巨噬细胞还参与免疫应答的调节：巨噬细胞能合成和分泌多种活性因子，如白细胞介素Ⅰ、淋巴细胞活化因子、干扰素、前列腺素等，作用于免疫活性细胞，增强或抑制免疫应答。因此，巨噬细胞是机体免疫反应中不可缺少的细胞成分。

d. 分泌功能　巨噬细胞能分泌多种生物活性物质，如溶酶体中的各种水解酶、胶原酶、溶菌酶、干扰素、补体等；还能分泌一些集落刺激因子，如粒细胞/巨噬细胞刺激因子、中性粒细胞激活因子、促红细胞生成素等。另外，当创伤修复时，巨噬细胞可通过它所分泌的胶原蛋白酶、弹性蛋白酶和其他诱导因子，参与清创和伤口组织的愈合。

③ 浆细胞　浆细胞来源于B淋巴细胞，在抗原的反复刺激下，B淋巴细胞增殖、分化，胞质内出现丰富的粗面内质网及发达的高尔基复合体，即成为浆细胞。光镜下，细胞呈圆形或卵圆形，细胞核圆，常偏于一侧，核染色质呈车轮状排列。电镜下，细胞质内含有大量平行排列的粗面内质网。浆细胞能合成和分泌免疫球蛋白即抗体，参与体液免疫。浆细胞在一般结缔组织中少见，在病原微生物和异体物质易侵入的部位较多，如消化道和呼吸道的黏膜固有层内。病理情况下，有慢性炎症部位浆细胞也多。

④ 肥大细胞　肥大细胞数量较多，分布很广，常沿小血管和小淋巴管分布。光镜下，细胞为圆形或卵圆形，细胞核小，细胞质内充满粗大的异染性颗粒。电镜下，颗粒大小不一，表面有单位膜包裹。颗粒中含有肝素、组胺、白三烯和嗜酸性粒细胞趋化因子等生物活性物质。当肥大细胞受到某种变态反应原的重复刺激时，便可释放颗粒中的物质，肝素具有抗凝血作用，组胺和白三烯可使毛细血管的通透性增强、血浆漏出，造成局部水肿，并可使小支气管平滑肌痉挛、黏膜水肿，参与变态反应。嗜酸性粒细胞趋化因子能吸引嗜酸性粒细胞向过敏反应的局部移动，以减轻过敏反应。

⑤ 脂肪细胞　常单个或成群分布。光镜下，细胞体积大，呈球形，细胞质内含有大量的脂肪滴，将扁圆形细胞核及少量细胞质挤到细胞周边，HE染色标本中，脂肪滴被溶解，故呈空泡状。脂肪细胞能合成、贮存脂肪和参与脂质代谢。

疏松结缔组织的细胞种类、形态结构和功能见表1-3。

（2）纤维

① 胶原纤维　数量最多，新鲜时呈白色。在HE染色切片中呈淡粉红色，成束排列，直径约为$1\sim20\mu m$，粗细不等，呈波浪形，有少量分支。胶原纤维的韧性大，抗拉力强，但弹性较差，是结缔组织中具有支持作用的物质基础。

表 1-3 疏松结缔组织的细胞种类、形态结构和功能

名　称	形态结构特点	功能特点
成纤维细胞	扁平星形或梭形	合成基质和纤维
巨噬细胞	圆形或椭圆形,有突起	吞噬能力最强
浆细胞	圆形或椭圆形,核似车轮	合成抗体
肥大细胞	圆形,胞质含粗大颗粒	含有肝素、组胺
脂肪细胞	圆形或卵圆形、较大,核在周缘	合成和贮存脂肪

　　② 弹性纤维　含量较少,新鲜时呈黄色。纤维较细,直径约 $0.2\sim10\mu m$,有分支互相交织成网。HE 染色标本上不易着色,折光性强,常呈较亮的淡粉色。可用特殊的染色法显示（如被醛复红染成蓝紫色或被地伊红染成棕褐色）。弹性纤维富有弹性,抗变形能力强,但韧性差,与胶原纤维交织在一起,使疏松结缔组织既有韧性又有弹性,以保持其连接的组织和器官的形态、位置相对恒定并有一定的可变性。随着年龄的增长,弹性可逐渐减弱乃至消失。

　　③ 网状纤维　是一种较细的纤维,分支多并互相连接成网,表面包有较多的蛋白多糖和糖蛋白,使其具有嗜银性,并呈 PAS 阳性反应。HE 染色标本上不着色,用浸银法染色,被染成棕黑色,又称嗜银纤维。网状纤维在疏松结缔组织中含量少,主要存在于网状组织,起支架作用。

　　疏松结缔组织中三种纤维结构和特性的比较见表 1-4。

表 1-4 疏松结缔组织中三种纤维结构和特性的比较

特　点	胶原纤维	弹性纤维	网状纤维
数量与颜色	最多、新鲜时色白	次之、色黄	最少
形态特点	集合成束、粗细不等,波浪状	细长有分支、断端常卷曲	分支交织成网
纤维直径	$1\sim20\mu m$	$0.2\sim1.0\mu m$	$0.2\sim1.0\mu m$
化学成分	Ⅰ、Ⅱ型胶原蛋白	弹性蛋白	Ⅲ型胶原蛋白
物理特性	韧性大、抗拉力强	弹性强、韧性差	弹性、韧性均弱
消化性	胃液易消化、胰液不消化	胃液不消化、胰液消化	消化微弱
HE 染色	呈粉红色	着色极浅	不着色
其他染色	PAS 阳性,复红染成红色	PAS 阴性,醛复红染成蓝紫色	PAS 阳性,镀银呈黑色

　　(3) 基质　基质呈均质胶状,有黏稠性,无色而透明,形成带有微小孔隙的分子筛,具有屏障作用。

　　主要成分为透明质酸,基质中含有大量的组织液。组织液是从毛细血管动脉端渗入到基质中的不含大分子物质的血浆成分。细胞通过组织液获得营养和氧气,并向其中排出代谢产物和二氧化碳。组织液又从静脉端或毛细淋巴管返回到血液中,同时带走二氧化碳和代谢产物。组织液的不断循环更新,为组织、细胞提供了动态的良好生存环境。

　　2. 致密结缔组织

　　致密结缔组织的组成与疏松结缔组织基本相同,两者的主要区别是：致密结缔组织中的纤维成分特别多,而且排列紧密,细胞和基质成分很少。除弹性组织外,绝大多数的致密结缔组织中以粗大的胶原纤维束为主要成分,其中含少量纤维细胞、小血管和淋巴管。按纤维的性质和排列方式不同,可将致密结缔组织分为以下几种类型。

　　(1) 不规则致密结缔组织　分布于真皮的网状层、巩膜、大多数器官的被膜等处。纤维以胶原纤维为主,粗大的胶原纤维束互相交织成致密的网或层。纤维的走行方向与承受机械力学作用的方向相适应。纤维束间有少量基质和成纤维细胞、纤维细胞、小血管及神经束等

（图 1-15）。

（2）规则致密结缔组织　肌腱为其典型代表。胶原纤维束平行而紧密排列，束间有沿其长轴成行排列的细胞，称腱细胞，它是一种变形的成纤维细胞，胞体伸出许多翼状突起，核位于细胞的中央，插入纤维束间并将其包裹（图 1-16）。

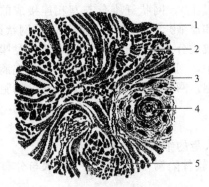

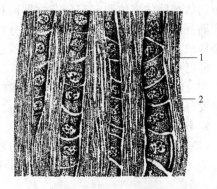

图 1-15　不规则致密结缔组织模式图
1—胶原纤维（纵切）；2—弹性纤维；3—成纤维细胞核；
4—血管；5—胶原纤维（横切）

图 1-16　腱的结构模式图
1—胶原纤维束；2—腱细胞

（3）弹性组织　是富于弹性纤维的致密结缔组织，见于项韧带、大动脉、声带等处。由粗大的弹性纤维平行排列成束，并以细小的分支连接成网，其间有胶原纤维和成纤维细胞。

3. 脂肪组织

脂肪组织主要分布于皮下、网膜和系膜等处，具有贮存脂肪、保护和维持体温等作用。主要由大量脂肪细胞集聚而成，并被疏松结缔组织将成群的脂肪细胞分隔成许多脂肪小叶。

脂肪组织根据脂肪细胞的结构和功能不同，可分为两种。

（1）白色（黄色）脂肪组织　新鲜时呈黄色或白色，其结构特点是胞质内含有一个大的脂肪滴，位于细胞的中央，在 HE 染色标本上因脂肪滴被溶解而成大的空泡状，很少的胞质及扁椭圆形的胞核被挤在周边，把这种细胞称为单泡脂肪细胞。大多数的脂肪细胞均属此类，如皮下组织、系膜、网膜和黄骨髓等处的脂肪组织，具有支持、缓冲、保护、维持体温和贮存能量的功能。见图 1-17(a)。

（2）棕色脂肪组织　新鲜时呈棕色，其特点是含有丰富的血管和神经，细胞呈多边形，胞质内有许多较小的脂滴和大而密集的线粒体，线粒体与脂滴紧密相贴，核圆位于细胞中央，把这种细胞称为多泡脂肪细胞。棕色脂肪组织主要存在于幼龄动物和冬眠动物体内。可迅速氧化而产生大量热能，有利于新生动物的抗寒和维持冬眠动物的体温。见图 1-17(b)。

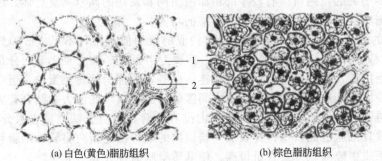

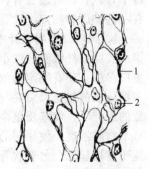

(a)白色(黄色)脂肪组织　　(b)棕色脂肪组织

图 1-17　脂肪组织
1—脂肪细胞；2—毛细血管

图 1-18　网状组织
1—网状纤维；2—网状细胞

4. 网状组织

网状组织是由网状细胞、网状纤维和基质组成。网状细胞为星形多突起细胞，其突起彼此连接成网，胞质弱嗜碱性，核较大，椭圆形，染色浅，核仁清楚。网状纤维细而多分支，沿着网状细胞的胞体和突起分布（即网状细胞附于其上）。网状纤维分支互相连接成的网孔内充满基质（在淋巴器官和造血器官分别是淋巴液和血液）。体内没有单独存在的网状组织，它是构成淋巴组织、淋巴器官和造血器官的基本组成成分。分布于消化道、呼吸道黏膜固有层、淋巴结、脾、扁桃体及红骨髓中。在这些器官中，网状组织成为支架，网孔中充满淋巴细胞和巨噬细胞，或者是不同发育阶段的各种血细胞。网状细胞则成为T、B淋巴细胞和血细胞发育微环境的细胞成分之一（图1-18）。

5. 软骨组织和软骨

（1）软骨组织　软骨组织由少量的软骨细胞和大量的细胞间质构成。

① 软骨细胞　软骨细胞埋藏在软骨基质形成的软骨陷窝中，其大小、形状与分布部位有关。

② 细胞间质　呈均质状，由半固体凝胶状的基质和纤维构成。纤维包埋于基质中，主要有胶原纤维和弹性纤维。

（2）软骨　软骨由软骨组织和周围的软骨膜构成。软骨组织构成软骨的主体，根据软骨组织中细胞间质内纤维成分的不同，可将软骨分为透明软骨、弹性软骨和纤维软骨。

① 透明软骨　透明软骨分布最广，如鼻、喉、气管和支气管的软骨、肋软骨及关节软骨等。其结构特点是：新鲜时为淡蓝色半透明，基质内的纤维为胶原原纤维，交织排列，并与基质的折射率一致，HE染色标本上不易分辨。透明软骨骨质较脆，耐磨（图1-19）。

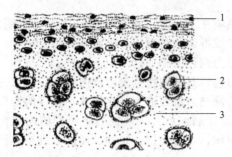

图1-19　透明软骨
1—软骨膜；2—软骨细胞；3—软骨基质

a. 软骨细胞　软骨细胞因在软骨组织中的存在部位不同，形态亦异。近软骨表面是一些幼稚的细胞，体小呈扁椭圆形，细胞长轴与软骨表面平行，多为单个存在。越向深层，软骨细胞逐渐长大，变成圆形或椭圆形，在软骨的中央，软骨细胞成群分布，每群为2～8个细胞，它们都是由一个软骨细胞分裂而来，故称同源细胞群。软骨细胞埋藏在软骨间质内，它所存在的部位为一小腔，称为软骨陷窝。在HE染色标本上，陷窝周围的软骨基质呈强嗜碱性，染色很深，称软骨囊。同源细胞群中的每个软骨细胞分别围以软骨囊。电镜下，软骨细胞表面有许多小突起，胞质内有较多的粗面内质网和发达的高尔基复合体，还有一些糖原和脂滴。软骨细胞具有合成和分泌基质与纤维的功能。

b. 间质　透明软骨中的纤维成分是由Ⅱ型胶原蛋白构成的胶原原纤维，不形成胶原纤维。胶原原纤维直径细小（10～20nm），呈交织状分布。基质为半固态，其主要化学成分是蛋白多糖，还有一定量的蛋白质，如连接蛋白、软骨黏连蛋白等，故称为软骨黏蛋白。蛋白多糖分子的侧链以短突与胶原原纤维相接触，构成较大间隙的网架，以承受压力并结合着大量的水分子，使基质呈半透明固态。所以虽然软骨组织内没有血管，但由于基质富含水分，易于物质渗透，使深层的软骨细胞也能获得营养物质。基质内的软骨黏连蛋白将软骨细胞和基质连接起来。另外软骨基质中硫酸软骨素含量很高，使基质呈嗜碱性并具有异染性。

c. 软骨膜　软骨组织外面包有一层致密结缔组织（关节软骨表面没有），称为软骨膜。它可明显地分为内、外两层。外层致密，含胶原纤维多，细胞和血管均少，主要起保护作用；内层疏松，纤维较少，血管和细胞成分多，其中含有一种干细胞称骨原细胞，可分化为成软骨细胞进而形成软骨细胞。软骨组织内无血管，营养由软骨膜来供给。

② 弹性软骨　弹性软骨分布于耳廓、会厌等处。其构造与透明软骨相似，只是间质内含有大量的弹性纤维，互相交织成网，使其具有很大的弹性。弹性软骨新鲜时呈黄色（图1-20）。

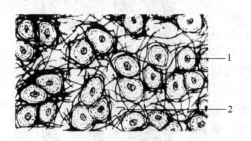 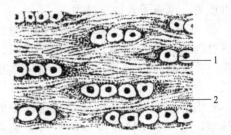

图 1-20　弹性软骨
1—软骨细胞；2—弹性纤维

图 1-21　纤维软骨
1—软骨细胞；2—胶原纤维束

③ 纤维软骨　纤维软骨存在于椎间盘、耻骨联合、关节盘等处。其特点是基质很少，其中含有大量的胶原纤维束，平行或交叉排列。软骨细胞单个、成对或成单行排列，分布于纤维束间。软骨陷窝周围也可见软骨囊。HE 染色切片中，胶原纤维嗜酸性染成红色（图 1-21）。

透明软骨、弹性软骨和纤维软骨的特性比较见表 1-5。

表 1-5　三种软骨的比较

软骨类型	细胞位置	间　质	弹韧性	分　布
透明软骨	软骨细胞位于软骨陷窝中	由胶原原纤维和基质构成。纤维和基质折光性一致，故 HE 染色切片上看不到纤维	韧性和弹性适中	鼻、喉、气管和支气管的软骨、肋软骨及关节软骨等
弹性软骨	软骨细胞位于软骨陷窝中	大量弹性软骨交织成网。纤维和基质折光性不一致，故 HE 染色切片上可看到纤维	弹性好	耳廓、会厌等处
纤维软骨	软骨细胞成行排列或散在纤维束之间	大量交叉或平行排列的胶原纤维束	韧性好	椎间盘、耻骨联合、关节盘等处

6. 骨组织

骨组织是一种坚硬的结缔组织，由几种细胞和大量钙化的细胞间质组成。钙化的细胞间质称骨基质。细胞有骨原细胞、成骨细胞、骨细胞及破骨细胞四种。骨细胞最多，位于骨基质内，其余三种细胞均位于骨组织的边缘。骨组织与骨膜及骨髓构成骨（图 1-22）。

（1）骨组织的结构

① 骨基质　骨基质为固态，由有机成分和无机成分构成。有机成分占成体骨重 35%，包括胶原纤维和无定形基质，是由骨细胞分泌形成的。有机成分的 95% 是胶原纤维；无定形基质的含量只占 5%，呈凝胶状，化学成分为糖胺多糖和蛋白质的复合物。糖胺多糖包括硫酸软骨素、硫酸角质素和透明质酸等。而蛋白质成分中有些具有特殊作用，如骨黏连蛋白可将骨的无机成分与骨胶原蛋白结合起来；骨钙蛋白是与钙结合的蛋白质，其作用与骨的钙化及钙的运输有关。有机成分使骨具有韧性。

无机成分主要为钙盐，又称骨盐，约占骨干重的 65%。主要成分是羟基磷灰石结晶，电镜下，结晶体为细针状，长约 $10\sim20nm$，宽 $3\sim6nm$，它们紧密而有规律地沿着胶原纤维的长轴排列。骨盐一旦与有机成分结合后，骨基质则十分坚硬，以适应其支持功能。

成熟骨组织的骨基质均以骨板的形式存在，即胶原纤维平行排列成层并借无定形基质黏合在一起，其上有骨盐沉积，形成薄板状结构，称为骨板。同一层骨板内的胶原纤维平行排列，相邻两层骨板内的纤维方向互相垂直，如同多层木质胶合板一样，这种结构形式能承受多方压力，增强了骨的支持力。

② 细胞　骨组织的细胞成分包括骨原细胞、成骨细胞、骨细胞和破骨细胞。其中骨原细胞、成骨细胞和骨细胞与骨基质生产有关，破骨细胞与骨基质的溶解吸收有关。

a. 骨原细胞　骨原细胞是骨组织中的干细胞。细胞呈梭形，胞体小，核卵圆形，胞质少呈弱嗜碱性。骨原细胞存在于骨外膜及骨内膜的内层及中央管内，靠近骨基质面。在骨的生长发育时期，或成年后骨的改建或组织修复过程中，骨原细胞可分裂增殖并分化为成骨细胞。

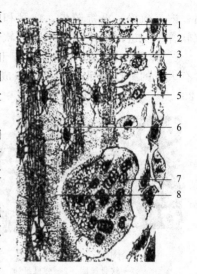

图 1-22　骨组织中的骨板和各种骨细胞
1—骨板；2—相邻的骨板；3—骨陷窝；
4—骨原细胞；5—成骨细胞；6—骨细胞；
7—破骨细胞；8—溶解中的骨质

b. 成骨细胞　成骨细胞由骨原细胞分化而来，分布在骨组织表面，幼年动物较多，成年后较少。呈矮柱状或立方形，并带有小突起。核大而圆、核仁清楚。胞质嗜碱性，含有丰富的碱性磷酸酶。电镜下，胞质内有大量的粗面内质网、游离核糖体和发达的高尔基复合体，线粒体亦较多。当骨生长和再生时，成骨细胞于骨组织表面排列成规则的一层，并向周围分泌基质和纤维，将自身包埋其中，形成类骨质，有骨盐沉积后则变为骨组织，成骨细胞则成熟为骨细胞。

成骨细胞以顶浆分泌的方式向类骨质内释放有膜包裹的小泡，称为基质小泡，其直径约为 $0.1\mu m$。小泡膜上有大量的碱性磷酸酶和 ATP 酶，泡内含有磷脂和小的钙盐结晶。通常认为，基质小泡是类骨质钙化的重要结构。现在研究认为，成骨细胞能向基质中分泌骨钙蛋白。

c. 骨细胞　骨细胞为扁椭圆形多突起的细胞，数量最多。核亦扁圆、染色深，胞质弱嗜碱性。电镜下，胞质内有少量溶酶体、线粒体和粗面内质网，高尔基复合体亦不发达。骨细胞位于骨陷窝内。骨陷窝为骨板内或骨板之间形成的小腔，骨陷窝向周围呈放射状排列的细小管道，称骨小管。相邻骨陷窝的骨小管相互连通。骨细胞多突起，突起伸入骨小管内。相邻骨细胞突起彼此互相接触有缝隙连接，供骨组织进行物质交换。组织液和血液中 Ca^{2+} 在此转运，在维持血钙的恒定中发挥作用。

d. 破骨细胞　破骨细胞是一种多核的大细胞，直径可达 $100\mu m$，可有 $2\sim50$ 个核，胞质嗜酸性。其数量远比成骨细胞少。多位于骨组织被吸收部位所形成的陷窝内。电镜下，破骨细胞靠近骨组织一面有许多高而密集的微绒毛，形成皱褶缘，其基部的胞质内含有大量的溶酶体和吞饮小泡，泡内含有小的钙盐结晶及溶解的有机成分。破骨细胞可释放多种蛋白酶、溶酶体酶和乳酸等，溶解骨组织。目前认为，破骨细胞是由多个单核细胞融合而成，无分裂能力。

(2) 长骨的结构　长骨由骨松质、骨密质、骨膜、骨髓、血管及神经等构成（图 1-23）。

① 骨松质　长骨骨松质主要位于骨骺内和骨干的内侧面，是由大量针状或片状的骨小梁连接而成的多孔的网架，形似海绵状，其中充满骨髓。骨小梁也是板层骨，由数层平行排列的骨板和骨细胞构成，骨小梁按承受力的作用方向有规律地排列。

② 骨密质　位于骨干和骨骺的外侧。骨密质的骨板排列十分致密而规则，肉眼不见腔隙。在骨干，骨板有四种形式：外环骨板、内环骨板、骨单位和间骨板。

a. 外环骨板　由几层到几十层骨板构成，较厚。外环骨板环绕骨干外表面平行排列，最外层与骨外膜相贴。

b. 内环骨板　较薄，仅有数层沿骨髓腔内面平行排列。由于骨干的腔面凹凸不平，常有骨小梁伸出，故内环骨板不甚规则且厚薄不均，其内表面衬有骨内膜。内、外环骨板内均有垂直或斜穿骨板的管道，称穿通管，与纵向排列的骨单位的中央管相通连。管内有来自骨内、外膜的结缔组织、小血管和神经等。

c. 骨单位　位于内、外环骨板之间，数量很多，是构成长骨干的主要结构单位，骨单位顺着长骨的纵轴平行排列，呈筒状，直径 $30\sim70\mu m$，长 $0.6\sim2.5mm$。其中央有一条纵行小管，称中央管或哈氏管。中央管外方有 $10\sim20$ 层同心圆排列的骨板，称骨单位骨板或哈氏骨板。这些骨板间或骨板内有骨陷窝和骨小管，其中容有骨细胞的胞体和突起。最内层骨板内的骨小管与中央管相通，故每个骨单位内的骨细胞均能通过互相通连的骨小管获得营养和排出代谢产物。每一骨单位的表面都有一层较厚的黏合质，在骨的切片标本上着色深或折光性强，称为骨黏合线。骨单位最外层的骨小管在黏合线处返折，不与相邻的骨单位内的骨小管相通连。

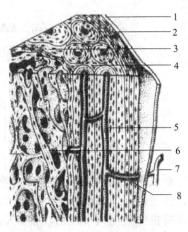

图 1-23　长骨骨干结构模式图
1—外环骨板；2—骨单位；3—内环骨板；
4—间骨板；5—中央管；6—骨松质；
7—血管；8—穿通管

d. 间骨板　是填充于骨单位之间的一些不规则的骨板。它是长骨发生过程中，骨改建时未被吸收的原有骨单位或内、外环骨板的残留部分。

③ 骨膜　骨除附着有关节软骨的部位外，在骨的内、外表面均覆盖一层结缔组织，分别称为骨内膜和骨外膜。骨膜不仅营养、保护骨组织，在骨的生长、改建和修复中也有重要作用。

a. 骨外膜　覆于骨的外表面，较厚，可分为内、外两层。外层较厚，由致密结缔组织构成，胶原纤维束粗而密集。有些胶原纤维束横向穿入外环骨板中，称为穿通纤维，起固定骨膜的作用；内层较薄，由疏松结缔组织构成，富含小血管和神经，并含有骨原细胞、成骨细胞和破骨细胞等。骨原细胞保持着分化潜能，如有骨折发生时，即可被激活，在骨折部位增殖分化为成骨细胞，形成类骨质，进而钙化为骨组织，使骨重新接合。

b. 骨内膜　衬于骨髓腔面、骨小梁表面及中央管和穿通管内表面的薄层疏松结缔组织，纤维细而少，内含较多的骨原细胞，常排列成一层，颇似单层扁平上皮，能分裂分化成骨细胞。骨内膜分隔骨细胞周围和骨髓腔内的两种含钙磷浓度不同的组织液，可能具有离子屏障功能，使骨细胞周围组织液维持一定的钙磷浓度，有利于骨盐结晶的形成。

7. 血液和淋巴

血液和淋巴是流动在血管和淋巴管内的呈液态的结缔组织，由细胞成分（各种血细胞和淋巴细胞）和大量的细胞间质（血浆和淋巴浆）组成。

（1）血液　血液是流动在血管内的液态结缔组织，由有形成分（血细胞）及无定形成分（血浆）组成。大多数哺乳动物的全身血量约占体重的 $7\%\sim8\%$，其中血浆占血液成分的 $55\%\sim65\%$，血细胞则占 $35\%\sim45\%$。血液的成分见表 1-6。

① 血浆　血浆相当于细胞间质，约占 55%，其中 90% 是水，其余为血浆蛋白（白蛋白、球蛋白、补体蛋白和纤维蛋白原、脂蛋白）、无机盐、酶、激素、维生素和各种代谢产

表 1-6 血液成分

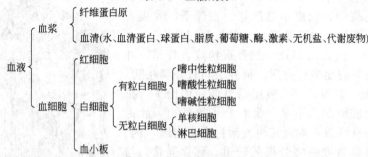

物。血浆不仅是运载血细胞、营养物和全身代谢产物的循环液体，而且参与机体的免疫反应、体液调节、体温调节，维持酸碱平衡和渗透压，具有保持机体适宜内环境的功能。血液流出血管后，即凝成血块，这是由于溶解状态下的纤维蛋白原转变为不溶状态的纤维蛋白所致。血液凝成血块后，周围析出淡黄色清明的液体，称血清。

图 1-24 红细胞立体结构模式图

② 血细胞 血细胞包括红细胞、白细胞和血小板（图版 3，见封三）。

a. 红细胞 大多数哺乳动物成熟的红细胞呈中央薄而周缘厚的双面凹的圆盘状，表面光滑，无细胞核及细胞器（图 1-24），在胞质中充满血红蛋白，具有携带氧和二氧化碳的功能。骆驼和鹿的为椭圆形，无细胞核和细胞器。禽类的红细胞呈椭圆形，细胞中央有一个椭圆形的核。

红细胞大小和数量随动物种类不同而异。各种动物红细胞的平均寿命约为 120 天。衰老的红细胞大都被脾或肝内的巨噬细胞所吞噬。红骨髓不断产生红细胞，补充到血液中去，从而使红细胞总数维持在一定水平上。动物红细胞数量除存在种系差异外，还依个体、性别、年龄、营养状况及生活环境而改变。幼龄动物的比成年动物的多，雄性动物的比雌性动物的多，营养好的比营养不良的多，生活在高原的比平原的多。畜禽红细胞的大小及数量见表 1-7。

表 1-7 畜禽红细胞的大小和数量

动物种别	直径/μm	每立方毫米血液中红细胞数/百万	动物种别	直径/μm	每立方毫米血液中红细胞数/百万
猪	6.2	7.0	山羊	4.1	14.4
马	5.6	8.5	兔	6.8	5.6
驴	5.3	6.5	狗	7.0	6.8
牛	5.1	6.0	猫	5.9	7.5
绵羊	5.0	9.0	鸡	7.5×12.0	3.5

b. 白细胞 具有细胞核和细胞器的球形细胞，一般较红细胞体积大，能作变形运动穿过毛细血管进入周围组织，发挥其防御和免疫功能。每立方毫米血液中的白细胞数量远比红细胞少。白细胞中除淋巴细胞主要来源于胸腺、脾脏、淋巴结、腔上囊外，其他成分均来源于红骨髓。白细胞数量因动物种类不同而有差别，常见动物白细胞数值及分类百分比见表 1-8。

光镜下，根据白细胞胞质内有无特殊颗粒，可将其分为有粒白细胞和无粒白细胞两类。

有粒白细胞又可根据颗粒的嗜色性，分为嗜中性粒细胞、嗜酸性粒细胞和嗜碱性粒细胞。无粒白细胞包括两种，即单核细胞和淋巴细胞。

嗜中性粒细胞胞体呈圆球形，直径约 7～15μm。核的形状有肾形、杆形和分叶形。胞

表 1-8　动物白细胞数值及分类百分比

动物类别	每立方毫米血液中白细胞数/千	嗜中性粒细胞			嗜酸性粒细胞	嗜碱性粒细胞	单核细胞	淋巴细胞
		幼稚型	杆状核	分叶核				
猪	14.8	1.5	3.0	40.0	4.0	1.4	2.1	48.0
马	8.8		4.0	48.4	4.0	0.6	3.0	40.0
驴	8.0		2.5	25.3	8.3	0.5	4.0	59.4
牛	8.2		6.0	25.0	7.0	0.7	7.0	54.3
绵羊	8.2		1.2	33.0	4.5	0.6	3.0	57.7
山羊	9.6		1.4	47.8	2.0	0.8	6.0	42.0
兔	5.7~12.0		8~50		1~3	0.5~30	1~4	20~90
狗	3.0~11.4		42~77		0~14	0~1	1~6	9~50
猫	8.6~32.0		31~85		1~10	0~2	1~3	10~69
鸡	30.0		24.1		12.0	4.0	6.0	53.0

质呈淡粉红色，内含淡紫色或淡红色的细小颗粒。颗粒内含有多种酶类，如酸性磷酸酶、碱性磷酸酶、过氧化物酶、溶菌酶等，能消化、分解吞噬的异物和细菌。嗜中性粒细胞具有很强的变形运动和吞噬能力。禽类的异嗜性粒细胞相当于嗜中性粒细胞，其主要特征是细胞质中分布有暗红色的嗜酸性杆状或纺锤形或圆形颗粒（图1-25）。

图 1-25　嗜中性粒细胞超微结构模式图

嗜酸性粒细胞直径在8~20μm，核多为2~3个叶，胞质内有较粗大的嗜酸性颗粒，颗粒内含有酸性磷酸酶、过氧化物酶、组胺酶等。当受到寄生虫感染和发生过敏反应时，嗜酸性粒细胞大量增加。禽类的嗜酸性颗粒呈圆形，色鲜艳（图1-26）。

嗜碱性粒细胞在白细胞中数量最少，在0~1%之间，胞质内颗粒稀疏、大小不均，呈蓝紫色，内含肝素、组织胺和慢反应物质，参与过敏反应和抗凝血过程（图1-27）。

单核细胞是白细胞中体积最大的细胞，直径约15μm，核呈卵圆形、肾形、马蹄形或不规则形，染色淡，胞质丰富，呈弱嗜碱性。单核细胞在血流中停留时间很短，很快穿过毛细血管壁进入结缔组织，分化成巨噬细胞（图1-28）。

淋巴细胞呈球形，依体积大小分为大、中、小三种，小淋巴细胞数量最多。典型的小淋巴细胞直径约5μm，核大而圆，染色深，几乎占据整个细胞，核一侧常有凹陷。细胞质很少，呈一窄带状，染成淡的蓝色。淋巴细胞的形态虽然相似，但不是同一类群，根据其发生部位、表面特性、寿命长短和免疫功能的不同，分为T淋巴细胞、B淋巴细胞、杀伤性淋巴细胞（K细胞）和自然杀伤性淋巴细胞（NK细胞）。T淋巴细胞由胸腺发育而来，又称胸腺依赖淋巴细胞，在血流中占淋巴细胞的多数，寿命较长，参加细胞性免疫；B淋巴细胞由骨髓（鸟类由腔上囊，又称囊依赖淋巴细胞）分化发育而来，数量少，寿命短，参加体液性免疫反应（图1-29）。

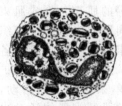 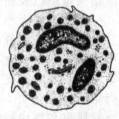 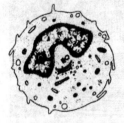 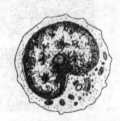

图 1-26　嗜酸性粒细胞超微结构模式图　　图 1-27　嗜碱性粒细胞超微结构模式图　　图 1-28　单核细胞超微结构模式图　　图 1-29　淋巴细胞超微结构模式图

各类白细胞的形态、构造和功能见表1-9。

表1-9　各类白细胞的比较

白细胞种类	形态构造			功能
	形态	细胞核	细胞质	
淋巴细胞	球形、直径6～16μm，分大、中、小三种	圆形，一侧常有凹痕，染色质粗大、致密，染成深蓝色	很少，染成天蓝色，含少量嗜天青颗粒，靠核处显浅色环	参与免疫反应
单核细胞	球形、直径10～20μm	卵圆形、肾形、马蹄形、分叶形，染色质呈细丝状，着色浅	丰富，Wright染色呈浅蓝色，含有散在的嗜天青颗粒	游走到结缔组织成为巨噬细胞，具有吞噬能力，参与机体免疫
嗜中性粒细胞	球形、直径7～15μm	呈杆状或分叶状	含有许多细小而分布均匀的浅红色颗粒	吞噬和杀菌
嗜酸性粒细胞	球形、直径8～20μm	一般分二叶，呈八字形	充满粗大、分布均匀的橘红色嗜酸性颗粒	参与免疫反应
嗜碱性粒细胞	球形、直径10～12μm	不规则，分叶状或S形，常被胞质颗粒掩盖	充满大小不等、分布不均匀的紫蓝色碱性颗粒	抗凝血和参与机体过敏反应

c. 血小板　血小板是骨髓巨核细胞胞质脱落的碎片，呈圆形或椭圆形的小体，其周缘部分透明，中央部分含紫蓝色颗粒。血小板主要功能是参与凝血过程。禽类的血小板有核，胞质略嗜碱性，与红细胞相似，又称凝血细胞，与红细胞的区别是体积小，核较大，染成玫瑰紫色。

（2）淋巴　血液中的血浆透过毛细血管壁进入组织间隙，称组织液。当组织液进入毛细淋巴管后，即称淋巴，后经淋巴结及各级淋巴管入静脉。淋巴中的液体成分与血浆相似，细胞成分主要是小淋巴细胞，单核细胞较少，有时还有少量的嗜酸性粒细胞。

三、肌肉组织

肌肉组织主要由肌细胞组成。肌细胞呈细长纤维形，又称为肌纤维，具有收缩功能。肌细胞之间有少量的结缔组织以及血管和神经。肌纤维的细胞膜称肌膜，肌细胞质称肌浆。肌浆中有许多与细胞长轴平行排列的肌丝，它们是肌纤维舒缩功能的主要物质基础。根据形态结构和功能的不同，将肌肉组织分为三类：骨骼肌、平滑肌和心肌。从结构上看，骨骼肌和心肌属于横纹肌。从功能特点上看，骨骼肌受躯体神经支配，为随意肌；心肌和平滑肌受植物神经支配，为不随意肌（图1-30）。

1. 骨骼肌

骨骼肌因大多借肌腱附着于骨骼而得名，基本成分是骨骼肌纤维。在显微镜下可见其肌纤维有明暗相间的横向条纹，故称横纹肌。其收缩有力，受意识支配，又称随意肌。每块骨骼肌均由许多平行排列的骨骼肌纤维组成，它们的周围包裹着结缔组织。包在整块肌外面的结缔组织为肌外膜，它是一层致密结缔组织膜，含有血管和神经。肌外膜的结缔组织以及血管和神经的分支伸入肌内，分隔和包围大小不等的肌束，形成肌束膜。分布在每条肌纤维周围的少量结缔组织为肌内膜，肌内膜含有丰富的毛细血管。各层结缔组织膜除有支持、连接、营养和保护肌肉组织的作用外，对单条肌纤维的活动，乃至对肌束和整块肌肉的肌纤维群体活动也起着调整作用（图1-31、图1-32）。

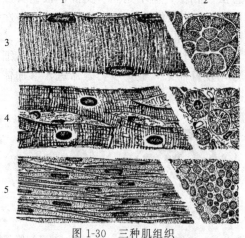

图1-30　三种肌组织
1—纵断面；2—横断面；3—骨骼肌；
4—心肌；5—平滑肌

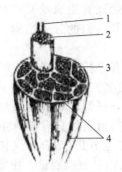

图 1-31　一块骨骼肌

1—肌纤维；2—肌内膜；3—肌束膜；4—肌外膜

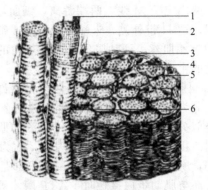

图 1-32　骨骼肌纤维立体模式图

1—肌原纤维；2—肌纤维；3—肌束膜；
4—肌内膜；5—肌膜；6—肌细胞核

（1）骨骼肌纤维的光镜结构　骨骼肌纤维为长圆柱形的多核细胞，横径约 $10\sim100\mu m$，长短不一，一般在 $1\sim40mm$ 之间。肌膜的外面有基膜紧密贴附。一条肌纤维内含有几十个甚至几百个细胞核，位于细胞周围近肌膜处。核呈扁椭圆形，异染色质较少，染色较浅，核仁明显（图版 6，见封三）。肌浆内含许多与细胞长轴平行排列的肌丝束，称肌原纤维。每条肌纤维含有数百至数千条肌原纤维。肌原纤维之间含有大量线粒体、糖原以及少量脂滴，肌浆内还含有肌红蛋白。在骨骼肌纤维与基膜之间有一种扁平有突起的细胞，称肌卫星细胞，排列在肌纤维的表面，当肌纤维受损伤后，此种细胞可分化形成肌纤维。

肌原纤维呈细丝状，直径 $1\sim2\mu m$，沿肌纤维长轴平行排列，每条肌原纤维上都有明暗相间、重复排列的横纹。由于各条肌原纤维的明暗横纹都相应地排列在同一平面上，因此肌纤维呈现出规则的明暗交替的横纹。横纹由明带和暗带组成。在偏光显微镜下，明带呈单折光，为各向同性，又称 I 带；暗带呈双折光，为各向异性，又称 A 带。在电镜下，暗带中央有一条浅色窄带称 H 带，H 带中央有一条暗线为 M 线。明带中央则有一条暗线称 Z 线或间线。两条相邻 Z 线之间的一段肌原纤维称为肌节。每个肌节都由 1/2I 带＋A 带＋1/2I 带所组成。肌节长约 $2\sim2.5\mu m$，它是骨骼肌收缩的基本结构单位（图 1-33）。

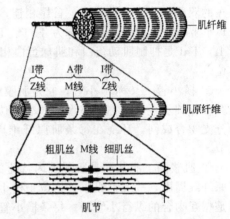

图 1-33　骨骼肌逐级放大示意图

（2）骨骼肌纤维的超微结构　肌质中除肌原纤维，还含有横小管、肌浆网、肌红蛋白、糖原颗粒和丰富的线粒体（图 1-33、图 1-34）。

① 肌原纤维　电镜下，肌丝分为两种，直径 15nm 的粗肌丝和直径 8nm 的细肌丝。两种肌丝在肌节内各居一定位置。粗肌丝位于明带，中央

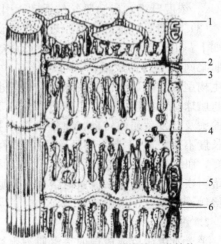

图 1-34　骨骼肌纤维的超微结构

1—肌原纤维；2—横小管；3—终池；4—肌浆网；
5—线粒体；6—三联体

分出丝突固定于 M 线，两端游离，细肌丝一端发出分支固定于 Z 线，另一端平行插入粗肌丝之间，达 H 带外侧，末端游离。故 I 带只有细肌丝，A 带既有粗肌丝又有细肌丝，其中 H 带只有粗肌丝。两种肌丝肌在肌节内的这种规则排列以及它们的分子结构，是肌纤维收缩功能的主要基础。

a. 粗肌丝的分子结构　粗肌丝是由许多肌球蛋白分子有序排列组成的。肌球蛋白形如豆芽，分为头和杆两部分，头部如同两个豆瓣，杆部如同豆茎。在头和杆的连接点及杆上有两处类似关节，可以屈动。M 线两侧的肌球蛋白对称排列，杆部均朝向粗肌丝的中段，头部则朝向粗肌丝的两端并露出表面，称为横桥。M 线两侧的粗肌丝只有肌球蛋白杆部而没有头部，所以表面光滑。肌球蛋白头部是一种 ATP 酶，能与 ATP 结合。只有当肌球蛋白分子头部与肌动蛋白接触时，ATP 酶才被激活，于是分解 ATP 放出能量，使横桥发生屈伸运动。

b. 细肌丝的分子结构　细肌丝由三种蛋白质分子组成，即肌动蛋白、原肌球蛋白和肌原蛋白。后两种属于调节蛋白，在肌收缩中起调节作用。肌动蛋白分子单体为球形，许多单体相互接连成串珠状的纤维形，肌动蛋白就是由两条纤维形肌动蛋白缠绕形成的双股螺旋链。每个球形肌动蛋白单体上都有一个可以与肌球蛋白头部相结合的位点。原肌球蛋白是由较短的双股螺旋多肽链组成，首尾相连，嵌于肌动蛋白双股螺旋链的浅沟内。肌原蛋白由 3 个球形亚单位组成，分别简称为 TnT、TnI 和 TnC。肌原蛋白借 TnT 而附于原肌球蛋白分子上，TnI 是抑制肌动蛋白和肌球蛋白相互作用的亚单位，TnC 则是能与 Ca^{2+} 相结合的亚单位。

② 横小管　又称 T 小管，它是肌膜向肌浆内凹陷形成的小管网，由于它的走行方向与肌纤维长轴垂直，故称横小管。横小管位于 A 带与 I 带交界处，同一水平的横小管在细胞内分支吻合成网，环绕在每条肌原纤维周围。横小管的功能是将肌膜的兴奋迅速传到每个肌节。

③ 肌浆网　肌浆网是肌纤维内特化的滑面内质网，位于横小管之间，纵行包绕在每条肌原纤维周围，故又称纵小管。位于横小管两侧的肌浆网呈环行的扁囊，称终池，终池之间则是相互吻合的纵行小管网。每条横小管与其两侧的终池共同组成骨骼肌三联体。在横小管的肌膜和终池的肌浆网膜之间形成三联体连接，可将兴奋从肌膜传到肌浆网膜。肌浆网的膜上有丰富的钙泵，有调节肌浆中 Ca^{2+} 浓度的作用。横小管兴奋引起肌浆网释放 Ca^{2+}，肌浆中 Ca^{2+} 浓度升高，启动肌丝的滑动，引起肌纤维的收缩。

(3) 骨骼肌纤维的收缩原理　目前认为，骨骼肌收缩的机制是肌丝滑动原理。其过程大致如下：①运动神经末梢将神经冲动传递给肌膜；②肌膜的兴奋经横小管迅速传向终池；③肌浆网膜上的钙泵活动，将大量 Ca^{2+} 转运到肌浆内；④肌原蛋白 TnC 与 Ca^{2+} 结合后，发生构型改变，进而使原肌球蛋白位置也随之变化；⑤原来被掩盖的肌动蛋白位点暴露，迅即与肌球蛋白头接触；⑥肌球蛋白头 ATP 酶被激活，分解了 ATP 并释放能量；⑦肌球蛋白的头及杆发生屈曲转动，将肌动蛋白拉向 M 线；⑧细肌丝向 A 带内滑入，I 带变窄，A 带长度不变，但 H 带因细肌丝的插入可消失，由于细肌丝在粗肌丝之间向 M 线滑动，肌节缩短，肌纤维收缩；⑨收缩完毕，肌浆内 Ca^{2+} 被泵入肌浆网内，肌浆内 Ca^{2+} 浓度降低，肌原蛋白恢复原来构型，原肌球蛋白恢复原位又掩盖肌动蛋白位点，肌球蛋白头与肌动蛋白脱离接触，肌则处于松弛状态。

2. 平滑肌

平滑肌由成束或成层的平滑肌细胞构成，排列整齐，主要分布在胃肠道、呼吸道、泌尿生殖道以及血管和淋巴管的管壁，又称内脏肌。平滑肌纤维无横纹，其收缩启动缓慢，不受意识支配，属于不随意肌。平滑肌的一般结构见图 1-35。

（1）平滑肌纤维的光镜结构　平滑肌纤维呈长梭形，平均直径约 10μm，长约 100μm。妊娠子宫壁平滑肌可长达 500μm。血管平滑肌较细长，宽 2～5μm，长 40～60μm。平滑肌只有一个核，呈棒状或椭圆形，位于细胞中央。肌纤维收缩时，核可扭曲成螺旋状。

（2）平滑肌纤维的超微结构　电镜下观察，肌膜向下凹陷形成数量众多的小凹。目前认为这些小凹相当于骨骼肌的横小管。肌浆网发育很差，呈小管状，位于

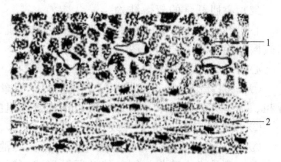

图 1-35　平滑肌的一般结构
1—肌纤维横切面；2—肌纤维纵切面

肌膜下与小凹相邻近。核两端的肌浆内含有线粒体、高尔基复合体和少量粗面内质网以及较多的游离核糖体，偶见脂滴。平滑肌的细胞骨架系统比较发达，主要由密斑、密体和中间丝组成。细胞周边部的肌浆中，主要含有粗、细两种肌丝。相邻的平滑肌纤维之间有缝隙连接，便于化学信息和神经冲动的沟通，有利于众多平滑肌纤维同时收缩而形成功能整体。

目前认为，平滑肌纤维和横纹肌一样是以"肌丝滑动"原理进行收缩的。由于每个收缩单位是由粗肌丝（肌球蛋白）和细肌丝（肌动蛋白）组成，它们的一端借细肌丝附着于肌膜的内面，这些附着点呈螺旋形。肌丝单位大致与平滑肌长轴平行，但有一定的倾斜度。粗肌丝没有 M 线，表面的横桥有半数沿着相反方向摆动，所以当肌纤维收缩时，不但细肌丝沿着粗肌丝的全长滑动，而且相邻的细肌丝的滑动方向是相对的。因此平滑肌纤维收缩时，粗、细肌丝的重叠范围大，纤维呈螺旋形扭曲而变短和增粗。

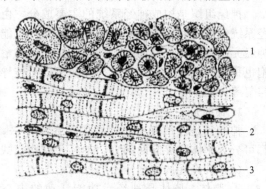

图 1-36　心肌的一般结构
1—肌纤维横切面；2—肌纤维纵切面；3—闰盘

3. 心肌

心肌是由心肌纤维组成，分布于心壁。心肌纤维有明暗相间的横纹，也属横纹肌。其心肌收缩力强而有节律，不受意识支配，是不随意肌。

（1）心肌纤维的光镜结构（图 1-36）　心肌纤维呈短柱状，多数有分支，相互连接成网状。心肌纤维的连接处称闰盘，在 HE 染色的标本中呈着色较深的横形或阶梯状粗线。心肌纤维的核呈卵圆形，位居中央，有的细胞含有双核。心肌纤维的肌浆较丰富，多聚在核的两端处，其中含有丰富的线粒体和糖原及少量脂滴和脂褐素。后者为溶酶体的残余体，随年龄的增长而增多。心肌纤维显示有横纹，但其肌原纤维和横纹都不如骨骼肌纤维的明显。

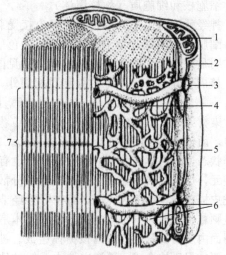

图 1-37　心肌纤维的超微结构
1—肌原纤维；2—肌膜；3—横小管；
4—终池；5—肌浆网；6—二联体；7—肌节

(2) 心肌纤维的超微结构

心肌纤维也含有粗、细两种肌丝，它们在肌节内的排列分布与骨骼肌纤维相同，也具有肌浆网和横小管等结构（图 1-37）。

心肌纤维的超微结构有下列特点。

① 肌原纤维不如骨骼肌那样规则明显，肌丝被少量肌浆和大量纵行排列的线粒体分隔成粗、细不等的肌丝束，以致横纹也不如骨骼肌的明显。

② 横小管较粗，位于 Z 线水平。

③ 肌浆网比较稀疏，纵小管不甚发达，终池较小也较少，横小管两侧的终池往往不同时存在，多见横小管与一侧的终池紧贴形成二联体，三联体极少见。

④ 闰盘位于 Z 线水平，由相邻两个肌纤维的分支处伸出许多短突相互嵌合而成，常呈阶梯状，在连接的横位部分，有中间连接和桥粒，起牢固的连接作用，在连接的纵位部分，有缝隙连接，便于细胞间化学信息的交流和电冲动的传导，这对心肌纤维整体活动的同步化是十分重要的。

四、神经组织

神经组织是构成神经系统的主要成分，由神经细胞和神经胶质细胞组成。神经细胞是神经系统的结构和功能单位，亦称神经元，它能感受体内、外环境的刺激和传导兴奋，有一些神经元尚具有内分泌功能。神经元之间以突触彼此联系，形成复杂的神经网络。神经胶质细胞也称神经胶质，其数量比神经元多，无传导功能，对神经元起支持、保护、分隔、营养和修复等作用。

1. 神经元

神经元是一种有突起的细胞，大小不一，形态多种多样，但都可分为胞体和突起两部分。神经元结构模式图见图 1-38。

(1) 神经元的结构

① 胞体　胞体是神经元功能活动的中心，位于大小脑皮质、脑干和脊髓灰质及神经节、神经核内。形态多样，有圆形、椎体形及星形等，大小差别大，直径 4～120μm 不等，但都包括细胞膜、细胞核和细胞质（称核周体）。

神经元细胞膜亦为单位膜，具有接受刺激、传导兴奋的作用。

细胞核大而圆，位于胞体中央，染色质细小而分散，着色浅，核仁明显。神经元胞体超微结构模式图见图 1-39。

核周体除与一般细胞的细胞质相同外，尚有以下特点。

a. 嗜染质　又称尼氏体，是一种嗜碱性物质，在 HE 染色中被碱性染料染成紫蓝色，多呈斑块状或颗粒状。它分布在核周体和树突内，而轴突起始段的轴丘和轴突内均无。依神经元的类型和不同生理状态，尼氏体的数量、形状和分布也有所差别。典型的如运动神经元，尼氏体数量最多，呈斑块状，分散于神经原纤维之间，犹如虎皮样花斑，故又称虎斑。而在脊神经节神经元的胞质内，尼氏体呈颗粒状，散在分布。电镜下，尼氏体是由许多发达的平行排列的粗面内质网及其间的游离核糖体组成。神经活动所需的大量蛋白质主要在尼氏体合成，再流向核内、线粒体和高尔基复合体。当神经元损伤或中毒时，均能引起尼氏体减少，乃至消失。若损伤恢复除去有害因素后，尼氏体又可恢复 [图 1-40，图版 4（见封三）]。

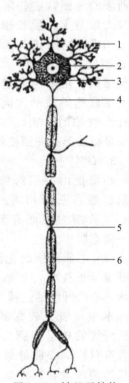

图 1-38　神经元结构
模式图

1—树突；2—细胞核；
3—尼氏体；4—轴突；
5—郎飞结；6—髓鞘

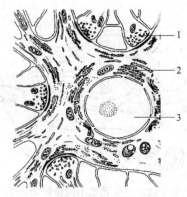

图 1-39　神经元胞体超微结构模式图
1—突触；2—尼氏体；3—胞核

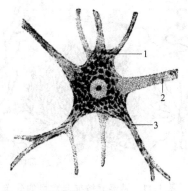

图 1-40　脊髓运动神经元的尼氏体
1—尼氏体；2—轴丘与轴突；3—树突

　　b. 神经原纤维　在神经元细胞质内，存在着直径约为 $2\sim3\mu m$ 的丝状纤维结构，在银染的切片标本中呈棕黑色，此即为神经原纤维，在核周体内交织成网，并向树突和轴突延伸，可达到突起的末梢部位。电镜下观察，神经原纤维由一种中间丝（神经丝）和微管组成，作为细胞骨架起支持作用，并参与神经元的物质运输。

　　② 突起　突起分树突和轴突。

　　树突有多个，比较短，呈树枝状分支，因而得名。其内部结构与核周体相似，有尼氏体和神经原纤维。树突表面常有许多棘状或小芽状突起，称树突棘。树突棘是神经元之间形成突触的主要部位。树突的细胞膜上有许多受体，具有接受刺激的功能，神经冲动沿树突传入胞体。

　　轴突细长，直径均匀，可有呈直角分出的侧支，末端分支较多称轴突终末。胞体发出轴突的部位呈圆锥形隆起称轴丘，轴丘和轴突的结构相似，无尼氏体，有神经原纤维，轴突成分的更新及神经递质合成所需的蛋白质和酶，是在胞体内合成后输送到轴突及其终末的。一个神经元只有一根轴突。神经冲动沿轴突传至其他神经元或效应器。

　　(2) 神经元的分类

　　① 根据神经元突起数目分类

　　a. 多极神经元　有一个轴突和多个树突。

　　b. 双极神经元　有两个突起，一个是树突，另一个是轴突。

　　c. 假单极神经元　从胞体发出一个突起，距胞体不远又呈"T"形分为两支，一支分布到外周的其他组织器官，称周围突；另一支进入中枢神经系统，称中枢突（图 1-41）。

　　② 根据神经元功能分类

　　a. 感觉神经元　又称传入神经元，多为假单极神经元，胞体主要位于脑脊神经节内，其周围突的末梢分布在皮肤和肌肉等处，接受刺激，将刺激传向中枢。

　　b. 运动神经元　又称传出神经元，多为多极神经元，胞体主要位于脑、脊髓和植物神经节内，它把神经冲动传给肌肉或腺体，产生效应。

　　c. 联络神经元　又称中间神经元，介于前两种神经元之间，多为多极神经元，在感觉和运动神经元之间起联络作用（图 1-42）。

　　③ 根据神经元释放递质的性质分类　分为胆碱能神经元、胺能神经元和肽能神经元。

　　(3) 神经元之间的联系——突触　突触是神经元与神经元之间，或神经元与非神经细胞之间的一种特化的细胞连接，通过它的传递作用实现细胞与细胞之间的通信。在神经元之间的连接中，最常见的是一个神经元的轴突终末与另一个神经元的树突、树突棘或胞体连接，分别构成轴-树、轴-棘、轴-体突触。此外还有轴-轴和树-树突触等。突触可分为化学突触和

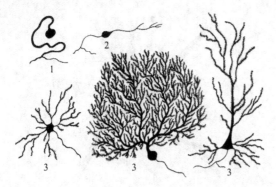

图1-41 神经元按突起数目的分类

1—假单极神经元；2—双极神经元；3—多极神经元

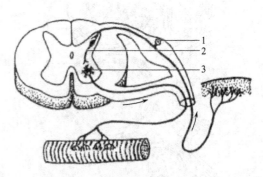

图1-42 神经元按不同功能的分类

1—感觉神经元；2—联络神经元；3—运动神经元

电突触两大类。前者是以化学物质（神经递质）作为通信的媒介，后者亦即缝隙连接，是以电流（电讯号）传递信息。哺乳动物神经系统以化学突触占大多数，通常所说的突触亦指化学突触而言。

突触在电镜下可见其结构，可分突触前成分、突触间隙和突触后膜三部分。突触前成分包括突触前膜和突触小泡。突触前膜是轴突终末与另一个神经元相接触处轴突终末特化增厚的部分。突触小泡位于突触前膜内侧，一般呈圆形或椭圆形，其内含乙酰胆碱、去甲肾上腺素或肽类等神经递质。突触间隙是突触前膜和后膜之间狭小的间隙，宽20～30nm，含有糖蛋白和一些细丝状物质。突触后膜是与突触前膜相对应的神经元或效应细胞的局部细胞膜。突触后膜含有能与神经递质特异性结合的受体（图1-43、图1-44）。

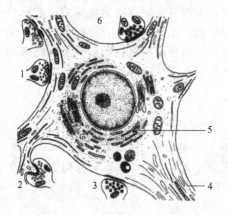

图1-43 多极神经元及其突触

1—轴-体突触；2—轴-棘突触；3—轴-轴突触；
4—轴突；5—粗面内质网；6—轴-树突触

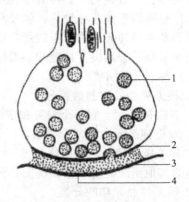

图1-44 化学突触的超微结构

1—突触小泡；2—突触前膜；
3—突触后膜；4—突触间隙

2. 神经胶质细胞

神经胶质细胞，简称神经胶质，广泛分布于中枢和周围神经系统，其数量比神经元的数量大得多，神经胶质细胞与神经元数目之比约为10∶1～50∶1。神经胶质细胞体积一般比神经元小，胞质中缺乏尼氏体和神经元纤维。神经胶质细胞与神经元一样具有突起，但其胞突不分树突和轴突，亦没有传导神经冲动的功能。神经胶质细胞可分几种，各有不同的形态特点，但HE染色只能显示其细胞核，用特殊的银染色或免疫细胞化学方法可显示细胞的全貌。神经胶质细胞有多种，现分述如下。

（1）中枢神经系统内的神经胶质细胞（图1-45）

① 星形胶质细胞　星形胶质细胞是胶质细胞中体积最大的一种，与少突胶质细胞合称为大胶质细胞。细胞呈星形，核圆形或卵圆形，较大，染色较浅。星形胶质细胞的突起伸展充填在神经元胞体及其突起之间，起支持神经元的作用。有些突起末端形成脚板，附在毛细血管壁上，或附着在脑和脊髓表面形成胶质界膜。

星形胶质细胞根据胞质内胶质丝的多少和突起的形状可分为以下两种。

a. 纤维性星形胶质细胞　多分布在白质，细胞的突起细长，分支较少，胞质内含大量胶质丝。组成胶质丝的蛋白质称胶质原纤维酸性蛋白，用免疫细胞化学染色技术，能特异性地显示这类细胞。

b. 原浆性星形胶质细胞　多分布在灰质，细胞的突起较短粗，分支较多，胞质内胶质丝较

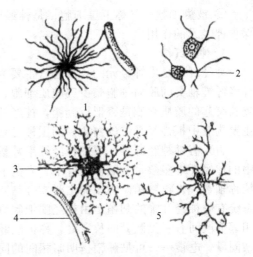

图 1-45　中枢神经系统的神经胶质细胞
1,3—星形胶质细胞；2—少突胶质细胞；
4—毛细血管；5—小胶质细胞

少。星形胶质细胞能吸收细胞间隙的 K^+，以维持神经元周围环境 K^+ 含量的稳定性，它还能摄取和代谢某些神经递质（如 γ-氨基丁酸等），调节细胞间隙中神经递质的浓度，有利神经元的活动。在神经系统发育时期，某些星形胶质细胞具有引导神经元迁移的作用，使神经元到达预定区域并与其他细胞建立突触连接。中枢神经系统损伤时，星形胶质细胞增生、肥大、充填缺损的空隙，形成胶质瘢痕。

② 少突胶质细胞　少突胶质细胞的胞体较星形胶质细胞的小，核圆，染色较深。胞质内胶质丝很少，但有较多微管和其他细胞器。在银染色标本中，突起较少，但用特异性的免疫细胞化学染色，可见少突胶质细胞的突起并不很少，而且分支也多。少突胶质细胞分布在神经元胞体附近和神经纤维周围，它的突起末端扩展成扁平薄膜，包卷神经元的轴突形成髓鞘，是中枢神经系统的髓鞘形成细胞。新近研究认为，少突胶质细胞还有抑制再生神经元突起生长的作用。

③ 小胶质细胞　小胶质细胞是胶质细胞中最小的一种。胞体细长或椭圆，核小，扁平或三角形，染色深。细胞的突起细长有分支，表面有许多小棘突。小胶质细胞的数量少，约占全部胶质细胞的 5%。中枢神经系统损伤时，小胶质细胞可转变为巨噬细胞，吞噬细胞碎屑及退化变性的髓鞘。血循环中的单核细胞亦侵入损伤区，转变为巨噬细胞，参与吞噬活动。由于小胶质细胞有吞噬功能，有人认为它来源于血液中的单核细胞，属单核吞噬细胞系统。

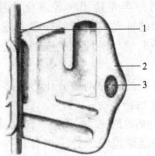

图 1-46　展开的神经膜细胞
1—轴突；2—细胞质；
3—细胞核

④ 室管膜细胞　为立方或柱形，分布在脑室及脊髓中央管的腔面，形成单层上皮，称室管膜。室管膜细胞表面有许多微绒毛，有些细胞表面有纤毛。胚胎时期哺乳动物的室管膜细胞，其基底面有细长的突起伸向深部，称伸长细胞。

（2）周围神经系统内的神经胶质细胞

① 神经膜细胞　又称雪旺氏或施万细胞，是周围神经纤维的鞘细胞，它们排列成串，一个接一个地包裹着周围神经纤维的轴突。在有髓神经纤维，神经膜细胞形成髓鞘，是周围神经系统的髓鞘形成细胞。神经膜细胞外表面有一层基膜，在周围神经再生中起重要作用（图 1-46）。

② 被囊细胞　又称卫星细胞，是神经节内神经元胞体周围的一层扁平细胞，有营养和保护神经元的作用。

3. 神经纤维

神经纤维是由神经元的长突起（主要为轴突）和外包的神经胶质细胞所组成。包裹中枢神经纤维轴突的胶质细胞是少突胶质细胞，包裹周围神经纤维轴突的是神经膜细胞。根据包裹长突起的胶质细胞是否形成髓鞘，神经纤维可分有髓神经纤维和无髓神经纤维。神经纤维主要构成中枢神经系统的白质和周围神经系统的脑神经、脊神经和植物神经。

（1）有髓神经纤维　有髓神经纤维数量较多，周围神经系统的神经和中枢神经系统白质中的神经纤维多数是有髓神经纤维。光镜下，有髓神经纤维的中心为神经元的轴突或长树突统称轴索，外包髓鞘。髓鞘的主要成分是髓磷脂，在 HE 染色片上呈空泡细丝状。周围神经系统有髓神经纤维的髓鞘是由神经膜细胞节段性包绕轴索而成。每一节有一个神经膜细胞，相邻节段间有一无髓鞘的狭窄处，称神经纤维结，或郎飞结，两个纤维结之间的一段纤维称结间段。电镜下，可见髓鞘呈明暗相间的同心状板层结构，是由神经膜细胞的胞膜多层包绕轴索而成。中枢神经系统有髓神经纤维的髓鞘是由少突胶质细胞伸出多个突起分别包卷数条轴索，其胞体位于神经纤维之间（图 1-47）。

（2）无髓神经纤维　周围神经系统的无髓神经纤维光镜下可见细长的神经膜细胞核，排在轴索表面，神经纤维直径较细。电镜下，可见一个神经膜细胞包埋数条轴索。中枢神经系统的无髓神经纤维是裸露的神经元突起（图 1-48）。

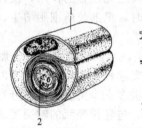
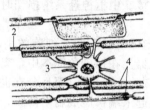
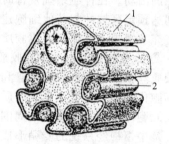

图 1-47　有髓神经纤维髓鞘形成示意图
1—神经膜细胞；2—轴索；
3—少突胶质细胞；4—髓鞘

图 1-48　无髓神经纤维示意图
1—神经膜细胞；2—轴索

4. 神经末梢

周围神经纤维的终末部分终止于其他组织所形成的特有结构，称神经末梢。神经末梢可分两类：一类是传入神经纤维末梢，常终止于感觉器官，又叫感觉神经末梢，能感受体内、外环境的各种刺激，并能将产生的神经冲动向中枢神经传导；另一类是传出神经纤维末梢，终止在肌肉或腺体，又叫运动神经末梢，可接受由中枢神经传来的冲动，引起肌肉收缩或腺体分泌。感觉神经末梢与其附属结构共同组成感受器，运动神经末梢与肌纤维或腺细胞之间的突触性连接组成效应器。

（1）感觉神经末梢　生物进化过程中，机体适应外界不同性质的各种刺激分化形成多种多样的感觉神经末梢，按形态结构不同，可归纳为以下两种（图 1-49）。

① 游离神经末梢　是由较细的有髓神经纤维和无髓神经纤维的终末端反复分支而成。主要分布在皮肤的表皮，也分布于黏膜上皮、浆膜、肌膜及某些结缔组织等处。当有髓神经纤维进入表皮或其他组织时，末梢的髓鞘消失，轴突裸露成游离的细枝，广泛分布在表皮或其他组织深层的细胞之间。游离神经末梢的主要机能为感受疼痛刺激，也参与对触觉和压觉等刺激的感受。

   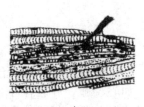

1　　　　　　　　　2　　　　　　　　3　　　　　　　　4

图 1-49　感觉神经末梢

1—游离神经末梢；2—触觉小体；3—环层小体；4—肌梭

② 有被囊神经末梢　均包以结缔组织成分组成的被囊，形式很多，大小不一。常见的有触觉小体、环层小体和肌梭等。触觉小体分布在真皮乳头内，椭圆形，囊内有许多横列的扁平细胞，神经终末分出细支盘绕在扁平细胞之间，主要功能是触觉。环层小体多见于真皮深层、皮下组织等结缔组织内，体积较大，球形或椭球形，被囊由数十层同心圆排列的扁平细胞构成，神经终末失去髓鞘，伸及小体中央的圆柱体内，主要功能是感受压力、振动和张力觉。肌梭为纺锤形，外有结缔组织被囊。囊内含有 2～12 条纤细的骨骼肌纤维，叫做梭内肌纤维。此种纤维含肌原纤维较少，含线粒体较多，细胞核成串排列或集中在肌纤维中段。有髓鞘的感觉神经纤维进入肌梭时失去髓鞘，轴索分成多支，分别以环状或螺旋状末梢包绕梭内肌纤维中段的含核部分。此为肌梭的主要感觉末梢。此外，肌梭内也存在运动神经末梢。肌梭广泛分布于全身的骨骼肌中，四肢肌较躯干肌多。肌梭的长轴与梭外肌纤维平行，当肌肉被牵张时，梭内肌纤维也被牵张，从而刺激环状神经末梢产生神经冲动传到中枢，感受肌肉长度的变化及其改变的速度情况，因此肌梭为一种本体感受器。

（2）运动神经末梢　由中枢发出的运动神经纤维末梢，终止在骨骼肌或内脏的平滑肌及腺体，支配肌肉的活动和腺体的分泌。可分为以下两种。

① 躯体运动神经末梢　运动神经元的有髓神经纤维抵达骨骼肌纤维处失去髓鞘并反复分支，一个神经元可支配多条神经纤维，每个分支终末呈斑块膨大，与一条骨骼肌纤维构成神经肌突触，也称运动终板（图 1-50）。电镜下，运动终板处的肌纤维内含有较多的细胞核和线粒体，肌纤维向内凹成浅槽，轴突终末嵌入浅槽内。轴突终末的细胞膜形成突触前膜，槽底肌膜即突触后膜，下陷形成许多深沟和皱褶。突触前、后膜之间为突触间隙。

② 内脏运动神经末梢　内脏运动神经末梢是植物性神经节后纤维的末梢。这类神经纤维较细，直径约 1μm，大多无髓鞘。神经末梢终末呈串珠样膨体附于内脏和血管平滑肌或腺细胞上。膨体内含递质小泡，膨体与效应细胞之间间距较大，可超过 100nm，膨体释放递质，通过弥散方式作用于效应细胞（图 1-51）。

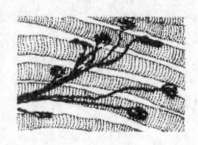

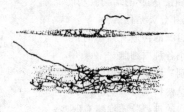 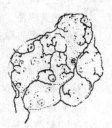

(a) 支配平滑肌细胞　　　(b) 支配腺细胞

图 1-50　运动终板　　　　　　　图 1-51　内脏运动神经末梢

第三节　器官、系统

一、器官

由几种不同的组织结合在一起构成的具有一定形态和执行特殊功能的结构，称为器官，如心、肺、肝、肾等。器官虽然由几种组织所组成，但不是各组织的机械结合，而是相互关联、相互依存，成为有机体的一部分，不能与有机体的整体相分割。例如小肠是由上皮组织、疏松结缔组织、平滑肌以及神经、血管等形成的管状器官。其中小肠的上皮组织有消化吸收的作用，结缔组织有支持、联系的作用，其中由血液供给营养、经血管输送营养并输出代谢废物，平滑肌收缩使小肠蠕动，神经纤维能接受刺激、调节各级组织的作用。这一切作用的综合才能使小肠完成消化食物和吸收营养的机能。

二、系统

若干个功能相关的器官联系起来，共同完成特定的连续性生理功能，即形成系统，如口腔、咽、食管、胃、小肠、大肠、肛门和消化腺等有机地结合起来构成消化系统。饲料经口腔进入畜体，经过物理性和化学性的消化过程后，其营养物质被吸收，残渣由肛门排除——这就是消化系统所执行的功能。高等动物体内有许多系统，按照功能的不同分为：运动系统、被皮系统、消化系统、呼吸系统、泌尿系统、生殖系统、心血管系统、淋巴系统、神经系统、感觉器官和内分泌系统。这些系统主要在神经系统和内分泌系统的调节控制下，彼此相互联系、相互制约，进行各种正常的不同的生理机能，构成一个统一的有机整体——动物体。只有这样，才能使整个有机体适应外界环境的变化和维持体内外环境的协调，完成整个生命活动，使生命得以生存和延续。

【复习思考题】

1. 细胞的共同特征是什么？
2. 简述细胞膜的超微结构及功能，以及液态镶嵌模型的理论。
3. 细胞质各重要成分（如内质网、高尔基体、线粒体、溶酶体、中心粒等）的结构特点及其主要机能是什么？
4. 简述细胞核的构造和功能。
5. 细胞的生命活动包括哪些？
6. 上皮组织有何特点？它是如何分类的？
7. 简述被覆上皮的分类、形态结构及功能。
8. 简述微绒毛、纤毛、基膜的结构及功能。
9. 结缔组织的特点和分类是什么？
10. 软骨组织与骨组织的构造有何不同？
11. 光镜下如何区别各种白细胞？
12. 光镜下如何区别三种肌肉组织？
13. 简述神经元的结构特点及分类。
14. 中枢神经系统内的神经胶质细胞有哪些？
15. 说出神经纤维和神经末梢的联系和区别。
16. 解释下列名词：单位膜、生物膜、细胞器、核仁、液态镶嵌模型学说、器官、系统。

【本章小结】

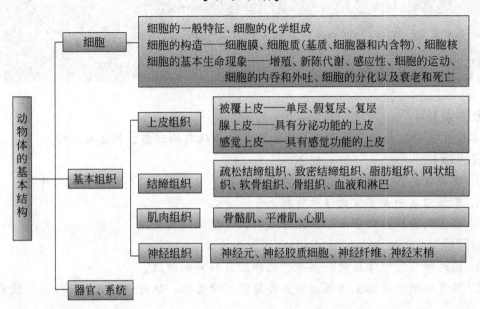

```
动物体的基本结构
├── 细胞
│    细胞的一般特征、细胞的化学组成
│    细胞的构造——细胞膜、细胞质(基质、细胞器和内含物)、细胞核
│    细胞的基本生命现象——增殖、新陈代谢、感应性、细胞的运动、
│                        细胞的内吞和外吐、细胞的分化以及衰老和死亡
├── 基本组织
│    ├── 上皮组织
│    │    被覆上皮——单层、假复层、复层
│    │    腺上皮——具有分泌功能的上皮
│    │    感觉上皮——具有感觉功能的上皮
│    ├── 结缔组织
│    │    疏松结缔组织、致密结缔组织、脂肪组织、网状组
│    │    织、软骨组织、骨组织、血液和淋巴
│    ├── 肌肉组织
│    │    骨骼肌、平滑肌、心肌
│    └── 神经组织
│         神经元、神经胶质细胞、神经纤维、神经末梢
└── 器官、系统
```

第二章 运动系统

【本章要点】
　　本章主要介绍骨的基本结构以及全身骨骼和肌肉的形态、构造及名称。

【知识目标】
　　1. 掌握骨的基本结构；熟悉全身骨的形态、构造；熟记全身骨骼的名称。
　　2. 掌握动物全身关节的结构特征。
　　3. 熟悉全身肌肉的分布，掌握呼吸肌、腹壁肌的构成。

【技能目标】
　　1. 通过学习能够掌握动物全身骨骼和肌肉的解剖特征。
　　2. 具有在动物活体上识别动物主要的骨、骨连接、肌肉以及肌沟等标志的技能。

第一节 骨与骨连接

一、概述

　　运动系统构成了家畜的基本体型。其重量占家畜体重相当大的比例，运动系统的状况不仅直接关系到役畜的使役能力，而且也影响到肉用家畜的屠宰率及品质。位于皮下的一些骨的突起和肌肉，可以在体表触摸到，在畜牧兽医实践中常用来作为确定内部器官位置和体尺测量的标志。

　　家畜的运动系统是由骨、骨连接和肌肉三部分组成。全身骨由骨连接连接成骨骼，构成畜体的坚固支架，在维持体型、保护脏器和支持体重方面起着重要作用。肌肉附着于骨上，肌肉收缩时，以骨连接为支点，牵引骨骼改变位置，产生各种运动。因此，在运动中，骨起杠杆作用，骨连接是运动的枢纽，肌肉则是运动的动力。也因此说，骨和骨连接是运动系统的被动部分，在神经系统支配下的肌肉则是运动系统的主动部分。

　　1. 骨的形态和分类

　　家畜全身的每一块骨都有一定的形态和功能，因位置和机能不同，形状也不一样，一般可分为长骨、扁骨、短骨和不规则骨四种类型。

　　（1）长骨　主要分布于四肢的游离部，呈圆柱状，两端膨大称骺或骨端；中部较细，称骨干或骨体；骨干中空为骨髓腔，容纳骨髓。长骨的作用是支持体重和形成运动杠杆。如股骨、臂骨、尺骨、桡骨等。

　　（2）扁骨　一般为板状，主要位于颅腔、胸腔的周围以及四肢带部，可保护脑和重要器官，或供大量肌肉附着。如额骨、肋骨和肩胛骨等。

　　（3）短骨　多呈立方形，成群分布于四肢的长骨之间，除起支持作用外，还有分散压力和缓冲震动的作用。如腕骨和跗骨。

　　（4）不规则骨　形状不规则，一般构成畜体中轴，具有支持、保护和供肌肉附着等作用。如椎骨和蝶骨等。

2. 骨的构造

骨是一个复杂的器官，由骨膜、骨质、骨髓和血管、神经等构成，坚硬而有弹性，具有新陈代谢、生长发育以及改建和再生能力的特点。骨基质内沉积有大量的钙盐和磷酸盐，是畜体钙、磷的贮存库，并参与钙磷的代谢与平衡。骨髓有造血功能（图2-1、图2-2）。

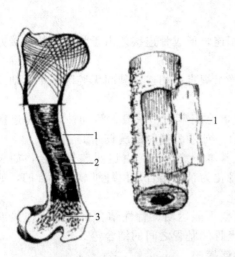

图 2-1　骨的结构模式图
1—骨膜；2—骨质；3—骨髓

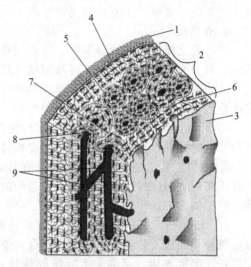

图 2-2　骨结构模式图
1—骨膜；2—骨密质；3—骨内膜；4—外环骨板；
5—哈弗系统；6—内环骨板；7—间骨板；
8—通过哈弗板（中央管）的血管；
9—通过穿通管的血管

（1）骨膜　是被覆在骨表面的一层致密结缔组织膜。新鲜的骨膜呈淡粉红色，富有血管和神经。在腱和韧带附着的地方，骨膜显著增厚，腱和韧带的纤维束穿入骨膜，有的深入骨质中。骨的关节面上没有骨膜，由关节软骨覆盖。骨膜分深浅两层，浅层为纤维层，富有血管和神经，具有营养保护作用；深层为成骨层，富有成骨细胞成分，终生保持分化能力，参与骨的生成，在骨受损伤时，成骨层有修补和再生骨质的作用。

（2）骨质　是构成骨的基本成分。分骨密质和骨松质两种。骨密质分布于长骨的骨干、骺和其他类型骨的表面，致密而坚硬。骨松质分布于长骨骺及其他类型骨的内部，由许多骨板和骨针交织呈海绵状，这些骨板和骨针的排列方式与该骨所承受的压力和张力的方向是一致的。骨密质和骨松质的这种配合使骨既坚固，又减轻了骨的重量。

（3）骨髓　位于长骨的骨髓腔和骨松质的间隙内。胎儿和幼龄动物全是红骨髓。红骨髓内含有不同发育阶段的各种血细胞，是重要的造血器官。随动物年龄的增长，骨髓腔中的红骨髓逐渐被黄骨髓所代替，因此成年动物有红、黄两种骨髓。黄骨髓主要是脂肪组织，具有贮存营养的作用。

（4）血管、神经　骨具有丰富的血液供应，分布在骨膜上的小血管经骨表面的小孔进入并分布于骨密质。较大的血管称滋养动脉，穿过骨的滋养孔分布于骨髓。骨膜、骨质和骨髓均有丰富的神经分布。

3. 骨的化学成分和物理特性

骨是由有机质和无机质两种化学成分组成的。在新鲜骨中，水分约占50%，有机质约占21.85%，无机质约占28.15%。有机质主要为骨胶原，成年家畜约占1/3，决定骨的弹性和韧性。如用酸溶液脱去骨内钙盐，只剩有机质，骨虽保留了原来形状，但失去了支持作用，柔软易弯曲。无机质主要是磷酸钙、碳酸钙、氟化钙等，约占2/3，决定骨的坚固性。

将骨煅烧后，除去有机质，骨的外形仍保留，但脆而易破碎。骨的有机质和无机质的比例随年龄和营养状况不同有很大的变化。

幼畜有机质多，骨柔韧富有弹性；老畜无机质多，骨质硬而脆，易发生骨折。妊娠母畜骨内钙质被胎儿吸收，使母畜骨质疏松而发生骨软症。乳牛在泌乳期，如大量泌乳而饲料成分比例失调，也可发生上述情况。

4. 骨连接

骨与骨之间借纤维结缔组织、软骨或骨组织相连，形成骨连接。由于骨之间的连接方式不同，可分为两大类：直接连接和间接连接。

（1）直接连接 两骨的相对面或相对缘借结缔组织直接相连，其间无腔隙，不活动或仅有小范围活动。直接连接又分为三种类型。

① 纤维连接 两骨之间以纤维结缔组织连接，比较牢固，一般无活动性，这种连接大部分是暂时性的，当老龄时常骨化，变成骨性结合。如颅骨缝间的缝韧带。

② 软骨连接 两骨相对面之间借软骨相连，基本不能运动，由透明软骨结合，如长骨的骨干与骺之间通过骺软骨连接，到老龄时，常骨化为骨性结合。由纤维软骨结合的，如椎体之间椎间盘，这种连接在正常情况下终生不骨化。

③ 骨性结合 两骨相对面以骨组织连接，完全不能运动。骨性结合常由软骨连接或纤维连接骨化而成。如荐椎椎体之间融合，髂骨、坐骨和耻骨之间的结合等。

（2）间接连接 又称关节或滑膜连接，是骨连接中较普遍的一种形式。骨与骨之间具有关节腔及滑液，可进行灵活的运动。如四肢的关节、下颌关节等。

① 关节的构造 关节的基本构造包括关节面、关节囊和关节腔三部分。有的关节尚有韧带、关节盘等辅助结构（图 2-3）。

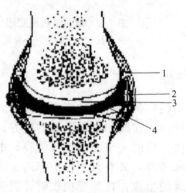

图 2-3 关节结构模式图
1—关节囊纤维层；2—关节囊滑膜层；
3—关节腔；4—关节软骨

a. 关节面 骨与骨相接触的光滑面，骨质致密，形状彼此互相吻合。关节面表面覆盖一层透明软骨，为关节软骨。关节软骨表面光滑，富有弹性，有减轻冲击和震动的作用。

b. 关节囊 是围绕在关节周围的结缔组织囊，它附着于关节面的周缘及其附近的骨面上，构成密闭的腔体。囊壁分内外两层：外层是纤维层，由致密结缔组织构成，具有保护作用，其厚度与关节的功能相一致，负重大而活动性较小的关节，纤维层厚而紧张，运动范围大的关节纤维层薄而松弛；内层是滑膜层，薄而柔润，由疏松结缔组织构成，能分泌透明黏稠的滑液，有营养软骨和润滑关节的作用。滑膜常形成绒毛和皱襞，突入关节腔内，以扩大分泌和吸收的面积。

c. 关节腔 为滑膜和关节软骨共同围成的密闭腔隙，内有少量滑液，滑液呈无色透明或浅淡黄色的黏性液体，具有润滑、缓冲震动和营养关节软骨的作用。关节腔的形状、大小因关节而异。

d. 关节的辅助结构 主要是适应关节的功能而形成的一些结构，有韧带、关节盘、关节唇等。

ⓐ 韧带 由致密结缔组织构成。位于关节囊外的韧带为囊外韧带，在关节两侧者，称内、外侧副韧带；可限制关节向两侧运动。位于关节囊内的为囊内韧带，囊内韧带均有滑膜包围，故不在关节腔内，而是位于关节囊的纤维层和滑膜层之间。如髋关节的圆韧带等。位于骨间的称骨间韧带。韧带有增强关节稳固性的作用。

ⓑ 关节盘　是介于两关节面之间的纤维软骨板。如髋关节的半月板，其周缘附着于关节囊，把关节腔分为上下两半，有使关节面吻合一致、扩大运动范围和缓冲震动的作用。

ⓒ 关节唇　为附着在关节窝周围的纤维软骨环，可加深关节窝、扩大关节面，并有防止边缘破裂的作用，如髋臼周围的唇软骨。

e. 关节的血管和神经　关节的血管主要来自附近的血管分支，在关节周围形成血管网，再分支到骨骺和关节囊。神经也来自附近神经的分支，分布于关节囊和韧带。

② 关节的运动　关节的运动与关节面的形状有密切关系，其运动的形式基本上可依照关节的三种轴分为三组颉颃性的动作。

a. 屈、伸运动　关节沿横轴运动，凡是使成关节的两骨接近，关节角变小的称屈；反之，使关节角变大的为伸。

b. 内收、外展运动　关节沿纵轴运动，使骨向正中矢状面移动的为内收；相反，使骨远离正中矢状面的运动为外展。

c. 旋转运动　骨环绕垂直轴运动时称旋转运动。向前内侧转动的称为旋内，向后外侧转动的称旋外。家畜四肢只有髋关节能做小范围的旋转运动。寰枢关节的运动也属旋转运动。

③ 关节的类型

a. 按构成关节的骨数，可分为单关节和复关节两种。单关节由相邻的两骨构成，如前肢的肩关节。复关节由两块以上的骨构成，如腕关节、膝关节等。

b. 根据关节运动轴的数目，可将关节分为三种。

ⓐ 单轴关节　一般为由中间有沟或嵴的滑车关节面构成的关节。这种关节由于沟和嵴的限制，只能沿横轴在矢状面上作屈、伸运动。

ⓑ 双轴关节　是由凸并呈椭圆形的关节面和相应的窝相结合形成的关节。这种关节除了可沿横轴作屈、伸运动外，还可沿纵轴左右摆动。家畜的寰枕关节属于双轴关节。

ⓒ 多轴关节　是由半球形的关节头和相应的关节窝构成的关节，如肩关节和髋关节。这种类型的关节除能做屈、伸、内收和外展运动外，尚能做旋转运动。

此外，两个或两个以上结构完全独立的关节，但必须同时进行活动的称为联合关节，如下颌关节。

5. 动物体全身骨骼的划分

牛全身骨骼划分如图 2-4 所示。

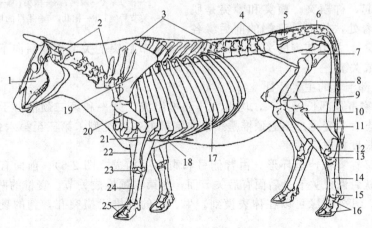

图 2-4　牛的骨骼

1—头骨；2—颈椎；3—胸椎；4—腰椎；5—荐椎；6—尾椎；7—髋骨；8—股骨；9—髌骨；10—腓骨；11—胫骨；12—髁骨；13—跗骨；14—跖骨；15—近籽骨；16—趾骨；17—肋骨；18—胸骨；19—肩胛骨；20—肱骨；21—尺骨；22—桡骨；23—腕骨；24—掌骨；25—指骨

家畜的骨骼可分为头骨、躯干骨和四肢骨三大部分。头骨又分为颅骨和面骨；躯干骨分为椎骨、肋骨、胸骨；四肢骨分为前肢骨和后肢骨。

① 颅骨　枕骨、额骨、顶骨、顶间骨、筛骨、颞骨、蝶骨。

② 面骨　上颌骨、颌前骨、鼻骨、颧骨、泪骨、腭骨、翼骨、犁骨、鼻甲骨、下颌骨、舌骨。

③ 躯干骨　颈椎、胸椎、腰椎、荐椎、尾椎；肋骨；胸骨。

④ 前肢骨　肩胛骨、肱骨、前臂骨（尺骨、桡骨）、腕骨、掌骨、指骨、籽骨。

⑤ 后肢骨　髋骨（髂骨、坐骨、耻骨）、股骨、髌骨、小腿骨、跗骨、跖骨、趾骨、籽骨。

二、躯干骨及其连接

1. 躯干骨

躯干骨包括椎骨、肋和胸骨。躯干骨除具有支持头部和传递推动力的作用外，还可作为胸腔、腹腔和骨盆腔的支架，容纳并保护内部器官。

（1）椎骨　椎骨由颈椎、胸椎、腰椎、荐椎和尾椎组成。一系列椎骨借软骨、关节与韧带紧密连接形成脊柱。脊柱构成畜体中轴，内有椎管，容纳并保护脊髓。

① 椎骨的一般构造　组成脊柱的各段椎骨由于机能不同，形态和构造虽有差异，但基本结构相似，均由椎体、椎弓和突起组成（图2-5）。

a. 椎体　位于椎骨的腹侧，呈短圆柱形，前面略凸称椎头，后面稍凹称椎窝。相邻椎骨的椎头与椎窝由椎间软骨相连接。

b. 椎弓　是椎体背侧的拱形骨板。椎弓与椎体之间形成椎孔，所有的椎孔依次相连，形成椎管容纳脊髓。椎弓基部的前后缘各有一对切迹。相邻椎弓的切迹合成椎间孔，供血管、神经通过。

c. 突起　有三种，从椎弓背侧向上方伸出的一个突起，称棘突。从椎弓基部向两侧伸出的一对突起，称横突。横突和棘突是肌肉和韧带的附着处，从椎弓背侧的前后缘各伸出一对关节突。关节前突的关节面向前向上，关节后突的关节面向后向下，相邻椎弓的前、后关节突成关节。

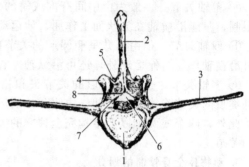

图 2-5　椎骨的一般构造

1—椎头；2—棘突；3—横突；4—关节前突；
5—关节后突；6—椎孔；7—椎弓的切迹；8—椎弓

② 脊柱各部椎骨的主要特征

a. 颈椎　家畜颈部长短不一，均由7枚颈椎组成。第一和第二颈椎由于适应头部多方面的运动，形态发生变化。第七颈椎是颈椎向胸椎的过渡类型。第三至第六颈椎椎体发达，其长度与颈部长度相适应。

第一颈椎又称寰椎，呈环形，由背侧弓和腹侧弓构成（图2-6）。前面有较深的前关节凹，与头骨的枕骨髁成关节；后面有后关节面，与第二颈椎成关节。寰椎的两侧是一对宽骨板，称寰椎翼，其外侧缘可以在体表摸到。牛、猪的寰椎无横突孔，狗的寰椎翼较宽，无翼孔。

第二颈椎又称枢椎（图2-7），椎体前端形成发达的齿突，与寰椎的后关节面形成轴转关节。其棘突纵长呈嵴状。无关节前突，牛的横突粗大，马的很小，仅有一支伸向外后方。

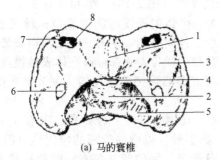
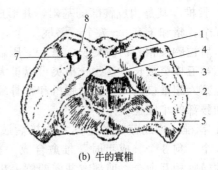

(a) 马的寰椎 　　　　　　　　 (b) 牛的寰椎

图 2-6　寰椎

1—背侧弓；2—腹侧弓；3—寰椎翼；4—椎孔；5—后关节面；6—横突孔；7—翼孔；8—椎外侧孔

第三至第六颈椎的形态基本相似（图2-8）。牛的较短，马的较长，猪的最短，骆驼的最长。椎头和椎窝均很明显。前、后关节突很发达。牛的棘突从第三至第七颈椎逐渐增高。马的棘突不发达。横突分前后两支，基部有横突孔。各颈椎横突孔连成横突管供血管、神经通过。

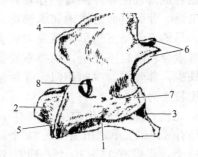
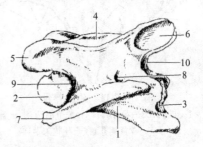

图 2-7　牛的枢椎　　　　　　　　　图 2-8　马的第四颈椎

1—锥体；2—齿突；3—椎窝；4—棘突；　　　　1—锥体；2—椎头；3—椎窝；4—棘突；

5—鞍状关节面；6—关节后突；7—横突；　　 5—关节前突；6—关节后突；7—横突；

8—椎外侧孔　　　　　　　　　　　8—横突孔；9—椎前切迹；10—椎后切迹

第七颈椎短而宽，椎窝两侧有一对后肋凹，与第一肋骨成关节。横突短而粗，无横突孔。棘突较显著。

b. 胸椎　位于背部，各种家畜数目不同，牛、羊13个，马18个，猪14～15个，骆驼12个，狗13个。牛胸椎椎体长，棘突发达，较宽，2～6胸椎棘突最高（图2-9）。马的椎体较牛短，3～5胸椎棘突最高，较高的一些棘突（第三至第十）构成鬐甲的基础。关节突小。椎头与椎窝的两侧均有与肋骨头成关节的前、后肋凹。相邻胸椎的前、后肋凹形成肋窝，与肋骨头成关节。横突短，游离端有小关节面，与肋结节成关节。

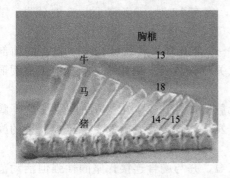
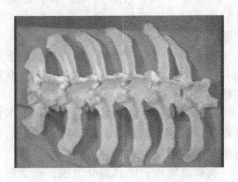

图 2-9　牛的胸椎 　　　　　　　　　　 图 2-10　牛的腰椎

c. 腰椎　其是构成腰部的基础，并形成腹腔的支架（图 2-10）。牛和马有 6 个，驴、骡常有 5 个，猪和羊有 6~7 个，骆驼 7 个，狗 7 个。椎体的长度与胸椎相似；棘突较发达，高度与后位胸椎相等；横突长，呈上下压扁的板状，伸向外侧，牛第三至第六横突最长，马第三至第五横突最长，这些长横突可以扩大腹腔顶壁的横径，并都可以在体表触摸到。在马第五至第六腰椎横突间，第六腰椎和荐骨翼之间都有卵圆形关节面连接。关节突连接紧密，以增加腰部的牢固性。

d. 荐椎　构成荐部的基础并连接后肢骨。牛、马均有 5 个荐椎，猪、羊有 4 个荐椎，骆驼 5 个，狗 3 个。成年时荐椎愈合成一整体，称荐骨，以增加荐部的牢固性（图 2-11）。荐椎的横突相互愈合，前部宽并向两侧突出，称荐骨翼。翼的背外侧有粗糙的耳状关节面，与髂骨成关节。第一荐椎椎头腹侧缘较突出，称荐骨岬。荐骨的背面和盆面每侧各有 4 个孔，叫荐背侧孔和荐盆侧孔，是血管、神经的通路。牛的荐骨比马大，愈合较完全。棘突顶端愈合形成粗厚的荐骨正中嵴。翼后部横突愈合成薄锐的荐外侧嵴。荐骨翼的前面无关节面。荐骨盆面的横轴和纵轴均向背侧隆起。马的荐骨呈三角形，棘突未愈合。猪的荐骨愈合较晚且不完全，棘突不发达，常部分缺少，荐骨翼与牛的相似，荐骨盆面的弯曲度较牛为小。

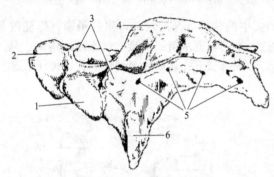

图 2-11　牛的荐骨
1—椎头；2—荐骨翼；3—关节前凸；4—棘突；
5—荐背侧孔；6—耳状关节面

e. 尾椎　数目变化较大，牛有 18~20 个，马有 14~21 个，羊有 3~24 个，猪有 20~23 个，骆驼有 15~20 个，狗有 20~30 个。前几个尾椎仍具有椎弓、棘突和横突，向后椎弓、棘突和横突则逐渐退化，仅保留棒状椎体并逐渐变细。牛前几个尾椎椎体腹侧有成对腹棘，中间形成一血管沟，供尾中动脉通过。

（2）肋　肋（图 2-12）构成胸廓的侧壁，左右对称。哺乳动物的肋很发达，构成呼吸运动的杠杆。肋由肋骨和肋软骨两部分构成。肋骨位于背侧，近端前方有肋骨小头，与两相邻胸椎的肋凹形成的肋窝成关节；肋骨小头的后方有肋结节，与胸椎横突成关节。肋骨的远侧端与肋软骨相连。在肋骨的后缘内侧有血管、神经通过的肋沟。

肋软骨位于肋的腹侧，由透明软骨构成，前几对肋的肋软骨直接与胸骨相连称真肋或胸骨肋；其余肋的肋软骨则由结缔组织顺次连接形成肋弓，这种肋称为假肋或弓肋。有的肋的肋软骨末端游离，称为浮肋。

肋的对数与胸椎的数目一致，牛、羊有 13 对，真肋 8 对，假肋 5 对，肋骨较宽；马有 18 对，真肋 8 对，假肋 10 对，肋骨较细；猪有 14~15 对，7 对真肋，余为假肋，最后 1 对有时为浮肋；骆驼有 12 对，真肋 8 对，假肋 4 对；狗有 13 对，9 对真肋，3 对假肋，1 对浮肋。

（3）胸骨　位于腹侧，构成胸廓的下壁，由 6~8 个胸骨片和软骨构成。胸骨的前部为胸骨柄，中部为胸骨体，在胸骨片间有与胸骨肋成关节的肋凹。胸骨的后端有上下扁圆形的剑状软骨。

牛的胸骨长，缺柄软骨，胸骨体上下压扁，无胸骨嵴（图 2-13）。马的胸肌发达，胸骨呈舟状，近端有柄软骨，胸骨体前部左右压扁，有发达的胸骨嵴，后部上下压扁。猪的胸骨与牛相似，但胸骨柄明显突出。

胸廓由胸椎、肋和胸骨组成。胸廓前部的肋较短，并与胸骨连接，坚固性强但活动范围小，适应于保护胸腔内器官和连接前肢。胸廓后部的肋长且弯曲，活动范围大，形成呼吸

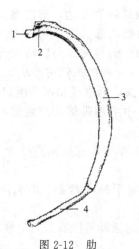

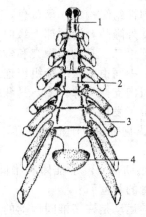

图 2-12　肋

1—肋骨小头；2—肋结节；3—肋骨；4—肋软骨

图 2-13　牛胸骨的背面观

1—胸骨柄；2—胸骨体；3—肋软骨；4—剑状软骨

运动的杠杆。相邻肋之间的空隙称肋间隙。胸廓前口较窄，由第一胸椎、第一对肋和胸骨柄围成。胸廓后口较宽大，由最后胸椎、最后 1 对肋、肋弓和剑状软骨构成。

家畜胸廓的容积和形态虽各有不同，但形状基本相似，均为平卧的截顶圆锥状。牛的胸廓较短，胸前口较高，胸廓底部较宽而长，后部显著增宽。马的胸廓较长，前部两侧扁，向后逐渐扩大。胸前口为椭圆形，下方狭窄，胸后口相当宽大，呈倾斜状。猪的肋骨长度差异较小，且弯曲度大，因此，胸廓近似圆筒形。

2. 躯干骨的连接

（1）脊柱的连接　可分为椎体间连接、椎弓间连接和脊柱总韧带。

① 椎体间连接　是相邻两椎骨的椎头与椎窝，借纤维软骨构成的椎间盘相连接。椎间盘的外围是纤维环，中央为柔软的髓核（是脊索的遗迹）。因此，椎体间的连接既牢固又允许有小范围的运动。椎间盘的厚度决定了其运动的范围，家畜颈部、腰部和尾部的椎间盘较厚，这些部位的运动较灵活。

② 椎弓间连接　是相邻椎骨的关节突构成的关节，有关节囊。颈部的关节突发达，关节囊宽松，活动性较大。

③ 脊柱总韧带　是贯穿脊柱连接大部分椎骨的韧带，包括棘上韧带、背纵韧带和腹纵韧带（图 2-14）。

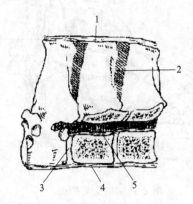

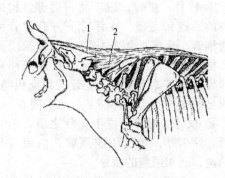

图 2-14　胸椎的椎间关节

1—棘上韧带；2—棘间韧带；3—椎间盘；
4—腹纵韧带；5—背纵韧带

图 2-15　牛的项韧带

1—索状部；2—板状部

a. 棘上韧带　位于棘突顶端，由枕骨伸至荐骨。在颈部特别发达，形成强大的项韧带。项韧带由弹性组织构成，呈黄色，其构造可分为索状部和板状部（图2-15）。索状部呈圆索状，起于枕外隆凸，沿颈部上缘向后，附着于第三、四胸椎的棘突，向后延续为棘上韧带。板状部起于第二、三胸椎棘突和索状部，向前下方止于2～6颈椎的棘突。板状部由左、右两叶构成，中间由疏松结缔组织连接。索状部也是左右两条，沿中线相接。项韧带的作用是辅助颈部肌肉支持头部。牛、马和骆驼的项韧带很发达，牛项韧带板状部后部不分为两叶，猪的项韧带不发达。

b. 背纵韧带　位于椎管底部，椎体的背侧，由枢椎至荐骨，在椎间盘处变宽并附着于椎间盘上。

c. 腹纵韧带　位于椎体和椎间盘的腹面，并紧密附着于椎间盘上，由胸椎中部开始，终止于荐骨的骨盆面。

脊柱的运动是许多椎间运动的总和，虽然每一个椎间的活动范围有限，但整个脊柱仍能做范围较大的屈伸运动和侧运动。

由于适应头部多方面的运动，脊柱前端与枕骨间形成寰枕关节和寰枢关节。

寰枕关节是由寰椎的前关节凹与枕髁形成，为双轴关节，可做屈、伸运动和小范围的侧运动。寰枢关节是由寰椎的后关节面与枢椎的齿突构成，可沿枢椎的纵轴做旋转运动。

（2）胸廓的关节　包括肋椎关节和肋胸关节。

① 肋椎关节　是肋骨与胸椎形成的关节。包括肋骨小头与肋窝形成的关节和肋结节与横突的小关节面形成的关节。两个关节各有关节囊和短韧带。胸廓前部的肋椎关节活动性较小，胸廓后部的活动性较大。

② 肋胸关节　是胸骨肋的肋软骨与胸骨两侧的肋窝形成的关节，具有关节囊和韧带。牛第二～第十一肋的肋骨与肋软骨间还形成关节，有关节囊。

三、头骨及其连接

1. 头骨

头骨位于脊柱的前端，由枕骨与寰椎相连。头骨主要由扁骨和不规则骨构成，绝大部分借结缔组织和软骨组织连接，形成直接连接。头骨分颅骨和面骨（图2-16～图2-18）。

（1）颅骨　位于后上方，构成颅腔和感觉器官——眼、耳和嗅觉器官的保护壁。颅骨包括位于正中线上的单骨：枕骨、顶间骨、蝶骨和筛骨；与位于正中线两侧的对骨：顶骨、额骨和颞骨。

① 枕骨　单骨，位于颅骨后部，构成颅腔的后壁和底壁。枕骨后下方有枕骨大孔通椎管，孔的两侧有枕髁，与寰椎成关节。枕髁的外侧有颈静脉突。枕骨基部向前伸延，与蝶骨体连接。枕骨的项面粗糙，有明显的枕外隆凸，供韧带、肌肉附着。

② 顶骨　对骨，位于枕骨之前，额骨之后，除牛外，构成颅腔顶壁，内面有与脑的沟、回相适应的压迹。

③ 顶间骨　为一小单骨，位于枕骨和顶骨间，常与邻骨愈合，脑面有枕内隆凸，隔开大脑和小脑。

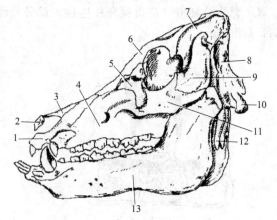

图 2-16　猪头骨侧面
1—切齿骨；2—吻骨；3—鼻骨；4—上颌骨；
5—泪骨；6—额骨；7—顶骨；8—枕骨；9—颞骨；
10—枕骨髁；11—颧骨；12—颈静脉突；13—下颌骨

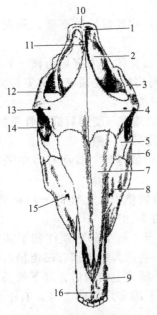

图 2-17 马头骨背面

1—枕骨；2—顶骨；3—颧骨突；4—额骨；5—泪骨；
6—颞骨；7—鼻骨；8—上颌骨；9—切齿骨；10—枕嵴；
11—顶间骨；12—颧弓；13—眶上孔；14—眼窝；
15—眶下孔；16—切齿孔

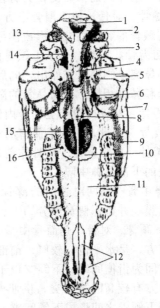

图 2-18 马头骨底面

1—枕骨大孔；2—枕髁；3—岩颞骨；4—蝶骨体；5—颞髁；
6—翼骨；7—颞骨；8—犁骨；9—上颌骨；10—腭骨；
11—上颌骨腭突；12—切齿骨；13—颈静脉突；
14—破裂孔；15—鼻后孔；16—腭前孔

④ 额骨 对骨，位于鼻骨后上方，构成颅腔的顶壁，外面平整，向外侧伸出颧突，构成眼眶的上界。颧突基部有眶上孔。牛额骨后方两侧有角突。

⑤ 颞骨 对骨，位于枕骨的前方，顶骨的外下方，构成颅腔的侧壁。分为鳞部、岩部和鼓部。鳞部与额骨、顶骨和蝶骨相接，向外伸出颧突，颧突转向前方，与颧骨颞突相结合，形成颧弓。在颧突的腹侧有颞髁，与下颌骨成关节。岩部位于鳞部和枕骨之间，中耳和内耳道在岩部，岩部腹侧有连接舌骨的茎突。鼓部位于岩部的腹外侧，外侧有骨性外耳道，向内通鼓室（中耳），鼓室在腹侧，形成突向腹外侧的鼓泡。

⑥ 蝶骨 单骨，位于颅腔的底壁，形似蝴蝶，由蝶骨体、两对翼（眶翼和颞翼）和一对翼突组成。前方与筛骨、腭骨、翼骨和犁骨相连，侧面与颞骨相接，后面与枕骨基部连接。在蝶骨翼上还有视神经孔、眶裂等，是神经、血管的通路。

⑦ 筛骨 单骨，位于颅腔的前壁，由筛板、垂直板和 1 对筛骨迷路组成。

筛板在颅腔和鼻腔之间，上有很多小孔，脑面形成筛骨窝，容纳嗅球。嗅神经就是通过筛板上的小孔至嗅球的。垂直板位于正中，形成鼻中隔的后部。筛骨迷路位于垂直板两侧，由许多薄骨片卷曲形成，支持嗅黏膜。筛骨上接额骨，下面与蝶骨相接。

（2）面骨 包括位于正中线两侧的对骨：鼻骨、上颌骨、泪骨、颧骨、切齿骨、腭骨、翼骨、鼻甲骨和下颌骨；与位于正中线上的单骨：犁骨和舌骨。

① 鼻骨 对骨，构成鼻腔的顶壁。后接额骨，外侧与泪骨、上颌骨和切齿骨相接。鼻骨前部游离。

② 上颌骨 对骨，构成鼻腔的侧壁、底壁和口腔的上壁。几乎与所有的面骨相邻接。上颌骨的外侧面宽大，有面嵴和眶下孔，水平的板状腭突隔开口腔和鼻腔。上颌骨的下缘称齿槽缘，有臼齿槽，前方为齿槽间缘。内外骨板间形成发达的上颌窦。

③ 泪骨 对骨，位于眼眶前部，背侧与鼻骨、额骨相接，腹侧与上颌骨、颧骨相邻，

其眶面有一漏斗状的泪囊窝，为骨性鼻泪管的入口。

④ 颧骨　对骨，位于泪骨下方，前面与上颌骨相接，构成眼眶的下壁，并向后方伸出颞突，与颞骨的颧突结合，形成颧弓。

⑤ 切齿骨　对骨，位于上颌骨的前方。除反刍兽外，骨体上均有切齿槽。骨体向后伸出腭突和鼻突。腭突水平伸出，向后接上颌骨腭突，共同构成口腔顶壁。鼻突伸向后上方，与上颌骨和鼻骨相接，并与鼻骨的游离端形成鼻切齿骨切迹。

⑥ 腭骨　对骨，位于上颌骨内侧后方。构成鼻后孔的侧壁与硬腭后部的骨质基础。

⑦ 翼骨　对骨，为狭窄而薄的小骨板，附着于蝶骨翼突的内侧。

⑧ 犁骨　单骨，位于蝶骨体前方，沿鼻腔底壁中线向前延伸。背面有鼻中隔沟容纳筛骨垂直板的下部与鼻中隔。

⑨ 鼻甲骨　是两对卷曲的薄骨片，附着于鼻腔的两侧壁上，上面的一对称背鼻甲骨，支持鼻黏膜，并将每侧鼻腔分为上、中、下三个鼻道（图 2-19）。

⑩ 下颌骨　对骨，是面骨中最大的骨，分左、右两半，每半分下颌体和下颌支。下颌体位于前方，呈水平位，较厚，前部为切齿部有切齿槽，后部为臼齿部有臼齿槽，切齿槽与臼齿槽之间为齿槽间缘。下颌支位于后方，呈垂直位。下颌支上端的后方有下颌头与颞骨成关节；前方有较高的冠状突，供肌肉附着。在下颌体与下颌支之间的下缘，有下颌血管切迹。两侧下颌骨之间形成下颌间隙。

⑪ 舌骨　单骨，位于下颌间隙后部，由数块小骨组成，支持舌根、咽及喉。可分为基舌骨或舌骨体，是横位的短柱状，向前方伸出舌突，支持舌根。由舌骨体向后方伸出 1 对甲状舌骨，与喉的甲状软骨相连接；向后上方伸出角舌骨和茎舌骨，与岩颞骨的茎突相连（图 2-20）。

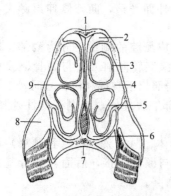

图 2-19　马鼻腔横断面

1—鼻骨；2—上鼻道；3—上鼻甲骨；
4—中鼻道；5—下鼻甲骨；6—下鼻道；
7—硬腭；8—上颌窦；9—总鼻道

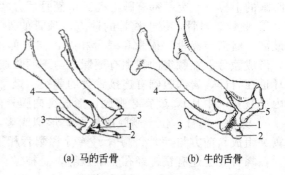

(a) 马的舌骨　　(b) 牛的舌骨

图 2-20　舌骨

1—基舌骨；2—舌骨突；3—甲状舌骨；
4—茎舌骨；5—角舌骨

牛头骨的主要特征为：牛的头骨呈角锥形，较短而宽。额骨约占背面的一半，呈四方形，宽而平坦，后缘与顶骨之间形成额隆起，为头骨的最高点。颧突向两侧伸出，是头骨背面的最宽处，颧突基部有眶上沟及眶上孔。在有角的牛，额骨后方两侧有角突。鼻骨较短而窄，前后几乎等宽，前端有深的切迹。切齿骨骨体薄而扁平，无切齿槽，两侧的切齿骨互相分开，前部距离较宽。上颌骨和下颌骨各有 6 个臼齿槽，下颌体前方有 4 个切齿槽，前方外侧有颏孔。颅腔的后壁由枕骨、顶骨、顶间骨构成，此三骨在出生前或生后不久即愈合为一整体。枕外隆凸较粗大。

（3）鼻旁窦　为头骨内外骨板之间含气腔体的总称。它们直接或间接与鼻腔相通，故称鼻旁窦。主要有额窦、上颌窦、腭窦和筛窦等。在兽医临床上较重要的是额窦和上颌窦（图 2-21）。

① 额窦　位于额骨内、外骨板之间。两侧的额窦由额窦中隔完全分开。额窦的底是筛骨迷路向前扩展到鼻骨和背鼻甲的后半部之间，在窦的腹外侧有大的卵圆孔与上颌窦相通。

② 上颌窦　主要在上颌骨、泪骨和颧骨内，上颌窦在眶下管内侧的部分很发达，伸入上颌骨腭突与腭骨内，故又称腭窦。

2. 头骨的连接

头骨大部分为不动连接，主要形成缝隙连接；有的形成软骨连接，如枕骨和蝶骨的连接。只有颞下颌关节具有活动性。

颞下颌关节是由颞骨的关节结节与下颌骨的髁状突构成。两关节面间夹有椭圆形的关节盘，将关节腔分为互不相通的两部分。关节囊的外侧有外侧韧带，牛无后韧带。在马还有由弹性纤维构成的后韧带。1 对颞下颌关节是联动的，可进行开口、闭口和侧运动。

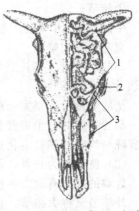

图 2-21　牛的额窦和上颌窦
1—额窦；2—眶窦；3—上颌窦

四、前肢骨及其连接

1. 前肢骨

家畜的前肢骨，包括肩带骨、肱骨、前臂骨和前脚骨。完整的肩带由 3 块骨组成，即肩胛骨、乌喙骨和锁骨，有蹄动物因四肢运动单纯化，乌喙骨和锁骨都已退化，仅保留一块肩胛骨。前臂骨由尺骨和桡骨组成。前脚骨由腕骨、掌骨、指骨和籽骨组成（图 2-22）。

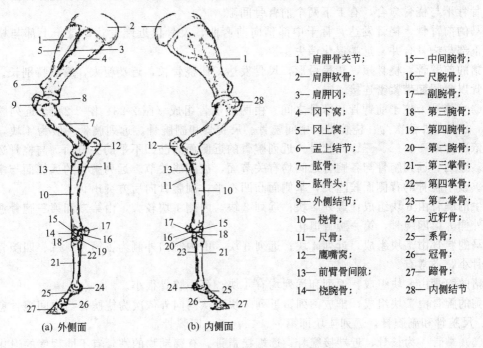

1—肩胛骨关节；	15—中间腕骨；
2—肩胛软骨；	16—尺腕骨；
3—肩胛冈；	17—副腕骨；
4—冈下窝；	18—第三腕骨；
5—冈上窝；	19—第四腕骨；
6—盂上结节；	20—第二腕骨；
7—肱骨；	21—第三掌骨；
8—肱骨头；	22—第四掌骨；
9—外侧结节；	23—第二掌骨；
10—桡骨；	24—近籽骨；
11—尺骨；	25—系骨；
12—鹰嘴窝；	26—冠骨；
13—前臂骨间隙；	27—蹄骨；
14—桡腕骨；	28—内侧结节

(a) 外侧面　　(b) 内侧面

图 2-22　马的前肢骨（左）

（1）肩胛骨　是三角形扁骨，斜位于胸廓两侧的前上部，由后上方斜向前下方。其背缘附有肩胛软骨。外侧面有一条纵行的隆起，称肩胛冈。冈的前上方为冈上窝，后下方为冈下窝。肩胛骨的远端较粗大，有一浅关节窝，称关节盂，与肱骨头成关节。关节盂前方有突出的盂上结节。

牛的肩胛骨，较长。上端较宽，下端较窄。肩胛冈显著，较偏前方。冈的下端向下方伸出一突起，称肩峰。

马的肩胛骨，呈长三角形。肩胛冈平直，游离缘粗厚，中央稍上方粗大，称冈结节。肩胛软骨呈半圆形。

猪的肩胛骨，很宽，前缘凸。肩胛冈为三角形，冈的中部弯向后方，有大的冈结节。

狗的肩胛骨，由肩胛骨和锁骨组成，乌喙骨退化，肩胛骨呈长椭圆形，肩胛冈发达，下部肩峰呈沟状，锁骨退化为三角形薄片，不与其他骨连接。

（2）肱骨　为长骨，斜位于胸部两侧的前下部，由前上方斜向后下方。分骨干和两个端。近端的前方有肱二头肌沟，后方为肱骨头，与肩胛骨的关节盂成关节；两侧有内、外结节，外结节又称大结节。骨干呈扭曲的圆柱状，外侧有三角肌粗隆，内侧有圆肌粗隆。远端有髁状关节面，与桡骨成关节。髁的后面有一深的鹰嘴窝。

牛的肱骨，近端粗大，大结节很发达，前部弯向内方，二头肌沟偏于内侧，无中间嵴。三角肌粗隆较小。

马的肱骨，二头肌沟宽，由一中间嵴分为两部分。外结节较内结节稍大。三角肌粗隆较大。

（3）前臂骨　由尺骨和桡骨组成，为长骨，其位置几乎与地面垂直。尺骨位于后外侧，近端特别发达，向后上方突出形成鹰嘴，骨干和远端的发育程度因家畜种类而异。桡骨位于前内侧，发达，主要起支持作用，近端与肱骨成关节，近端的背内侧有粗糙的桡骨粗隆，远端与近列腕骨成关节。桡骨和尺骨之间的间隙称前臂骨间隙。

牛的前臂骨，桡骨较短而宽，尺骨鹰嘴发达，骨干与远端较细，远端较桡骨稍长。成年牛尺骨骨干与桡骨愈合，有上下两个前臂骨间隙。

马的前臂骨，桡骨发达，骨干中部稍向前弯曲，尺骨仅近端发达，骨干上部与桡骨愈合，下部与桡骨合并，远端退化消失。

猪的前臂骨，桡骨短，稍呈弓形，尺骨发达，比桡骨长，近端粗大，鹰嘴特别长。桡骨和尺骨以骨间韧带紧密连接。

（4）腕骨　位于前臂骨和掌骨之间，由两列短骨组成（图2-23、图2-24）。近列腕骨有4块，由内向外依次为：桡腕骨、中间腕骨、尺腕骨和副腕骨。远列腕骨一般为4块，由内向外依次为第一、二、三、四腕骨。近列腕骨的近侧面为凸凹不平的关节面，与桡骨远端成关节。近列、远列腕骨与各腕骨之间均有关节面，彼此成关节。远列腕骨的远侧面与掌骨成关节。整个腕骨的背侧面较隆突，掌侧面凸凹不平，副腕骨向后方突出。

牛的腕骨由6块组成：近列4块；远列2块，内侧1块较大，由第二和第三腕骨愈合而成，外侧为第四腕骨，第一腕骨退化。

马的腕骨由7块组成。近列4块；远列3块，由内侧向外侧为：第二、三、四腕骨。第一腕骨小，不常有。

猪的腕骨由8块组成。近列和远列均有4块。第一腕骨很小。

狗的腕骨由7块组成，排成两列，近列3块，从内向外依次为桡腕骨与中间腕骨愈合为1块、尺腕骨和副腕骨，远列4块即第一、二、三、四腕骨。

（5）掌骨　为长骨，近端接腕骨，远端接指骨。有蹄动物的掌骨有不同程度的退化。

牛有3块掌骨。第三、第四掌骨发达，近端和骨干愈合在一起，称大掌骨。骨干短而宽。近端有关节面，与远列腕骨成关节。远端较宽，形成两个滑车关节面，分别与第三、四指的系骨和近籽骨成关节。第五掌骨为一圆锥形小骨，附于第四掌骨的近端外侧。

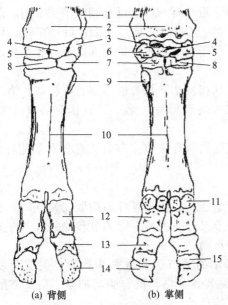

图 2-23　牛的前脚骨（左）

1—尺骨；2—桡骨；3—尺腕骨；4—中间腕骨；
5—桡腕骨；6—副腕骨；7—第四腕骨；
8—第二、三腕骨；9—第五掌骨；
10—大掌骨；11—近籽骨；12—系骨；
13—冠骨；14—蹄骨；15—近籽骨

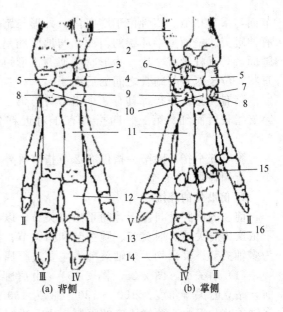

图 2-24　猪的前脚骨（左）

1—尺骨；2—桡骨；3—尺腕骨；4—中间腕骨；
5—桡腕骨；6—副腕骨；7—第一腕骨；8—第二腕骨；
9—第四腕骨；10—第三腕骨；11—掌骨；12—系骨；
13—冠骨；14—蹄骨；15—近籽骨；16—远籽骨
Ⅱ—第二指；Ⅲ—第三指；Ⅳ—第四指；Ⅴ—第五指

马的掌骨，有 3 块。第三掌骨发达，又称大掌骨，其方向与地面垂直，呈半圆柱状；近端稍粗大，有与远列腕骨成关节的关节面。远端稍宽，形成滑车关节面，与系骨近端和两个近籽骨成关节。第二和第四掌骨是远端退化的小掌骨，近端较粗大，有关节面与远列腕骨成关节；向下逐渐变细，由韧带连接于第三掌骨的内、外侧。

猪有 4 块掌骨，由内侧向外侧为第二、三、四、五掌骨。第三、第四掌骨发达，第二和第五掌骨较小。近端与远列腕骨相连，远端各连一指骨。

狗的掌骨由 5 块组成，即第一、二、三、四、五掌骨，其中第三、四掌骨为大掌骨，其他为小掌骨。

（6）指骨　各种家畜指的数目不同，一般每一指都具有三节：第一指节骨称近指节骨（系骨），第二指节骨称中指节骨（冠骨），第三指节骨称远指节骨（蹄骨）。

牛有 4 个指，即第二、三、四、五指。其中第三和第四指发达，称主指。每指有三节，即系骨、冠骨和蹄骨。系骨呈圆柱状，两端较粗，骨干较细，近端与掌骨远端成关节；远端与冠骨相对的关节面成关节。冠骨与系骨的形状相似，但较短，蹄骨近似三棱锥形，位于蹄匣内，外形与蹄相似，蹄尖向前并弯向轴面。壁面的前面和远轴面是隆凸的斜面，轴面稍凹，称指间面。近端有关节窝，与冠骨远端成关节。前缘有伸腱突，后方接远籽骨。底面的后端粗厚，为屈肌腱附着处。第二和第五指，又称悬指，每个悬指仅有两块指节骨，即冠骨和蹄骨，不与掌骨成关节，仅以结缔组织相连于系关节的掌侧。

此外，每一指还有两块近籽骨和一块远籽骨，它们是肌肉的辅助器官。近籽骨每主指各有 2 块，共有 4 块，呈三角锥状。远籽骨每主指各有 1 块，共有 2 块，呈横向四边形。悬指无籽骨。

马只有第三指。系骨是一较短的长骨，前后略扁，两端较粗，骨干较细。近端有关节面，与掌骨远端成关节。远端有与冠骨相对的关节面。冠骨短，宽度稍大于长度，两端的关节面与系骨相似。蹄骨位于蹄匣内，外形与蹄相似。近端有与冠骨远端相接的关节面，前方有伸腱突。壁面呈半环状的斜面，与地面约呈 45°角。底面前部是一凹面；后部粗糙，称屈腱面。马近籽骨有 2 块，为形状相似的锥形短骨，位于大掌骨远侧的后面。远籽骨 1 块，呈舟状，位于冠骨与蹄骨之间的后面。

猪有 4 指，每指都具有 3 个指节骨。第三和第四指发达，指骨的形态与牛相似。第二和第五指较短而细。第三、四指各有 1 对近籽骨和 1 块远籽骨，第二、五指仅各有 1 对近籽骨。

狗有 5 个指，除第一指仅有 2 节指节骨外，其他指均有 3 节指节骨。籽骨有掌侧籽骨 9 个，背侧籽骨 4～5 个。

2. 前肢骨的连接

前肢的肩胛骨与躯干骨间不形成关节，以肩带肌连接。其余各骨间均形成关节，由上向下依次为肩关节、肘关节、腕关节和指关节；指关节又分系关节、冠关节和蹄关节。肩关节为多轴关节，其余均为单轴关节，主要进行屈、伸运动。

（1）肩关节（图 2-25、图 2-26）　由肩胛骨远端的关节盂和肱骨头构成，关节角顶向前，站立时关节角度为 120°～130°（牛为 100°）。关节囊宽松，没有侧副韧带。肩关节虽为多轴关节，但由于两侧肌肉的限制，主要进行屈、伸运动。

（2）肘关节（图 2-27、图 2-28）　由肱骨远端和前臂骨近端的关节面构成，关节角顶向后，关节角度为 150°左右。在关节囊的两侧有内、外侧副韧带，只能做屈伸运动。

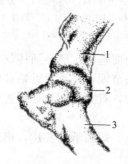

图 2-25　牛肩关节
1—肩胛骨；2—关节囊；3—肱骨

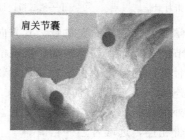

图 2-26　肩关节

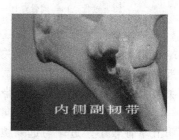

图 2-27　肘关节

（3）腕关节（图 2-29）　为复关节，由桡骨远端、腕骨和掌骨近端构成，包括桡腕关节、腕间关节和腕掌关节。根据运动来看，关节角顶向前，关节角度几乎成 180°。关节囊的纤维层背侧面较薄而宽松，掌侧面特别厚而紧。关节囊的滑膜层形成三个囊，桡腕关节的最宽松，关节腔最大，活动性也最大；腕间关节的次之；腕掌关节的关节腔最小，活动性也最小。腕间囊在第三、第四腕骨之间，与腕掌囊相通。腕关节有一对长的内、外侧副韧带，还有一些短的骨间韧带。在牛腕关节的背侧面有两条斜向的背侧韧带，腕骨间的韧带数目较少。由于关节面的形状，骨间韧带和掌侧关节囊的限制，腕关节只能向掌侧屈曲。

（4）指关节　家畜的指关节在正常站立时呈背屈状态或过度伸展状态，包括系关节、冠关节和蹄关节。

①系关节　又称球节，是由掌骨远端、系骨近端和一对近籽骨构成的单轴关节。关节角大于 180°，约 220°。关节囊背侧壁强厚，掌侧壁较薄，侧韧带与关节囊紧密相连。系关节掌侧除有强大的屈肌腱外，还有悬韧带和籽骨下韧带等，它们都是前肢的弹力装置，当踏地时，可以缓冲由地面来的震动，同时可以固定系关节，防止过度背屈。

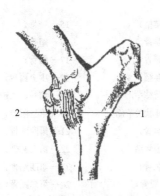

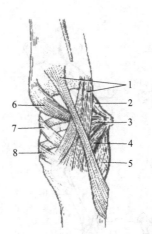

1—腕外侧副韧带(浅、深二层)；

2—副腕骨尺骨韧带；

3—腕骨间韧带；

4—副腕骨与第四腕骨韧带；

5—副腕骨与第四掌骨韧带；

6—腕桡背侧韧带；

7—腕间背侧韧带；

8—腕掌背侧韧带

图 2-28 牛肘关节（外侧面）　　　　　图 2-29 牛腕关节（背侧面）

1—骨间韧带；2—外侧副韧带

悬韧带是由骨间中肌腱质化而形成的，位于掌骨的掌侧，起于大掌骨的近端，下端分为两支，大部分止于近籽骨，并有分支转向背侧，并入指伸肌腱。

籽骨下韧带是系骨掌侧的强厚韧带，起于近籽骨，止于系骨的远端和冠骨近端。

② 冠关节　由系骨的远端和冠骨近端的关节面组成，关节囊和侧副韧带紧密相连，仅能做小范围的屈、伸运动。

③ 蹄关节　由冠骨的远端、蹄骨的近端和远籽骨组成。关节囊的背侧和两侧强厚，掌侧较薄，侧副韧带短而强，位于蹄软骨下，只能进行屈、伸运动。

五、后肢骨及其连接

1. 后肢骨

家畜的后肢骨包括盆带骨（髋骨）、股骨、髌骨（膝盖骨）、小腿骨和后脚骨。髋骨由髂骨、坐骨和耻骨组成。小腿骨由胫骨和腓骨组成。后脚骨包括跗骨、跖骨、趾骨和籽骨（图2-30）。

（1）髋骨　为不规则骨，由背侧的髂骨、腹侧的坐骨和耻骨愈合而成。三骨愈合处形成深的杯状关节窝，称髋臼，与股骨头成关节。髋臼上方为坐骨棘（图2-31）。

① 髂骨　位于前上方。后部窄，略成三边棱柱状，称髂骨体。前部宽而扁，呈三角形，称髂骨翼。髂骨翼的外侧角粗大，称髋结节；内侧角，称荐结节。翼的外侧面称臀肌面，内侧面称骨盆面。在骨盆面上有粗糙的耳状关节面，与荐骨翼的耳状关节面成关节。

② 坐骨　位于后下方。构成骨盆底壁的后部。后外侧角粗大，称坐骨结节。两侧坐骨的后缘形成弓状，称坐骨弓。前缘与耻骨围成闭孔，背侧缘有坐骨嵴。内侧缘与对侧坐骨相接，形成骨盆联合的后部。外侧部参与髋臼的形成。

③ 耻骨　较小，位于前下方，构成骨盆底的前部，并构成闭孔的前缘。内侧部与对侧耻骨相接，形成骨盆联合的前部。外侧部参与形成髋臼。

骨盆（图2-32）是由左右髋骨、荐骨和前3～4个尾椎以及两侧的荐结节阔韧带构成，为一前宽后窄的圆锥形腔。前口以荐骨岬、髂骨及耻骨为界；后口的背侧为尾椎；腹侧为坐骨；两侧为荐结节阔韧带的后缘。骨盆的形状和大小因性别而异。总地来说，母畜的骨盆比公畜的大而宽敞，荐骨与耻骨的距离（骨盆纵径）较公畜大；髋骨两侧对应点的距离较公畜远，也就是骨盆的横径也较大；骨盆底的耻骨部较凹，坐骨部宽而平，骨盆后口也较大。

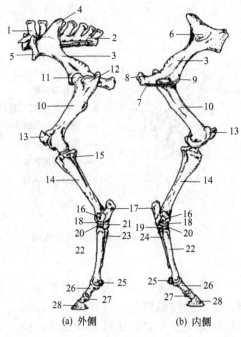

图 2-30 马的后肢骨（左）

1—腰椎；　　　　15—腓骨；
2—荐骨；　　　　16—距骨；
3—髂骨；　　　　17—跟骨；
4—荐结节；　　　18—中央跗骨；
5—髋结节；　　　19—第一、二跗骨；
6—耳状关节面；　20—第三跗骨；
7—坐骨；　　　　21—第四跗骨；
8—坐骨结节；　　22—第三跖骨；
9—耻骨；　　　　23—第四跖骨；
10—股骨；　　　 24—第二跖骨；
11—股骨头；　　 25—近籽骨；
12—大转子；　　 26—系骨；
13—髌骨(膝盖骨)；27—冠骨；
14—胫骨；　　　 28—蹄骨

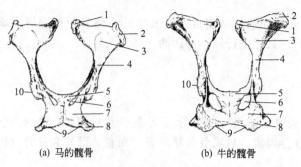

(a) 马的髋骨　　　(b) 牛的髋骨

图 2-31 髋骨的背侧面

1—荐结节；2—髋结节；3—髂骨翼；4—髂骨体；5—耻骨；
6—闭孔；7—坐骨；8—坐骨结节；9—坐骨弓；10—髋臼

图 2-32 骨盆

牛的左、右侧髂骨接近平行。髂骨与水平面的角度比马小，背面稍凹，荐结节位置较低，髋结节大而突出，前缘接近水平。坐骨大，骨盆面深凹，坐骨弓较窄而深；坐骨结节发达，呈三角形。骨盆腹侧中部有嵴，骨盆前口呈椭圆形，斜度较大。

马的髂骨较倾斜。荐结节突向背侧，与第一荐椎相对，形成荐部最高点。髋结节粗厚，近似四边形，前缘倾斜。坐骨的骨盆面较平；后缘粗厚，坐骨弓较浅。骨盆前口接近圆形。

猪的髋骨长而窄，左、右两侧互相平行。

犬的髋骨倾斜度近于水平，髂骨翼狭小，亦呈上、下垂直方向，外面凹下，前缘隆凸，坐骨宽而扁，向内方展开，坐骨弓深凹呈弧状。

（2）股骨　为长骨，由后上方斜向前下方。近端粗大，内侧有球形的股骨头，头的中央有一凹陷称头窝，供圆韧带附着，与髋臼成关节；外侧有粗大的突起，称大转子。骨干呈圆柱形。远端粗大，前方为滑车关节面，与髌骨成关节；后方有两个股骨髁，与胫骨成关节。

牛的股骨，近端股骨头较小，关节面有一部分向外伸延，大转子向外突出，内侧缘的上部有粗糙的小转子，没有第三转子。骨干较细，呈圆柱形。远端前方滑车关节面的内嵴较外嵴宽而突出。

马的股骨，近端大转子发达，由一切迹分为前、后两部。骨干的背面圆而光滑，后面较平坦，外侧有发达的第三转子，内侧缘上部有粗厚的小转子。远端前方的滑车关节面的内嵴高而向前上方突出。

猪的股骨基本与牛相似，但较短。大转子的高度不超过股骨头。上部内侧有小转子，没有第三转子。

狗的股骨大转子低矮，无第三转子。

（3）髌骨　是一大籽骨，位于股骨远端的前方，与滑车关节面成关节。髌骨的前面粗糙，供肌腱、韧带附着，后面为关节面；内侧附着有纤维软骨，其弯曲面与滑车内嵴相适应。

牛的髌骨近似圆锥形。马的呈四边形。猪的髌骨窄而厚，呈尖端向下的长三面锥体。狗的髌骨狭长。

（4）小腿骨　包括胫骨和腓骨。胫骨是一个发达的长骨，由前上方斜向后下方，呈三面棱柱状。近端粗大，有内、外髁，与股骨的髁成关节；髁的前方为粗厚的胫骨隆起，向下延续为胫骨嵴。骨干为三面体。远端有滑车关节面，与胫跗骨成关节。腓骨位于胫骨外侧，与胫骨间形成小腿间隙，发育程度因家畜而不同。

牛的胫骨，发达，形态同上述。腓骨近端与胫骨愈合为一向下的小突起，骨体消失。远端形成一块小的踝骨，与胫骨远端外侧成关节。

马的小腿骨，胫骨发达，近端外侧有一小关节面与腓骨头连接。腓骨为一退化的小骨。近端扁圆，称腓骨头，与胫骨近端外侧成关节。骨体逐渐变尖细。

猪的小腿骨，胫骨骨干稍弯向内侧，胫骨外髁的后面有与腓骨相连接的关节面。腓骨较发达，与胫骨等长，其近端与远端都与胫骨相连接；远端还形成外侧踝。

狗的胫骨呈"S"状弯曲，腓骨细长，近端和远端都膨大。

（5）跗骨　由数块骨构成，位于小腿骨与距骨之间。各种家畜数目不同，一般分为3列。近列有2块，内侧的为胫跗骨，又称距骨；外侧的为腓跗骨，又称跟骨。距骨有滑车状关节面，与胫骨远端成关节。跟骨有向后上方突出的跟结节。中列只有1块中央跗骨。远列由内侧向外侧为第一、二、三、四跗骨。

牛的跗骨，有5块，近列为距骨和跟骨。中央跗骨与第四跗骨愈合为1块。第一跗骨很小，位于后内侧。第二与第三跗骨愈合。

马的跗骨，有6块，近列同牛。中列为扁平的中央跗骨。远列内后方为第一和第二跗骨愈合成的不规则小骨，中间为扁平的第三跗骨，外侧为较高的第四跗骨。

猪有7块跗骨，近列同马、牛。中列有中央跗骨。远列有4块，为第一、二、三、四跗骨。

狗的跗骨有7块，近列为距骨和跟骨，中央为中央跗骨，远列为第一、二、三、四跗骨。

（6）跖骨　跖骨与前肢掌骨相似。牛有3块，第三和第四跖骨愈合成大跖骨，第二跖骨为小跖骨，呈四边形盘状。大跖骨比大掌骨稍长，骨体两侧压扁，有明显的四个面。近端跖面内侧有小关节面与小跖骨成关节。

（7）趾骨和籽骨　分别与前肢相应的指骨和籽骨相似，但较细长。

2. 后肢骨的连接

家畜的后肢在推动身体前进方面起主要作用。因为髋骨与荐骨由荐髂关节牢固连接起来，以便把后肢肌肉收缩时产生的推动力沿脊柱传至前肢。后肢游离部的关节有髋关节、膝关节、跗关节和趾关节，趾关节也包括系关节、冠关节和蹄关节。后肢各关节与前肢各关节相对应，除趾关节外，各关节角的方向相反，这种结构适应家畜站立时保持姿势的稳定。后肢各关节除髋关节外，均有侧副韧带。

(1) 荐髂关节　由荐骨翼与髂骨的耳状关节面构成，关节面不平整，周围有短而强的关节囊，并有一层短的韧带加固。因此，家畜的荐髂关节几乎完全不能活动。在荐骨和髂骨之间还有一些强固的韧带——荐髂背侧韧带、荐髂外侧韧带和荐结节阔韧带。其中荐结节阔韧带最大，为一四边形的宽广韧带，构成骨盆的侧壁，背侧附着于荐骨侧缘和第一、二尾椎的横突，腹侧附着于坐骨棘和坐骨结节；其前缘与髂骨间形成坐骨大孔，下缘与坐骨之间形成坐骨小孔，供血管、神经通过。

(2) 髋关节　由髋臼和股骨构成（图2-33）。为多轴关节，关节角顶向后，在站立时关节角约为115°，关节囊宽松。在股骨头与髋臼之间，有一条短而强的圆韧带连接。马、骡、驴还有一条副韧带，来自腹直肌的耻前腱，沿耻骨腹面向两侧连于股骨头。髋关节能进行多方面运动，但主要是屈、伸运动；在关节屈曲时常伴有外展和旋外，在伸展时伴有内收和旋内。

(3) 膝关节　为单轴复关节，包括股胫关节和股髌关节。关节角顶向前，关节角约为150°。

① 股胫关节　是由股骨远端的一对髁和胫骨近端以及插入其间的两个半月板构成的复关节（图2-34）。关节囊的前壁薄，后壁稍厚。除有一对侧副韧带外，关节中央还有交叉的十字韧带，连接股骨与胫骨。此外，半月板还有一些短韧带，与股骨和胫骨相连。半月板一方面可使关节面相吻合，另一方面还可减轻震动。股胫关节主要是屈伸运动，在屈曲时可做小范围的旋转运动。

图2-33　髋关节　　　　图2-34　股胫关节半月板　　　　图2-35　跗关节

② 股髌关节　由髌骨和股骨远端滑车关节面构成。关节囊宽松。髌骨除以股髌内外侧韧带连于股骨远端外，在其前方还有三条强大的髌直韧带，连于胫骨近端的胫骨隆起上。髌直韧带与关节囊之间填充着脂肪。股髌关节的运动，主要是髌骨在股骨滑车上滑动，通过改变股四头肌作用力的方向而伸展髌关节。

(4) 跗关节　又称飞节，是由小腿骨远端、跗骨和距骨近端构成的复关节（图2-35）。关节角顶向后，关节角约153°，为单轴关节，仅能做屈伸运动。跗关节包括胫跗关节、跗间关节和跗跖关节。关节囊前壁宽松，后壁紧而强厚，紧密附着于跗骨，滑膜形成4个囊，即胫跗囊、跗间囊、远跗间囊和跗跖囊，其中以胫跗囊最大，并向内侧突出。在跗关节内、外侧有侧副韧带，在背侧和跖侧也各有韧带，限制跗关节的活动并加固连接。牛的跗关节除胫跗关节有相当大的运动外，距骨与中央跗骨之间也有一定的活动性，马的跗关节仅胫跗关节能做屈、伸运动，其余三个关节连接紧密，活动范围极小，只起缓冲作用。

(5) 趾关节　包括系关节、冠关节和蹄关节。其构造与前肢指关节相同。

第二节　肌　肉

一、概述

　　肌肉是机体活动的动力器官，在神经支配下能够接受刺激并发生收缩。根据其形态、机能和位置等不同特点，可分为三种类型：平滑肌、心肌和骨骼肌。平滑肌主要分布于内脏和血管；心肌分布于心脏；骨骼肌附着在骨骼上，它的肌纤维在显微镜下呈明暗相间的横纹结构，故又称横纹肌。骨骼肌收缩能力强，受意识支配，所以也称为随意肌。本节主要介绍骨骼肌。

1. 肌肉的构造

　　组成运动器官的每一块肌肉都是一个复杂的器官（图2-36），由肌腹和肌腱两部分组成。

　　（1）肌腹　位于肌器官的中间，肌腹是构成肌器官的主要部分，是由无数骨骼肌纤维按一定方向排列并与结缔组织、血管、淋巴和神经结合构成。结缔组织主要形成膜状结构，参与形成肌腹。包在整块肌肉外表面的结缔组织，形成肌外膜。肌外膜向内伸入，把肌纤维分成大小不同的肌束，称肌束膜。肌束膜再向肌纤维之间深入，包围着每一条肌纤维，称肌内膜。肌膜是肌肉的支持组织，使肌肉具有一定的形状，营养好的家畜肌膜内含有脂肪组织，在肌肉断面上呈大理石状花纹。血管、淋巴管和神经随着肌膜进入肌组织。肌肉内分布有大量的毛细血管网、运动神经末梢和本体感觉神经末梢，对肌肉的新陈代谢和机能调节有重要意义。

　　（2）肌腱　肌腱位于肌肉的两端，是由规则的致密结缔组织构成。肌腱纤维借肌内膜直接连接肌纤维的端部或贯穿于肌腹中。肌腱不能收缩，但具有很强的韧性和抗张力，不易疲劳。其纤维伸入到骨膜和骨质中，而使肌肉牢固地附着于骨上。

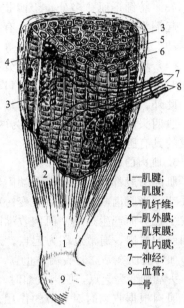

图2-36　肌器官结构模式图

1—肌腱；
2—肌腹；
3—肌纤维；
4—肌外膜；
5—肌束膜；
6—肌内膜；
7—神经；
8—血管；
9—骨

　　肌肉根据肌腹内肌腱纤维的含量和排列方向不同，可分为动力肌、静力肌和动静力肌三种。

　　① 动力肌　构造简单，肌腹由肌纤维及柔软的肌膜组成，肌纤维的方向与肌腹的长轴平行。这种肌肉收缩迅速有力，幅度较大，是推动身体前进的主要动力。但消耗的能量多，易疲劳。

　　② 静力肌　肌腹中肌纤维很少，甚至消失，而由肌腱纤维所代替，因而失去收缩能力，只起连接等机械作用。在家畜静止时起维持身体姿势的作用，如马的骨间中肌。

　　③ 动静力肌　肌腹中含有或多或少的腱质，构造复杂。根据肌腹中腱的分布和肌纤维的排列方向不同，又可分为半羽状肌、羽状肌和复羽状肌。

　　表面有一条腱索或腱膜，肌纤维斜向排列于一侧的为半羽状肌；腱索伸入肌腹中间，肌纤维以一定角度对称地排列于腱索两侧的为羽状肌；肌腹中有数条腱索或腱层，肌纤维有规律斜向排列于腱索两侧的为复羽状肌。动静力肌由于肌腹中有腱索，肌纤维短，但数量大为增多，从而增强了肌腹的收缩力，而且不易疲劳，但收缩幅度较小。

　　动静力肌对于维持身体姿势和运动均起着重要作用。

2. 肌肉的形态和分布

肌肉由于位置和机能不同而有不同的形态，一般可以分为以下四种。

（1）板状肌　呈薄板状，主要位于腹部和肩带部，其形状和大小不一，有的呈扇形，如背阔肌；有的呈锯齿状，如下锯肌；有的呈带状，如臂头肌等。板状肌可延续为腱膜，以增加肌肉的坚固性。

（2）多裂肌　主要分布于脊柱的椎骨之间，是由许多短肌束组成的肌肉，表现出明显分节的特点，各肌束独立存在，或相互结合成一大块肌肉。多裂肌收缩时只能产生小幅度的运动。如背最长肌、髂肋肌等。

（3）纺锤形肌　多分布于四肢。中间膨大部分是肌腹，主要由肌纤维构成；两端多为腱质，起端为肌头，止端为肌尾。有些肌肉有数个肌头和肌尾。纺锤形肌收缩时，产生大幅度的运动。如臂二头肌、指总伸肌等。

（4）环形肌　呈环形，主要分布于自然孔周围，肌纤维环绕自然孔排列，形成括约肌，收缩时可缩小和关闭天然孔。如口轮匝肌、眼轮匝肌等。

此外，畜体内还有一些其他形态的肌肉，如仅有一个肌尾而有数个肌头的肌肉（臂三头肌、股四头肌）；由一中间腱分为两个肌腹的二腹肌；以及由一段肌纤维和一段腱纤维交错构成的具有腱划的腹直肌等。

3. 肌肉的起止点和作用

肌肉一般都借助于腱以两端附着于骨、软骨、筋膜、韧带或皮肤上，中间越过一个或多个关节。当肌肉收缩时，肌腹变短粗，使其两端的附着点相互靠近，以关节为运动轴，牵引骨发生位移而产生运动。肌肉收缩时，固定不动的一端称为起点，活动的一端称为止点。例如四肢的肌肉，通常近端为起点，远端为止点。但随运动状况发生变化，起止点也可发生改变，如臂头肌在站立时头端是止点，肌肉收缩时可举手颈，但当前进运动时，头颈伸直固定不动，头端则变为起点，肌肉收缩时，可向前提举前肢。在天然孔周围的环形肌没有起止点。

肌肉根据收缩时对关节的作用，可分为伸肌、屈肌、内收肌和外展肌等。肌肉对关节的作用与其位置的分布有密切关系。伸肌分布在关节的伸面，通过关节角顶，当肌肉收缩时可使关节角变大从而伸展关节。屈肌分布于关节的屈面，即关节角内，肌肉收缩时使关节角变小实现关节的屈曲。内收肌位于关节的内侧。外展肌则位于关节的外侧。运动时，一组肌肉收缩，作用相反地另一组肌肉就适当放松，并起一定的牵制作用，使运动平稳进行。掌握了肌肉分布的规律，根据关节的类型和关节角的方向，便可确定作用于该关节的肌群及其位置。如肘关节为单轴关节，关节角顶向后，那么该关节只有伸屈两组肌肉，而且伸肌位于后方，屈肌位于前方。

肌肉起止点之间越过一个关节的，只对一个关节起作用，如冈上肌只能伸肩关节，起止点之间越过多个关节的肌肉，则可对多个关节起作用，如指深屈肌，不仅能屈指关节，而且可以屈腕关节和伸肘关节。

家畜在运动时，每个动作并不是单独一块肌肉起作用，而是许多肌肉互相配合的结果。在一个动作中，起主要作用的肌肉称主动肌；起协助作用的肌肉称协同肌；而产生相反作用的肌肉则称对抗肌。此外，还有些肌肉参与稳定躯干或肢体近侧部分，这些起固定作用的肌肉称固定肌。例如，屈肩关节时，三角肌和大圆肌为主动肌。背阔肌也有屈肩关节的作用，为协同肌。而冈上肌为对抗肌，斜方肌和菱形肌固定肩胛骨，为固定肌。每一块肌肉的作用不是固定不变的，在不同工作条件下起不同的作用。

4. 肌肉的命名

肌肉一般是根据其作用、结构、形状、位置、肌纤维方向及起止点等特征而命名的。根据其作用命名的，如伸肌、屈肌、内收肌、咬肌等；根据其结构命名的如二腹肌、三头肌等；根据其形状命名的，如三角肌、锯肌等；根据其位置命名的，如胫前肌、颞肌等；根据其纤维方向命名的，如直肌、斜肌、横肌等；根据其起止点命名的，如臂头肌、胸头肌等。大多数肌肉是结合了数个特征而命名的，如指外侧伸肌、股四头肌、腹外斜肌等。

5. 肌肉的辅助器官

肌肉的辅助器官包括筋膜、滑膜囊、腱鞘、滑车和籽骨。

（1）筋膜　为被覆在肌肉表面的结缔组织膜，可分为浅筋膜和深筋膜。

① 浅筋膜　位于皮下，又称皮下筋膜，由疏松结缔组织构成，覆盖于整个肌肉表面，各部厚薄不一。有些部位的浅筋膜中分布有皮肌。营养好的家畜浅筋膜内蓄积大量脂肪，形成皮下脂肪层。浅筋膜连接皮肤与深部组织，具有保护、贮存脂肪和调节体温等功能。

② 深筋膜　在浅筋膜之下，由致密结缔组织构成，致密而坚韧，包围在肌群的表面，并伸入肌肉之间，附着于骨上，形成肌肉间隔。深筋膜在某些部位（如前臂、小腿等处）形成包围肌或肌群总的筋膜鞘；或在关节附近形成环韧带以固定腱的位置；深筋膜还在多处与骨、腱或韧带相连，作为肌肉的起止点。总之，深筋膜可以固定肌肉的位置，使肌肉或肌群能够单独地进行收缩，为肌肉的工作创造有利条件。

（2）滑膜囊（图 2-37）　滑膜囊是密闭的结缔组织囊。囊壁薄，内面衬有滑膜，囊内有少量黏液，多位于肌、腱、韧带、皮肤与骨的突起之间，有减少摩擦的作用。位于肌下、腱下、韧带下及皮下的又称黏液囊。有些黏液囊是关节囊的突出部分；大多数滑膜囊是恒定的，即出生时就存在，也有的滑膜囊是出生后由于摩擦而形成。在病理的情况下，滑膜囊可因液体增多而肿胀。

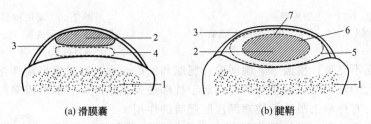

(a) 滑膜囊　　　　　　　　　　(b) 腱鞘

图 2-37　滑膜囊和腱鞘构造模式图

1—骨；2—腱；3—纤维膜；4—滑膜；5—滑膜壁层；6—滑膜腱层；7—腱系膜

（3）腱鞘　呈筒管状，包围于腱的周围，多位于有腱通过的活动范围较大的关节处（图2-38）。为黏液囊卷裹于腱的外面而形成。滑膜分内外两层，外层称壁层，以其纤维膜附着

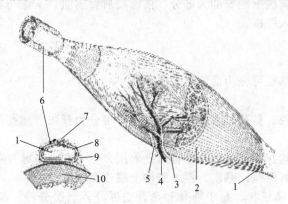

图 2-38　腱和腱鞘结构示意图

1—腱；2—肌腹；3—动脉；4—静脉；5—神经；6—腱鞘；

7—腱鞘系膜；8—滑膜层；9—纤维层；10—骨的断面

于腱所通过的管壁上；内层称腱层，紧包于腱的表面。内外两层通过腱系膜相连续，壁层与腱层之间有少量滑液，可减少腱活动时的摩擦。腱鞘常因发炎而肿大，称腱鞘炎。

（4）滑车与籽骨

① 滑车　多位于骨的突出部，为具有沟的滑车状突起，表面覆有软骨，腱与滑车之间常垫有黏液囊，以减少腱与骨之间的摩擦。

② 籽骨　是位于关节角顶部的小骨。籽骨有关节面与相邻骨成关节，腱通过籽骨时附着于其上。有改变肌肉作用力的方向及减少摩擦等作用。

二、皮肌

皮肌为分布于浅筋膜中的薄层肌，大部分与皮肤深面紧密相连，仅有少部分附着于骨。皮肌并不覆盖全身。皮肌的作用是颤动皮肤，以驱除蚊蝇及抖掉灰尘及水滴等。

根据其所在部位可分为面皮肌、颈皮肌、肩臂皮肌及躯干皮肌（图 2-39，图 2-40）。

图 2-39　牛的皮肌
1—额面肌；2—面皮肌；3—肩臂皮肌；4—躯干皮肌

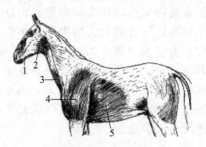

图 2-40　马的皮肌
1—唇皮肌；2—面皮肌；3—颈皮肌；
4—肩臂皮肌；5—躯干皮肌

面皮肌薄而不完整，覆盖于下颌间隙、腮腺和咬肌表面，有分支向前伸达口角，称唇皮肌。牛还有宽大的额皮肌，附盖于额部，起于枕部筋膜和角基部，肌纤维斜向前外方，与眼轮匝肌相融合。有提举上眼睑和使额部皮肤起皱的作用。

颈皮肌，牛无此肌，马的颈皮肌起自胸骨柄和颈正中缝，向颈的腹侧伸延，起始部较厚，向前逐渐变薄，有的马颈皮肌特别发达，可与面皮肌相连。

肩臂皮肌，覆盖于肩臂部，牛的较窄。肌纤维垂直，上端附着于皮肤，下端连于前臂筋膜，后部则斜向后上方，与躯干皮肌相连续。

躯干皮肌　覆盖胸腹壁侧壁的大部分，前缘接肩臂皮肌，下缘与胸深后肌融合，上缘与背阔肌融合，后部伸入膝褶。

三、头部肌

头部肌肉按作用部位可分为面部肌和咀嚼肌。

1. 面部肌

面部肌是位于口腔、鼻孔和眼裂周围的肌肉，可分为开张自然孔的开肌和关闭自然孔的环形肌（图 2-41）。

（1）开肌　一般均起于面骨，止于自然孔周围，主要有：鼻唇提肌、上唇固有提肌、犬齿肌、上唇提肌、下唇降肌、颧肌、颧骨肌和上眼睑提肌等。

① 鼻唇提肌　呈薄板状，起于额骨和鼻骨交界处，肌腹分浅、深两部，分别止于鼻孔外侧和上唇。可提举上唇，开张鼻孔。

② 犬齿肌　又称鼻孔外侧开肌，起于面嵴前方，穿行鼻唇提肌浅、深两部之间。牛的位于上唇提肌与上唇降肌之间。作用为开张鼻孔。

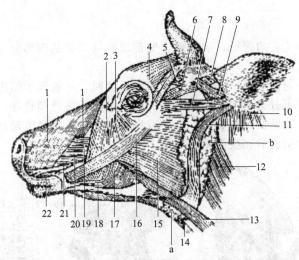

图 2-41　牛头部浅层肌

1—鼻唇提肌；2—颊提肌；3—下眼睑降肌；4—额皮肌；5～9,11—耳肌；
10,12—臂头肌（锁枕肌和锁乳突肌）；13—胸头肌；14—胸肌舌骨肌；15—咬肌；
16—颧肌；17—颊肌；18—下唇降肌；19—上唇固有提肌；20—犬齿肌；
21—上唇降肌；22—口轮匝肌；a—下颌腺；b—腮腺

③ 上唇提肌　牛的较小，起于面结节，穿过鼻唇提肌两层间，以数条细腱止于鼻唇镜。作用为上提上唇。

④ 下唇降肌　位于颊肌下缘，向前伸延，止于下唇。

（2）环形肌　亦称括约肌，位于自然孔周围，有关闭或缩小自然孔的作用。主要包括：口轮匝肌、颊肌、眼轮匝肌。

① 口轮匝肌　呈环状，围绕上、下唇内，在皮肤与黏膜之间，可关闭口裂。牛口轮匝肌两侧的肌纤维在上唇正中不衔接。

② 颊肌　很发达，位于颊部，构成口腔两侧壁。作用为参与吸吮、咀嚼等动作。

③ 眼轮匝肌　呈薄的环状，环绕于上、下眼睑内，在皮肤与眼结膜之间。可关闭眼裂。

2. 咀嚼肌

咀嚼肌是使下颌发生运动的肌肉。草食兽的咀嚼肌很发达，可分为闭口肌和开口肌。

（1）闭口肌　是磨碎食物的动力来源，所以很发达且富有腱质，包括咬肌、翼肌和颞肌。

① 咬肌　位于下颌支的外面，起于颧弓和面嵴，止于下颌支的外面。

② 翼肌　位于下颌骨的内面，起于蝶骨翼突和翼骨，止于下颌骨内面（翼内肌）和下颌骨冠状突下部及下颌头前缘（翼外肌）。

③ 颞肌　位于颞窝内，起于颞窝，止于下颌骨冠状突。

闭口肌的作用是牵引下颌向上或做侧运动，实现咀嚼运动。由于各肌起点、止点不在一个平面上，当一侧收缩时可使下颌做侧运动，如左侧咬肌与对侧翼肌同时收缩，下颌则移向左侧；反之亦然。

（2）开口肌

① 枕下颌肌　牛无此肌，马的枕下颌肌位于下颌骨后缘，起于枕骨颈突，止于下颌骨。

② 二腹肌　位于翼肌内面，有前后两个肌腹，起于颈突，斜向前下方，止于下颌骨下缘内侧面。

开口肌的作用是向下牵引下颌骨而开口。

四、前肢肌

前肢肌肉可分为：肩带肌、肩部肌、臂部肌和前臂部肌四部分。

1. 肩带肌

肩带肌是躯干与前肢连接的肌肉，大多为板状肌，一般起于躯干，止于前肢的肩胛骨和肱骨。根据位置，可分为背侧和腹侧两组。背侧组起于头骨和脊柱，从背侧连接前肢，包括斜方肌、菱形肌、背阔肌和臂头肌，牛还有肩胛横突肌。腹侧组起自颈椎、肋骨和胸骨，从腹侧连接前肢，包括胸肌和腹侧锯肌（图 2-42）。

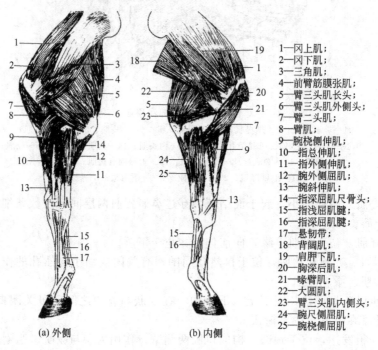

1—冈上肌；
2—冈下肌；
3—三角肌；
4—前臂筋膜张肌；
5—臂三头肌长头；
6—臂三头肌外侧头；
7—臂二头肌；
8—臂肌；
9—腕桡侧伸肌；
10—指总伸肌；
11—指外侧伸肌；
12—腕外侧屈肌；
13—腕斜伸肌；
14—指深屈肌尺骨头；
15—指浅屈肌腱；
16—指深屈肌腱；
17—悬韧带；
18—背阔肌；
19—肩胛下肌；
20—胸深后肌；
21—喙臂肌；
22—大圆肌；
23—臂三头肌内侧头；
24—腕尺侧屈肌；
25—腕桡侧屈肌

(a) 外侧　　(b) 内侧

图 2-42　马的前肢肌

（1）背侧组

① 斜方肌　是扁平的三角形肌，位于肩颈上半部的浅层，根据起点和纤维方向分为颈斜方肌和胸斜方肌。牛的较厚，两部之间无明显分界；马的较薄，明显地分为颈、胸两部。颈斜方肌起自项韧带索状部，肌纤维斜向后下方；胸斜方肌起自前 10 个胸椎棘突，肌纤维斜向前下方。两部均止于肩胛冈。其作用是提举、摆动和固定肩胛骨。

② 菱形肌　在斜方肌和肩胛软骨的深面，也分颈、胸二部。颈菱形肌狭长，呈三菱形，肌纤维纵行。胸菱形肌薄，近似四边形，肌纤维垂直。菱形肌两部的起点同斜方肌，止于肩胛软骨的内面。其作用为向前上方提举肩胛骨。

③ 背阔肌　位于胸侧壁的上部。为一块三角形大板状肌。肌纤维由后上方斜向前下方，部分被躯干皮肌和臂三头肌覆盖。牛的背阔肌除起自腰背筋膜，还起于 9～11 肋骨、肋间外肌和腹外斜肌的筋膜。其止点分三部分，前部止于大圆肌腱，中部止于臂三头肌长头内面的腱膜，后部与胸深肌同止于臂骨内侧结节。

背阔肌的主要作用有：a. 向后上方牵引肱骨，屈肩关节；b. 当前肢踏地时，牵引躯干向前；c. 牛背阔肌的肋部可协助吸气。

④ 臂头肌　呈长而宽的带状，位于颈侧部浅层，自头伸延到臂，形成颈静脉沟的上界。牛的臂头肌前部特别宽，后部显著变窄，仅覆盖肩关节前面。起于枕骨、颞骨和下颌骨，止

于肱骨嵴。马的臂头肌全长宽度一致，后端包盖肩关节的前面和外侧面。起于枕骨、颞骨、环椎翼和2～4颈椎横突。止于肱骨外侧的三角肌粗隆和肱骨嵴。

臂头肌的作用为：a. 牵引前肢向前，伸肩关节；b. 提举和侧偏头颈。

⑤ 肩胛横突肌　牛肩胛横突肌的前部位于臂头肌的深层，后部位于颈斜方肌和臂头肌之间。起于环椎翼，止于肩峰部的筋膜。

（2）腹侧组

① 胸浅肌　位于前臂与胸骨之间的皮下。分为前后两部，前部为降胸肌，后部为横胸肌。牛的胸浅肌较薄，前、后两部分界不明显。马的胸浅肌明显地分为前、后两部。降胸肌很发达，突出于胸前部，起于胸骨柄，止于肱骨嵴。横胸肌较薄，起于胸骨嵴，止于前臂内侧筋膜。胸浅肌的主要作用是内收前肢。

② 胸深肌　位于胸浅肌的深层，大部分被胸浅肌覆盖。牛的胸深肌很大，略呈三角形，起于腹黄膜、剑状软骨和胸骨侧面，止于肱骨内外结节。马的胸深肌分前、后两部。前部为锁骨下肌（胸深前肌）略呈三棱形，起于胸骨侧面前半部，向前上方逐渐变狭，行经肩关节前面及冈上肌前缘，止于冈上肌上端的筋膜。后部为深胸肌（胸深后肌），也很发达，形状及起止点与牛相似。

胸肌的作用为：a. 内收和摆动前肢；b. 前肢踏地时可牵引躯干向前。

③ 腹侧锯肌。为一宽大的扇形肌，下缘呈锯齿状，位于颈、胸部的外侧面。可分为颈、胸两部。颈腹侧锯肌全为肌质。胸腹侧锯肌较薄，表面和内部混有厚而坚韧的腱层。

牛的颈腹侧锯肌很发达，起自后5～6个颈椎的横突和前三个肋骨；胸下锯肌起于4～9肋骨的外面，均止于肩胛骨的锯肌面和肩胛软骨内面。

马的颈腹侧锯肌起于后四个颈椎的横突，胸腹侧锯肌起于前8～9个肋骨外面，均止于肩胛骨内面的锯肌面和肩胛软骨内面。两侧腹侧锯肌，特别是多腱质的胸腹侧锯肌，形成一弹性吊带，将躯干悬吊在两前肢之间。站立时，两侧下锯肌同时收缩，可提举躯干；颈下锯肌收缩可举颈；胸下锯肌收缩可以协助吸气。一侧收缩可将体重移向对侧的前肢。

2. 肩部肌

肩部肌分布于肩胛骨的外侧面及内侧面，起于肩胛骨，止于肱骨，跨越肩关节，可伸、屈肩关节和内收、外展前肢。可分为外侧组和内侧组。

（1）外侧组

① 冈上肌　位于冈上窝内。牛的冈上肌全为肌质，马的有强韧的腱膜。起于冈上窝和肩胛软骨。止腱分两支，分别止于臂骨内、外侧结节的前部。作用为伸肩关节和固定肩关节。

② 冈下肌　位于冈下窝内，一部分被三角肌覆盖。起于冈下窝及肩胛软骨。止于肱骨外侧结节。作用为外展及固定肩关节。

③ 三角肌　呈三角形，位于冈下肌的浅层。借冈下肌腱膜起于肩胛冈和肩胛骨后角，在牛还有起于肩峰的头。止于肱骨外的三角肌粗隆。作用为屈肩关节。

（2）内侧组　有肩胛下肌、大圆肌和喙臂肌。

① 肩胛下肌　位于肩胛骨内侧面。起于肩胛下窝，在牛明显地分为三个肌束。止于肱骨的内侧结节。作用为内收和固定肩关节。

② 大圆肌　位于肩胛下肌后方，呈带状。起于肩胛骨后角，止于肱骨内面。作用为屈肩关节。

3. 臂部肌

臂部肌分布于肱骨周围，起于肩胛骨和肱骨，跨越肩关节及肘关节，止于肱骨。主要对肘关节起作用，对肩关节也有作用。可分为伸、屈两组。伸肌组位于肘关节后方，有臂三头肌和前臂筋膜张肌；屈肌组有臂二头肌和臂肌。

（1）伸肌组

① 臂三头肌　位于肩胛骨后缘与肱骨形成的夹角内，呈三角形，是前肢最大的一块肌肉。分三个头：长头最大，起于肩胛骨的后缘；外侧头较厚，起于臂骨外侧面；内侧头最小，牛的较大，马的不发达，起于肱骨内面。三个头共同止于尺骨鹰嘴。主要作用为伸肘关节，长头还有屈肩关节的作用。

② 前臂筋膜张肌　位于臂三头肌的后缘和内面。牛的狭长而薄，起自肩胛骨后角，以一扁腱止于鹰嘴内侧面。马的宽而薄，只后缘较厚，以一薄腱膜起于背阔肌止端和肩胛骨后缘，止于鹰嘴及前臂筋膜。作用为伸肘关节，在马，还可以紧张前臂筋膜。

（2）屈肌组

① 臂二头肌　位于肱骨前面，为多腱质的纺锤形肌。以强腱起于肩胛骨盂上结节，通过臂二头肌沟，止于桡骨粗隆。作用主要是屈肘关节，也有伸肩关节的作用。

② 臂肌　位于肱骨螺旋形肌沟内，起自肱骨后面上部，向下经臂二头肌与腕桡侧伸肌之间，转到前臂近端内侧面，止于桡骨近端内侧缘。作用为屈肘关节。肩臂部内侧肌与下锯肌之间由疏松结缔组织连接，有利于肩胛骨在胸壁上前后摆动。

4. 前臂及前脚部肌

前臂及前脚部肌作用于腕关节和指关节，它们的肌腹分布在前臂的背外侧面和掌侧面（前臂骨的内侧面无肌肉）。大部分为多腱质的纺锤形肌，均起于肱骨远端及前臂骨近端，在腕关节附近移行为腱，除腕尺侧屈肌腱外，其他均包有腱鞘。作用于腕关节的肌肉，止腱较短，止于腕骨及掌骨。作用于指关节的肌肉，则以长腱跨越腕关节和指关节，而止于指骨。前臂部肌可分为背外侧肌群和掌侧肌群。

（1）背外侧肌群　背外侧肌群分布于前臂骨的背侧面和外侧面，由前向后依次为腕桡侧伸肌、指总伸肌和指外侧伸肌；在前臂下端指伸肌的深面有腕斜伸肌。在牛，腕桡侧伸肌和指总伸肌之间，还有一指内侧伸肌。

① 腕桡侧伸肌　位于桡骨的背侧面，起于肱骨远端外侧，肌腹于前臂下部延续为一扁腱，经腕关节背侧面向下，止于第三掌骨近端的掌骨粗隆。腱通过腕关节前方的表面包有腱鞘。主要作用为伸腕，由于有腱索与臂二头肌相连，当站立时有固定肩、肘、腕三个关节的作用。

② 指总伸肌　牛的指总伸肌较小，位于指内侧伸肌与指外侧伸肌之间，起于肱骨远端外面及尺骨外面，在前臂下端延续为一细腱，经腕关节和掌骨的背面向下伸延，至掌骨远端分为两支，分别沿内、外侧指的背缘向下，止于蹄骨伸腱突。

马的指总伸肌位于桡骨的外侧面，在腕桡侧伸肌后方，主要起于肱骨远端前面、桡骨近端外侧和尺骨外侧。肌腹为典型的羽状肌，在前臂下部延续为腱，经腕关节背外侧面、掌骨和系骨的背侧面向下伸延，止于蹄骨的伸腱突。在腕关节处分出一小腱，并入指外侧伸肌腱中。指总伸肌的作用为伸指及腕，也有屈肘的作用。

③ 指内侧伸肌　又称第三指固有伸肌。牛的指内侧伸肌位于腕桡侧伸肌与指总伸肌之间。起点同指总伸肌。其肌腹与腱紧贴于指总伸肌及其腱的内侧缘。止于第三指的冠骨近端背侧缘及蹄骨。马无此肌。第三指固有伸肌的作用为伸展第三指。

④ 指外侧伸肌　位于前臂外侧面，在指总伸肌后方，牛的发达；马的很小，又称第四指固有伸肌，起自桡骨近端外侧、桡骨和尺骨的外侧面。止腱经腕关节外侧面向下延伸至掌部，继续沿指总伸肌腱外侧缘下行。牛的止于第四指的冠骨及蹄骨；马的止于系骨近端，作用为伸指、伸腕，牛的还可外展第四指。

（2）掌侧肌群　掌侧肌群分布于前臂骨的掌侧面。肌群的浅层为屈腕的肌肉，包括腕外侧屈肌、腕桡侧屈肌和腕尺侧屈肌。深层为屈指肌肉，包括指浅屈肌和指深屈肌。

① 腕外侧屈肌　原名腕尺侧伸肌，但在牛、马因位置靠后，为屈腕作用。位于前臂外侧后部，指外侧伸肌的后方。起于肱骨远端外侧后部。有两止腱，前腱较强，止于第四掌骨近端；后腱止于副腕骨。作用为屈腕、伸肘。

② 腕尺侧屈肌　位于前臂内侧后部，起于肱骨远端内侧后部和鹰嘴内侧面，以强腱止于副腕骨。作用为屈腕、伸肘。

③ 腕桡侧屈肌　位于腕尺侧屈肌前方，起于肱骨远端内侧，牛的止于第三掌骨近端内侧，马的止于第二掌骨近端。作用为屈腕、伸肘。

④ 指浅屈肌　牛的指浅屈肌位于前臂后方，被屈腕肌包围。起于肱骨远端内侧。肌腹分浅、深两部，各有一腱，向下分别通过腕管和腕横韧带，延伸至掌中部又合成一总腱，并立即分为两支，分别止于内、外侧指的冠骨后面，每支在系骨掌侧与来自悬韧带的腱板形成腱环，供指深屈肌腱通过。

马的指浅屈肌位于腕尺侧屈肌与指深屈肌之间。有两个头：肱骨头起自肱骨远端内侧，肌腹与指深屈肌不易分离，在腕关节上方延续为一强腱；桡骨头为一强腱质带，起于桡骨后面下半部，在腕关节上方并入肱骨头腱内，通过腕管，走在指深屈肌腱的浅层，在系关节附近构成一环，有指深屈肌腱通过，在系骨远端分为两支，分别止于系骨和冠骨的两侧。

指浅屈肌的作用为：在运动时，屈指关节和腕关节；在站立时，可维持肘以下各类关节的角度，支持体重。

⑤ 指深屈肌　位于前臂骨的后面，被其他屈肌包围。共有三个头，分别起于肱骨远端内面、鹰嘴及桡骨后面。三个头合成一总腱，经腕管向下伸延至掌部。

牛的指深屈肌腱在系关节上方分为两支，分别通过指浅屈肌腱形成的腱环，止于内、外侧指的蹄骨掌侧面后缘。

马的指深屈肌腱在掌部变成一圆索，走于悬韧带与指浅屈肌之间，在掌中部又有腱头加入，最后穿过指浅屈肌的腱环及其分支之间下行，以扁腱止于蹄骨的屈腱面。指深屈肌的作用与指浅屈肌同。

五、躯干肌

躯干肌包括：脊柱肌、颈腹侧肌、胸壁肌及腹壁肌（图 2-43，图 2-44）。

1. 脊柱肌

脊柱肌是支配脊柱活动的肌肉，可分为背侧肌与腹侧肌两部分。

(1) 脊柱背侧肌　脊柱的背侧肌肉很发达，尤其是颈部。其作用是：两侧同时收缩时，可伸脊柱、举头颈；一侧收缩时，可向一侧偏脊柱。除下述肌肉外，紧靠脊柱还有一些分节性的小肌束，如多裂肌、横突间肌等。

① 背腰最长肌　位于胸椎、腰椎的棘突与横突和肋骨椎骨端所形成的三棱形凹陷内，是体内最大的肌肉，表面覆盖有一层腱膜，由许多肌束综合而成。起于髂骨嵴、荐骨、腰椎和后位胸椎的棘突。在第十二胸椎附近分为上、下两部：上部称背颈棘肌，接受由前4个胸椎棘突来的一些肌束，逐渐变大，向前在头半棘肌内方通过，止于后4个颈椎的棘突；下部向前下方走，经腹侧锯肌内侧，止于腰椎、胸椎、最后颈椎的横突，以及肋骨外面。

作用为：两侧同时收缩，有很强的伸背腰作用，还有伸颈和帮助呼气的作用。一侧收缩可使脊柱侧屈。

② 髂肋肌　位于背最长肌的腹外侧，狭长而分节，由一系列斜向前下方的肌束组成。起于腰椎横突末端和后10（牛）或15（马）个肋骨的前缘，向前止于所有肋骨的后缘（牛）和前12、13个肋骨的后缘及第7颈椎横突（马）。作用为向后牵引肋骨，协助呼气。

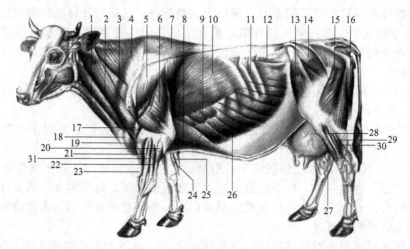

图 2-43　牛全层浅肌层

1—胸头肌；2—臂头肌；3—肩胛横突肌；4—颈斜方肌；5—三角肌；6—臂三头肌；7—胸斜方肌；
8—胸深后肌；9—胸腹侧踞肌；10—背阔肌；11—肋间外肌；12—腹内斜肌；13—阔筋膜张肌；
14—臀中肌；15—股二头肌；16—半腱肌；17—臂肌；18—胸浅肌；19—腕桡侧伸肌；
20—腕外侧屈肌；21—趾内侧伸肌；22—趾外侧伸肌；23—腕斜伸肌；24—腕桡侧屈肌；
25—腕尺侧屈肌；26—腹外斜肌；27—第三腓骨肌；28—腓骨长肌；29—趾深屈肌；
30—指外侧伸肌；31—指总伸肌

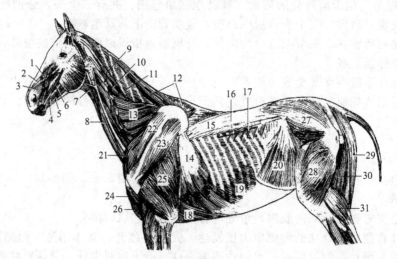

图 2-44　马的躯干深层肌

1—鼻唇提肌；2—上唇固有提肌；3—鼻孔外侧开肌；4—颊肌；5—下唇降肌；6—颧肌；7—肩胛舌骨肌；
8—胸头肌；9—头最长肌；10—环椎最长肌；11—头半棘肌；12—棱形肌；13—颈腹侧锯肌；
14—胸腹侧锯肌；15—背最长肌；16—髂肋肌；17—后背侧锯肌；18—胸深后肌；19—腹外斜肌；
20—腹内斜肌；21—降胸肌；22—冈上肌；23—冈下肌；24—臂二头肌；25—臂三头肌；
26—臂肌；27—臀中肌；28—股四头肌；29—半腱肌；30—半膜肌；31—腓肠肌

③ 夹肌　位于颈椎、鬐甲、项韧带索状部之间，呈三角形，其后部被斜方肌及颈下锯肌覆盖。起于棘横筋膜（前部胸椎棘突和横突之间的深筋膜）、项韧带索状部，止于枕骨、颞骨及前 4、5 个颈椎。作用为：两侧同时收缩举头颈，一侧收缩则偏头颈。

④ 头半棘肌　位于夹肌与项韧带板状部之间，为强大的三角形肌，有 4～5 条腱划。起于棘横筋膜及前 8、9 个（牛）或 6、7 个（马）胸椎横突及颈椎关节突，以强腱止于枕骨后面。作用同夹肌。

（2）脊柱腹侧肌　脊柱的腹侧肌不发达，仅存在于颈部和腰部。作用是向腹侧弯曲脊柱。

① 颈长肌　位于颈椎及前5～6个胸椎的腹侧面，由一些短的肌束构成。作用为屈颈。

② 腰小肌　为一狭长肌，位于腰椎腹侧面和椎体两旁。起于腰椎及最后（牛）或后3个（马）胸椎椎体腹侧面，止于髂骨中部。作用为屈腰。

2. 颈腹侧肌

颈腹侧肌位于颈部腹侧，有胸头肌、胸骨甲状舌骨肌及肩胛舌骨肌，它们包围于颈部气管、食管及大血管的腹面及两侧。

（1）胸头肌　位于颈下部外侧，构成颈静脉沟的下缘。起于胸骨柄两侧，两侧胸头肌的起点紧密相接。牛的胸头肌向前分浅、深两部；浅部称胸下颌肌，止于下颌骨下缘；深部称胸乳突肌，经颈静脉及腮腺深部，止于颞骨。马的以扁腱止于下颌骨的后缘。

（2）胸骨甲状舌骨肌　位于气管腹侧，为一扁平的带状肌。起于胸骨柄，起始部被胸头肌覆盖。前部分两支：外侧支止于喉的甲状软骨，称胸骨甲状肌；内侧支止于舌骨体，称胸骨舌骨肌。作用为向后牵引喉和舌骨，助吞咽。

（3）肩胛舌骨肌　位于颈侧部，臂头肌的深面，呈薄带状，起于第3～5颈椎横突，斜向下止于舌骨体。在颈后部位于臂头肌的深面，在颈前部形成颈静脉沟的沟底，把颈总动脉和颈外静脉隔开。因此在颈前部进行颈静脉注射较为安全。

3. 胸壁肌

胸壁肌分布于胸腔的侧、后壁。胸壁肌收缩可改变胸腔的容积，参与呼吸运动，因此也称为呼吸肌。主要有肋间外肌、肋间内肌和膈肌。

（1）肋间外肌　位于所有肋间隙的表层。起于肋骨的后缘，肌纤维斜向后下方。止于后一肋骨的前缘。作用为向前外方牵引肋骨，使胸廓扩大，引起吸气。

（2）肋间内肌　位于肋间外肌的深面。起于肋骨前缘，肌纤维斜向前下。止于前一肋骨的后缘。作用为向后方牵引肋骨，使胸廓变小，帮助呼气。

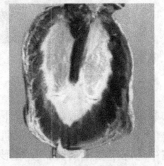

图2-45　膈

（3）膈肌　为一大圆形板状肌，构成胸腔和腹腔的间隔，又叫横隔膜（图2-45）。膈舒张时，呈圆顶状突向胸腔。膈的周围由肌纤维构成，称肉质缘；膈的中央由强韧的腱膜构成，称中心腱。膈的肉质缘分腰部、肋部和胸骨部。腰部形成肌质的左、右膈脚，附着在前四个腰椎的腹面，肌束伸至膈的中心。肋部附着于肋骨内面，从第八对肋骨向上，沿肋骨和肋软骨的结合处，至最后肋骨内面。胸骨部附着于剑状软骨的背侧面。膈上有三个孔：①主动脉裂孔，位于左、右膈脚之间；②食管裂孔，位于右膈脚肌束间，接近中心腱；③腔静脉孔，位于中心腱上，稍偏中线右侧。膈收缩时，使突向胸腔的凸度变小，扩大胸腔的纵径，引起吸气。膈松弛时，由于腹壁肌肉回缩，腹腔内脏向前压迫膈，使凸度增大，胸腔纵径变小，而帮助呼气。

4. 腹壁肌

腹壁肌构成腹腔的侧壁和底壁，由四层纤维方向不同的板状肌构成，其表面覆盖有腹壁筋膜。牛和马的腹壁深筋膜由弹力纤维构成，呈黄色，称腹黄膜。腹黄膜强韧而有弹性，可协助腹壁肌支持内脏（图2-46，图2-47）。

（1）腹外斜肌　为腹壁肌的最外层，位于腹黄膜的深面。以锯齿起于第五至最后肋骨的外面。起始部为肌质，肌纤维斜向后下方，在肋弓下约一掌处变为腱膜，止于腹白线。腹外斜肌腱膜在髋结节至耻骨前缘处，加厚形成腹股沟韧带，在其前方腱膜上有一长约10cm

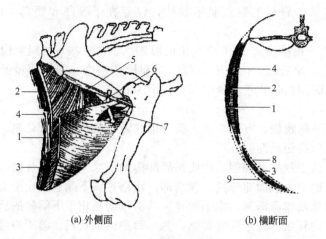

(a) 外侧面　　　　　　　　(b) 横断面

图 2-46　腹壁肌模式图

1—腹外斜肌；2—腹内斜肌；3—腹直肌；4—腹横肌；5—腹股沟韧带；
6—腹股沟管腹环；7—腹股沟管皮下腹环；8—腹直肌内鞘；9—腹直肌外鞘

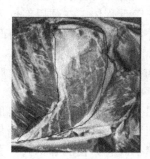

(a) 腹外斜肌　　　　　　　(b) 腹内斜肌　　　　　　　(c) 腹横肌

图 2-47　腹壁肌

的裂隙，即为腹股沟管的皮下环。

（2）腹内斜肌　是腹壁肌的第二层，位于腹外斜肌深面。其肌质部较厚，起于髋结节，在牛还起于腰椎横突，呈扇形向前下方扩展，逐渐变为腱膜，止于腹白线，在牛还止于最后肋骨，其腱膜分内外两层，外层与腹外斜肌腱膜交织在一起，形成腹直肌外鞘。在腹内斜肌与腹股沟韧带之间有一裂隙，为腹股沟管腹环。

（3）腹直肌　呈宽带状，位于白线两侧腹下壁的腹直肌鞘内。起于胸骨两侧和肋软骨，肌纤维纵行，最后以强厚的耻前腱止于耻骨前缘。在腹直肌的肌腹上有 5～6 条（牛）或 9～11 条（马）腱划。腹直肌像两条坚韧的带子兜住腹腔。

（4）腹横肌　是腹壁肌的最内层，较薄，起于腰椎横突与弓肋下端的内面，肌纤维垂直向下内方，以腱膜止于腹白线。其腱膜与腹内斜肌腱膜内层构成腹直肌内鞘。

（5）腹股沟管　位于腹股沟部，是斜行穿过腹外斜肌和腹内斜肌之间的楔形缝隙，为胎儿时期睾丸从腹腔下降到阴囊的通道。有内外两个口：外口通皮下，称腹股沟皮下环，为腹外斜肌腱膜上的裂隙；内口通腹腔，为腹内斜肌与腹股沟韧带之间的裂隙。在马，皮下环长约 10～12cm，腹环长约 10cm，腹股沟管长约 10cm。公畜的腹股沟管明显，内有精索和血管、神经通过。母畜的腹股沟管仅供血管、神经通过。

腹壁肌的作用是形成坚韧的腹壁，容纳和支持腹腔脏器；当腹壁肌收缩时，可增大腹压，协助呼气、排粪、分娩等。

六、后肢肌

后肢肌肉较前肢发达，是推动身体前进的主要动力，包括臀部肌、股部肌、小腿和后脚部肌（图 2-48）。

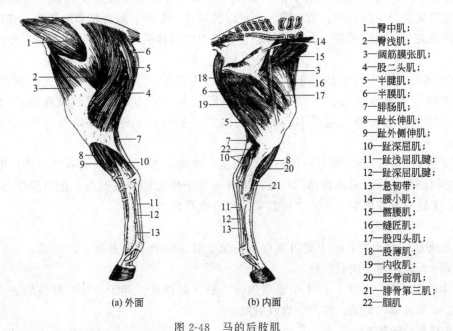

1—臀中肌；
2—臀浅肌；
3—阔筋膜张肌；
4—股二头肌；
5—半腱肌；
6—半膜肌；
7—腓肠肌；
8—趾长伸肌；
9—趾外侧伸肌；
10—趾深屈肌；
11—趾浅屈肌腱；
12—趾深屈肌腱；
13—悬韧带；
14—腰小肌；
15—髂腰肌；
16—缝匠肌；
17—股四头肌；
18—股薄肌；
19—内收肌；
20—胫骨前肌；
21—腓骨第三肌；
22—腘肌

(a) 外面　　　　(b) 内面

图 2-48　马的后肢肌

1. 臀部肌

位于髋骨的外面和内面，髋骨外面为臀肌群，内面为髂腰肌。

（1）臀肌群　包括臀浅肌、臀中肌和臀深肌。

① 臀浅肌　牛无此肌。马的位于臀部浅层，呈三角形，以臀筋膜起于髋结节和荐结节，止于股骨外面的第三转子。作用为屈髋和外展髋关节。

② 臀中肌　大而厚，是臀部的主要肌肉，决定臀部的轮廓。起于髂骨翼和荐结节阔韧带，前部还起于腰部背腰最长肌筋膜。止于股骨的大转子。主要作用为伸髋、旋外后肢。并且由于同背最长肌结合，还参与竖立、蹴踢和推进躯干等动作。

③ 臀深肌　位于最深层，被臀中肌覆盖，牛的较宽而薄。马的短而厚，起于坐骨棘，止于大转子前部（马）或大转子前下方（牛）。作用为外展髋关节和旋外后肢。

（2）髂腰肌　位于髂骨内侧面，由髂肌和腰大肌组成。髂肌起于髂骨翼的腹侧面，腰大肌起于腰椎横突的腹侧面，均止于股骨内面。作用为屈髋关节和旋外后肢。

2. 股部肌

分布于股骨周围，根据部位分为股前肌群、股后肌群和股内侧肌群。

（1）股前肌群

① 阔筋膜张肌　位于股前外侧浅层。起于髋结节，起始部为肌质，较厚，向下呈扇形扩展，延续为阔筋膜，并借阔筋膜止于髌骨和胫骨近端。作用为紧张阔筋膜，屈髋关节和伸膝关节。

② 股四头肌　大而厚，富于肉质，位于股骨前面及两侧。被阔筋膜张肌覆盖。有四个头，即直头、内侧头、外侧头和中间头。直头起于髂骨体，其余三个头分别起于股骨的外

侧、内侧及前面。共同止于髌骨。作用为伸膝关节。

（2）股后肌群

① 股二头肌　位于股后外侧，是一块长而宽大的肌肉。有两头：椎骨头起于荐骨，牛还起于荐结节阔韧带；坐骨头起于坐骨结节，两头合并后下行逐渐变宽，牛的分前、后两部，马的明显地分为前、中、后三部，分别以腱膜止于髌骨、胫骨嵴和跟结节。作用为：伸髋、膝和跗关节；在推进躯干、蹴踢和竖立等动作中起伸展后肢作用；在提举后肢时可屈膝关节。

② 半腱肌　为一大长肌，起始部位于股二头肌的后方，向下构成股部的后缘，止端转到内侧。牛无椎骨头。下端以腱膜止于胫骨嵴的内侧、小腿筋膜和跟结节。马有两个头：椎骨头起于前二尾椎和荐结节阔韧带；坐骨头起于坐骨结节。作用同臀股二头肌。

③ 半膜肌　大，呈三棱形，位于股后内侧。牛起于坐骨结节。马有两个头：椎骨头起于荐结节阔韧带后缘，形成臀部的后缘；坐骨头起于坐骨结节腹侧面，止于股骨远端内侧，在牛还止于胫骨近端内侧。作用为伸髋关节和内收后肢。

（3）股内侧肌群

① 股薄肌　薄而宽，位于股内侧皮下，起于骨盆联合及耻前腱，以腱膜止于膝关节及胫骨近端内面。作用为内收后肢。

② 内收肌　呈三棱形，位于半膜肌前方，股薄肌深面。起于坐骨和耻骨的腹侧，止于股骨的后面和远端内侧面。作用为内收后肢。

3. 小腿和后脚部肌

小腿和后脚部肌的肌腹都位于小腿周围，在跗关节处均变为腱。其腱在通过跗部处大部分包有腱鞘。可分为背外侧肌群和跖侧肌群。由于跗关节的关节角顶向后，故背侧肌群有屈跗伸趾的作用；跖侧肌群有伸跗屈趾的作用。

（1）背外侧肌群

① 牛有下列 6 块肌肉。

a. 腓骨第三肌　为发达的纺锤形肌，位于小腿背侧面的浅层，与趾长伸肌和趾内侧伸肌同以一短腱起于股骨远端外侧，至小腿远端延续为一扁腱，经跗关节背侧，止于跖骨近端及跗骨。作用为屈跗关节。

b. 趾内侧伸肌　又名第三趾固有伸肌。位于第三腓骨肌深面及趾长伸肌前面，起点同第三腓骨肌，止于第三趾的冠骨。作用为伸第三趾。

c. 趾长伸肌　位于趾内侧伸肌后方，其肌腹上部被第三腓骨肌覆盖。起点同前二肌，在小腿远端延续为一细长腱，通过跗关节前方，走于跖骨背侧，在跖骨远端分为两支，分别止于第三、四趾蹄骨的伸腱突。作用为伸趾、屈跗。

d. 腓骨长肌　位于小腿外侧面，趾长伸肌后方。肌腹短而扁，呈三角形，起于小腿近端外侧面，其腱向后下方延伸，经跗关节外侧面，越过趾外侧伸肌腱，止于第一跗骨和跖骨近端。作用为屈跗。

e. 趾外侧伸肌　又名第四趾固有伸肌，位于小腿外侧，腓骨长肌后方。起于小腿近端外侧，肌腹圆，于小腿远端延续为一长腱，经跗关节、跖骨背侧，止于第四趾的冠骨。作用为伸第四趾。

f. 胫骨前肌　位于第三腓骨肌的深面，紧贴胫骨。起于小腿近端外侧，止腱分两支，分别止于跗骨前面和第二、三跗骨。作用为屈跗关节。

② 马的小腿后脚部肌背外侧肌群有下列 4 块肌肉。

a. 趾长伸肌　呈纺锤形，位于小腿背侧面浅层，覆盖第三腓骨肌和胫骨前肌。以强腱起于股骨远端前部，在小腿远端延续为一长腱，经跗、跖、趾的背侧面，止于蹄骨的伸腱突。作用为屈跗关节、伸趾关节。

b. 外侧伸肌　位于小腿外侧趾长伸肌的后方。起于胫骨外侧和腓骨，其腱通过跗关节外侧，在跖骨上中部并入趾长伸肌腱，作用同趾长伸肌。

c. 腓骨第三肌　为一强腱，位于胫骨前肌与趾长伸肌之间。起于股骨远端前部，沿胫骨前肌背侧下行，在跗关节上方分为两支。分别止于第三跖骨近端及跗骨。其作用是连接膝关节和跗关节，当膝关节屈曲时可使跗关节被动屈曲；当站立时，与后肢的其他静力装置（趾浅屈肌和膝直韧带）一起机械地固定膝、跗关节。

d. 胫骨前肌　紧贴于胫骨前面。起于胫骨近端的外侧面，止腱穿过第三腓骨肌腱两支间，分为两支，分别止于第三跖骨近端前面和第一、二跗骨。作用为屈跗关节。

(2) 跖侧肌肉

① 牛有下列 3 块肌肉。

a. 腓肠肌　位于小腿后部，肌腹位于股二头肌与半腱肌之间。有内外两个头，分别起于股骨髁上窝的两侧，肌腹很发达，于小腿中部合成一强腱，与趾浅屈肌腱紧紧扭结在一起形成跟腱，止于跟结节。作用为伸跗关节。

b. 趾浅屈肌　位于腓肠肌两头之间。起于股骨的髁上窝。肌腹较小，其腱在小腿中部由腓肠肌腱前方经内侧转至后方，在跟结节处变宽，包在跟结节表面并附着于其两侧。腱继续向下延伸，经跖部至趾部，腱的止点与前肢指浅屈肌相似。其作用是与腓骨第三肌一起，形成连接膝关节与跗关节的静力装置。

c. 趾深屈肌　发达，位于胫骨后面。有三个头，均起于胫骨后面和外侧缘上部。较大的外侧浅头（胫骨后肌）及较小的外侧深头（拇长屈肌）的腱合成主腱，经跟结节内侧，向下沿趾浅屈肌腱深面下行，止点与前肢指深屈肌相似，内侧头（趾长屈肌）的细腱经跗关节内侧下行，在跖骨上部并入主腱。作用是为屈趾关节，伸跗关节。

② 马也有下列 3 块肌肉。

a. 腓肠肌　与牛的相似。

b. 趾浅屈肌　肌腹不发达，主要为腱质，腱的止点与前肢指浅屈肌相同。

c. 趾深屈肌　与牛相似，但外侧浅头较牛小，外侧深头则比牛大，内侧头较小，其腱的止点与前肢指深屈肌相同。

【复习思考题】

1. 简述骨的化学成分和物理特性，随着家畜年龄的增大骨的组成会有哪些变化？
2. 简述骨的结构特点。
3. 将马、牛、猪的骨骼标本进行比较，找出其结构特点。
4. 牛的前肢、后肢关节有哪些？其结构特征有哪些？
5. 关节的结构由哪几部分组成？
6. 将马、牛、猪的肌肉标本进行比较，找出其结构特点。
7. 腹壁从内向外有哪些肌肉构成？其纤维走向如何？
8. 名词解释：颈静脉沟，腹股沟管，胸廓，骨盆，腹白线。

【本章小结】

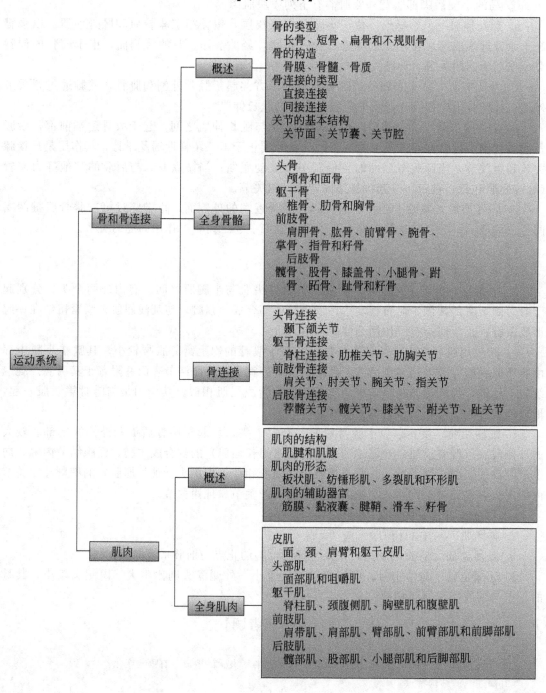

运动系统

骨和骨连接

概述
- 骨的类型
  - 长骨、短骨、扁骨和不规则骨
- 骨的构造
  - 骨膜、骨髓、骨质
- 骨连接的类型
  - 直接连接
  - 间接连接
- 关节的基本结构
  - 关节面、关节囊、关节腔

全身骨骼
- 头骨
  - 颅骨和面骨
- 躯干骨
  - 椎骨、肋骨和胸骨
- 前肢骨
  - 肩胛骨、肱骨、前臂骨、腕骨、掌骨、指骨和籽骨
- 后肢骨
  - 髋骨、股骨、膝盖骨、小腿骨、跗骨、跖骨、趾骨和籽骨

骨连接
- 头骨连接
  - 颞下颌关节
- 躯干骨连接
  - 脊柱连接、肋椎关节、肋胸关节
- 前肢骨连接
  - 肩关节、肘关节、腕关节、指关节
- 后肢骨连接
  - 荐髂关节、髋关节、膝关节、跗关节、趾关节

肌肉

概述
- 肌肉的结构
  - 肌腱和肌腹
- 肌肉的形态
  - 板状肌、纺锤形肌、多裂肌和环形肌
- 肌肉的辅助器官
  - 筋膜、黏液囊、腱鞘、滑车、籽骨

全身肌肉
- 皮肌
  - 面、颈、肩臂和躯干皮肌
- 头部肌
  - 面部肌和咀嚼肌
- 躯干肌
  - 脊柱肌、颈腹侧肌、胸壁肌和腹壁肌
- 前肢肌
  - 肩带肌、肩部肌、臂部肌、前臂部肌和前脚部肌
- 后肢肌
  - 髋部肌、股部肌、小腿部肌和后脚部肌

第三章 被皮系统

【本章要点】
主要介绍皮肤和皮肤衍生物的解剖结构特点。

【知识目标】
1. 了解被皮系统的组成及作用。
2. 掌握乳房的基本构造。

【技能目标】
1. 掌握皮下注射及皮内注射的位置。
2. 了解人工或机械榨乳的解剖学基础。

被皮系统包括皮肤和皮肤衍生物。皮肤衍生物是由皮肤衍生而成的特殊器官，包括家畜的蹄、枕、角、毛、乳腺、皮脂腺及汗腺以及禽类的羽毛、冠、喙和爪等。被皮系统具有感觉、分泌、防御、排泄、调节体温和贮存营养物质的作用，以保证动物体对外界环境的适应。

第一节 皮　　肤

皮肤覆盖于动物体表，具有保护体内组织、防止异物侵害的作用。在皮肤中还含有感受各种刺激的感受器、毛、皮脂腺及汗腺等。皮肤的厚度因动物的种类、品种、性别、年龄及分布部位的不同而异，牛的皮肤最厚，羊的皮肤最薄，老年家畜较幼年的厚，公畜的较母畜的厚，四肢外侧较内侧的厚。皮肤的厚薄虽然不同，但结构相似，均由表皮、真皮及皮下组织构成（图 3-1，图 3-2）。

一、表皮

位于皮肤最表层，由角化的复层扁平上皮构成。表皮内无血管和淋巴管，但有丰富的神经末梢。可分为五层，即生发层、棘细胞层、颗粒层、透明层和角质层。表皮构成了皮肤最重要的保护屏障层。在那些经常摩擦的部位（手掌、脚掌），角质层会加厚而形成茧。

二、真皮

真皮位于表皮下面，是皮肤最厚的一层，由不规则致密结缔组织构成，在真皮不同的平面上分布有毛囊、汗腺和皮脂腺等。真皮坚韧而富有弹性，皮革就是由真皮鞣制而成的。

真皮从上至下通常分为乳头层和网状层两层，但二者之间并无明确界限。乳头层又称真皮上部，与表皮呈犬牙交错样相接，内含丰富的毛细血管和毛细淋巴管，还有游离神经末梢和触觉小体。网状层较厚，是真皮的主要组成成分。皮内注射即在真皮层。

三、皮下组织

皮下组织位于皮肤的最深层，皮肤以皮下组织与深部组织（肌肉、骨膜）相连，营养好

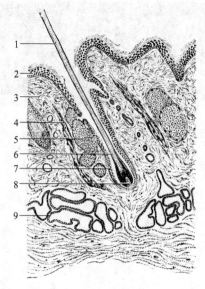

图 3-1　皮肤的切面

1—毛干；2—表皮；3—真皮；4—竖毛肌；
5—皮脂腺；6—毛根；7—毛囊；
8—毛乳头；9—汗腺

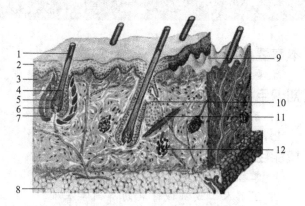

图 3-2　皮肤构造模式图

1—毛干；2—表皮；3—真皮；4—毛根；5—毛球；
6—毛囊；7—毛乳头；8—皮下脂肪；9—真皮乳头；
10—皮脂腺；11—竖毛肌；12—汗腺

的动物皮下组织内含有大量的脂肪组织，猪的皮下组织内形成很厚的脂肪。有的部分皮下组织富有弹力纤维和脂肪组织，构成一定形状的弹力结构如指（趾）枕；在皮肤和深层组织紧密相连的地方，如唇、鼻等处的皮下组织很少，甚至没有。

第二节　皮肤衍生物

一、毛

毛是一种角化的皮肤结构，动物体表除少数部位，如鼻镜、蹄和皮肤与黏膜相接处无毛之外，遍布全身。毛是温度不良导体，具有保温、感觉和保护作用。

1. 毛的种类及毛流

家畜的毛有粗毛和细毛之分。马、牛、猪多为粗毛，羊的为细毛，在畜体的某些部位还有一些特殊的长毛，如马颅顶部的鬐、颈部的鬃、尾部的尾毛、系关节后部的距毛，公山羊颌部的髯，猪颈背部的猪鬃，牛、马、羊唇部的触毛等。毛在畜体表面按一定方向排列，称毛流。在畜体的不同部位，毛流的排列形状也不同，如集合性毛流、点状分散主流、旋毛、线状集合性毛流等。

2. 毛的结构

毛是表皮的衍生物，由角化的上皮细胞构成，分为毛干和毛根两部分。毛干为露在皮肤外面的部分，埋在真皮和皮下组织内的称毛根。毛根外面包有上皮组织和结缔组织，称毛囊。毛根的末端与毛囊紧密相连，并膨大形成毛球，此处的上皮细胞具有分裂增殖能力，是毛的生长点。毛球底部凹陷，并有结缔组织伸入，叫毛乳头。毛乳头内富有血管和神经，毛球可通过毛乳头获得营养物质。

3. 换毛

毛有一定寿命，生长到一定时期就会脱落，为新毛所代替，这个过程称为换毛。换毛的方式有两种，一种为持续性换毛，一种为季节性换毛。第一种换毛不受季节和时间的限制，如马的鬃毛、尾毛，猪鬃，绵羊的细毛。第二种是每年春秋两季各进行一次换毛，如驼毛。大部分家畜既有持续性换毛，又有季节性换毛，是混合性换毛。不论什么类型的换毛，其过程都一样，即当毛生长到一定时期，毛乳头的血管萎缩，血流停止，毛球的细胞停止生长，并逐渐萎缩和退化，最后与毛乳头分离，毛根逐渐脱离毛囊，向皮肤表面移动。毛乳头周围的上皮又增殖形成新毛，最后旧毛被新毛推出而脱落。

二、皮脂腺

家畜的皮肤除少数部位，如指枕、乳头、鼻唇镜的皮肤没有皮脂腺外，全身均有皮脂腺分布。马的皮脂腺较发达，猪的皮脂腺不发达。皮脂腺分泌物有润滑皮肤和被毛的作用，保持皮肤的柔韧，防止干燥。

三、乳腺

乳腺也属于皮肤腺，属复管泡状腺，为哺乳动物所特有。在雌雄两性动物虽都有乳腺，但只有雌性的能充分发育并具有泌乳能力。雌性动物的乳腺均形成较发达的乳房。

1. 乳房的结构

乳房由皮肤、筋膜和实质构成。乳房的皮肤薄而柔软。皮肤内为筋膜，分浅深两层；浅筋膜，为腹壁浅筋膜的延续；深筋膜位于浅筋膜的深层，形成乳房悬韧带，将乳房悬吊在腹壁的下面，深筋膜的结缔组织伸入实质将乳腺实质分为许多腺小叶。乳腺的实质由分泌部和导管部组成，分泌部包括腺泡和分泌小管。导管部由许多小的输乳管汇合成较大的输乳管，较大的输乳管汇合成乳道，开口于乳头上方的乳池，最后经乳头管开口于外界。因此每一个乳丘具有一个树状的实质系统。

2. 各种动物的乳房

（1）牛的乳房　母牛的乳房有各种不同的形态，圆形、扁平及山羊形。母牛的乳房由4个乳腺结合成一整体，位于两股之间的耻骨区，牛乳房有一较明显的纵沟和不明显的横沟分为四个乳丘，互相间各不相通，每个乳丘上有一个乳头（图 3-3）。在乳房的后部与阴门裂之间有一明显的带有线状毛流的皮肤褶，称乳镜。乳镜是泌乳能力大小的标志，乳镜愈宽，产乳量愈高。

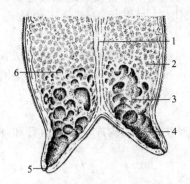

图 3-3　牛乳房的构造（横切面）
1—乳房中隔；2—腺叶；3—乳池腺部；4—乳池乳头部；5—乳头管；6—乳道

（2）羊的乳房　具有两个乳丘，呈圆锥形较大的乳头，每个乳头上有一个乳头管的开口。

（3）猪的乳房　位于胸部和腹正中部的两侧，乳房的数目依品种而异，一般 5～8 对，乳池小，每个乳头上有 2～3 个乳头管。

四、蹄

蹄是马、牛、猪、羊等有蹄类动物指（趾）端着地的部分，由皮肤衍变而成。以牛蹄为例，简单讲述蹄的构造。牛蹄包括蹄匣和肉蹄两部分（图3-4）。

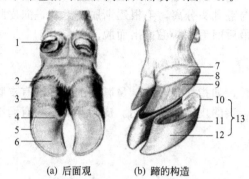

(a) 后面观 (b) 蹄的构造

图 3-4　牛蹄的形态及结构

1—悬蹄；2—蹄缘；3—蹄壁；4—蹄球；5—蹄底缘；6—蹄底；7—缘真皮；
8—冠真皮；9—壁真皮；10—蹄缘角质；11—蹄冠角质；12—蹄壁角质；13—蹄匣

1. 蹄匣

蹄匣是蹄的表皮层，高度角化，分为角质缘、角质冠、角质壁、角质底和角质球。

（1）角质缘　为牛蹄最上部接近有毛皮肤的一窄带区域，柔软而略有弹性，感觉丰富。

（2）角质冠　为角质缘下方颜色较浅的宽带状区域，高度角化，其内表面凹陷为沟，沟内有大量角质小管。

（3）角质壁　构成蹄匣的背侧壁和两侧壁。可分为三部分，前为蹄尖壁，两侧为轴侧壁和远轴侧壁。角质壁由釉层、冠状层和小叶层构成。釉层位于蹄壁最表层，由角质化的扁平细胞构成；冠状层是角质壁中最厚的一层，由许多纵行排列的角质小管和类角质构成，角质中有色素，故角质壁呈现暗深色，富有弹性和韧性，有保护蹄内部组织和负重的作用；小叶层是角质壁的最内层，由许多纵行排列的角小叶构成，角小叶没有色素，较柔软，与肉蹄的肉小叶紧密地嵌合在一起。角质壁的下缘直接与地面接触的部分叫蹄底缘。

（4）角质底　是蹄与地面相对而平坦的部分，角质底内有许多小孔，容纳肉蹄的乳头。

（5）角质球　呈半球形隆起，位于蹄底的后方，角质层较薄，富有弹性。

（6）蹄白线　位于蹄底缘，角质壁与角质底交界处的半圈白色线，为角小叶和小叶间角质被磨后显露出来的部分。它是装蹄铁时下钉的标志。

2. 肉蹄

位于蹄匣的内面，由真皮及皮下组织构成，富有血管和神经，呈鲜红色，分为肉缘、肉冠、肉壁、肉底和肉球五部分。

五、角

牛羊等反刍动物头上生有不同形态的角，角的大小和形状决定于品种、年龄和性别。角的基础是额骨的角突，表皮露在角突的表面，形成坚固的角鞘。角的真皮直接与角突的骨膜相连。分角基、角体、角尖三部分。角的大小和弯曲度决定于角突的外形和角质不均的生长，如角的一面生长旺盛，角顶就将向相反的一面倾斜，因而形成各种弯曲状甚至旋状的角。

【复习思考题】

1. 皮肤的结构是怎样的? 真皮乳头层和网状层的构造有什么区别?
2. 乳腺腺泡内的乳汁是如何输出的?

【本章小结】

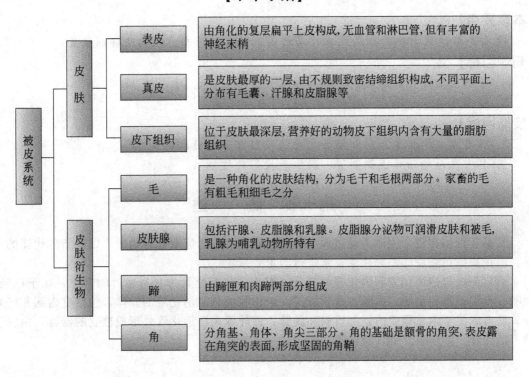

被皮系统	皮肤	表皮	由角化的复层扁平上皮构成,无血管和淋巴管,但有丰富的神经末梢
		真皮	是皮肤最厚的一层,由不规则致密结缔组织构成,不同平面上分布有毛囊、汗腺和皮脂腺等
		皮下组织	位于皮肤最深层,营养好的动物皮下组织内含有大量的脂肪组织
	皮肤衍生物	毛	是一种角化的皮肤结构,分为毛干和毛根两部分。家畜的毛有粗毛和细毛之分
		皮肤腺	包括汗腺、皮脂腺和乳腺。皮脂腺分泌物可润滑皮肤和被毛,乳腺为哺乳动物所特有
		蹄	由蹄匣和肉蹄两部分组成
		角	分角基、角体、角尖三部分。角的基础是额骨的角突,表皮露在角突的表面,形成坚固的角鞘

第四章　消化系统

【本章要点】
　　主要介绍消化系统的组成及各种动物消化器官的形态、结构及解剖位置。

【知识目标】
　　1. 了解消化系统的组成。
　　2. 着重掌握牛（羊）、猪消化器官的形态和位置。

【技能目标】
　　1. 具有在新鲜标本上识别动物主要消化器官形态结构的技能。
　　2. 具有在动物活体上识别胃、肠体表投影的技能。

第一节　概　述

　　家畜有机体在整个生命活动过程中，要不断地从外界吸取营养物质，以供新陈代谢的需要。消化系统正是保证新陈代谢正常进行的重要系统。

　　消化系统包括消化管和消化腺两部分（图4-1）。消化管为食物通过的管道，起于口腔，经咽、食管、胃、小肠、大肠，止于肛门。消化腺为分泌消化液的腺体，包括壁内腺和壁外腺。壁内腺位于消化管壁内，如胃腺和肠腺；壁外腺则在消化管外形成独立的器官，由腺管通入消化管，如腮腺、肝和胰腺等。

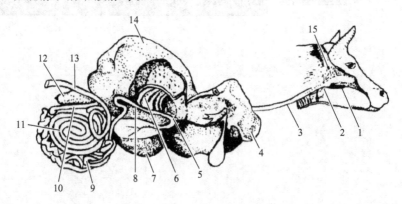

图 4-1　牛消化系统组成模式图

1—口腔；2—咽；3—食管；4—肝；5—网胃；6—瓣胃；7—皱胃；8—十二指肠；
9—空肠；10—回肠；11—结肠；12—盲肠；13—直肠；14—瘤胃；15—腮腺

一、消化管的一般结构

　　消化管的各段虽然在形态、机能和构造方面各有其特点，但管壁的组织结构，除口腔和咽外，一般均可分为四层，即黏膜、黏膜下层、肌层和外膜（图4-2）。其中黏膜是消化管壁的最内层，色泽淡红色或鲜红色，柔软湿润，有一定的伸展性，空虚时常形成皱褶。黏膜是消化管各段结构差异最大、功能最重要的部位，主要有保护、吸收和分泌作用。肌层大部分都由平滑肌（食管的前部及肛门外括约肌为横纹肌）组成，肌纤维的排列一般为内环行和外纵行两层，肌层负责消化管的运动。

二、实质性器官的一般结构

实质性器官为一团柔软组织，无特定空腔，由实质和结缔组织组成。实质主要由腺上皮构成，是实现器官功能的主要部分。结缔组织包括被覆于器官表面的被膜，以及伸入实质分布于实质的结缔组织即间质。间质将器官分隔成若干小叶，起联系和支架作用。血管、神经、淋巴管等随着结缔组织一起分布。许多实质性器官是由上皮组织构成的腺体，具有分泌功能，其导管开口于管状器官的管腔内。凡血管、神经、淋巴管、导管等出入实质性器官之处，常为一凹陷，特称此处为该器官的门，如肝门。

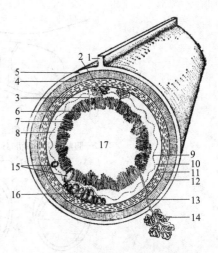

图 4-2　消化管结构模式图
1—肠系膜；2—十二指肠腺；3—黏膜层；
4—肌层；5—浆膜；6—肠绒毛；7—肠腺；
8—固有膜；9—黏膜肌层；10—黏膜下层；
11—内环行肌；12—外纵行肌；13—导管；
14—壁外腺（肝、胰）；15—淋巴小结；
16—淋巴集结；17—管腔

三、腹腔、骨盆腔和腹膜

1. 腹腔

腹腔是最大的一个体腔，呈卵圆形，左右稍扁，前后伸长。腹腔的顶壁是腰椎和腰部肌肉；侧壁是腹肌、假肋的肋软骨和后位肋骨的一部分；底壁是腹肌和剑状软骨；前方以膈与胸腔隔开；后方接骨盆腔。腹腔内有胃、肠、肝、胰等大部分消化器官，以及脾、肾、输尿管、卵巢、输卵管和一部分子宫等。

2. 骨盆腔

骨盆腔是腹腔向后的延续部分，其背侧为荐骨和前几个尾椎，两侧为髂骨和荐坐韧带，底壁为耻骨和坐骨，前口由荐骨岬、髂骨体和耻骨前缘围成；后口由前几个尾椎、荐坐韧带后缘及坐骨弓围成。腔内有直肠、输尿管、膀胱；母畜还有子宫（后部）、阴道；公畜有输精管、尿生殖道和副性腺等。

3. 腹膜

腹膜为腹腔和骨盆腔（前部）内的浆膜。其中紧贴在腔内壁表面的部分称为腹膜的壁层；壁层从腹腔的顶壁折转而下覆盖在内脏器官的外表面，称为腹膜的脏层（即内脏器官的浆膜层）。脏层和壁层之间形成的空隙称腹膜腔，腔内有少量浆液，具有润滑作用，可减少脏器运动时的相互摩擦。腹膜移行时形成许多皱褶：由壁层在脊柱腹侧转为脏层时形成的皱褶称为系膜，将内脏悬吊在腹腔内；连接器官之间的皱褶称为器官间韧带；连于胃的浆膜褶因其呈网格状，所以称为网膜。网膜是双层的浆膜褶，根据位置不同可分为大、小网膜。

四、腹腔分区

为了准确说明腹腔器官的位置关系，常运用一些假想切面和体表线，把腹腔划分为十个区域。首先通过两侧最后肋骨的突出点和两侧髋结节前缘，分别作两个横断面，把腹腔划分为三部分，即腹前部、腹中部和腹后部（图4-3）。

1. 腹前部

最大，以两侧肋弓为界，肋弓以下的称剑状软骨部；上部又以正中矢状面为界分为左、右季肋部。

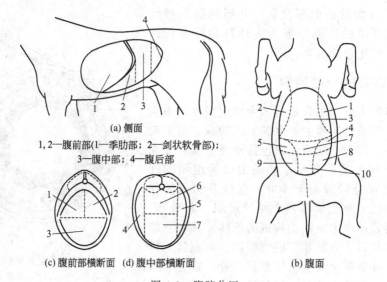

(a) 侧面

1, 2—腹前部(1—季肋部；2—剑状软骨部)；
3—腹中部；4—腹后部

(c) 腹前部横断面 (d) 腹中部横断面

(b) 腹面

图 4-3　腹腔分区

1—左季肋部；2—右季肋部；3—剑状软骨部；4—左髂部；5—右髂部；6—腰下部；
7—脐部；8—左腹股沟部；9—右腹股沟部；10—耻骨部

2. 腹中部

沿腰椎横突两侧顶点各做一个侧矢状面，将腹中部分为左、右髂部和中间部。在中间部再沿第一肋骨的中点做额面，使中间部分为背侧的腰下部（或肾部）和腹侧的脐部。

3. 腹后部

把腹中部的两个侧矢状面平行后移，使腹后部分为左、右腹股沟部和中间的耻骨部。

第二节　消化管的形态和结构

一、口腔

口腔为消化管的起始部，具有采食、咀嚼、辨味、吞咽和分泌消化液等机能。由唇、颊、硬腭、软腭、舌、齿和唾液腺等组成。口腔黏膜呈粉红色，黏膜下层有丰富的毛细血管、神经和腺体，使口腔黏膜保持一定的色彩和湿润度。临床上很重视口腔黏膜的检查，所以中医有"口色者，医之准绳也，疾之龟鉴也"的口诀。

1. 唇

唇分上唇和下唇。上、下唇的游离缘共同围成口裂，上、下唇在左右两端汇合成口角。唇主要为口轮匝肌，表面被覆皮肤，内面衬以黏膜，中层为环行肌。黏膜深层有唇腺，腺管直接开口于黏膜表面。

牛唇坚实、短厚、不灵活。上唇中部和两鼻孔之间的无毛区，称鼻唇镜，内有鼻唇腺，常分泌一种水样液体于鼻唇镜。健康牛此处湿润、低温，常作为牛体健康的标志之一。

羊唇薄而灵活，上唇中部有明显的纵沟，两鼻孔之间形成无毛的鼻镜。

马的口唇灵活，是采食的主要器官。上唇长而薄，表面正中有一纵沟，称人中。下唇短厚，其腹侧有一明显的丘形隆起，称为颏，由肌肉、脂肪和结缔组织构成。

猪的上唇短厚，与鼻连在一起构成吻突，下唇尖小，口裂很大。

犬、猫唇的上唇中央有纵沟，称唇裂。

兔的上唇中央有纵裂，称豁嘴或兔唇，兔唇与鼻端形成三瓣鼻唇，使门齿外露，便于啃食草和树皮。口边有长硬的触须，有触觉机能。

2. 颊

颊位于口腔两侧，主要由颊肌构成，外覆皮肤，内衬黏膜。在牛、羊的颊黏膜上形成许多尖端向后的锥状乳头。在颊肌的上、下缘有颊腺，腺管直接开口于黏膜表面。此外，在牛的第五上臼齿相对的颊黏膜上，有腮腺管的开口。

3. 硬腭和软腭

（1）硬腭　硬腭为口腔的顶壁，向后延续为软腭。硬腭的黏膜厚而坚实，上皮角质化。牛、羊硬腭前端无切齿，而形成厚而致密的齿垫（图4-4）。黏膜中无腺体，黏膜下有丰富的静脉丛。硬腭正中有一条纵行的腭缝，腭缝两侧为横行的腭褶。前部的腭褶高而明显，向后逐渐变低而消失。

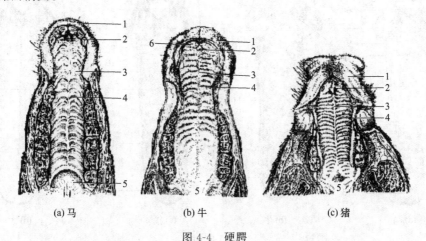

图 4-4　硬腭
1—上唇；2—切齿乳头；3—腭缝；4—腭褶；5—软腭；6—齿板（牛）

牛的硬腭较宽，常有色素，有约20条腭褶，其后部平坦。腭褶的游离缘有锯齿状乳头。在上颌齿板与第一条腭褶之间的中央有三角形的切齿乳头，乳头的两侧各有一个鼻腭管的开口。

马有16～18条横行的腭褶，在前第三腭褶中缝旁开0.5cm上有玉堂穴。

猪的硬腭长而尖，腭褶平滑，前部第1～2腭褶间有切齿乳头，鼻腭管开口于乳头的两侧。

犬、猫的硬腭有9～10条腭褶。

（2）软腭　软腭是一紧接硬腭的含有腺体和肌组织的黏膜褶，构成口腔的后壁。其游离缘与舌根之间仅有一条空隙，称为咽峡。咽峡是口腔与咽之间的通道。

牛、羊的软腭较短，其游离缘不与舌根基部相连，因此咽峡宽大，牛和羊可以进行口腔呼吸。马的软腭特长，平时下垂，后缘紧靠会厌，将口腔与咽隔开，其咽峡窄小，只有当吞咽食团时开大，故马不能经口腔呼吸。

猪的软腭短而厚，其位置近于水平，在游离缘上有突出的小乳头，叫悬雍垂。软腭的口腔面黏膜中有近似三角形的淋巴滤泡，即腭扁桃体。

犬、猫的软腭肥厚而短。咽峡侧壁的凹陷内有扁桃体。

兔的软腭较长，后缘下垂，把口腔与咽隔开。

4. 口腔底和舌

（1）口腔底　口腔底大部分为舌所占据，前部由下颌骨切齿部构成，表面覆有黏膜。口腔底前部舌尖下面有一对乳头，称为舌下肉阜，牛为下颌腺管和长管舌下腺管的开口处。猪无舌下肉阜。

（2）舌　舌可分舌尖、舌体和舌根三部分（图4-5）。舌尖为舌前端游离的部分，向后延续为舌体。在舌尖和舌体交界处的腹侧，有一条（马）或两条（牛、猪）黏膜褶，与口腔底相连，称为舌系带。舌体为介于舌系带与舌腭弓及两侧臼齿之间、附着于口腔底的部分。舌根为舌腭弓之后附着于舌骨的部分。在舌根背侧正中，有一纵行的黏膜褶，向后伸达会厌软骨的基部，称为舌会厌褶。

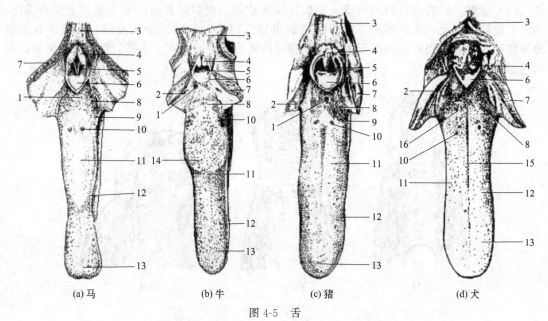

图 4-5　舌

1—舌扁桃体；2—腭扁桃体及窦（牛、猪、犬）；3—食管；4—勺状软骨；5—喉口；
6—会厌；7—软腭；8—舌根；9—叶状乳头（马、猪）；10—轮廓乳头；11—舌体；
12—菌状乳头；13—舌尖；14—舌圆枕；15—舌正中沟；16—圆锥乳头（犬）

舌黏膜的上皮为复层扁平上皮，在舌黏膜的表面具有形状不同的舌乳头。在舌根背侧的黏膜内含有淋巴上皮器官，称为舌扁桃体。舌主要由横纹肌构成，肌纤维呈横、纵、垂直等方向排列，使舌的活动非常灵便。此外，在舌黏膜内还含有舌腺，分泌黏液，以许多小管开口于舌黏膜表面。

① 牛的舌　十分灵活，为采食的主要器官。舌根和舌体均较宽阔，舌尖很尖。舌背后部有一椭圆形的隆起，称为舌圆枕。舌乳头有以下四种。

a. 锥状乳头　在舌圆枕前方的舌背上有明显的、尖端向后的角质锥状乳头，这些乳头使舌面极为粗糙，起机械作用。

b. 菌状乳头　呈大头针帽状突起，数量较多，散布于舌背和舌尖的边缘。上皮中有味蕾。

c. 轮廓乳头　较多，每侧有8～17个，排列于舌圆枕后部的两侧。轮廓乳头的中央稍突出于黏膜表面，周围有一环状沟，沟内的上皮中有味蕾。

d. 豆状乳头　数量较少，圆而扁平，分布在舌圆枕上。

② 猪的舌　窄而长，舌尖较薄，舌尖下面有两条舌系带。舌乳头除了有丝状乳头、菌状乳头、轮廓乳头和叶状乳头外，在舌根处还有长而较软的锥状乳头。

③ 犬、猫的舌　在舌背中央有舌正中沟，表面密布4种乳头：丝状乳头、轮廓乳头（共4～6个）、叶状乳头、菌状乳头。乳头味蕾少。

④ 兔的舌　灵活，有舌圆枕，舌背侧黏膜有味觉乳头。

5. 齿

（1）齿的种类和齿式　齿分为切齿、犬齿、前臼齿和后臼齿。排列成上、下两个齿弓，分别固定在上、下颌齿槽内。黏膜被覆于齿槽边缘和齿颈上，形成齿龈。每侧切齿由内向外又分为门齿、中间齿和隅齿。

另外，又将幼畜初生的齿叫乳齿（奶牙）；随着年龄的增长，乳切齿和前臼齿陆续脱换后称为恒齿。常以一侧上、下齿弓的各齿依顺序写出其数目，称为齿式，即：

2×［切齿　犬齿　前臼齿　后臼齿/切齿　犬齿　前臼齿　后臼齿］

成年牛、马、猪、犬、猫的恒齿式如下。

牛的恒齿式：$2 \times \begin{bmatrix} 0 & 0 & 3 & 3 \\ 4 & 0 & 3 & 3 \end{bmatrix} = 32$

公马的恒齿式：$2 \times \begin{bmatrix} 3 & 1 & 3 \sim 4 & 3 \\ 3 & 1 & 3(4) & 3 \end{bmatrix} = 40 \sim 42(44)$

母马的恒齿式：$2 \times \begin{bmatrix} 3 & 0 & 3 & 3 \\ 3 & 0 & 3 & 3 \end{bmatrix} = 36$

猪的恒齿式：$2 \times \begin{bmatrix} 3 & 1 & 4 & 3 \\ 3 & 1 & 4 & 3 \end{bmatrix} = 44$

犬的恒齿式：$2 \times \begin{bmatrix} 3 & 1 & 4 & 2 \\ 3 & 1 & 4 & 3 \end{bmatrix} = 42$

猫的恒齿式：$2 \times \begin{bmatrix} 3 & 1 & 3 & 1 \\ 3 & 1 & 2 & 1 \end{bmatrix} = 30$

（2）齿的形态构造　每一个齿分为齿冠、齿颈和齿根三部分（图4-6）。齿根位于齿槽内，齿颈被齿龈包围，齿冠露在外面。主要由齿质、釉质和齿骨质构成。齿质为齿的主要成分，略带黄色，含钙盐70%～80%；釉质包在齿冠的齿质外面，为体内最坚硬的组织，乳白色，含钙盐97%左右；齿骨质又称黏合质，齿根的齿质外面有齿骨质。齿质中央有齿髓腔，腔内有齿髓和血管、神经。

牛齿（图4-7），牛无上切齿，下切齿呈铲形，齿冠白色且短，无齿坎；齿颈明显；齿根圆细，嵌入齿槽不深，易松动。前臼齿小，磨损面上的新月形釉质褶明显。

羊齿，无上切齿，下切齿齿冠窄，齿颈不明显，齿根嵌入齿槽较深，不易松动。

马齿（图4-8），有犬齿，也有上、下切齿，切齿大而色黄，齿颈不明显，齿间隙小，齿冠上有1～2条深沟。

猪齿（图4-9），有犬齿，母猪犬齿较小，公猪犬齿发达，特别是下犬齿，可露出口裂外，生产上常要进行截断。臼齿磨面呈结节状，后臼齿发达，第一前臼齿较小，有时没有。

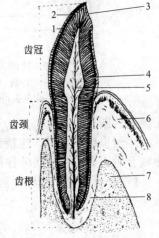

图4-6　牛切齿的构造
1—齿骨质；2—釉质；3—咀嚼面；
4—齿质；5—齿腔；6—齿龈；
7—下颌骨；8—齿周膜

犬齿（图4-10），也分为切齿、犬齿和臼齿三种，犬的犬齿大而尖锐并弯曲成圆锥形，上犬齿与隅齿间有明显间隙，正好容纳闭嘴时的下犬齿，第4上臼齿与第1下后臼齿特别发达，称为裂齿，具有较强的咬断食物的能力。

（3）齿龈　为包裹在齿颈周围和邻近骨上的黏膜，与口腔黏膜相延续，无黏膜下层，与齿颈和齿根部的齿周膜紧密相连，齿龈随齿伸入齿槽内，移行为齿槽骨膜，将齿固着于齿槽内。呈淡红色，神经分布较少，当齿龈颜色出现发紫或潮红等现象，是一种病理变化，有助

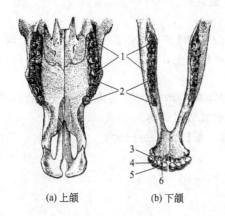

(a) 上颌　　　　(b) 下颌

图 4-7　牛的齿

1—后白齿；2—前白齿；3—隅齿；4—外中间齿；
5—内中间齿；6—门齿

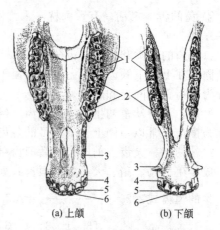

(a) 上颌　　　　(b) 下颌

图 4-8　马的齿

1—后白齿；2—前白齿；3—犬齿；
4—隅齿；5—中间齿；6—门齿

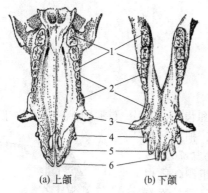

(a) 上颌　　　　(b) 下颌

图 4-9　猪的齿

1—后白齿；2—前白齿；3—犬齿；
4—隅齿；5—中间齿；6—门齿

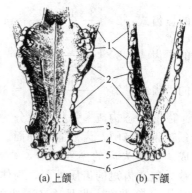

(a) 上颌　　　　(b) 下颌

图 4-10　犬的齿

1—后白齿；2—前白齿；3—犬齿；
4—边齿；5—中间齿；6—门齿

于疾病诊断。

　　牛切齿齿龈较厚，连接齿根与齿槽的齿周膜又较发达，因此齿略可松动，当与硬腭的齿垫咬合时，有一定的缓冲作用。

　　【附】齿的出生与换齿：牛可根据切齿的脱换和磨损估测年龄，出齿和换齿的时间如附表 4-1 所示。

附表 4-1　牛出齿和换齿时间表

齿		出齿	换齿	齿		出齿	换齿
乳切齿	1	出生前		切齿	1		14～25 月
	2	出生前			2		17～33 月
	3	出生前～生后 2～6 天			3		22～40 月
	4	出生前～生后 2～14 天			4		32～42 月
乳前白齿	2	出生前～生后 14～21 天		前白齿	2		24～28 月
	3	出生前～生后 14～21 天			3		24～30 月
	4	出生前～生后 14-21 天			4		28～34 月
白齿	1	5～6 月					
	2	15～18 月					
	3	24～28 月					

6. 唾液腺

唾液腺是向口腔内分泌唾液的所有腺体的总称，包括三对大型腺体，即腮腺、颌下腺和舌下腺（图 4-11），还有一些小型的壁内腺，如唇腺、颊腺、腭腺和舌腺。

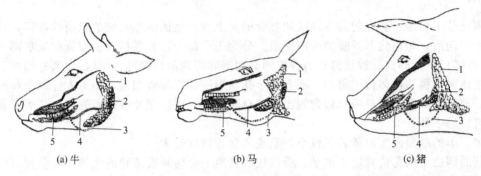

图 4-11　唾液腺模式图

1—腮腺；2—颌下腺；3—腮腺管；4—颌下腺管；5—舌下腺

（1）牛、羊唾液腺

① 腮腺　也称耳下腺，最大，位于下颌支后方，呈三角形，上部宽厚，下端窄小。其排泄管称为腮腺管，沿下颌骨后缘延伸至血管切迹处，折转上行，开口于颊黏膜上。腮腺管起于腺体下部的深面，伴随颌外静脉沿咬肌的腹侧缘和前缘伸延，开口于与第 5 上白齿相对的颊黏膜上。

绵羊的腮腺管横过咬肌外侧面，山羊腮腺管的行程与牛相似，都开口于与第 3～4 上白齿相对的黏膜上。

② 颌下腺　位于腮腺的深层。牛的比腮腺大，猪、马的比腮腺小，腺管开口于舌下肉阜（牛、马）或舌系带两侧的口腔底面。

③ 舌下腺　位于舌体和下颌骨之间的黏膜下，腺管很多，分别开口于口腔底部黏膜，分为上、

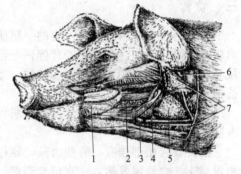

图 4-12　猪的唾液腺

1—舌下腺管；2—舌下腺；3—下颌淋巴结；
4—颌下腺管；5—颌下腺；
6—咽后外侧淋巴结；7—腮腺

下两部：上部为短管舌下腺，长而薄，色淡，自软腭处向前伸达颏角，很多小管开口于舌体两侧口腔底的黏膜上；下部为长管舌下腺，短而厚，位于短管舌下腺的前下方，腺管只有一条，与颌下腺管共同开口于舌下肉阜。

（2）其他动物唾液腺

猪腮腺很发达，呈三角形，埋于耳根腹侧和下颌骨后缘（图 4-12）。颌下腺较小，呈圆形。舌下腺与牛的相似，也分为长管舌下腺和短管舌下腺。

犬唾液腺发达（图 4-13），有 4 对。多一对颧腺（又称眶腺），为眼窝内下侧的球状腺体，有数条排泄管开口于口腔黏膜，分泌大量唾液。

猫唾液腺特别发达，主要有 5 对，有腮腺、颌下腺、舌下腺、白齿腺和眶下腺。腮腺呈小而不规则的三角形，背侧末端较宽，由一条深的切迹在耳基处分

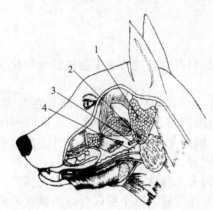

图 4-13　犬的唾液腺

1—腮腺；2—颌下腺；3—腮腺管；4—舌下腺

为两部分，腹侧末端较小，覆盖着腭腺，腮腺管穿过咬肌前缘开口于颊黏膜，开口与第二上白齿相对。

二、咽

咽是位于口腔、鼻腔的后方，喉和食管的前上方，呈圆锥形有腔的肌膜性器官，锥底向前，锥尖向后，是消化和呼吸的共同通道。分为三个部分：在喉口背侧部分称喉咽部（气管部），在喉口以前的部分被软腭分为背侧的鼻咽部和腹侧的口咽部（咽峡），咽外侧壁有凹陷称扁桃体窦，腭扁桃体位于窦内。咽有七个孔与周围邻近器官相通：前上方经两个鼻后孔通鼻腔；前下方经咽峡通口腔；后背侧经食管口通食管；后腹侧经喉口通气管；两侧壁各有一耳咽管口通中耳。

牛、羊的咽短而宽，鼻后孔较小，咽峡和食管口均较大。

猪的咽由于软腭位置近于水平，所以较明显地划分为呼吸部和消化部。在食管口的上方有咽后隐窝，此窝的盲端朝向后方。

犬的咽位于颅腔下方、口腔和鼻腔的后方、气管的背侧，前宽后窄，呈漏斗形，也分为鼻咽部、口咽部和喉咽部。

猫的咽较长，后缘到达第三颈椎，分为鼻咽部、口咽部和喉咽部三部分。

三、食管

食管是将食物由咽运送入胃的一肌质管道，其黏膜面形成了许多纵行皱褶。分为颈、胸两段，颈段起始于喉和气管的背侧，至颈中部逐渐转向气管的左侧，经胸腔前口入胸腔；胸段又转向气管的背侧并继续向后延伸，经纵膈到达横膈膜，经膈的食管裂孔进入腹腔后，直接与胃的贲门相连接。

牛羊食管较粗，肌层完全由横纹肌构成，肌纤维呈螺旋形，在胃的附近才较明显分出外纵肌层和内环肌层。

猪食管起始部较宽，管壁也薄，靠近中部，管壁变厚，到贲门附近管径加宽，呈漏斗状和胃相连。食管腺发达，一直延续到贲门附近。肌层主要由横纹肌组成，仅在靠近贲门处才转变为平滑肌。

犬食管末端呈漏斗状开口于胃，食管肌为横纹肌，呈红色。

猫食管较小，位于气管背侧，经心脏基部，穿过膈与胃相连，但食管与膈的附着点较松，可使食管纵向活动，当吞下有害物质和较大食物时，可以通过逆向蠕动呕吐出来。食管通过胸腔后位于大动脉腹面。

四、胃

胃是消化管在腹腔内膈后方的膨大部分，暂时贮存饲料并对其进行初步的机械性和化学性消化。家畜的胃可分为单室胃和多室胃。

单室胃一般呈"J"形囊状，位于腹腔内的季肋部，大部分偏于左侧，小部分在右侧。胃的前端在左侧，以贲门与食管相接；后端在右侧，以幽门与十二指肠相接。从贲门到幽门，沿两个面相移行处，形成两个缘：凸缘为胃大弯，朝向左、向后和向下；凹缘为胃小弯，朝向右、向前和向上。马、猪、犬、猫、兔均为单室胃。

胃壁由四层构成。最内层为黏膜层，根据其固有层内有无腺体，胃黏膜层分为无腺部和有腺部。有腺部根据构造和功能又可分胃底腺、贲门腺和幽门腺，三个腺区对应的黏膜的颜色和厚度不同，分布范围在各种家畜也不一样（图 4-14）。

多室胃又称反刍胃，在家畜见于牛和羊，分为瘤胃、网胃、瓣胃和皱胃四个室。前三个

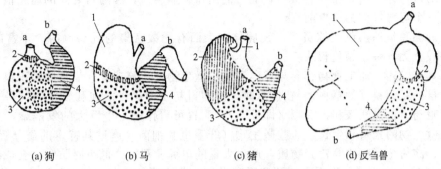

(a) 狗　　　　(b) 马　　　　(c) 猪　　　　(d) 反刍兽

图 4-14　家畜胃的黏膜分区

1—无腺部（又称前胃部）；2—贲门腺区；3—固有胃腺区；4—幽门腺区；a—食管；b—十二指肠

胃又合称前胃，黏膜不具有腺体，相当于单室胃的无腺部；第四个胃有消化腺分布，能分泌胃液，具有化学消化的作用，故又称真胃。贲门开口于瘤胃，皱胃以幽门接十二指肠，胃沟则顺次沿网胃、瓣胃和皱胃分为三段。

1. 牛、羊胃

牛、羊的胃属多室胃（复胃），由瘤胃、网胃、瓣胃和皱胃组成（图 4-15）。

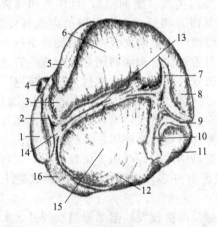

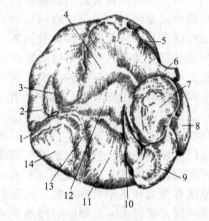

(a) 牛胃左侧面　　　　　　　　　　　　(b) 牛胃右侧面

1—网胃；2—瘤胃沟；3—前背盲囊；4—食管；5—脾；　　　1—后沟；2—后背盲囊；3—后背冠沟；4—瘤胃背囊；
6—瘤胃背囊；7—后背冠沟；8—后背盲囊；9—后沟；　　　5—脾；6—食管；7—瓣胃；8—网胃；9—皱胃；
10—后腹冠沟；11—后腹盲囊；12—瘤胃腹囊；　　　　　10—十二指肠；11—瘤胃腹囊；12—右纵沟；
13—左纵沟；14—前沟；15—前腹盲囊；16—皱胃　　　　13—后腹冠沟；14—后腹盲囊

图 4-15　牛胃

（1）瘤胃　容积最大，约占四个胃总容积的 80%。呈前后稍长、左右略扁的椭圆形，占据左侧腹腔的全部，其下部还伸向右侧腹腔。前端与第 7、8 肋间隙相对，后端达骨盆腔前口，左侧（壁面）与脾、膈及左腹壁相接触，右侧（脏面）与瓣胃、皱胃、肠、肝、胰等相邻，背侧借腹膜和结缔组织附于膈脚和腰肌的腹侧面，腹侧缘隔着大网膜与腹腔底相接触。

瘤胃前端和后端可见到较深的前沟和后沟，左右侧面有较浅的左右纵沟；瘤胃的内壁有与上述各沟相对应的肉柱。沟和肉柱共同围成环状，把瘤胃分成瘤胃背囊和瘤胃腹囊两大部分。由于瘤胃的前沟和后沟较深，所以在瘤胃背囊和腹囊之前、后分别形成前背盲囊、后背盲囊、前腹盲囊和后腹盲囊。

瘤胃的入口即与食管相连的贲门，瘤胃的出口称瘤网口，和网胃之间的通路很大，口的背侧形成一个穹隆，称为瘤胃前庭。

瘤胃的黏膜呈棕黑色或棕黄色，无腺体，表面有无数密集的乳头，内含丰富的毛细血管。但肉柱上无乳头，颜色较淡。

瘤胃具有贮存、加工食物、参与反刍和进行微生物消化等功能。瘤胃的容积很大，可暂时贮存大量的粗饲料（如草料）。在休息时，经瘤胃初步磨碎、浸泡和软化的饲料逆呕到口腔进行再咀嚼、再混唾液和再吞咽（即反刍）。瘤胃可看作是一个巨大的发酵罐，其内环境非常适宜微生物的繁殖和生长，这些微生物（纤毛虫和细菌）通过其特定的酶分解纤维素、半纤维素、淀粉、蛋白质等营养物质，产生大量的单糖、双糖、低级脂肪酸，合成维生素B和维生素K等。这些营养物质有的被瘤胃壁吸收，有的随食团进入皱胃和肠道被消化吸收。同时微生物还可利用饲料中的蛋白质和非蛋白氮构成自身的蛋白质，最后微生物随食团进入小肠被消化利用，作为牛体所需蛋白质的来源之一。

（2）网胃（蜂巢胃）　是四个胃中容积最小、位置最前的一个胃，其容积约占四个胃总容积的5%（牛）。为一椭圆形囊，略呈梨形，前后稍扁，位于瘤胃背囊的前下方，季肋部的正中矢状面上稍偏左，与5～6肋间相对。前面（壁面）凸，紧贴膈和肝；后面（脏面）平，与瘤胃背囊贴连；网胃的下端，称网胃底，与膈的胸骨部接触。网胃的入口是瘤网口，在网胃的上端，是由瘤胃背囊前部黏膜形成的褶状突起构成（瘤网褶），可作为和瘤胃的分界；网胃的出口是网瓣口，位于瘤网口的右下方，与瓣胃相通。在网胃壁的内面有食管沟，由两个隆起的黏膜厚褶组成，即食管沟唇，起于瘤胃贲门，沿瘤胃及网胃右侧壁下行，达网瓣口，两唇稍呈交叉状。当幼畜吸吮乳汁或水时，可通过食管沟两唇闭合后形成的管道，经瓣胃底直达皱胃。随着牛年龄的增大，饲料性质的改变，食管沟闭合的机能逐渐减退。

由于网胃的解剖位置较低，加之牛用舌采食，混杂于饲草中的金属异物易落入网胃底部。由于胃壁肌肉强力收缩，尖锐的金属异物会刺穿胃壁，造成创伤性网胃炎；而网胃的前面又紧贴膈，膈的胸腔面紧邻心包和肺，所以金属异物有可能刺破膈进入胸腔，刺伤心包或肺，严重时继发创伤性心包炎。所以在饲养管理上要特别注意，严防金属异物混入饲料。

网胃黏膜面有许多多边形皱褶，似蜂房，房底还有许多较低的次级皱褶形成更小的网格，在皱褶和房底部还密布细小的角质乳头。

羊的网胃比瓣胃大，下部向后弯曲与皱胃相接触。网格较大，但周缘皱褶较低，次级皱褶明显。

网胃对饲料有二级磨碎功能，并继续进行微生物消化，也参与反刍活动。

（3）瓣胃　牛的瓣胃约占四个胃总容积的7%～8%。羊瓣胃则是四个胃中最小的。瓣胃呈两侧稍扁的球形，很坚实，位于右季肋部，约与第7～11（12）肋相对。

瓣胃的黏膜表面由角质化的复层扁平上皮覆盖，并形成百余片大小、宽窄不同的叶片，呈有规律地相间排列，故又称"百叶胃"。在瓣胃底部有一瓣胃沟，前接网瓣口与食管沟相连，后接瓣皱口与皱胃相通，使液态饲料经此沟直接进入皱胃。

瓣胃对饲料的研磨能力很强，有"三级加工"作用，使食糜变得更加细碎。食糜因含有大量微生物，在瓣胃可以继续进行微生物消化。同时，瓣胃可吸收水分、NaCl和低级脂肪酸等。

（4）皱胃　皱胃的容积约占四个胃总容积的7%～8%，前端粗大称为胃底部，与瓣胃相连；后端狭窄称幽门部，与十二指肠相接。整个胃呈长囊状，位于右季肋部和剑状软骨部，左邻网胃和瘤胃的腹囊，下贴腹腔底壁，约与8～12肋相对。它是四个胃中唯一有腺体的胃，黏膜表面光滑、柔软，有12～14条螺旋形皱褶。黏膜表面被覆单层柱状上皮，黏膜内有腺体，按其位置和颜色分为贲门腺区（色较淡）、胃底腺区（色深红）和幽门腺区（色黄)。

　　皱胃的功能与单室胃相似,主要通过胃腺分泌大量的胃液对食糜进行化学消化作用。胃液中的主要成分有盐酸、胃蛋白酶和凝乳酶及少量胃脂肪酶。盐酸可不断地破坏来自瘤胃的微生物;胃蛋白酶分解微生物蛋白质产生氨基酸;凝乳酶能使乳汁凝固,犊牛此酶含量较多;胃脂肪酶具有分解脂类物质的作用。

　　(5)牛胃发育特点　初生犊牛因吃奶,皱胃特别发达,瘤胃和网胃相加的容积约等于皱胃的一半;出生后约从第8周开始,前胃的总容积约等于皱胃的容积;10~12周后,由于瘤胃发育较快,约相当于皱胃容积的2倍,这时,瓣胃因无机能活动,仍然很小。4个月后,随着消化植物性饲料能力的出现,前胃迅速增大,瘤胃和网胃的总容积约为瓣胃和皱胃总容积的4倍,到1岁左右,瓣胃和皱胃的容积几乎相等。这时,4个胃的容积已达到成年胃的比例。应当指出,四个胃容积变化的速度受食物的影响,在提前和大量饲喂植物性饲料的情况下,前三个胃的发育要比喂乳汁的迅速。如幼畜靠喂液体食物为主时,前胃尤其瓣胃会处于不发达的状态。

2. 猪胃

　　猪属单室胃(图4-16),为弯曲的椭圆形囊,横位于腹前部,入口为贲门,出口为幽门,凸缘为胃大弯,凹缘为胃小弯,饱食时胃大弯可向后伸达剑状软骨和脐之间的腹腔底壁。胃左端大而圆,近贲门处形成一盲突,称胃憩室。大网膜发达,含大量脂肪。

　　黏膜的无腺部色白,仅位于贲门周围。有腺部黏膜柔软,分为贲门腺区、胃底腺区和幽门腺区。贲门腺区最大,呈淡黄色,向左侧可达胃憩室内;胃底腺区呈棕红色,幽门腺区最小,色淡。在幽门处的小弯侧形成圆枕状隆起,称幽门圆枕,其对侧有唇形隆起。

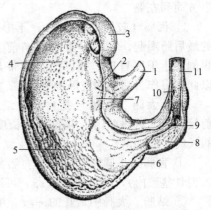

图 4-16　猪胃黏膜
1—食道;2—贲门;3—胃憩室;4—贲门
腺区;5—胃底腺区;6—幽门腺区;
7—无腺区;8—幽门括约肌;9—幽门;
10—胆管开口;11—十二指肠

3. 犬胃

　　犬的胃属单室腺型胃(胃黏膜均分布有腺体),位于腹前部,容积较小,在空虚状态下呈圆筒状(充满食物时呈梨状囊)。前以贲门与食管相接,后以幽门通十二指肠。胃左端膨大部位于左季肋部,最高点可达第11、12肋骨,下方的凸曲部称为胃大弯。幽门部位于右季肋部。贲门与幽门距离较近,两门之间的凹曲部称为胃小弯。胃黏膜表面,根据黏膜形态和分布部位的不同,可分为贲门腺区、幽门腺区和胃底腺区。其中,贲门腺区较小,颜色为淡黄色;胃底腺区黏膜较厚,呈红褐色,占全胃黏膜面积的2/3;幽门腺区黏膜较薄,色苍白。

4. 猫胃

　　为单室有腺胃,呈梨形囊状,位于腹腔的前部,大部分在体中线的左侧。胃的内表面从幽门部沿着胃大弯到贲门部有纵行的皱褶。纵褶的突出程度与胃的扩张有关,当充满食物时,纵褶较小。胃的幽门部与十二指肠相连接处有一缢痕,是幽门瓣的位置。幽门瓣由消化管较厚的环形肌纤维所组成。

5. 兔胃

　　为单室胃,袋状,横位于腹前部。贲门左侧的膨大称胃穹。连于胃外表的大网膜不发达,与胃小弯相对的胃腔面有突向胃腔的镰刀皱褶,由肌层构成,可做螺旋运动,是胃底部与幽门部分界的标志。胃黏膜也分胃底腺区、贲门腺区和幽门腺区。

五、肠

1. 牛、羊肠

（1）小肠　是食物进行消化吸收的最主要部位，前接皱胃的幽门，后以回盲口通盲肠，包括十二指肠、空肠、回肠三段（图4-17）。

① 十二指肠　长约1m，位于右季肋部和腰部。分为三段：第一段起自幽门，向前向上伸延，在肝的脏面形成乙状弯曲。第二段由此向后伸延，到髋结节附近，向上并向前折转形成髂（髋）曲。第三段由此向前，与结肠末端平行到右肾腹侧与空肠相接。十二指肠与结肠之间有十二指肠结肠韧带相连，可以此作为十二指肠与空肠的分界。

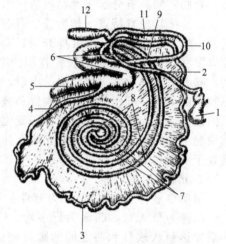

图4-17　牛肠的半模式图

1—胃；2—十二指肠；3—空肠；4—回肠；
5—盲肠；6—结肠的近襻；7—结肠旋襻的
向心回；8—离心回；9—远襻；10—横结肠；
11—降结肠；12—直肠

② 空肠　最长，大部分位于右季肋部、右髂部和右腹股沟部，形成无数肠圈，由短的空肠系膜悬挂于结肠盘下，形似花环，部分肠圈往往绕过瘤胃后方而到左侧。

③ 回肠　较短，约50cm，不形成肠圈，自空肠的最后肠圈起，几乎呈直线地向前上方伸延至盲肠腹侧，止于回盲口，并以回盲韧带与盲肠相连，可以此韧带作为回肠和空肠的分界。

（2）大肠　大肠包括盲肠、结肠和直肠三段，前接回肠，后通肛门。牛的大肠长度约6～10m，羊的长约8～10m。

① 盲肠　呈圆筒状，位于右髂部。以回盲口为界，盲端向后伸达骨盆前口（羊的可伸入到骨盆腔内），并呈游离状态，可以移动。由回盲口向前即为结肠。

② 结肠　大肠中最长的一段，牛长6～9m，羊7.5～9m，几乎全部位于体中线的右侧，借总肠系膜悬挂于腹腔顶壁，在总肠系膜中盘曲成一圆形肠盘（结肠圆盘），肠盘的中央为大肠，周缘为小肠，盘曲成一椭圆形盘状。起始部的口径与盲肠相似，向后逐渐变细，顺次分为升结肠、横结肠和降结肠三段，其中升结肠最长，又可分初襻、旋襻和终襻3段。

a. 初襻　为升结肠的前段，大部分位于右髂部，在小肠和结肠旋襻的背侧，呈"S"形或乙状弯曲，即向前-向后-再向前；起自回盲结口，向前伸达第12肋骨下端附近，然后向上折转沿盲肠背侧向后伸达骨盆前口，又折转向前与十二指肠升部（第三段）平行伸达第二、三腰椎腹侧，转为旋襻。

b. 旋襻　为升结肠的中段，直径与小肠相似，位于瘤胃右侧，沿矢状面卷曲成一椭圆形的结肠盘，夹于总肠系膜两层浆膜之间，又可分为向心回和离心回两段。从右侧看，向心回在继承初襻后，以顺时针方向向内旋转在牛约2圈、绵羊3圈、山羊4圈，至中心曲；离心回自中心曲起，以相反的方向向外旋转在牛约1.5～2圈、绵羊3圈、山羊4圈，至旋襻外周，最后一圈在相当于第1腰椎处延续为终襻。羊的离心回最后一圈靠近空肠肠襻，肠管内已形成粪球。

c. 终襻　为升结肠的后段，也呈乙状弯曲。离开旋襻后，沿十二指肠升部向后伸达骨盆前口附近，然后折转向前延伸，至最后胸椎的腹侧，从右侧绕过肠系膜前动脉向左急转，延续为横结肠。

d. 横结肠　很短，在最后胸椎的腹侧经肠系膜前动脉前方，由右侧急转向左，悬于短的横结肠系膜下，其背侧为胰腺。

　　e. 降结肠　沿肠系膜根和肠系膜前动脉的左侧面向后行，至盆腔前口的一段肠管。降结肠附于较长的降结肠系膜下，故活动性较大。其后部形成"S"形弯曲，此曲又称乙状结肠。降结肠约在十二指肠髂曲位置转为直肠。

　　③ 直肠　短而直，牛长约 40cm，羊 20cm，粗细均匀，位于骨盆腔内。牛直肠的前 3/5 外面被覆浆膜，为其腹膜部，由直肠系膜将其悬挂于荐椎腹侧；直肠后部无浆膜被覆，借助疏松结缔组织和肌肉连于盆腔背侧壁，为其腹膜外部。牛的直肠当蓄积粪便时能大大扩张，后部形成不明显的直肠壶腹；羊的粪丸是在结肠远祥的远侧部开始形成的。

　　2. 猪肠

　　① 小肠　十二指肠约 40～90cm，在腹腔背侧形成一环形襻。空肠形成无数肠襻，大部分位于腹腔右半部、结肠圆锥的右侧。回肠短而直，末端开口于盲肠和结肠交界处的腹侧，开口处黏膜稍突入盲结肠内。

　　② 大肠　盲肠短而粗，呈圆锥状，位于左髂部，盲端朝向后下方，伸达骨盆前口附近。结肠位于腹腔左侧，胃的后方，形成圆锥状双重螺旋盘曲，分为向心回和离心回两段。向心回口径粗大，由背侧向腹侧顺时针旋转三周，离心回由腹侧向背侧逆时针旋转，口径较细小，最后接直肠。直肠位于骨盆腔内，中部膨大可形成直肠壶腹（图 4-18）。

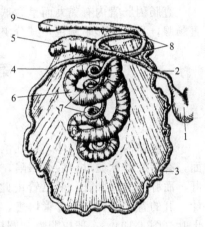

図 4-18　猪的肠
1—胃；2—十二指肠；3—空肠；4—回肠；
5—盲肠；6—结肠圆锥向心回；
7—结肠圆锥离心回；8—升结肠终祥、
横结肠和降结肠；9—直肠

　　3. 犬肠

　　① 小肠　犬的小肠比较短，为体长的 3～4 倍，前接胃的幽门，后端止于盲肠。可分为十二指肠、空肠和回肠。十二指肠位于右季肋部和腰部，位置较为固定，可分为前曲、降部、后曲和升部。十二指肠起始段有胆管和胰管的开口。空肠是最长的一段，有 6～8 个肠祥组成，位于肝、胃和骨盆前口之前，前连十二指肠，后接回肠。回肠是小肠的末段，短而直，由腹腔的左后部伸向右前方。前连空肠，后开口于盲肠和结肠的交界处，其开口处称为回盲口，有许多淋巴集结。回肠以回盲韧带与盲肠相连。

　　② 大肠　与小肠相比相对较短，长 60～75cm，管径较细，几乎与小肠近似，无肠袋。可分为盲肠、结肠和直肠。盲肠位于右髂部，有 2～3 个弯曲。结肠按移行方向分升结肠（右侧）、横结肠和降结肠（左侧）三部分。降结肠延续为直肠，以直肠系膜附着于荐骨下面，后部增大，称直肠壶腹，随后变细形成肛管接肛门，肛门内侧黏膜内有黄豆大的肛门腺。

　　4. 猫肠

　　① 小肠　也分为十二指肠、空肠及回肠三部分。它们盘卷在腹腔内，占腹腔空间的大部分。小肠的长度约为猫身体长度的 3 倍。由肠系膜将其悬挂于腰下部。十二指肠离幽门部约 3cm 处的黏膜上，可见一个略为突起的十二指肠大乳头，其顶端可见一卵圆形的开口，胆总管和胰管均开口于此，距其不远处有十二指肠小乳头，副胰管开口于此，在幽门部向后 8～10cm 处形成一个"U"形的弯曲，与空肠相连。回肠被系膜悬挂在腹腔顶部，各段小肠之间无明显的分界。

　　② 大肠　分为盲肠、结肠及直肠。盲肠紧接回肠后面，小，呈锥形盲囊状，其连接处有回盲瓣。按照走向分为升结肠、横结肠与降结肠。直肠是大肠的最后部分，位于靠近盆壁

背部的中线处，在这里被短的直肠系膜所悬挂。直肠向外开口于肛门。肛门两侧有两个大的分泌囊，称为肛门腺。

5. 兔的肠

兔为草食动物，肠管极为发达，约为体长的 11 倍。十二指肠是鲜艳的粉红色，其 U 形肠襻的肠系膜上散布着胰腺，在肠襻顶端有小的淋巴结。空肠连绵盘曲，比十二指肠色浅。回肠短而壁厚，入盲肠处的肠壁膨大成一厚壁圆囊，色灰白，约拇指大，为兔特有的免疫淋巴组织，称圆小囊，外观可隐约看见囊内壁的六角形蜂窝状隐窝，黏膜下充满淋巴组织。

盲肠非常发达，长度与体长相当，为卷曲的锥形体，基部粗大，体部和尖部逐渐变细。盲肠尖部有细而光滑、约 10cm 长的蚓突，结构与圆小囊相似，其壁内有丰富的淋巴滤泡。盲肠与结肠紧密靠在一起，成为一个椭圆形盘曲的复合体，位于腹腔底壁中后部。

结肠位于腹腔背侧，分升结肠和降结肠。升结肠管径粗，管壁有 3 条纵肌带，使管壁呈现明显的皱褶，呈暗浅红色，在管腔上构成小室；降结肠管径狭窄，肠壁上仅有 1 条纵肌带。

直肠因肠管内有粪丸而呈念珠状，距肛门前 1cm 处的直肠背侧面有一对长约 1.2cm 的直肠腺，呈椭圆形暗灰色，其分泌物带有特殊的腥臭味。

第三节　消　化　腺

一、肝

肝是体内最大的腺体，棕红色、质脆、呈不规则的扁圆形，位于膈后。前面隆凸称为膈面，有后腔静脉通过；后面凹陷，称为脏面，中央有肝门，门静脉、肝动脉、肝神经由此入肝，而肝静脉、肝管、淋巴管由此出肝。家畜除马属动物外，都有胆囊，可贮存和浓缩胆汁。肝的背缘较钝，有食管切迹，是食管通过的地方。腹缘较锐，有较深的切迹将肝分为若干叶（图 4-19）。一般以胆囊和圆韧带为标志将肝分为左、中、右三叶；其中中叶又以肝门为界，分为背侧的尾叶和腹侧的方叶，尾叶向右突出的部分称为尾状突。

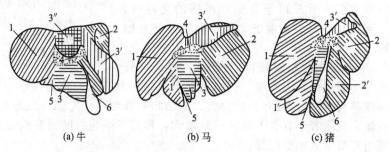

图 4-19　家畜肝的分叶模式图

1,1′—肝左叶；2,2′—肝右叶；3—方叶；3′—尾叶尾状突；
3″—尾叶乳头突；4—肝门；5—肝圆韧带；6—胆

1. 牛、羊的肝

略呈长方形，分叶虽不明显，但也可分四叶，且肝的实质较厚实，有胆囊，位于右季肋部。从第六、七肋伸延到第二、三腰椎处。肝的分叶不明显，肝门把中叶分为下部的方叶和上部的尾叶（图 4-20、图 4-21）。尾叶有两个突，一个乳状突，一个尾状突。胆囊非常发达，下垂于肝的腹侧缘以外。常以胆囊确定肝的右叶和中叶界限。胆囊管在肝门处与肝管相合形成胆管，开口于十二指肠乳头。

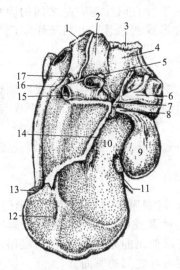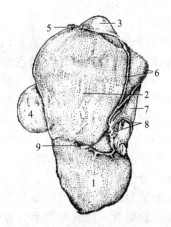

图 4-20　牛的肝（脏面）

1—肝肾韧带；2—尾状突；3—右三角韧带；4—肝右叶；

5—肝门淋巴结；6—十二指肠；7—胆管；8—胆囊管；

9—胆囊；10—方叶；11—肝圆韧带；12—肝左叶；

13—左三角韧带；14—小网膜；15—门静脉；

16—后腔静脉；17—肝动脉

图 4-21　牛的肝脏（壁面）

1—左叶；2—右叶；3—尾突；4—胆囊；5—右三角

韧带；6—冠状韧带；7—后腔静脉；

8—肝静脉；9—肝镰状韧带

2. 猪的肝

猪肝较大（图 4-22），重 1.0～2.5kg，占体重的 1.5%～2.5%。肝位于腹腔最前部，大部分位于右季肋部，小部分位于左季肋部和剑状软骨部，肝的左侧缘伸达第 9 肋间隙和第 10 肋，右侧缘伸达最后肋间隙的上部，腹侧缘伸达剑状软骨后方 3～5cm 处的腹腔底壁。肝呈淡至深的红褐色，中央厚而边缘薄。壁面凸，与膈和腹壁相邻，脏面凹，与胃和十二指肠等内脏接触，并有这些器官形成的压迹，但无肾压迹。肝背侧缘有食管切迹及后腔静脉通过。猪肝以三个深的叶间切迹分为 6 叶，即左外叶、左内叶、右内叶、右外叶、方叶和尾状叶。左外叶最大，右内叶内侧有不发达的中叶，方叶呈楔形，位于肝门腹侧，不达肝腹侧

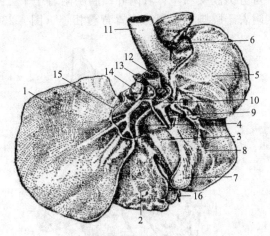

图 4-22　猪的肝（脏面）

1—肝左外叶；2—肝左内叶；3—肝右内叶；4—方叶；5—肝右外叶；6—尾状叶；7—胆囊；

8—肝总管；9—胆囊管；10—胆总管；11—后腔静脉；12—门静脉；13—肝动脉；

14—肝淋巴结；15—小网膜附着线；16—肝镰状韧带和肝圆韧带

缘，尾状叶位于肝门背侧，尾状突伸向右上方。胆囊位于肝右内叶与方叶之间的胆囊窝内，呈长梨形，不达肝腹侧缘，胆囊管与肝管在肝门处汇合形成胆总管，开口于距幽门 2～5cm 处的十二指肠乳头。

3. 犬的肝

犬的肝位于腹前部，膈的后方，大部分偏右侧。犬肝壁面隆凸，与膈及腹腔侧壁相贴，右侧部有深的肾压迹，肾压迹的左侧有腔静脉沟，供后腔静脉通过；脏面凹，形成与胃、十二指肠前部和胰右叶相接的压迹。脏面的中部有肝门，门静脉和肝动脉经肝门入肝，肝管和淋巴管经肝门出肝。肝的表面被覆有浆膜，并形成左右冠状韧带、镰状韧带、圆韧带、三角韧带与周围器官相连。肝分叶明显，有胆囊。

4. 猫的肝

位于腹腔前部，紧贴膈的后方，伸展至胃的腹面，遮盖整个胃的壁面（除幽门部外）。分叶明显，分五叶，即右外叶、右内叶、左内叶、左外叶和尾叶。整个肝脏被浆膜所覆盖。包围肝脏的浆膜及其深部的结缔组织称为纤维囊。从肝脏伸出的导管称为肝管，肝管和胆管又连接而成总胆管。胆囊呈梨形，位于肝脏右外叶和右内叶之间的脏面。

5. 兔的肝

兔的肝呈红褐色。位于腹腔的前部，前面隆凸紧接膈，称膈面；后面凹，与胃、肠等相接触，称脏面。兔肝分叶明显，共分为六叶，即左外叶、左内叶、右内叶、右外叶、尾叶和方叶。其中以左外叶和右内叶最大，尾叶最小。方叶形状不规则，位于左内叶和右内叶之间。其中胆囊位于肝的右内叶脏面，肝管与胆囊管汇合成胆总管，开口于十二指肠起始部。

二、胰

胰是体内重要的消化腺，分泌胰液，内含多种消化酶。胰位于胃及十二指肠等之间，呈淡粉灰色，外有薄层结缔组织包裹，有明显的小叶结构。胰可分为中叶（胰头）、左叶（胰尾）和右叶。胰管从胰头穿出后与肝管一起开口于十二指肠憩室。

1. 牛、羊的胰

牛、羊的胰呈不规则四边形，灰黄色稍带粉红，几乎全部位于正中线的右侧，从第十二肋到第二、三腰椎处。可分为胰头和左、右两叶。胰头附着于十二指肠"乙"形弯曲上，左叶（尾）较短，其背侧附着于膈脚，腹侧与瘤胃背囊相连（图 4-23）。右叶较长，向后伸达

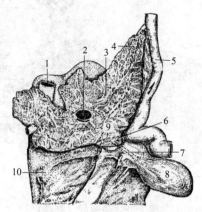

图 4-23　牛的胰（腹侧面）

1—后腔静脉；2—门静脉；3—胰；4—胰管；5—十二指肠；

6—胆总管；7—胆囊管；8—胆囊；9—肝总管；10—肝

右肾腹侧。胰的中央有门脉环，门静脉由此穿过。胰管只有一条，牛单独开口于十二指肠，水牛、羊的胰管和胆管则汇成一条总管。

2. 猪的胰

呈黄色，也分胰头和左、右两叶，位于后 2 胸椎和前 2 腰椎的腹侧，胰管自右叶走出，单独开口于距幽门约 10cm 处的十二指肠。

3. 犬的胰

犬胰呈"V"形（图 4-24），正常胰为浅粉色，由一个体部和两个叶组成：体部位于幽门附近；右叶位于右肾腹侧、降十二指肠的背内侧；左叶位于胃和肝之后、横结肠之前。犬通常有两条腺管，分别通入十二指肠，其中一条称为胰管，另一条称为副胰管。

4. 猫的胰

猫的胰脏位于十二指肠弯曲部分（图 4-25），是一个扁平、致密的小叶状腺体。边缘不规则，它的中部弯曲，几乎成直角。胰脏可分为两部：胃部及十二指肠部。胃部接近胃大弯并与其平行，此部游离端与脾脏相接；十二指肠部位于十二指肠"U"字形边界之间的十二指肠系膜内，同时到达"U"字形的底部。胰脏有两个导管——胰管和副胰管。胰管与总胆管一起开口于十二指肠大乳头。副胰管是由胰管的分支连接而成的，开口于十二指肠大乳头后方约 2cm 处的十二指肠小乳头上。副胰管一般是很明显的，但有时缺失。

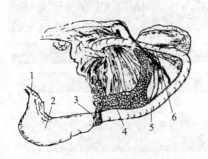

图 4-24　犬的胰
1—贲门；2—胃；3—幽门；
4—胰腺；5,6—十二指肠

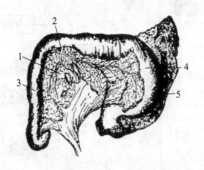

图 4-25　猫胰脏和脾脏（食管已切除，
胃转向后，故可见胃的背面和
十二指肠的腹面）的胰
1—胰脏；2—胰管；3—十二指肠；4—胃；5—脾

5. 兔的胰

兔的胰散在于十二指肠间的肠系膜中，其叶内结缔组织发达，使胰呈分散的枝叶状结构。呈浅粉黄色，形如脂肪，剖解时应注意。只有 1 条胰管，开口距十二指肠末端约 14cm 处的十二指肠内，距离胆总管开口较远。

【复习思考题】

1. 名词解释：腹腔，骨盆腔，腹膜，腹膜腔，壁内腺，壁外腺，齿式，食管沟（网胃沟），门。
2. 简述腹腔是如何划分的以及消化管管壁的一般构造。
3. 简述牛胃与猪胃的形态结构特点。
4. 比较牛、猪升结肠的结构特点。
5. 从解剖学角度试述牛为什么易患创伤性心包炎。
6. 尽早喂草对犊牛有何作用？

【本章小结】

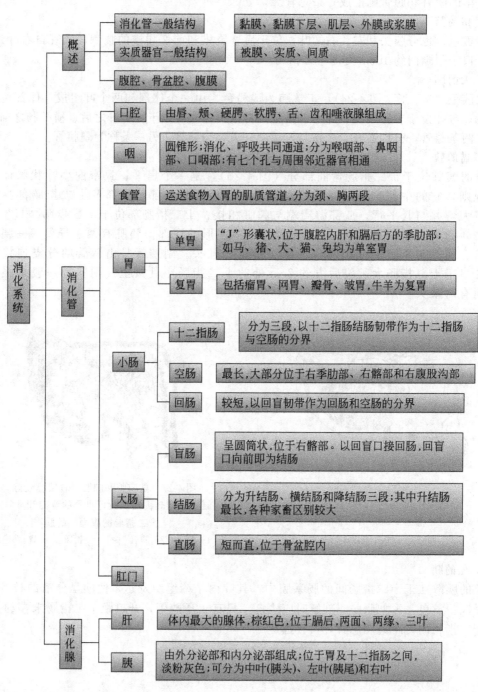

消化系统

概述
- 消化管一般结构 —— 黏膜、黏膜下层、肌层、外膜或浆膜
- 实质器官一般结构 —— 被膜、实质、间质
- 腹腔、骨盆腔、腹膜

消化管
- 口腔 —— 由唇、颊、硬腭、软腭、舌、齿和唾液腺组成
- 咽 —— 圆锥形;消化、呼吸共同通道;分为喉咽部、鼻咽部、口咽部;有七个孔与周围邻近器官相通
- 食管 —— 运送食物入胃的肌质管道,分为颈、胸两段
- 胃
  - 单胃 —— "J"形囊状,位于腹腔内肝和膈后方的季肋部;如马、猪、犬、猫、兔均为单室胃
  - 复胃 —— 包括瘤胃、网胃、瓣胃、皱胃,牛羊为复胃
- 小肠
  - 十二指肠 —— 分为三段,以十二指肠结肠韧带作为十二指肠与空肠的分界
  - 空肠 —— 最长,大部分位于右季肋部、右髂部和右腹股沟部
  - 回肠 —— 较短,以回盲韧带作为回肠和空肠的分界
- 大肠
  - 盲肠 —— 呈圆筒状,位于右髂部。以回盲口接回肠,回盲口向前即为结肠
  - 结肠 —— 分为升结肠、横结肠和降结肠三段;其中升结肠最长,各种家畜区别较大
  - 直肠 —— 短而直,位于骨盆腔内
- 肛门

消化腺
- 肝 —— 体内最大的腺体,棕红色,位于膈后,两面、两缘、三叶
- 胰 —— 由外分泌部和内分泌部组成;位于胃及十二指肠之间,淡粉灰色;可分为中叶(胰头)、左叶(胰尾)和右叶

第五章 呼吸系统

【本章要点】
简要介绍呼吸系统的组成及其相互关系；详细介绍呼吸道及肺的结构特点。

【知识目标】
1. 了解呼吸系统的组成。
2. 掌握呼吸道及肺的结构特点。

【技能目标】
能识别各种动物的肺脏及其分叶。

    家畜在进行生命活动过程中，要不断地从外界环境中吸进氧气，以供有机体组织细胞内的物质氧化利用，保证家畜进行各种生命活动的需要；同时，又要不断地将组织细胞在氧化过程中所生成的二氧化碳等排出体外，才能维持机体内环境的稳定。有机体与外界环境之间进行气体交换的过程，叫呼吸。呼吸活动主要由呼吸系统来完成。

    呼吸系统由鼻、咽、喉、气管、支气管和肺等组成。鼻、咽、喉、气管和支气管是气体出入的通道，称为呼吸道；肺是进行气体交换的场所。

一、鼻

    鼻是呼吸道的起始部分，也是嗅觉器官，包括鼻腔和鼻旁窦。

1. 鼻腔

鼻腔由面骨的一部分形成骨质支架，内衬黏膜，外覆肌肉和皮肤。前端经鼻孔与外界相通，后方以筛骨为界与颅腔隔开，后下方经鼻后孔和咽相通。

（1）鼻孔　鼻孔为鼻腔的入口，鼻孔的两侧壁叫鼻翼，内侧壁为鼻内翼，外侧壁为鼻外翼。马鼻孔大，鼻翼灵活。牛鼻孔小，鼻翼厚而结实。猪的鼻孔小而圆。

（2）鼻前庭　鼻前庭为鼻腔前部被覆皮肤的部分，相当于鼻翼所围成的空腔。马鼻前庭背侧皮下有一盲囊，向后达鼻颌切迹，称为鼻憩室或鼻盲囊。在鼻前庭的外侧，靠近鼻黏膜的皮肤上有鼻泪管口。牛、羊、猪和犬无鼻憩室，鼻泪管口位于鼻前庭的侧壁（牛）或下鼻道的后部。

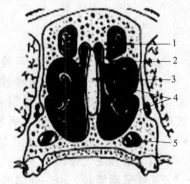

图 5-1　猪鼻腔横断面
1—上鼻甲窦；2—上鼻道；
3—鼻中隔；4—鼻甲；
5—齿槽腔

（3）固有鼻腔　固有鼻腔位于鼻前庭的后方，内表面衬以黏膜。鼻腔被中间的鼻中隔（是软骨）分为左右两半。每侧鼻腔的外侧壁上有上、下两块鼻甲骨，将每侧鼻腔分为上、中、下三个鼻道（图 5-1）。上鼻道向后通嗅部，中鼻道通上颌窦，故上颌窦蓄脓时，有大量脓性鼻液经鼻腔流出。下鼻道较上述两个鼻道宽大，是鼻孔与咽之间的直接通道，临床使用胃导管时即由此鼻道插入。此外，还有一个总鼻道，为上、下鼻甲骨与鼻中隔之间的间隙，它与上述三个鼻道都相通。

鼻腔的内表面被覆以黏膜，因结构和功能不同，可分为呼吸区和嗅区两部分。

呼吸区靠前，呈粉红色，占鼻黏膜的大部分。黏膜上皮为假复层柱状纤毛上皮，黏膜内含有丰富的血管和腺体。腺体可分泌黏液和浆液，有黏着空气中灰尘和异物的作用。因此，鼻腔对吸入的空气有清洁、湿润和温暖的作用。

嗅区位于呼吸区之后，多呈棕黄色，内含有嗅细胞，有嗅觉功能。

2. 鼻旁窦

鼻旁窦为鼻腔周围头骨内外骨板间的含气空腔，腔的内表面衬以黏膜，与鼻黏膜相延续。鼻旁窦直接或间接与鼻腔相通。鼻黏膜发炎时，可波及鼻旁窦，引起炎症。家畜的鼻旁窦包括上颌窦、额窦、蝶腭窦（马）和筛窦等。窦可减轻头骨重量、温暖和湿润吸入的空气及对发声起共鸣作用。

二、咽、喉、气管和主支气管

1. 咽

参见第四章消化系统第二节相关内容。

2. 喉

喉是呼吸的通道，也是发音的器官。喉位于下颌间隙的后方，头颈交界的腹侧，前方通咽，后接气管。喉由喉软骨、喉肌和喉黏膜组成。

（1）喉软骨　构成喉的支架。有四种五块软骨（图5-2），即不成对的会厌软骨、甲状软骨、环状软骨和成对的勺状软骨。环状软骨为圆形，位于喉的后方，与气管相接。甲状软骨是最大的一块，构成喉的侧壁和底壁。会厌软骨和勺状软骨位于喉的前方，两者共同围成喉口与咽相通。会厌软骨呈叶片状，尖端向舌根翻转，吞咽时，可盖住喉口，防止食物误咽入气管。

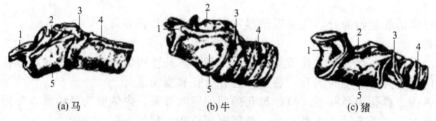

(a) 马　　　　(b) 牛　　　　(c) 猪

图 5-2　喉软骨

1—会厌软骨；2—勺状软骨；3—环状软骨；

4—气管环；5—甲状软骨

（2）喉肌　属横纹肌，可控制喉的活动。

（3）喉黏膜和喉腔　由喉软骨和喉肌围成的腔为喉腔，又叫喉内腔。喉腔内面衬以喉黏膜，喉黏膜感觉敏锐，受到刺激会引起咳嗽反射，将异物咳出。喉腔中部有一对黏膜皱褶，叫声带。两侧声带之间的狭窄缝隙，叫声门裂。当空气通过时，振动声带而发出声音。

3. 气管和支气管

气管呈圆管状，由一连串的"U"或"O"形软骨环连接而成，位于颈椎的腹侧，与食管伴行，前接喉，向后沿颈部腹侧正中线经胸前口入胸腔，然后经心前纵隔达心基的背侧（约在第五至六肋间隙处），分为左、右两条支气管，分别进入左、右肺。支气管入肺后再行多次分支形成支气管树。

　　牛、羊的气管较短，垂直径大于横径。软骨环缺口游离的两端重叠，形成向背侧突出的气管嵴。气管在分左、右支气管之前，还分出一支较小的右尖叶支气管，进入右肺尖叶。

　　猪的气管呈圆筒状，软骨环缺口游离的两端重叠或相互接触。支气管也有 3 支，与牛、羊相似。

　　马的气管由 50～60 个软骨环连接组成。软骨环背侧两端游离，不相接触，而为弹性纤维膜所封闭。气管横径大于垂直径。

　　犬的气管由 40～50 个 "C" 形的气管软骨连接而成。右主支气管入肺后分为前叶、中叶、后叶和副叶支气管。左主支气管入肺后分为前叶和后叶支气管，其中前叶支气管又分为前、后两支，入左肺前叶的前部和后部。

　　兔的气管由 48～50 个软骨环连接形成。进入胸腔后，在第 4、5 胸椎腹侧分为左、右主支气管，由肺门进入左、右肺。由右主支气管分出动脉上支气管，进入右肺前叶前部。

三、肺

　　肺位于胸腔内，在纵隔两侧，左、右各一，占据了胸腔的大部分。

　　健康家畜的肺为粉红色，呈海绵状，质柔软而富有弹性，能浮于水面。左、右肺都有三个面和三个缘。肋面凸，与胸腔侧壁接触；膈面凹，与膈接触；纵隔面是两肺的内侧，前面有心压迹，在心压迹的后上方有肺门，是支气管、肺血管、淋巴管和神经出入肺的地方。肺的背缘较长，钝而圆，位于胸椎椎体的两侧；腹缘和底缘薄锐，在腹缘上有心切迹。左肺心切迹大，体表投影位于第 3～6 肋骨之间。在心切迹处容纳有心包和心脏，心包在此和胸壁接触，故是临床上听诊心脏的部位。肺的后缘在体表的投影为一条凸向后下方的弧线（马由第 17 肋骨上端至第 5 肋间隙下端，牛由第 12 肋骨上端至第 4 肋间隙下端；猪由倒数第 4 肋骨或肋间隙的上端至第 5 肋间隙下端）。

　　马的肺分叶不明显，在心切迹以前的部分为尖叶，心切迹以后的部分为心隔叶，右肺心膈叶的内侧还有一副叶（图 5-3）。

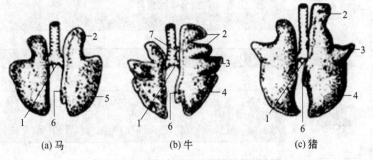

(a) 马　　　　　(b) 牛　　　　　(c) 猪

图 5-3　马、牛（羊）、猪肺的分叶模式图
1—主支气管；2—右肺前叶（尖叶）；3—右肺中叶（心叶）；
4—右肺隔叶；5—心隔叶；6—副叶；7—右上支气管

　　牛、羊肺分叶明显，左肺分三叶，由前向后依次为尖叶、心叶和膈叶。右肺分四叶，即尖叶（又分前、后两部）、心叶、膈叶和内侧的副叶。猪肺分叶情况和牛、羊相似。

四、胸腔、胸膜和纵隔

1. 胸腔、胸膜

　　胸腔以胸廓为支架。背侧是胸椎，两侧为肋，腹侧为胸骨，前方为胸腔前口，有气管、食管、血管、神经等通过，后面以膈和腹腔为界。

胸膜是光滑的浆膜。可分为壁层和脏层。脏层紧贴于肺的表面称肺胸膜。壁层按所在部位可分为：衬贴在肋和肋间肌内表面的肋胸膜；贴在膈肌上面的膈胸膜；贴在纵隔两侧的纵隔胸膜。壁层和脏层是互相连续的，共同围成左、右两个互不相通的胸膜腔（图5-4）。由于肺的膨胀，使得胸膜的壁层和脏层贴得很紧，因此胸膜腔只是一个潜在的腔隙。在正常情况下，胸膜腔内含有少量浆液，起滑润作用；当胸膜发炎时，胸膜腔内可有大量液体渗出，或者壁、脏两层粘连在一起，都能影响呼吸（图5-4）。

2. 纵隔

纵隔是两侧纵隔胸膜之间的器官和结缔组织的总称。纵隔将左、右两胸膜腔隔开。纵隔内有胸腺（幼畜），心脏和心包，气管，左、右支气管，食管，主动脉，以及神经等。包在心包外面的纵隔胸膜又称心包胸膜。

纵隔在心脏所在的部位，称为心纵隔；在心脏之前和之后的部分，分别称为心前纵隔和心后纵隔。

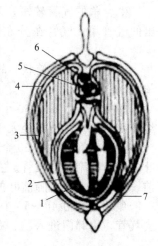

图 5-4 胸腔横切面模式图
1—心包腔；2—心包胸膜；
3—肺胸膜；4—肋胸膜；
5—食管；6—主动脉；
7—胸膜腔

【复习思考题】

1. 呼吸系统由哪些器官组成？
2. 牛（羊）、马和猪肺在结构上有哪些不同？
3. 什么叫胸膜腔和纵隔？

【本章小结】

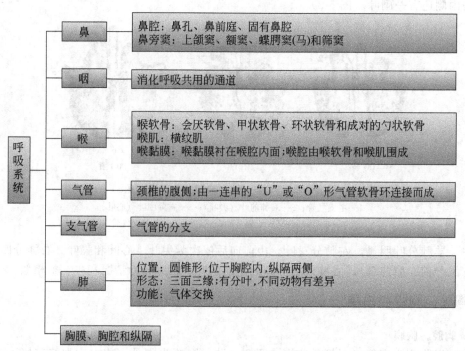

第六章　泌尿系统

【本章要点】

简要介绍动物泌尿系统的组成及其相互关系；详细介绍泌尿器官的位置、形态和结构特征。

【知识目标】

1. 了解各种动物肾的形态和位置。
2. 掌握牛、马、猪等家畜肾的结构特点。

【技能目标】

能确定各种动物肾在体表的投影区域。

泌尿系统是体内重要的排泄系统，主要由肾、输尿管、膀胱和尿道组成。畜体在新陈代谢过程中不断产生各种代谢产物（如尿素、尿酸）、多余的水分和无机盐类等，这些代谢产物一小部分是通过肺（呼气）、皮肤（汗液）和肠道（粪便）排出体外，而绝大部分是通过泌尿系统以尿液的形式排出体外。肾不仅是尿液的生成器官，而且还是调节体液、维持电解质平衡的器官。如泌尿系统功能发生障碍，代谢产物则蓄积于体液中，改变体液的理化性质，破坏内环境的相对稳定，从而影响新陈代谢的正常进行，严重时可危及生命。输尿管、膀胱和尿道是输送、贮存及排泄尿液的通道，合称尿路。

一、肾

1. 肾的一般构造

肾是成对的实质性器官，左、右各一，新鲜时为红褐色。肾位于腰椎下方，在腹主动脉和后腔静脉的两侧。

肾的内侧缘有一凹陷，称为肾门，是肾动脉、肾静脉、输尿管、神经和淋巴管出入之处。肾门向肾内深陷的空隙，称肾窦，窦内有肾盂、肾盏以及血管、神经、淋巴管、脂肪等。

肾的外面包裹有肾脂肪囊，有多量脂肪沉着，其发达程度与动物品系和营养状况有关。紧贴于肾外表面的为由致密结缔组织构成的白色薄而坚韧的纤维膜，在正常情况下此膜容易剥离，但在某些病变时，常与肾实质粘连，不易剥离。肾实质由许多肾叶构成，每一肾叶包括浅层的皮质和深层的髓质，肾叶呈锥体形，顶部钝圆称肾乳头，与肾盏或肾盂相对。哺乳动物的肾，根据其外形和内部结构的不同，可分为以下四种基本类型（图 6-1）。

（1）复肾　由许多完全分开的肾叶聚集形成葡萄串状，这些肾叶又称小肾，肾乳头被输尿管分支形成的肾盏包住。其数目因动物的种类而不同，如巨鲸的可达 3000 个，海豚的也超过 200 个。鲸、熊和海豚的肾属此类。

（2）有沟多乳头肾　只有肾叶的中间部分相互连接，肾的表面有许多区划肾叶的沟，肾叶内部肾乳头分离，被输尿管分支形成的肾小盏包住。与肾小盏连接的肾盏管汇合成两条集收管，再汇入输尿管。牛肾为此种类型（参见图 6-2）。

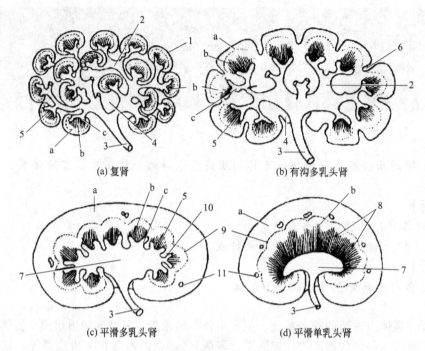

图 6-1　哺乳动物肾类型半模式图

1—小肾（肾小叶）；2—肾盏；3—输尿管；4—肾窦；5—肾乳头；
6—肾沟；7—肾盂；8—肾总乳头；9—交界线；10—肾柱；
11—切断的弓状血管；a—泌尿区；b—导管区；c—肾盂

（3）平滑多乳头肾　各肾叶的皮质部合并成一整体，肾表面光滑，但在断面上仍可见到显示各肾叶髓质部形成的肾锥体，锥体的末端为肾乳头，每个肾乳头都有肾小盏包住。肾小盏开口于肾大盏和肾盂。猪和人的肾为此类型。

（4）平滑单乳头肾　肾表面光滑，各肾叶的皮质和髓质均合在一起，肾乳头形成一长嵴状的肾总乳头，突入肾盂。马、羊、狗和兔的肾为此类型。

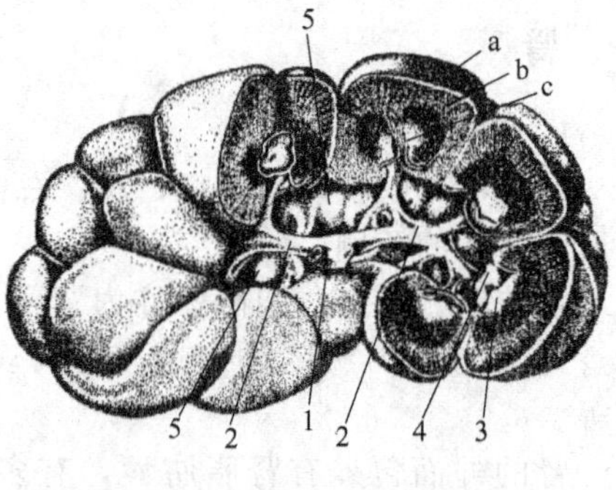

2. 各种家畜肾的位置和形态特点

（1）牛肾　牛肾为有沟多乳头肾，在肾表面有许多深浅不同、表现肾小叶的沟，将肾分成 16～22 个大小不一的肾叶。一般成年牛的肾重约 600～700g，左肾略大于右肾。左、右肾的形态位置因年龄而有差异。

图 6-2　牛肾的构造（部分剖开）

1—输尿管；2—收集管；3—肾乳头；
4—肾小盂；5—肾窦；a—纤维囊；
b—皮质；c—髓质

右肾呈上、下压扁的椭圆形，位于右侧最后肋间隙上部至第 2、3 腰椎横突的腹侧。背侧面微隆凸，与腰肌相邻；腹侧面较平，与肝、胰、十二指肠相邻；前端位于肝的肾压迹内；肾门位于肾腹侧面近内侧缘的前部。

左肾比右肾厚而窄，略呈三棱形，前部小，后部大。肾门位于背侧面的前外侧部。左肾的位置不固定，一般位于第 3～5 腰椎横突腹侧。当瘤胃充满时，被挤到正中矢面的右侧；瘤胃空虚时，则大部分回到正中矢状面左侧。

初生牛犊因瘤胃还不发达，左、右肾的位置近于对称，以后随瘤胃逐渐发育增大而将左肾挤到右后方。

（2）羊肾　羊肾为表面光滑的单乳头肾，左、右肾均呈豆形，肾门位于内侧缘。右肾位于最后肋骨与第二腰椎横突腹侧，其前端与肝的肾压迹相接。左肾以短的系膜悬于第4～5腰椎横突腹侧，瘤胃充满时可被挤到体中线的右侧。

（3）马肾　马肾（图6-3）为平滑单乳头肾，各肾叶完全联合在一起，肾表面、肾叶之间已无沟存在，全部肾乳头连成一片。在皮质与髓质之间，有深红色的中间区。肾乳头形成嵴状突入肾盂中，称为肾嵴。乳头管开口于肾盂或在肾的两端开口于终隐窝。输尿管在肾窦呈漏斗状膨大，形成肾盂。肾盂自肾窦向肾的两端伸延形成一狭长的盲管，位于肾中，称为终隐窝。

右肾位于最后2～3个肋骨椎骨端及第一腰椎横突的腹侧，呈圆角等边三角形。背侧面凸，与膈及腰肌接触；腹侧面稍凹，与肝、胰及盲肠底接触；内侧缘与右肾上腺接触，肾门位于内侧缘中部；前端与肝相接，并在肝上形成明显的肾压迹。

左肾位置偏后，位于最后肋骨椎骨端和第1～2（3）腰椎横突的腹侧，呈长椭圆形、豆状，与小结肠起端、十二指肠末端、左肾上腺及胰的左端等接触。

（4）猪肾　猪肾（图6-4）为平滑多乳头肾，肾叶已经合并在一起，肾表面、肾叶之间已无沟存在，肾乳头还是分开的。有的肾乳头呈圆锥形，为一个肾锥体的乳头；有的乳头宽而扁，为两个或多个肾锥体的乳头合并而成。肾窦中含有肾盂，为输尿管的起始端膨大部，肾盂发出漏斗形的肾盏，套于每个肾乳头的外面。

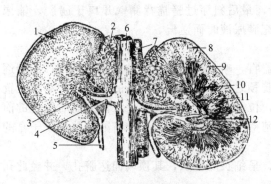

图6-3　马肾
1—右肾；2—右肾上腺；3—肾动脉；4—肾静脉；
5—输尿管；6—后腔静脉；7—腹主动脉；
8—左肾；9—皮质；10—髓质；
11—肾终隐窝；12—肾盂

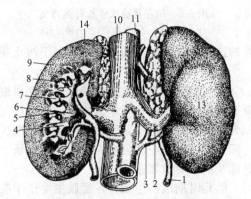

图6-4　猪的肾（腹侧面，右肾切开）
1—左输尿管；2—肾静脉；3—肾动脉；4—肾大盏；
5—肾小盏；6—肾盂；7—肾乳头；8—髓质；
9—皮质；10—后腔静脉；11—腹主动脉；
12—肾上腺；13—左肾；14—肾

左右肾位置几乎对称，位于前四个腰椎横突的腹侧。

（5）犬肾　犬肾属于平滑单乳头肾，呈豆形。犬的右肾位置比较固定，位于前3个腰椎椎体的腹侧，有的前缘可达最后胸椎。左肾位置变化较大，当胃近于空虚时，肾的位置相当于第2～4腰椎椎体下方；当胃内食物充满时，左肾更向后移，左肾的前端约与右肾后端相对应。犬的肾除在中央纵轴为肾总乳头突入肾盂外，在总乳头两侧尚有多个肾嵴，肾盂除有中央的腔外，并形成相应的隐窝。

（6）猫肾　猫肾脏属平滑单乳头肾，不分叶，呈蚕豆状。猫两肾重量约为体重的0.34%，两肾位于腹腔背侧壁脊柱的两侧。右肾位于第2腰椎与第3腰椎之间，左肾相当于第3腰椎与第4腰椎的水平，故右肾比左肾略靠前1～2cm。猫肾只有在腹面被腹膜覆盖，即腹膜不包围肾的背面，称为腹膜后位。在肾边线处腹膜绕过肾脏而达体壁。肾脏边缘常有脂肪组织，以肾的头端脂肪最多。在腹膜内，肾由一层疏松的被膜完全包围着，此被膜称纤维膜。该膜与输尿管及肾盂的纤维层相延续。被膜内可见有丰富的被膜静脉，被膜静脉是猫肾的独有特征。

（7）兔肾 兔肾属平滑单乳头肾，左右各一，豆形。表面平滑，色暗红，质脆。右肾位于最后 2 肋和前 2 个腰椎横突腹侧。左肾位于第 2～4 腰椎横突的腹侧。肾的被膜易于剥离，被膜的外面有脂肪囊。兔肾的皮质厚，肉眼可见到颗粒状的肾小体，髓质色淡，有放射状线纹。髓质深层形成一个肾总乳头，突向肾盂，乳头上有很多乳头管的开口。

二、输尿管、膀胱和尿道

1. 输尿管

输尿管是细长的肌性管道，左、右各一。起于肾的集收管（牛，图 6-5）或肾盂（马、猪、羊、狗），经肾门出肾，最后开口于膀胱。左侧输尿管由于左肾的位置常变动，开始位于正中矢状面的右侧，行于右侧输尿管之下，以后逐渐移向左侧，到膀胱颈背侧面，斜穿膀胱背侧壁，进入膀胱。

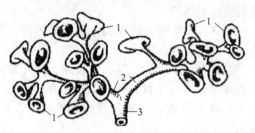

图 6-5　牛左肾输尿管及肾盏铸型
1—肾小盂；2—集收管；3—输尿管

右侧输尿管出肾门后沿腹腔顶向后伸延，横过髂外动脉和髂内动脉进入盆腔，在生殖褶中（公畜）或沿子宫阔韧带背侧缘（母畜）后行，最后斜穿过膀胱背侧壁开口于膀胱。输尿管的这种斜穿膀胱壁的结构，有利于防止膀胱充满尿液时而逆流。

2. 膀胱

（1）膀胱的形态位置 膀胱是贮存尿液的器官，略呈梨形，前端钝圆为膀胱顶；后端逐渐变细称为膀胱颈，与尿道相连；膀胱顶与膀胱颈之间为膀胱体。膀胱的形态、大小及位置随含尿量多少而改变。当膀胱空虚或尿液少时，位于盆腔前部的腹侧；尿液充满时膀胱的前半部分可突入腹腔。公畜的膀胱位于直肠、生殖褶及精囊腺的腹侧。母畜的膀胱位于子宫的后部及阴道的腹侧。

胎儿时期或初生幼畜，膀胱主要位于腹腔，呈细长的囊状，其顶端伸达脐孔，并经此孔与尿囊相连通，以后逐渐缩入盆腔内。

（2）膀胱壁的结构 膀胱由黏膜、肌层和外膜三层构成。黏膜上皮为变移上皮。当膀胱收缩时，黏膜形成许多皱褶，近膀胱颈部背侧有一三角区，称为膀胱三角。肌层由内纵、中环、外纵三层平滑肌组成。中环形肌厚，在膀胱颈部形成膀胱内括约肌。在膀胱顶和膀胱体覆以浆膜，颈部仅覆以结缔组织外膜。

膀胱表面的浆膜从膀胱体折转到邻近的器官和盆腔壁上，形成一些浆膜褶，起固定膀胱的作用。膀胱背侧的浆膜，母畜折转到子宫上，公畜折转到生殖褶上。膀胱腹侧的浆膜褶沿正中矢状面与盆腔底壁相连，形成膀胱中韧带。成年牛的膀胱中韧带不发达。膀胱两侧壁的浆膜褶与盆腔侧壁相连，形成膀胱侧韧带。在膀胱侧韧带的游离缘有一索状物，称膀胱圆韧带，是胎儿时期脐动脉的遗迹。

3. 尿道

尿道为尿液排出的肌性通道。尿道内口起于膀胱颈，以尿道外口与外界相通。公畜的尿道较长并具有排精的作用，因此称为尿生殖道。公畜的尿生殖道位于盆腔内的部分称为尿生殖道骨盆部；经坐骨弓转到阴茎腹侧的部分称为尿生殖道阴茎部。

牛的尿道短，长约 10～13cm，起自膀胱颈，向后开口于阴瓣的后方，尿生殖前庭前部的底壁上。在尿道外口的下方，尿道的腹侧面有一黏膜凹陷形成的盲囊，朝向前下方，称为尿道下憩室，给母牛导尿时应避免导管插入憩室内。

【复习思考题】

1. 牛、马、猪肾在位置上各有什么特点？
2. 牛、马、猪、羊肾在形态和结构上各有什么特点？

【本章小结】

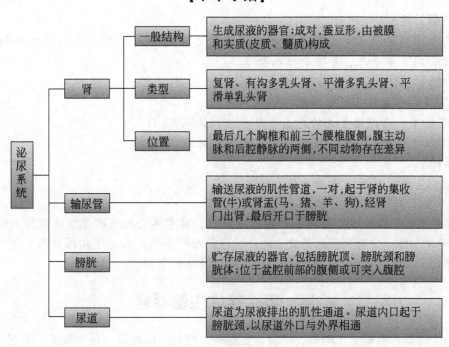

泌尿系统

肾
- 一般结构：生成尿液的器官：成对，蚕豆形，由被膜和实质(皮质、髓质)构成
- 类型：复肾、有沟多乳头肾、平滑多乳头肾、平滑单乳头肾
- 位置：最后几个胸椎和前三个腰椎腹侧，腹主动脉和后腔静脉的两侧，不同动物存在差异

输尿管：输送尿液的肌性管道，一对，起于肾的集收管(牛)或肾盂(马、猪、羊、狗)，经肾门出肾，最后开口于膀胱

膀胱：贮存尿液的器官，包括膀胱顶、膀胱颈和膀胱体；位于盆腔前部的腹侧或可突入腹腔

尿道：尿道为尿液排出的肌性通道。尿道内口起于膀胱颈，以尿道外口与外界相通

第七章 生殖系统

【本章要点】

　　简要介绍公畜、母畜生殖系统的组成及各器官的形态位置以及它们之间的相互关系；详细介绍家畜睾丸、子宫的结构特征。

【知识目标】

　　1. 了解家畜生殖系统的组成。

　　2. 掌握牛、马、猪睾丸的形态位置和结构特点。

　　3. 掌握牛、马、猪子宫的形态位置和结构特点。

【技能目标】

　　能识别主要家畜的子宫标本。

　　生殖系统包括雄性生殖器官和雌性生殖器官。其主要功能是产生生殖细胞（精子或卵子），繁殖新个体，使种族得到延续；此外，还分泌性激素，影响生殖器官的生理活动，并对促进动物第二性征的出现和维持第二性征都具有重要作用。

第一节　雄性生殖器官

　　雄性生殖器官由睾丸、附睾、阴囊、输精管、精索、副性腺、尿生殖道、阴茎和包皮所组成（图7-1）。

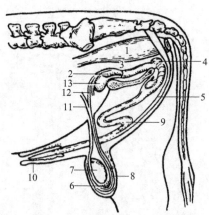

图7-1　公牛生殖器官模式图

1—直肠；2—精囊腺；3—前列腺；4—尿道球腺；5—阴茎缩肌；6—附睾；7—睾丸；8—阴囊；
9—阴茎乙状弯曲；10—包皮；11—精索；12—输精管；13—膀胱

一、睾丸和附睾的形态、位置

1. 睾丸

　　睾丸位于阴囊内，左右各一。

公牛的睾丸（图 7-2，图 7-3）较大，牛的睾丸每枚重 250～300g，长度约 12cm，呈长椭圆形（水牛为椭圆形），表面光滑，其长轴与躯体长轴垂直，后缘有附睾附着，前缘为游离缘。朝向上方的一端是血管和神经出入的地方，称为睾丸头，有附睾头附着；朝向下方的一端附着附睾尾，称为睾丸尾；睾丸头与睾丸尾之间为睾丸体。牛的睾丸实质呈黄色。

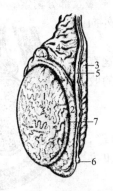

图 7-2　公牛的睾丸（外侧）

1—睾丸；2—附睾；3—输精管；4—精索；
5—睾丸系膜；6—阴囊韧带；7—附睾窦

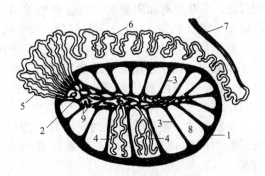

图 7-3　睾丸和附睾的结构

1—白膜；2—睾丸纵隔；3—睾丸小隔；4—精细小管；
5—睾丸输出小管；6—附睾管；7—输精管；
8—睾丸小叶；9—睾丸网

马的睾丸呈前后方向的水平位，睾丸头向前，睾丸尾向后，附睾位于睾丸的背侧。睾丸实质呈淡棕色。

猪的睾丸很大，位于会阴部，长轴斜向后上方。睾丸头位于前下方。睾丸尾很发达，位于睾丸的后上端。睾丸实质呈淡灰色，但因品种不同，也有深浅之分。羊的睾丸较大，与牛的相似，呈上下垂直位，睾丸实质呈白色。

2. 附睾

附睾位于睾丸的附睾缘，可分为附睾头、附睾体和附睾尾。附睾头紧贴睾丸头端和睾丸游离缘的上 1/3 部，由睾丸输出管弯曲盘绕而成。输出管最终汇集成一条弯曲的附睾管，它长约 33～35m，构成附睾体和附睾尾。管的末端急转而上，移行成输精管。附睾体沿睾丸内侧面的附睾缘下行。附睾尾非常发达，与睾丸尾紧密相连且略向后突出。附睾尾借附睾韧带（或睾丸固有韧带）与睾丸尾相连，附睾韧带由附睾尾延续到阴囊（鞘膜壁层）的部分，称为阴囊韧带。去势时切开阴囊后，必须切断阴囊韧带、睾丸系膜和精索，方能摘除睾丸和附睾。在胚胎时期，睾丸和附睾均在腹腔内，位于肾脏附近。出生前后，二者一起经腹股沟管下降至阴囊，此过程为睾丸下降。如果有一侧或两侧睾丸未下降到阴囊内称单睾或隐睾，这种公畜生殖能力低下或没有，不能留作种用。

二、输精管

输精管是附睾管的延续，是运送精子的管道。管壁极厚而硬，呈索状。由附睾尾起始进入精索后缘内侧，经腹股沟管上行进入腹腔，然后向上折转进入盆腔，在盆腔与输尿管交叉，并与输尿管一起进入膀胱背侧的浆膜褶。两条输精管在此褶中平行，并逐渐变粗，形成输精管壶腹，经精囊腺内侧后行，从前列腺的腹侧穿过尿道壁，末端与精囊腺导管汇合成射精管，开口于精阜。

三、精索

呈扁平的圆锥索状，其基部附着于睾丸和附睾上，顶端达腹股沟管内口（腹环）。索内含有睾丸动脉、静脉、神经、淋巴管、提睾肌和输精管，外面包有固有鞘膜，并借输精管系膜固定在总鞘膜的后壁。

四、阴囊

阴囊位于两股部之间，呈袋状的皮肤囊，其中容纳睾丸、附睾及部分精索。阴囊狭窄部称阴囊顶，下部游离称阴囊底。阴囊壁的结构与腹壁相似，由外向内依次为阴囊皮肤、肉膜、阴囊筋膜、提睾肌和鞘膜（图7-4）。

在正常生理状态下，阴囊内的温度低于体腔内的温度，这有利于睾丸生成精子。阴囊内的温度调节是通过肉膜和提睾肌的收缩和舒张，调节阴囊与腹壁的距离来实现的。

1. 皮肤

皮肤较薄，被覆稀而短的毛。其下部沿正中线形成阴囊缝，与阴囊中隔的位置相对应。阴囊皮肤内含有大量的汗腺和皮脂腺。

2. 肉膜

肉膜紧贴皮肤，较厚，相当于皮肤的浅筋膜，由弹性纤维和平滑肌组成。肉膜沿阴囊的正中矢状面参与形成阴囊中隔，将阴囊分成左右互不相通的两个腔。阴囊中隔的背侧分成两层，沿阴茎的两侧附着于腹壁。

3. 阴囊筋膜

阴囊筋膜位于肉膜深面，较发达。由腹壁深筋膜和腹外斜肌的腱膜延伸而来，借疏松结缔组织将肉膜和总鞘膜以及夹于两者之间的阴囊筋膜连接起来。提睾肌较发达，由腹内斜肌延续而来，包在总鞘膜的外面和后缘。

4. 鞘膜

由总鞘膜和固有鞘膜组成。总鞘膜位于阴囊的最内层，由腹膜壁层延伸而来。总鞘膜折转而覆盖于睾丸和附睾上，成为固有鞘膜。折转处所形成的浆膜褶，称为睾丸系膜。在总鞘膜和固有鞘膜之间形成鞘膜腔，腔内有少量浆液。鞘膜腔的上端细窄，形成鞘膜管，通过腹股沟管以鞘膜管口或鞘环与腹膜腔相通。当鞘膜管口较大时，小肠及肠系膜可脱入鞘膜管或鞘膜腔内，形成腹股沟疝或阴囊疝，须手术整复。牛的鞘膜管较长，鞘环小。

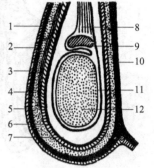

图 7-4　阴囊结构模式图
1—阴囊皮肤；2—内膜；
3—精索外筋膜；4—提睾肌；
5,6—总鞘膜；7—鞘膜腔；
8—精索；9—附睾；
10—阴囊中隔；11—固有膜；
12—睾丸

五、尿生殖道

公畜的尿道兼有排精作用，故称尿生殖道。可分为盆部和阴茎部（海绵体部）。盆部为位于盆腔内的部分，起自膀胱颈，在直肠和骨盆底壁之间向后行，至骨盆后缘绕过坐骨弓移行为阴茎部。在坐骨弓处变窄，称尿道峡。阴茎部沿阴茎腹侧的尿道沟，向前延伸到阴茎头末端，以尿道外口通向体外。

六、副性腺

副性腺包括精囊腺、前列腺和尿道球腺。其分泌物与输精管壶腹腺体的分泌物一起参与构成精液，具有稀释精子、改善阴道内环境等作用，有利于精子的生存和运动。

1. 精囊腺

精囊腺有一对，位于膀胱颈背侧的生殖褶中，在输精管壶腹部外侧，贴于直肠腹侧面，其形态为不规则的长卵圆形。

牛的精囊腺表面凹凸不平，分叶清楚，左、右精囊腺大小和形状常不完全一致。表面有

结缔组织膜，含平滑肌纤维。外观呈粉红色。每侧精囊腺有一
导管穿过前列腺，与输精管一同开口于精阜腹侧（图7-5）。

马的精囊腺呈梨形囊状，表面平滑，囊壁由腺体组织构成。
每侧精囊腺的输出管与输精管汇合，共同开口于精阜。

猪的精囊腺特别发达，成年猪长达15cm以上，由许多腺
叶组成，呈浅红色。其输出管在输精管口的外侧，以缝状孔开
口于精阜。有时两管合并而开口。

2. 前列腺

牛的前列腺由前列腺体部和扩散部构成，呈淡黄色。前列
腺体较小，横位于膀胱和尿生殖道的背侧。扩散部发达，分布
在整个尿生殖道盆部的尿道肌和海绵层之间，其背侧部厚，腹
侧部薄。前列腺管多，成行开口于尿道盆部的黏膜。其中有两
列位于精阜后方的两个黏膜褶之间，另有两列在褶的外侧。

马的前列腺较发达，由左右两侧叶和中间的峡构成，每侧
前列腺导管有15～20条，穿过尿道壁，开口于精阜外侧。猪的
前列腺与牛的相似。羊的前列腺只有扩散部。

3. 尿道球腺

尿道球腺是一对圆形的实质性腺体，体积较小，牛大约为
2.8cm×1.8cm。位于尿生殖道骨盆部后端的背外侧。外面包有厚的被膜，部分被球海绵体
肌覆盖。每一个腺体发出一条导管，开口于尿生殖道峡部背侧的半月状黏膜褶内。羊的尿道
球腺与牛的相似。

马的尿道球腺呈椭圆形，每侧腺体有5～8条输出管，开口于尿生殖道背侧的黏膜上。

猪的尿道球腺很发达，大的长达12cm，呈圆柱状；位于尿生殖道骨盆部的背外侧，尿
道球腺的后部被球海绵体肌覆盖，输出管开口于黏膜形成的盲囊中。

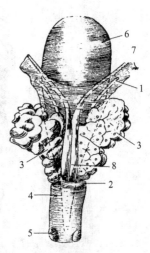

图7-5 公牛的内生殖器官
1—输尿管；2—前列腺体；
3—精囊腺；4—尿道肌；
5—尿道球腺；6—膀胱；
7—输精管；8—输精管壶腹

七、阴茎

阴茎是公畜的交配器官，平时柔软，隐藏在包皮内，交配时勃起，伸长并变粗变硬。阴
茎位于腹壁之下，起自坐骨弓，经左、右股部之间向前延伸至脐部附近。阴茎可分为阴茎
根、阴茎体和阴茎头三部分。

阴茎根分为左、右两个阴茎脚，附着于坐骨结节，脚的外周覆以发达的坐骨海绵体肌。
两阴茎脚向前合并形成圆柱状的阴茎体，在两者移行处，以其两条扁的阴茎悬韧带固着于坐
骨联合的腹侧面。阴茎体在阴囊的后方形成乙状弯曲，勃起时伸直。阴茎体向前延伸部游
离，形成阴茎头，位于包皮内。整个阴茎头较尖而略向右侧弯曲，前段略膨大形成阴茎帽，
其右侧的浅沟内有尿道突，突上有尿道外口，阴茎帽后方的部分为阴茎颈（图7-6）。

阴茎（图7-7）是由阴茎海绵体和尿生殖道阴茎部构成的。阴茎海绵体由两阴茎脚内的
海绵体合并而成，自阴茎脚一直延伸到阴茎头。其腹侧有尿道沟，外面包有很厚的结缔组织
白膜，富含弹性纤维。白膜的结缔组织向内伸入，在海绵体内形成小梁，并分支互相连接成
网。小梁内有血管和神经分布。小梁及其分支之间的许多腔隙称为海绵腔。腔壁衬以内皮与
血管直接相通。当充血时，阴茎膨大变硬而勃起，故海绵体亦称勃起组织。牛的海绵腔（除
阴茎根部外）很不发达，所以阴茎较结实，勃起时阴茎虽变硬但加粗不多。其阴茎的伸长主
要靠乙状弯曲的伸直。尿生殖道阴茎部是尿生殖道盆部的直接延续，位于阴茎海绵体腹侧的
尿道沟中，并向前扩展到阴茎顶端。尿生殖道周围包有尿道海绵体，其结构与阴茎海绵体
相似。

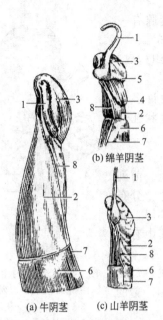

图 7-6　公牛与公羊阴茎前端
1—尿道突；2—阴茎颈；3—阴茎帽；
4—尿道海绵体结节；5—阴茎头冠
6—包皮；7—包皮缝；8—阴茎缝

(b) 绵羊阴茎
(a) 牛阴茎　(c) 山羊阴茎

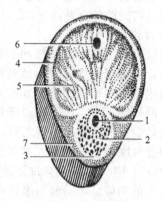

图 7-7　公牛阴茎的断面
1—尿生殖道；2—尿道海绵体；3—尿道白膜；
4—阴茎白膜；5—阴茎海绵体；
6—阴茎海绵体血管；7—阴茎筋膜

　　阴茎肌有球海绵体肌、坐骨海绵体肌和阴茎缩肌。球海绵体肌起于坐骨弓，覆盖尿道球腺和尿生殖道阴茎部。坐骨海绵体肌较发达，起于坐骨结节，止于阴茎脚的表面，呈纺锤形，该肌收缩时将阴茎向骨盆的腹侧牵拉，压迫阴茎背侧静脉，阻止静脉血回流，使阴茎海绵体充血，引起阴茎勃起。阴茎缩肌为两条长带状肌，起于尾椎或荐椎，经肛门两侧，到肛门腹侧汇合后，沿阴茎腹侧向前延伸，在乙状弯曲的下曲处附着于阴茎，止于阴茎头后方，收缩时，阴茎退缩，将阴茎头隐藏于包皮腔内。

　　牛羊的阴茎呈圆柱状，较细而长，阴茎体在阴囊的后方褶成"乙"状弯曲，勃起时则伸直。阴茎头自左向右扭转，尿生殖道外口位于阴茎头前端的尿道突上。公羊尿道突长约3～4cm，突出于阴茎头之前；绵羊的呈弯曲状；山羊的稍短而直。

　　马的阴茎粗大，呈左右稍扁的圆柱状，阴茎头因海绵体发达而膨大为龟头，呈圆锥状，基部稍隆起，形成龟头冠。在龟头前端的腹侧有一凹入的龟头窝，窝内有一短的尿道突，尿生殖道外口开口于其上。

　　猪的阴茎与牛的相似，但"乙"状弯曲在阴

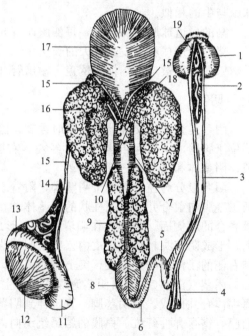

图 7-8　公猪的生殖器官
1—包皮盲囊；2—剥开包皮囊中的阴茎头；
3—阴茎；4—阴茎缩肌；5—阴茎"乙"状弯曲；
6—阴茎根；7—尿生殖道骨盆部；8—球海绵体肌；
9—尿道球腺；10—前列腺；11—附睾；
12—睾丸；13—附睾头；14—精索的血管；
15—输精管；16—精囊腺；17—膀胱；
18—精囊腺的排出口；19—包皮盲囊入口

囊的前方。阴茎头呈螺旋状扭转；尿生殖道外口呈裂隙状，位于阴茎头前端腹外侧（图7-8）。

八、包皮

包皮是由皮肤折转而形成的管状双层皮肤套，容纳和保护阴茎头。牛、羊的包皮长而狭窄呈囊状，包皮口在脐部稍后方，周围有长毛。马的包皮为双层皮肤套，称内、外包皮褶，勃起时可以展平。猪的包皮呈管状，包皮口周围亦有长毛，前部背侧壁有一圆孔通包皮盲囊，盲囊呈椭圆形，腔内常有腐败的脱落上皮及尿液，具有特殊腥臭味。

第二节　雌性生殖器官

雌性生殖器官由卵巢、输卵管、子宫、阴道、尿生殖前庭和阴门所组成（图7-9～图7-12）。

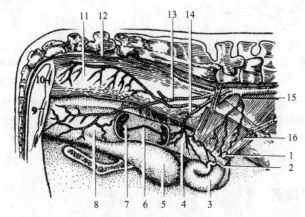

图7-9　母牛生殖器官位置关系（右侧观）
1—卵巢；2—输卵管；3—子宫角；4—子宫体；5—膀胱；6—子宫颈管；
7—子宫颈阴道部；8—阴道；9—阴门；10—肛门；11—直肠；12—荐中动脉；
13—尿生殖动脉；14—子宫动脉；15—卵巢动脉；16—子宫阔韧带

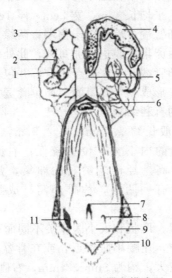

图7-10　母牛生殖器官模式图
1—卵巢；2—输卵管；3—子宫角；4—子宫阜；5—子宫体；6—子宫颈；
7—尿道外口；8—前庭大腺开口；9—阴道前庭；10—阴蒂；11—前庭大腺

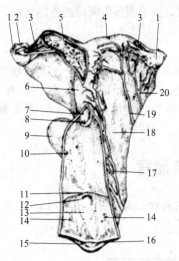

图 7-11 母马生殖器官（背侧面）

1—卵巢；2—输卵管伞；3—输卵管；4—子宫角；

5—子宫角剖开；6—子宫体；7—子宫颈阴道部；

8—子宫颈外口；9—膀胱；10—阴道；11—阴瓣；

12—尿道外口；13—阴道前庭；14—前庭大腺开口；

15—阴蒂；16—阴蒂窝；17—尿生殖动脉；

18—子宫阔韧带；19—子宫动脉；20—子宫卵巢动脉

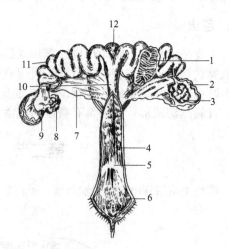

图 7-12 母猪生殖器官

1—子宫黏膜；2—输卵管；3—卵巢囊；

4—阴道黏膜；5—尿道外口；6—阴蒂；

7—子宫阔韧带；8—卵巢；9—输卵管腹腔口；

10—子宫体；11—子宫角；12—膀胱

一、卵巢的形态和位置

卵巢一对，是产生卵细胞的器官，同时能分泌雌性激素，以促进生殖器官及乳腺的发育。

牛羊的卵巢以较厚的卵巢系膜悬吊于腰部，位于盆腔前口的两侧，在子宫角末端的上方，经产母牛的卵巢稍坠向前下方。未怀过孕的母牛卵巢多位于骨盆腔内。

成年牛的卵巢呈扁卵圆形，平均长 4cm，宽 2cm，厚 1cm，重 15～20g，通常右侧稍大于左侧。每侧卵巢的前端为输卵管端；后端为子宫端；两缘为游离缘和卵巢系膜缘。在卵巢系膜缘有血管、淋巴管和神经由卵巢系膜进入卵巢内，此处称为卵巢门。卵巢的子宫端借卵巢固有韧带与子宫角相连；输卵管端有一浆膜至子宫，并包着输卵管，称输卵管系膜。在输卵管系膜和卵巢固有韧带之间，形成一个卵巢囊。卵巢囊宽大，牛的卵巢通常位于囊内。卵巢囊是保证卵细胞进入输卵管的有利结构。

马的卵巢呈豆形，平均一般长约 7.5cm，厚 2.5cm，左侧卵巢悬吊于左侧第四、五腰椎横突末端之下，左子宫角的内下方，位置较低；右卵巢在右侧第三、四腰椎横突之下，靠近腹腔顶壁，位置较高。经产老龄马的卵巢，常因卵巢系膜松弛，而被肠管挤到骨盆前口处。卵巢游离缘有一凹陷，称排卵窝。成熟卵泡仅由此排出卵细胞，是马属动物的特征。

猪的卵巢一般较大，其位置、形状和大小因年龄不同而有很大变化。小母猪在性成熟以前，卵巢位于荐骨岬两旁稍后方，在腰小肌附近，或在骨盆前口两侧的上部。卵巢呈豆形，表面光滑，颜色淡红。左卵巢较大，约为 5mm×4mm，右侧卵巢约为 4mm×3mm。接近性成熟时，卵巢增大，达 2cm×1.5cm，约在第六腰椎前缘或髋结节前端的断面上。性成熟之后，在髋结节前缘约 4cm 的断面上。

二、输卵管

输卵管是连接卵巢和子宫角的一对弯曲的管道，长 20～28cm，既能够输送卵子，同时也是卵细胞受精的场所。

输卵管的前端扩大成漏斗状，称为输卵管漏斗部。漏斗的边缘有不规则的皱褶，称为输卵管伞。漏斗中央的深处有一口，为输卵管腹腔口，与腹膜腔相通，卵子由此进入输卵管。

输卵管前段管径最粗，也是最长的一段，称输卵管壶腹部。卵细胞常在此处受精，然后受精卵靠输卵管黏膜上皮纤毛的摆动进入子宫腔着床。后段较狭而直，称输卵管峡部，以输卵管子宫口开口于子宫角。牛输卵管与子宫角的分界不明显。

三、子宫的形态和位置

子宫为有腔的肌质性器官，是胚胎发育和胎儿娩出的器官，其形态、大小、位置和结构因畜种、年龄、个体、性周期以及妊娠时期等不同而有很大差异。子宫以子宫阔韧带悬吊于腰下，大部分位于腹腔的右半，小部分位于骨盆腔内。背侧为直肠；腹侧为膀胱。前接输卵管，后接阴道，两侧为骨盆腔侧壁。子宫分为子宫角、子宫体和子宫颈三部分。

子宫角为子宫的前部，左右各一，呈弯曲的圆筒状，一般位于腹腔内。其前端以输卵管子宫口与输卵管相通，向后延续为子宫体。子宫体位于骨盆腔内，一部分向前伸入腹腔内，呈圆筒状，子宫体向后延续为子宫颈。

子宫颈为子宫后段的缩细部，位于骨盆腔内，壁很厚，黏膜形成许多纵褶，内腔狭窄，称为子宫颈管。前端以子宫颈内口与子宫体相通，后端以子宫颈外口向后通阴道。子宫颈向后突入阴道内的部分，称为子宫颈阴道部。子宫颈管平时闭合，发情时稍松弛，分娩时扩大。子宫壁的构造由黏膜、肌层和浆膜三层构成。子宫角和子宫体的黏膜呈灰红色，其分泌物对早期胚胎有营养作用。在子宫角、子宫体的黏膜除形成纵褶和横褶外，牛、羊子宫角、子宫体的黏膜上还具有卵圆形隆起的特殊结构，称为子宫阜，子宫阜在子宫角常排成 4 列，约 100 个（羊约 60 个，顶呈凹窝状）。妊娠时，子宫阜特别大，是胎膜与子宫壁相结合的部位。

在子宫角背侧和子宫体两侧形成的宽厚的浆膜褶称为子宫阔韧带，支持、固定子宫并使之有可能在腹腔内移动，内有丰富的结缔组织、血管、神经及淋巴管。怀孕时子宫阔韧带也随着子宫增大、加长而变厚。在子宫阔韧带的外侧前部，靠近子宫角处有一向外突出的发达的浆膜褶，称子宫圆韧带。子宫阔韧带内有走向卵巢和子宫的血管，其中动脉有卵巢子宫动脉、子宫中动脉和子宫后动脉。这些动脉在怀孕时增粗，常用直肠检查其粗细和脉搏跳动的变化以进行妊娠诊断。

1. 牛（羊）的子宫

（1）子宫角　左、右各一，全长 15～20cm。左右两子宫角的后部因有结缔组织和肌组织相连，表面包以腹膜，仅在背侧面有一线沟为界，很像子宫体，常称为伪子宫体；前部游离，呈弯曲的羊角状，先向下，继而向外向后，再翻折向上，并逐渐变细，末端形成乙状曲，与输卵管相移行。两子宫角后端相合，移行为子宫体。

（2）子宫体　很短，长约 3～4cm，呈背腹压扁状，位于盆腔内，部分位于腹腔，向后延续为子宫颈。

（3）子宫颈　是子宫体向后延续部分，长 6～10cm，后接阴道。子宫颈壁厚，其中央有一窄细管道，称子宫颈管。子宫颈黏膜苍白，形成 4 个环行褶，有的呈螺旋形或镰形，突入子宫颈管，褶上的黏膜又集拢成许多纵褶。这种结构使子宫颈管略呈螺旋状紧密闭合，平时不易扩张。子宫颈后部突入阴道，形成子宫颈阴道部。子宫颈阴道部的黏膜是环行褶，子宫颈外口则位于其中央。

2. 马的子宫

马的子宫呈 "Y" 形，子宫角弯曲呈弓形，凹缘朝向上方，是子宫阔韧带附着的地方。马的子宫体和子宫颈等长，子宫颈阴道部的黏膜褶形成花冠状。

3. 猪的子宫

猪的子宫体极短（约 3～5cm）。子宫角特别长（约 0.9～1.4m），外形弯曲，似小肠，子宫角黏膜褶大而多，子宫颈较长，不形成子宫颈阴道部，故与阴道无明显界线，子宫颈管呈螺旋形。

四、阴道

阴道是交配器官，同时也是产道。背侧为直肠，腹侧为膀胱和尿道，前接子宫，后连尿生殖前庭。阴道壁的外层，在前部被覆有腹膜，后部为结缔组织的外膜。

牛阴道长约 20～25cm，妊娠时可增至 30cm。阴道黏膜呈粉红色，较厚，并形成许多纵褶，没有腺体。在阴道前端，由于子宫颈阴道部的腹侧与阴道壁直接融合，在子宫颈的背侧形成一个半环状的隐窝，称为阴道穹窿。马的阴道长约 15～20cm，有阴道穹窿。猪的阴道长约 10～12cm，径小，肌层厚，黏膜有皱褶，不形成阴道穹窿。

五、尿生殖前庭

尿生殖前庭是交配器官和产道，也是排尿必经之路。它是左右压扁的短管，前接阴道，后连阴门。尿生殖前庭的黏膜，常形成纵褶，呈淡红色至黄褐色，在与阴道交界处的腹侧，有一个不太明显的横行的黏膜褶，称为阴瓣。在前庭的腹侧壁，阴瓣的紧后方，有尿道外口。此处可作为阴道与前庭的分界。在牛尿道外口腹侧面有凹陷，称尿道下憩室，导尿时应注意二者的位置。在黏膜的深部有前庭小腺和前庭大腺。前庭小腺分布于前庭侧壁和底壁，导管多，成行开口于黏膜上；前庭大腺位于前庭的侧壁内，导管有 2～3 条开口于黏膜。前庭腺能分泌黏液，交配和分娩时增多，有润滑作用，此外还含有吸引异性的气味。尿生殖前庭的肌层除平滑肌外，并有环行的横纹肌，称前庭缩肌。猪的阴瓣形成一环形褶，前庭腹侧壁的黏膜形成两对纵褶，前庭小腺的许多开口位于纵褶之间。

六、阴门

阴门又称外阴，为母畜的外生殖器，位于肛门下方，以短的会阴与肛门隔开。阴门由左、右阴唇构成，在背侧和腹侧互相联合，形成阴唇背侧联合和腹侧联合。在两阴唇间的裂隙，称为阴门裂。牛的阴唇厚，略有皱纹，腹侧联合锐。在腹侧联合之内，有一小而略凸的阴蒂，它与公畜的阴茎是同源器官，由海绵体构成。马、猪的阴蒂周围有阴蒂窝围绕，猪的阴蒂长而弯曲。

【复习思考题】

1. 牛（羊）、马和猪睾丸的位置和结构有何特点？牛（羊）、马和猪的阴茎结构有何特点？
2. 比较牛（羊）、马和猪卵巢、子宫的结构特点。

【本章小结】

- 生殖系统
  - 雄性生殖系统
    - **睾丸** — 产生精子、分泌雄性激素；位于阴囊内；分为睾丸头、睾丸体、睾丸尾三部分
    - **附睾** — 贮存精子及精子进一步成熟的场所；附着于睾丸边缘；分为附睾头、附睾体、附睾尾三部分
    - **输精管** — 输送精子的管道；起于附睾，止于尿生殖道的精阜
    - **精索** — 扁平的圆锥形索；内有输精管、血管、神经等
    - **尿生殖道** — 既排尿又排精；以坐骨弓为界，分为骨盆部、阴茎部
    - **副性腺** — 分泌物能营养和增强精子活动；包括精囊腺、前列腺及尿道球腺
    - **阴茎** — 交配器官；分为阴茎根、阴茎体和阴茎头三部分
    - **包皮** — 皮肤折转形成的管状皮肤鞘，容纳和保护阴茎头
    - **阴囊** — 容纳睾丸、附睾和部分精索；由外向内有阴囊皮肤、肉膜、阴囊筋膜、提睾肌和鞘膜
  - 雌性生殖系统
    - **卵巢** — 产生卵子、分泌雌性激素；不同动物形态位置有差别
    - **输卵管** — 连接卵巢和子宫角的一对弯曲管道；输送卵子和受精的场所；分为漏斗部、壶腹部、输卵管峡部
    - **子宫** — 胚胎发育和胎儿娩出的有腔肌质性器官；位于腹腔，属双角子宫(兔子为双子宫)，分为子宫角、子宫体和子宫颈三部分
    - **阴道** — 既是交配器官，也是产道；前接子宫，后为尿生殖前庭，呈扁管状
    - **尿生殖前庭** — 既是交配器官，也是产道，同时是尿液排出的径路；前端腹侧以阴瓣与阴道为界，后为阴门
    - **阴门** — 母畜的外生殖器，由左、右阴唇构成，是雌性泌尿与生殖的共同开口

第八章 心血管系统

【本章要点】

简要介绍脉管系的组成及其关系；详细介绍心脏的位置、形态和内部构造，全身主要血管的种类、分布特点以及主要淋巴器官的位置和形态。

【知识目标】

1. 明确心血管系统的组成、肺循环、体循环、门脉循环的概念和特点及其血流径路。
2. 掌握心脏位置、形态和内部构造。
3. 了解血管的种类和分布特点；掌握以牛为代表的全身动脉、静脉主干和若干大分支的名称和位置。

【技能目标】

能够在活体上确定心脏的体表定位，并能确定颈静脉的位置。

心血管系统是体内封闭的管道系统，由心脏、血管和血液组成。心脏是心血管系统的动力器官，在神经体液的调节下，进行有节律的收缩和舒张，形成压力差，使血液按一定方向循环流动。血管是输送血液的管道，包括动脉、静脉和毛细血管。

心血管系统的主要机能是运输：一方面通过血液将营养物质运送到全身各部组织细胞进行新陈代谢，供其生理活动所需；另一方面又把代谢产物运送到肺、肾、皮肤等排泄器官排出体外。其次，它还是机体内重要的防卫系统，存在于血液内的一些细胞和抗体，能吞噬、杀伤及灭活侵入体内的细菌和病毒，并能中和它们所产生的毒素。此外，心脏也具有内分泌功能，能分泌心房肽，有利尿和扩张血管的作用。

第一节 心 脏

一、心脏的形态和位置

心脏为中空的肌质器官（图 8-1），呈倒圆锥状。心的上部宽大称心基，与大血管相连，位置较固定；下部小而游离为心尖。前缘呈凸向后下方的弧线，大致与胸骨平行；后缘短而直。心脏表面近心基处有一冠状沟，相当于心房和心室的外表分界，上部为心房，下部为心室。在牛心的后面还有一条副纵沟。左右侧面分别有一左右纵沟，左纵沟又称锥旁室间沟，位于左前方，由冠状沟向下伸延，几乎与心后缘平行；右纵沟又称窦下室间沟，位于右后方，伸至心尖，左右纵沟相当于左右心室的外表分界，前部为右心房，后部为左心房。在冠状沟和室间沟内有营养心脏的血管，并填充有脂肪。

心位于胸腔纵隔内，夹在左、右两肺间，略偏左（牛心的 5/7，马心、猪心的 3/5 位于正中矢状面的左侧）。心脏的前、后缘相当于第三对肋骨与第六对肋骨之间；约在胸腔下 2/3 部，心基大致位于肩关节的水平线上；心尖游离，略偏左，约与第 6 肋软骨相对，在最后胸骨节上方 1～2cm，膈前约 2～5cm。马的心基大致位于胸高（鬐甲最高点至胸骨的腹侧缘）中点之下 3～4cm，心尖距膈 6～8cm，距胸骨约 1cm。猪心大致位于 2～5 肋之间，心尖与第 7 肋软骨和胸骨结合处相对，距膈较近。

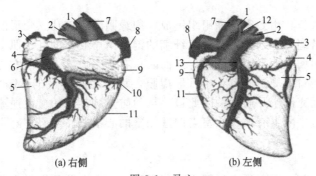

(a) 右侧　　　　　　　　(b) 左侧

图 8-1　马心

1—主动脉；2—肺动脉；3—肺静脉；4—左心房；5—左心室；6—后腔静脉；7—奇静脉；8—前腔
静脉；9—右心房；10—右冠状动脉；11—右心室；12—动脉韧带；13—左冠状动脉

二、心腔的构造

心腔以纵走的房间隔和室间隔分为左右互不相通的两半。每半又分为上部的心房和下部的心室，同侧的心房和心室以房室口相通（图 8-2，图 8-3）。

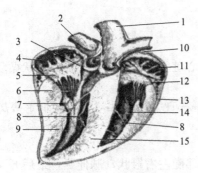

图 8-2　马心纵切面（通过主动脉）

1—主动脉；2—肺动脉；3—主动脉半月瓣；4—左心房；5—二尖瓣；6—腱索；7—乳头肌；8—心横肌；9—左心室；10—冠状动脉；11—右心房；12—三尖瓣；13—心包腔；14—右心室；15—室间隔；16—卵圆窝；17—后腔静脉；18—静脉间嵴；19—肺静脉；20—冠状窦；21—奇静脉；22—前腔静脉

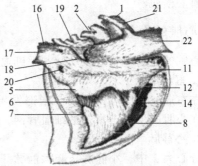

图 8-3　马心纵切面（通过前、后腔静脉）

1—主动脉；2—肺动脉；3—主动脉半月瓣；4—左心房；5—二尖瓣；6—腱索；7—乳头肌；8—心横肌；9—左心室；10—冠状动脉；11—右心房；12—三尖瓣；13—心包腔；14—右心室；15—室间隔；16—卵圆窝；17—后腔静脉；18—静脉间嵴；19—肺静脉；20—冠状窦；21—奇静脉；22—前腔静脉

1. 右心房

位于心基的右前部，壁薄腔大，包括右心耳和静脉窦。右心耳呈圆锥形盲囊状，向前绕过主动脉的右前方，尖端向左向后至肺动脉前方，内壁有许多方向不同的肉嵴，称为梳状肌。腹侧有右房室口，通右心室。静脉窦接受体循环的静脉血，前、后腔静脉分别开口于静脉窦的背侧壁和后壁，两开口间有一发达的肉柱称静脉间嵴，具有分流前、后腔静脉血，将其导向右房室口，避免血流相互冲击的作用。在后腔静脉口的腹侧有冠状窦，为心大静脉和心中静脉的开口。在后腔静脉口和冠状窦口均有瓣膜，有防止血液倒流的作用。在后腔静脉入口附近的房中隔上有卵圆窝，是胎儿时期卵圆孔的遗迹，成年牛、羊、猪约 20% 卵圆孔闭锁不全。牛和猪的左奇静脉开口于冠状窦，马的右奇静脉开口于右心房背侧或前腔静脉根部。右心房通过右房室口和右心室相通。

2. 右心室

位于右心房的腹侧，构成心室的右前部，室壁较薄，室腔不达心尖，上缘有右房室口和肺动脉口。

右房室口为其入口，由致密结缔组织围成，周缘附着有三片三角形的瓣膜，称三尖瓣或右房室瓣。瓣膜的游离缘垂入心室，并有纤细的腱索附于心室的乳头肌上。当心室收缩，瓣膜合拢时由腱索牵引瓣膜而不至于翻转，从而防止右心室血液逆流回右心房。

肺动脉口为其出口，周缘有三个半月形瓣膜，称肺动脉瓣（半月瓣）。当心室舒张，肺动脉内的血液逆流而充满半月瓣，关闭此口，从而防止肺动脉的血液逆流回右心室。

此外，右心室室中隔上有横过心室走向室侧壁的心横肌。当心室舒张时，可防止心室过度扩张。

3. 左心房

构成心室的左后部，左心耳也呈圆锥形盲囊状，向左向前突出，内壁也有梳状肌。在左心房背侧壁的后部，有6~8个肺静脉入口，左心房下方有一左房室口与左心室相通。

4. 左心室

构成心室的左后部，壁厚，室腔伸达心尖，室腔的上方有左房室口和主动脉口。

左房室口为入口，由结缔组织围成，周缘附着有两片三角形的瓣膜，称二尖瓣，其结构和作用同三尖瓣。

主动脉口为出口，其瓣膜为三个半月瓣，它的结构和作用同肺动脉口的半月瓣。左心室内也有心横肌。

三、心脏的血管

心脏的血管包括冠状动脉、毛细血管和心静脉。心脏本身的血液循环称为冠状循环。

1. 冠状动脉

左右冠状动脉均由主动脉根部发出，沿冠状沟和左右纵沟伸延，分支分布于心房和心室，在心肌内形成丰富的毛细血管网。

2. 心静脉

分心大、中、小静脉。心大静脉和心中静脉分别伴随左右冠状动脉伸延，最后开口于右心房的冠状窦。心小静脉有数支，在冠状沟附近直接开口于右心房。

四、心脏的传导系统

心脏的传导系统是维持心脏自动而又节律性搏动的结构，由特殊心肌纤维组成。普通心肌纤维虽然也有一定的传导兴奋的能力，但很慢，仅0.4m/min，不能满足需要，所以正常兴奋的传导要靠特殊的心肌纤维，即心脏的传导系统完成。其主要功能是产生并传导心搏动的冲动至整个心，以协调心房和心室按一定的顺序和节律进行收缩，包括窦房结、房室结、房室束和浦金野氏纤维（图8-4）。

1. 窦房结

窦房结位于前腔静脉和右心耳间的心外膜下，由薄而分支的结纤维网织而成，除分支到心房肌外，还分出数支结间束与房室结相连。一般认为窦房结的兴奋性最高，能产生节律性的兴奋，并传至心房肌使心房肌收缩；同时还通过结间束将兴奋传至房室结，引起房室结搏动。

2. 房室结

在房中隔右房侧心内膜下，冠状窦前面，由排列不规

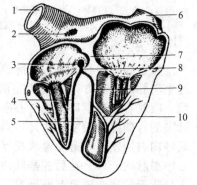

图8-4　心传导系统示意图
1—前腔静脉；2—窦房结；3—房室结；4—右束支；5—室中隔；6—后腔静脉；7—房中隔；8—房室束；9—左束支；10—隔缘肉柱

则的小分支状的结细胞构成，与心房肌纤维和房室束相联系。可将来自窦房结的搏动传至心房肌和房室束。

3. 房室束

为房室结的直接延续，在心内膜下分散成粗大的浦金野氏纤维，与普通心肌纤维相连。房室束可将来自房室结的冲动传导至室中隔和心室壁，并通过浦金野氏纤维传导至普通心肌纤维，使心室收缩。

五、心包

心包为包围心脏的锥形囊。囊壁由浆膜、纤维膜和心包胸膜构成（图8-5）。浆膜分壁层和脏层。壁层紧贴纤维膜，并在心基部折转移行为脏层，即心外膜。在壁层和脏层之间的空隙称为心包腔，内有少量心包液，有润滑作用，可以减少心跳动时的摩擦。

纤维膜为浆膜壁层外面的坚韧结缔组织膜。在心基部与大血管的外膜相连；在心尖部转折而附于胸骨背侧，有固定心包的作用。纤维膜外被心包胸膜，是纵隔胸膜包着心包的部分。

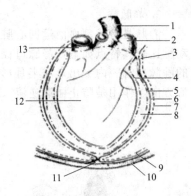

图8-5　心包模式图

1—主动脉；2—肺动脉；3—心包浆膜脏层与壁层折转；4—心外膜；5—心包浆膜壁层；6—纤维膜；7—心包胸膜；8—心包腔；9—肋胸膜；10—胸壁；11—胸骨心包韧带；12—右心室；13—前腔静脉

第二节　血　管

一、血管的种类和构造

动物体内的血管按管壁构造、功能及血流方向的不同，可分为动脉、静脉和毛细血管（图8-6）。

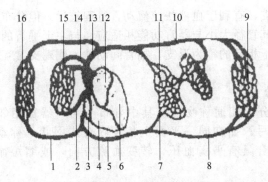

图8-6　心血管系统模式图

1—前腔静脉；2—肺动脉；3—右心房；4—右心室；5—后腔静脉；6—左心室；7—门静脉；8—髂总静脉；9—盆腔及后肢毛细血管网；10—腹主动脉；11—腹腔内脏器官毛细血管网；12—左心房；13—主动脉；14—肺静脉；15—肺毛细血管网；16—头颈部及前肢毛细血管网

1. 动脉

动脉是将血液由心脏运送到全身各部的血管。动脉管壁厚而富有弹性，离心脏愈近则管径愈粗、管壁愈厚、弹性纤维愈多、弹性愈大。反之，弹性纤维逐渐减少，而平滑肌纤维逐渐增多。按动脉管径的粗细，分大、中、小三种类型。大动脉是指接近心脏的动脉，如主动脉和肺动脉等，因管壁富含弹性纤维，所以又称弹性动脉；其他解剖学上有名称的都为中动脉，由于其管壁含有丰富的平滑肌，故又称肌性动脉（图8-7）；管径在1mm以下者可列为小动脉。

2. 静脉

静脉是将各部血液运回心脏的血管，常与动脉伴行，也分大、中、小三种类型。与同名动脉比较其特点如下：静脉口径比伴行动脉大；管壁比动脉薄，管腔大，不规则，有些部位的静脉向管腔内突出形成半月形袋状瓣膜，称静脉瓣，为两片，彼此相对，其游离缘指向血流方向，作用是防止血液逆流（图8-8）。四肢静脉的瓣膜最多。

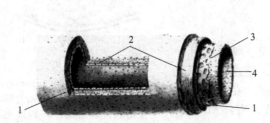

图 8-7 中动脉立体结构图
1—外膜；2—中膜；3—内弹性膜；4—内皮

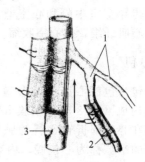

图 8-8 静脉瓣
1—瓣膜处外形；2—静脉瓣；3—瓣膜投影

3. 毛细血管

毛细血管是介于动脉、静脉之间的微细管道，管径最细，管壁最薄，分布最广，在组织器官内分支相互吻合成网，主要功能是进行物质交换。

二、血管分布的一般规律

1. 血管主干

血管主干沿脊柱腹侧、四肢内侧、关节屈面伸延，位置较深可避免损伤和牵张，保证血流畅通。

2. 血管分支

血管一般以锐角分支，有利于血液快速流动，行程较远。但分布于附近器官的侧支常以近似直角的角度分出，其管径大小与器官功能相适应。与主干平行的侧支称侧副支，如尺侧副动脉；血流方向与主干相反的称为返支，如骨间动脉。侧副支常互相吻合，或注入动脉主干形成侧副循环。

3. 相邻血管之间的分支

相邻血管之间常有分支相通称吻合，其中分布于同一器官相邻两动脉的分支呈弓状称动脉弓，如空肠动脉弓；如在同一平面上相互吻合成网状，称动脉网；如空肠动脉弓发出的动脉网。这些吻合具有平衡血压，转变血流方向，或缩短循环途径，调节局部血流量等作用。

4. 动脉与伴行静脉、神经的关系

动脉常与神经伴行，包于结缔组织内，结扎时应分离神经。静脉较同名动脉粗而且数量多，可分深、浅两层。浅静脉位于皮下，在体表可见，可采血、放血和静脉注射。

动物体内的血液循环系统是一个密闭的连续的管道系统，根据其功能及循环特点将体内的血液循环分成肺循环和体循环两部分。

三、肺循环的血管

肺循环又叫小循环，其血管包括肺动脉、肺毛细血管和肺静脉。含有二氧化碳的血液由右心室出来经肺动脉到达肺脏，在肺毛细血管处进行气体交换后，把含有氧气的血液通过肺静脉流回左心房。

1. 肺动脉

肺动脉干起于右心室，经主动脉的左侧向后向上伸延，分为左、右两支，分别经肺门进入左、右肺（牛、猪、羊的肺动脉还分出一支到右肺的尖叶）。在肺内，动脉伴随支气管反复分支，最后于肺泡周围形成毛细血管网，在此进行气体交换。

2. 肺静脉

由肺毛细血管网逐级汇集并伴随肺动脉和支气管而行，最后汇合成6～8支肺静脉，由肺门出肺入左心房。

四、体循环的血管

体循环又叫大循环，是含有氧气的血液自左心室出来，经主动脉而到全身的组织器官，通过毛细血管交换后，将含有二氧化碳的血液经前、后腔静脉返回到右心房。体循环的血管也包括动脉、毛细血管和静脉（图8-9）。

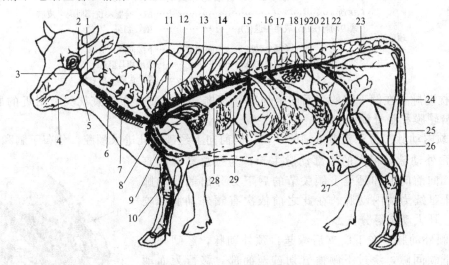

图 8-9 牛全身动、静脉分布图

1—枕动脉；2—颌内动脉；3—颈外动脉；4—面动脉；5—颌外动脉；6—颈动脉；7—颈静脉；8—腋动脉；9—臂动脉；10—正中动脉；11—肺动脉；12—肺静脉；13—胸主动脉；14—肋间动脉；15—腹腔动脉；16—前肠系膜动脉；17—腹主动脉；18—肾动脉；19—精索内动脉；20—后肠系膜动脉；21—髂内动脉；22—髂外动脉；23—荐中动脉；24—股动脉；25—腘动脉；26—胫后动脉；27—胫前动脉；28—后腔静脉；29—门静脉

1. 体循环的动脉

主动脉为体循环的动脉总干，位于胸、腹腔内，可分为升主动脉、主动脉弓、胸主动脉和腹主动脉。升主动脉起于左心室的主动脉口，全长位于心包内；升主动脉穿出心包后，在纵膈内左、右胸膜腔之间，向后向上呈弓状伸延至第5胸椎的腹侧，这一段称为主动脉弓；主动脉弓向后沿胸椎腹侧延伸至膈为胸主动脉；胸主动脉穿过膈的主动脉裂孔进入腹腔，沿腰椎腹侧后行，称为腹主动脉。腹主动脉至第5～6腰椎腹侧分为左、右髂外动脉，左、右髂内动脉及荐中动脉。

（1）升主动脉及其分支　升主动脉短，起于左心室的主动脉口，在肺动脉干和左、右心房之间伸延，在其根部分出左、右冠状动脉（详见心脏的血管）。

（2）主动脉弓及其分支　主动脉弓为升主动脉的延续，从其凸面向前分出粗大的臂头动脉总干，为分布于头颈、前肢和胸前部的动脉总干，短而粗。臂头动脉总干沿气管腹侧前行，于第一肋骨处分出左锁骨下动脉至左前肢，主干延续为臂头动脉，于胸前口处分出双颈动脉干至头颈部，主干延续为右锁骨下动脉至右前肢。见表8-1。

表 8-1　主动脉弓分支简表

主动脉弓——臂头动脉总干
- 左锁骨下动脉……………分布于左前肢及附近
- 臂头动脉
  - 双颈动脉干……分布于头颈部
  - 右锁骨下动脉………分布于右前肢及附近

① 双颈动脉干及其分支　双颈动脉干为头颈部的动脉主干，短而粗，于胸前口附近分为左、右颈总动脉。颈总动脉在颈静脉沟的深部，沿气管（右颈总动脉）或食管（左颈总动脉）的背外侧向前伸延，至寰枕关节处分为枕动脉、颈内动脉（在成年牛该动脉已退化）和颈外动脉（表 8-2）。猪的枕动脉和颈内动脉以同一总干起于颈总动脉。在颈总动脉分叉处的角内，有两小结节包于纤维鞘内，称颈动脉球或颈动脉体，内含化学感受器，在颈内动脉或枕动脉（牛）的起始部血管稍膨大，称颈动脉窦，壁内含有压力感受器。颈总动脉在伸延途中有分支，分布于附近的器官。

表 8-2　颈总动脉分支简表

颈总动脉
- 枕动脉……………………脑、脊髓、枕部肌肉、皮肤
- 颈内动脉(最小，成年牛退化)……………脑、脑膜
- 颈外动脉(最大)
  - 颌外动脉——面动脉……下颌间隙、面部
  - 颞浅动脉……………颞部和耳前部
  - 颌内动脉……………齿、齿龈、鼻、眼

a. 枕动脉　在颌下腺的深面向上伸延到寰椎窝，分支分布于寰枕关节附近的肌肉、皮肤以及脑硬膜和脑脊髓等。

b. 颈内动脉　为三支中最细的一支，向前向上经破裂孔进入颅腔，分布于脑和脑膜。

c. 颈外动脉　粗大的头部动脉主干，为颈总动脉的直接延续，向前向上伸延至下颌关节的后下方分出颞浅动脉后，主干延续为颌内动脉。在此之前依次有颌外动脉、咬肌动脉、耳大动脉等分支。

ⓐ 颌外动脉　在下颌支后缘起自颈外动脉，经咽外侧壁伸向下颌间隙，绕过下颌血管切迹至面部，移行为面动脉。颌外动脉在伸延过程中分支分布于咽、软腭、舌、舌下腺以及口腔的黏膜和皮肤。

ⓑ 颞浅动脉　在颞下颌关节腹侧由颈外动脉分出，沿腮腺深面向上伸至下颌关节处分出面横动脉，主干继续向上伸延，分布于颞部和耳前部的肌肉和皮肤。牛还分出角动脉分布于角的真皮。

面横动脉　在咬肌表面，沿颧弓的皮下向前伸延，分布于咬肌和该部皮肤。羊的面横动脉特别粗大，分支到上唇和下唇。

ⓒ 颌内动脉　为颈外动脉的直接延续，在下颌骨内侧向前伸延，分支分布于上/下颌牙齿、眼球、泪腺、颌部皮肤、脑硬膜、鼻黏膜、咀嚼肌、软腭和硬腭等。在牛还有分支到鼻侧和鼻背。

② 锁骨下动脉及其分支　左锁骨下动脉为臂头动脉总干的分支，右锁骨下动脉是臂头动脉总干延续为臂头动脉，再分出双颈动脉干后主干的延续（表 8-1）。左、右锁骨下动脉绕过第一肋骨前缘出胸腔，延续为左、右前肢的腋动脉，向

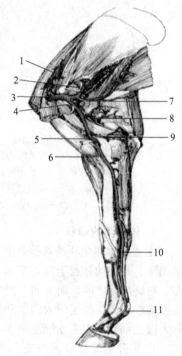

图 8-10　马右前肢动脉（内侧）

1—肩胛上动脉；2—肩胛下动脉；3—腋动脉；4—臂动脉；5—桡侧动脉；6—正中动脉；7—胸背动脉；8—臂深动脉；9—尺侧动脉；10—指总动脉；11—指内侧动脉

下延伸至臂部的内侧为臂动脉；在前臂部为正中动脉；在掌部为指总动脉；在指部为指内、外侧动脉（图 8-10，表 8-3）。

左锁骨下动脉在胸腔内分出一些分支，分布于左侧胸前部、颈背侧部的肌肉及皮肤，其中胸内动脉为较大的一个分支，沿胸骨背侧面向后伸延，沿途分布于胸腺、纵隔、心包、胸壁肌肉和膈（猪还分布于前数对乳腺），而后在剑状软骨附近穿出胸外，延续为腹壁前动脉，后者在腹直肌与腹横肌之间继续向后伸延，与腹壁后动脉相吻合。臂头动脉（除分出的双颈动脉干外）和右锁骨下动脉在胸腔内分支及分布情况与左锁骨下动脉相同。

在猪左锁骨下动脉和臂头动脉干同起于主动脉弓，其分支和分布情况同上。

a. 腋动脉　位于肩关节内侧，其主要分支为肩胛上动脉和肩胛下动脉。

ⓐ 肩胛上动脉　在肩关节上方，起于腋动脉，向前向上进入肩胛下肌与冈上肌之间，分布于肩胛下肌及肩前部的肌肉和皮肤。

ⓑ 肩胛下动脉　在肩关节后方，起于腋动脉，向后向上伸至肩胛下肌和大圆肌之间，分布于肩后部和肩外侧的肌肉及皮肤。

b. 臂动脉　位于臂部内侧，沿喙臂肌和臂二头肌后缘向下伸延，除分布于附近肌肉外，还分出以下侧支。

ⓐ 臂深动脉　在大圆肌下方由臂动脉分出，向后分为数支，分布于臂后部的肌肉和皮肤。

ⓑ 尺侧副动脉　在臂骨下 1/3 处由臂动脉向后分出，伸至肘突内侧，分支到臂后部的肌肉，其主干沿尺沟下行，分布于前臂掌侧的肌肉和皮肤。

ⓒ 桡侧副动脉　在臂部远端由臂动脉分出，经臂肌和臂二头肌之间伸向前臂的背侧面，分布于臂肌和前臂背侧的肌肉和皮肤。

ⓓ 骨间总动脉　在前臂近端由臂动脉分出，穿过前臂间隙至前臂背侧，分布于前臂和腕掌部等。

c. 正中动脉　为臂动脉分出骨间总动脉后的延伸，走在正中沟，沿途除分布于前臂掌侧的肌肉和皮肤外，在前臂远端还分出掌心内、外侧动脉（马）或在前臂中部分出正中桡动脉（牛）。

牛的正中桡动脉相当于马的掌心内侧动脉，沿腕桡侧屈肌内侧面和掌内侧沟下行至第三指。马的掌心内、外侧动脉分别沿掌内、外侧沟向下伸延，分布于掌部。

d. 指总动脉　沿掌内侧下行，分支分布于指部。牛的指总动脉在指间隙处分为第三指外侧动脉和第四指内侧动脉。马的指总动脉在系关节上方分为指内、外侧动脉，分别沿内、外侧下行至蹄骨，在蹄骨内吻合形成终动脉弓。

表 8-3 所列为前肢的动脉主干简表。

表 8-3　前肢动脉分支简表

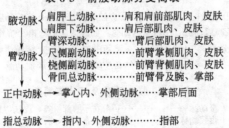

（3）胸主动脉及其分支　为胸部的粗大动脉干，是主动脉弓向后的直接延续，沿胸椎椎体腹侧稍偏左向后伸延，穿过膈的主动脉裂孔延续为腹主动脉。侧支为支气管食管动脉和肋间动脉等。

① 支气管食管动脉　牛的在气管分叉相对处起于胸主动脉起始部，与第五肋相对，分为支气管支和食管支（有时两支常独立起于胸主动脉），分布于气管、肺和食管。马的支气管和食管动脉合为一干，称为支气管食管动脉干，在第六胸椎相对处分为两支。猪的支气管和食管动脉分别起于胸主动脉。

② 肋间动脉　由胸主动脉分出成对的分支（前几对由锁骨下动脉分出），马有18对，猪有14～15对，牛有13对。每一肋间动脉在肋间隙上端分为一背侧支和一腹侧支。前者较小，分布于脊髓和脊柱背侧的肌肉及皮肤；后者沿肋骨后缘向下伸延，分布于胸侧壁的肌肉和皮肤。

（4）腹主动脉及其分支　腹部的动脉总干为腹主动脉。腹主动脉为胸主动脉的延续，沿腰椎腹侧面向后伸延，至第5～6腰椎处分出左、右髂内动脉和左、右髂外动脉。牛的腹主动脉分出髂内、外动脉后，延续为荐中动脉。腹主动脉的分支有两类：一类为壁支，即数对腰动脉，分布于腰腹部肌肉、皮肤和脊椎；另一类为脏支，分布于腹腔内脏器官，有如下分支（图8-11，表8-4）。

① 腹腔动脉　短而粗，在膈的主动脉裂孔后方起于腹主动脉，分支有脾动脉、瘤胃主动脉、胃左动脉、肝动脉，分布于胃、肝、胆囊、脾、胰、网膜和十二指肠。

② 肠系膜前动脉　在腹腔动脉之后自腹主动脉分出的最大分支，主要分布于肠管。

③ 肾动脉　成对，牛在第2～3腰椎处自腹主动脉分出，短而粗，分布于肾和肾上腺。

④ 肠系膜后动脉　牛的第4～5（马在第4）腰椎处自腹主动脉腹侧分出，比肠系膜前动脉细，主要分布于结肠后段和直肠。

⑤ 睾丸动脉或子宫卵巢动脉　成对，在肠系膜后动脉附近起于腹主动脉。公畜的睾丸动脉细而长，经腹股沟进入精索、睾丸和附睾。母畜的子宫卵巢动脉分布于卵巢和子宫角。

⑥ 腰动脉　由腹主动脉分出成对的分支，有5～6对，分布于腰腹部肌肉、皮肤和脊髓。

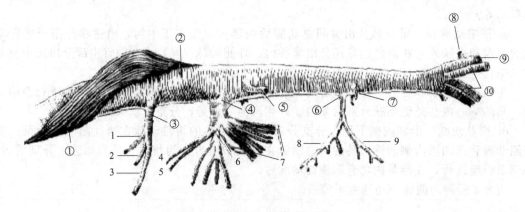

图 8-11　马腹主动脉分支示意图

①膈肌；②腹主动脉；③腹腔动脉；④肠系膜前动脉；
⑤肾动脉；⑥肠系膜后动脉；⑦精索内动脉；⑧旋髂深动脉；⑨髂外动脉；⑩髂内动脉
1—脾动脉；2—胃左动脉；3—肝动脉；4—结肠中动脉；5—上结肠动脉；6—回盲结肠动脉；
7—空肠动脉；8—结肠左动脉；9—直肠前动脉

表 8-4　腹主动脉及其分支简表

腰动脉……………………分布于腹部肌肉、皮肤、脊髓	
腹腔动脉…………………分布于胃、肝、脾、胰、十二指肠	
肠系膜前动脉……………分布于肝、胰、十二指肠、皱胃	
腹主动脉〈肾动脉……………………分布于肾、肾上腺	
肠系膜后动脉……………分布于结肠后段和直肠	
睾丸动脉…………………分布于精索、睾丸和附睾	
子宫卵巢动脉……………分布于卵巢和子宫角	

（5）髂内动脉及其分支　左、右髂内动脉为骨盆部和荐尾部的动脉主干。沿荐骨翼盆面、荐结节阔韧带的内侧面向后伸延，至骨盆壁中部发出臀后动脉后，延续为阴部内动脉。髂内动脉除分出第 6 对腰动脉外，牛髂内动脉的主要分支如下所述（表 8-5）。

① 脐动脉　由髂内动脉根部起始，是胎儿时期脐动脉的遗迹。出生后管壁增厚，管径变小，远端闭塞成为膀胱圆韧带。

② 尿生殖动脉　通常在骨盆腔中部从髂内动脉发出，分支分布于附近器官。

③ 阴部内动脉　是髂内动脉在分出尿生殖动脉之后的直接延续。

④ 荐中动脉　是腹主动脉在分出髂内动脉之后的直接延续，向后伸至尾根腹侧，移行为尾中动脉。临床常在尾根部利用此动脉触诊脉搏。

表 8-5　牛髂内动脉及其分支简表

牛髂内动脉
- 脐动脉·········膀胱、输尿管、输精管
- 子宫动脉·········子宫角、子宫体
- 尿生殖道动脉·········直肠、膀胱、尿道、阴道
- 子宫后动脉·········子宫后部和阴道
- 阴部内动脉·········前庭会阴、乳房或阴茎

（6）髂外动脉及其分支　左、右髂外动脉由腹主动脉发出，为后肢动脉主干，出腹腔后，走在股部内侧为股动脉，在膝关节后方为腘动脉，在胫骨外侧为胫前动脉，在跗骨背外侧为跗背外侧动脉（马）或跗背侧动脉（牛），在跗骨后下部为趾总动脉（马）或趾背侧动脉（牛）（图 8-12，表 8-6）。

① 髂外动脉　沿髂骨前缘向后下方，在骨盆入口的两侧沿腰小肌腱下行，伸至耻骨前缘延续为股动脉。有如下分支。

a. 旋髂深动脉　由髂外动脉的根部（有时起于腹主动脉）前缘分出，向外下方伸至髋结节，分支分布于腰部和腹部（软腹壁）的肌肉、皮肤。

b. 股深动脉　在耻骨前缘起于髂外动脉，向后分布于股内侧和股后肌群。在牛还分出一闭孔动脉，有时常和阴部腹壁动脉干一起分出。

c. 阴部腹壁动脉干　常与股深动脉以一总干起于髂外动脉，向前下方分为两支：腹壁后动脉和阴部外动脉。腹壁后动脉分布于腹壁后部；阴部外动脉分布于阴茎、阴囊和包皮等，母畜则分布于乳房称为乳房动脉。

② 股动脉　为髂外动脉的直接延续，在股薄肌、缝匠肌的深面向下伸延，经过股骨后面的脉管沟到膝关节后方，腓肠肌两个头之间，延续为腘动脉，沿途有如下分支。

a. 股前动脉　有股动脉前方分出，向前下方进入股四头肌。

b. 隐动脉　在股骨中部起于股动脉。牛的隐动脉粗大，下行到趾部。马的隐动脉很小。

c. 股后动脉　在腓肠肌起点附近起于股动脉，分支分布于股后肌群及小腿跖侧肌群。

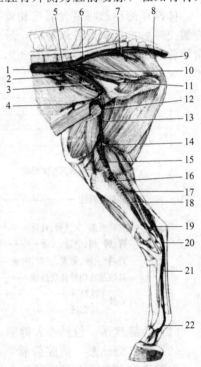

图 8-12　马右后肢内侧动脉

1—腹主动脉；2—旋髂深动脉；3—髂外动脉；4—腹壁后动脉；5—髂内动脉；6—荐侧动脉；7—臀后动脉；8—尾动脉；9—尾腹外侧动脉；10—阴部内动脉；11—闭孔动脉；12—股动脉；13—阴动脉；14—股后动脉；15—腘动脉；16—胫前动脉；17—胫返动脉；18—胫后动脉；19—跗内侧动脉；20—足底内侧动脉；21—跖底内侧浅动脉；22—趾内侧动脉

表 8-6　后肢动脉分支简表

```
        ┌ 旋髂深动脉 ····················· 软腹壁
        │ 股深动脉 ······················· 股内侧肌群
髂外动脉 ┤ 精索外动脉或子宫中动脉 ······· 精索和鞘膜、子宫
        └ 阴部腹壁动脉干 ··············· 腹下部、阴囊或乳房

        ┌ 股前动脉 ······················· 股前肌肉
股动脉   ┤ 隐动脉 ························· 股部小腿内侧皮肤
        └ 股后动脉 ······················· 股后肌肉、皮肤

腘动脉 ······ 胫后动脉 ······················· 小腿后部肌肉、皮肤

胫前动脉 → 跖背(外)侧动脉 → 趾总(背侧)动脉 ······ 趾部
```

③ 腘动脉　股动脉分出股后动脉以后转为腘动脉，位于膝关节后方，被腘肌所覆盖，在小腿近端分出胫后动脉后，主干延续为胫前动脉。胫后动脉沿胫骨后面向下延伸，在距小腿远端 1/3 处分出跖内、外侧动脉。向下分出足底内、外侧动脉，分布于小腿跖侧的肌肉。

④ 胫前动脉　为腘动脉主干的延续，穿过小腿间隙，沿胫骨背侧外面向下延伸，至跗关节背侧分出一较大的穿跗动脉，主干分为跖背侧动脉（牛）或跖背外侧动脉（马），到跖骨远端转为趾背侧动脉，分支分布于后趾。

2. 体循环的静脉

体循环的动脉将富含氧气和营养物质的动脉血输送到各个器官组织，在毛细血管处完成物质交换后，汇集成各级静脉，最后全身的静脉血分别汇入心静脉、前腔静脉、后腔静脉和奇静脉，最终汇入右心房（图 8-9，表 8-7）。

表 8-7　体循环静脉回流简表

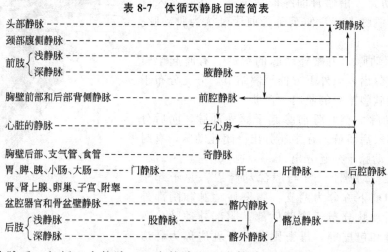

（1）心静脉系　包括心大静脉、心中静脉和心小静脉，最后注入右心房。

（2）前腔静脉系　前腔静脉系主要汇集头颈部、前肢和胸壁的静脉血，在胸前口处由左、右腋静脉和左、右颈静脉汇合成前腔静脉，注入右心房。

① 左、右腋静脉　为前肢深静脉主干，起于蹄部的蹄静脉丛，伴随同名动脉向上延伸，在指部为指外侧静脉，到掌部为掌心外侧静脉，到前臂部为正中静脉，到臂部为臂静脉，在臂骨近端内侧延续为腋静脉，向前、向上绕过第一肋骨前缘注入前腔静脉。沿途接受与伴行动脉分支同名的属支。

② 臂皮下静脉　为前肢浅静脉主干，与深静脉干之间有吻合支相交通，它亦由蹄静脉丛起始向上延伸，经指内侧静脉、掌心内侧静脉、前臂皮下静脉、臂皮下静脉，最后汇入颈静脉或前腔静脉。

③ 左、右颈静脉　由颌内、外静脉汇合而成，沿颈静脉沟向后延伸，到胸前口处注入

前腔静脉。颈静脉与颈总动脉并行，但在颈前半部与颈总动脉之间隔有肩胛舌骨肌（所以静脉采血在颈前部）。牛和猪的颈静脉有深浅两条，深部的称颈内静脉，位于颈总动脉的腹侧；浅部相当于马的颈静脉，称为颈外静脉，两者在胸前口附近汇合。

④ 胸内静脉 为汇入前腔静脉起始部的又一大汇流支，主要收集胸、腹部的血液。其中腹皮下静脉在母畜较为发达，特别是乳牛，在乳房前外侧皮下接受乳房的静脉血液，向前伸至剑状软骨附近，穿过肌肉汇入胸内静脉。

（3）奇静脉 牛为左奇静脉，马为右奇静脉。接受第 5 肋间以后的肋间静脉，支气管食管静脉。

（4）后腔静脉系 后腔静脉系汇集后肢、盆部、腹部、尾部和膈的静脉血。盆部和后肢的静脉血分别汇集成髂内静脉和髂外静脉，在骨盆腔前口汇合成左、右髂总静脉，然后汇入后腔静脉，沿腹主动脉右侧向前伸延，约于最后胸椎腹侧与腹主动脉分离，向前、向下经过肝的腔静脉窝，并在此接受肝静脉的血液，穿过膈的腔静脉孔进入胸腔，最后汇入右心房。后腔静脉在伸延途中，同时接受腰静脉、睾丸静脉或子宫卵巢静脉、肾静脉和膈静脉的血液。

① 髂内静脉 为骨盆部静脉的主干，与髂内动脉伴行，其属支也与该动脉的同名分支伴行。

② 髂外静脉 为后肢静脉主干，分深浅静脉干，两者之间有吻合支相交通，且浅静脉最后汇入深静脉干。其中深静脉干，起于蹄静脉丛伴随同名静脉向上延伸，最后汇入髂外静脉；浅静脉干也起于蹄静脉丛，分别经隐大静脉和隐小静脉向上汇入腘静脉和股静脉。

③ 腰静脉 共有 6 对，第 1 对汇入左奇静脉（牛），第 2～5 对汇入后腔静脉，第 6 对汇入髂总静脉。

④ 睾丸静脉或子宫卵巢静脉 成对，睾丸静脉较长，起于睾丸和附睾的小静脉，经精索出腹股沟管至腹腔，向前向上汇入后腔静脉；子宫卵巢静脉起于卵巢门，接受子宫角和输卵管的血液，向上汇入后腔静脉。

⑤ 肾静脉 肾与肾上腺的粗短静脉，一对，与同名动脉伴行，直接开口于后腔静脉。

⑥ 肝静脉 一般有 3～4 支，几乎完全位于肝实质内，直接汇入后腔静脉。进入肝的血管有肝动脉和门静脉，二者从肝门处入肝后，反复分支成窦状隙（肝内毛细血管），再汇合成肝静脉出肝。而其中门静脉为收集胃、小肠、大肠（直肠后部除外）、脾和胰等处的静脉血入肝的一条较大的静脉。由胃十二指肠静脉、脾静脉和肠系膜前、后静脉汇集而成的短而粗的静脉干，在后腔静脉的腹侧向前延伸，穿过胰的门静脉环，与肝动脉一起经肝门入肝后反复分支至窦状隙，然后再汇集成数条肝静脉注入后腔静脉。因此，门静脉与一般静脉不同，两端均为毛细血管（图 8-13）。

直肠后部的血液汇入髂内静脉，再经髂总静脉、后腔静脉返回右心房。因此，对肝有损害或经过肝影响药效的药物可进行灌肠给药，以免危害肝或影响药物的疗效。

⑦ 乳房静脉 乳房的大部分静脉血液经阴部外静脉注入髂外静脉，一部分静脉血液经腹皮下静脉注入胸内静脉。

五、胎儿血液循环

1. 胎儿心脏和血管的结构特点

胎儿在母体子宫内发育，所需的全部营养物质和氧均由母体供应，代谢产物也由母体带走。胎儿的血液循环具有与此相适应的特点。

胎儿房中隔上有一卵圆孔，沟通左、右心房。卵圆孔具有瓣膜，血液只能由右心房流向左心房。在肺动脉干和主动脉之间有动脉导管，肺动脉的大部分血液经此流入主动脉。

　　胎盘是胎儿和母体交换物质的特有器官，借脐带和胎儿连接起来。脐带内有两条脐动脉和一条或两条脐静脉，脐动脉有髂内动脉（马）分出，沿膀胱侧韧带至膀胱顶，然后沿腹腔底壁向前、向下延伸，经脐带进入胎盘（图8-13）。

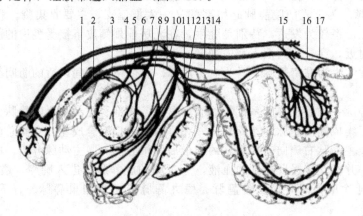

图 8-13　马门静脉循环模式图

1—后腔静脉；2—门静脉；3—胃前静脉；4—胃网膜右静脉；5—脾静脉；6—肠系膜前静脉；
7—腹腔动脉；8—小肠静脉干；9—回盲结肠静脉；10—肠系膜前动脉；11—回肠静脉；
12—盲肠静脉；13—结肠右静脉；14—肠系膜后静脉；15—肠系膜后动脉；
16—阴部内静脉；17—阴部内动脉

2. 胎儿血液循环途径

　　胎盘内富含营养物质和氧气的动脉血经脐静脉进入胎儿肝内，反复分支后汇入肝血窦，在此与来自门静脉、肝动脉的血液混合，然后汇合成数支肝静脉，注入后腔静脉，在此又与来自胎儿身体后半部的静脉血混合，注入右心房，进入右心房的大部分血液经卵圆孔到左心房，再经左心室到主动脉及其分支，大部分血液到头、颈和前肢，所以胎儿期头部发育较快。来自胎儿身体前半部的静脉血，经前腔静脉入右心房，由于静脉间嵴的分流作用，大部分入右心室，再到肺动脉，由于肺尚无机能活动，所以大部分血液经动脉导管到主动脉，与主动脉血混合，然后流向胎儿的后半身，并经脐动脉到胎盘（图8-14）。

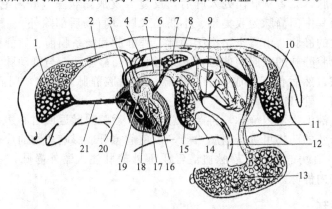

图 8-14　胎儿血液循环模式图

1—壁头动脉总干；2—肺动脉；3—后腔静脉；4—动脉导管；5—肺静脉；
6—肺毛细血管；7—腹主动脉；8—门静脉；9—后躯毛细血管；10—脐
动脉；11—胎盘毛细血管；12—脐静脉；13—肝毛细血管；14—静脉
导管；15—左心室；16—左心房；17—右心室；18—卵圆孔；19—右
心房；20—前腔静脉；21—前躯毛细血管

3. 胎儿出生后的变化

胎儿出生后，肺和胃肠道都开始了功能活动，同时脐带中断，胎盘循环停止，血液循环随之发生改变。脐动脉和脐静脉闭锁。形成动脉导管索或动脉韧带。卵圆孔闭锁成卵圆窝，此后，左、右心房就完全分开，亦即心的左半部与右半部完全分开，由左半部输出的为体循环的富含氧和营养物质的血液，由右半部输出的为富含代谢产物和二氧化碳的血液。

【复习思考题】

1. 解释概念：体循环、肺循环、微循环。
2. 简述心脏的结构和位置。
3. 简述保证心腔血液定向流动的解剖结构基础。
4. 简述动物全身血液循环的径路。
5. 胎儿的血液循环特点是什么？

【本章小结】

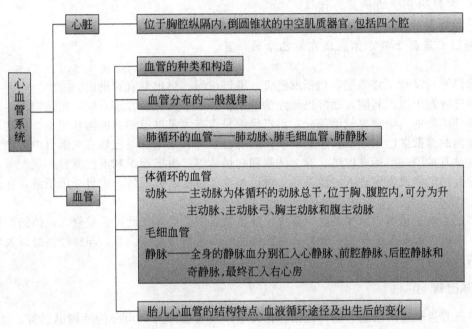

第九章 淋巴系统

【本章要点】

简要介绍淋巴系统的组成及其与血液循环系统的关系；详细介绍主要淋巴器官的位置和形态。

【知识目标】

1. 明确淋巴系统的概念及其与心血管系统的关系。
2. 掌握主要淋巴器官的位置和形态；熟悉体表浅在淋巴结的位置大小，了解内脏淋巴结的分布规律。
3. 掌握胸导管的位置、行程。

【技能目标】

能够在活体上确定体表浅在淋巴结的位置。

淋巴系统又称免疫系统，包括淋巴管、淋巴组织、淋巴器官和淋巴。

淋巴管起于组织间隙，是淋巴流经的一个单程向心回流的管道系统，也是协助组织液向血液循环回流的一个重要辅助部分；淋巴组织是含有大量淋巴细胞的网状组织，如咽和呼吸道黏膜内的弥散淋巴组织以及小肠黏膜内的淋巴孤结和集结；淋巴器官大部分由淋巴组织构成，外被有被膜，包括淋巴结、脾、胸腺和扁桃体等。淋巴组织和淋巴器官都能产生淋巴细胞，通过淋巴管或血管进入血液循环。淋巴是淡黄色的透明液体，来自于组织液，在淋巴管内向心流动。

淋巴系统是机体内重要的防卫系统，淋巴器官中的巨噬细胞可吞噬侵入机体的细菌、病毒等，对机体起到保护作用；此外，淋巴细胞能参与机体免疫应答，与神经系统以及内分泌系统共同维持机体的代谢平衡、生长发育和繁殖等。

一、淋巴管

淋巴管为输送淋巴的管道，根据管径大小以及管壁厚度，可分为毛细淋巴管、淋巴管、淋巴干和淋巴导管。

1. 毛细淋巴管

以稍膨大的盲端起于组织间隙，相互吻合成网，其分布极为广泛。形态结构与毛细血管相似，管壁只有一层内皮细胞，管腔粗细不一，管壁的内皮细胞连接成叠瓦状，即一个细胞的边缘叠于另一个细胞的边缘上，两细胞间有小的间隙，被重叠的细胞边缘向管腔游离，形成似瓣膜的结构。这些结构一方面使毛细淋巴管较毛细血管有更大的通透性，另一方面只允许体液进入毛细淋巴管，而不能向外流。

2. 淋巴管

由毛细淋巴管汇集而成，形态结构与静脉相似，但管腔较小，管壁较薄，且粗细不均，数目较多，彼此吻合较静脉更广泛，常呈串珠状，瓣膜较多，其游离缘呈向心排列，有防止淋巴逆流的作用。另外，在其行程中，通过一个或多个淋巴结（图 9-1）。

机体的淋巴管一般以深筋膜为界，分深、浅淋巴管。浅层汇集皮肤及皮下组织淋巴液，多与浅层静脉伴行；深层汇集肌肉、骨和内脏淋巴液，多伴随深层血管和神经，两者之间有吻合支。此外，根据淋巴液的流向，可分输入淋巴管和输出淋巴管：进入淋巴结的淋巴管为输入淋巴管，离开淋巴结的淋巴管为输出淋巴管。一个淋巴结的输出淋巴管可能成为另一淋巴结的输入淋巴管。

3. 淋巴干

淋巴干为身体某一区域较粗大的淋巴集合管，由深浅淋巴管经过一系列淋巴结后汇合而成，共有 5 条，包括左右气管淋巴干、左右腰淋巴干和单一的内脏淋巴干（图 9-2）。

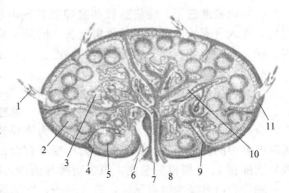

图 9-1 淋巴结结构模式图

1—输入淋巴管；2—生发中心；3—髓窦；4—皮窦；
5—淋巴小结；6—输出淋巴管；7—静脉；
8—动脉；9—小梁；10—髓索；11—被膜

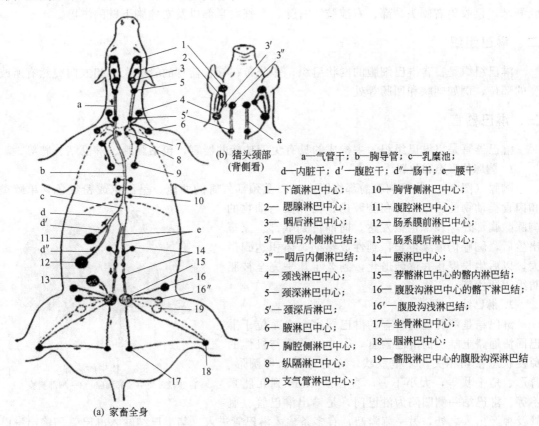

(b) 猪头颈部
（背侧看）

a—气管干；b—胸导管；c—乳糜池；
d—内脏干；d′—腹腔干；d″—肠干；e—腰干

1— 下颌淋巴中心；	10— 胸背侧淋巴中心；
2— 腮腺淋巴中心；	11— 腹腔淋巴中心；
3— 咽后淋巴中心；	12— 肠系膜前淋巴中心；
3′— 咽后外侧淋巴结；	13— 肠系膜后淋巴中心；
3″—咽后内侧淋巴结；	14— 腰淋巴中心；
4— 颈浅淋巴中心；	15— 荐髂淋巴中心的髂内淋巴结；
5— 颈深淋巴中心；	16— 腹股沟淋巴中心的髂下淋巴结；
5′— 颈深后淋巴；	16′—腹股沟浅淋巴结；
6— 腋淋巴中心；	17— 坐骨淋巴中心；
7— 胸腔侧淋巴中心；	18— 腘淋巴中心；
8— 纵隔淋巴中心；	19— 髂股淋巴中心的腹股沟深淋巴结
9— 支气管淋巴中心；	

(a) 家畜全身

图 9-2 全身淋巴中心和淋巴干

（1）气管淋巴干 为收集头颈部、肩胛和前肢淋巴的主干，由咽后外侧淋巴结的输出淋巴管汇集而成，左右各一条，位于气管腹侧，伴随左、右颈总动脉，左气管淋巴干注入胸导管，右气管淋巴干注入右淋巴导管或前腔静脉或颈静脉。

（2）腰淋巴干 收集骨盆部、部分腹壁、后肢、盆腔器官及结肠末端淋巴的主干，由髂内侧淋巴结的输出淋巴管汇集而成，左右各一条，伴随腹主动脉和后腔静脉前行，注入乳糜池。

（3）内脏淋巴干　收集肠管和腹腔脏器的淋巴，由肠淋巴干和腹腔淋巴干形成，1 条，很短，注入乳糜池。肠淋巴干收集空肠、回肠、盲肠和大部分结肠的淋巴；腹腔淋巴干收集胃、胰、十二指肠、肝、脾等脏器的淋巴。

4. 淋巴导管

（1）胸导管　胸导管为全身最粗大的淋巴导管，是收集后肢、盆部、腹部、左肺、左心、左胸壁、左前肢和左头颈部等约全身 3/4 淋巴的淋巴导管。由左右腰淋巴干和内脏淋巴干汇合而成，汇合处稍膨大称乳糜池，亦为胸导管的起始部，其呈长梭形膨大，因接受来自肠淋巴管中的乳糜而得名。乳糜池大小变异较大，长约几至 10cm，直径约 1.5～2cm，位于最后胸椎和 1、2 腰椎的腹侧，腹主动脉与膈脚之间。

胸导管由乳糜池向前延续，进入胸腔，在纵隔内沿胸主动脉右侧稍上方与胸椎椎体之间前行，经食管和气管的左侧向下行，于胸腔前口处注入前腔静脉或左颈静脉，同时收集左侧气管淋巴干的淋巴。胸导管腔有瓣膜，可防止淋巴倒流。胸导管的变异较大，常在局部形成双干（图 9-2）。

（2）右淋巴导管　较短，位于胸腔入口附近，为右侧气管淋巴干的延续，末端也注入前腔静脉，仅收集右侧头颈部、右前肢、右肺、心脏右半部以及右侧胸下壁的淋巴。

二、淋巴组织

淋巴组织是富含淋巴细胞的网状组织。多分布在管状器官的管腔大小和方向突然有所改变的部位，例如咽峡和回肠等处。

三、淋巴器官

淋巴器官是以淋巴组织为主构成的具有免疫功能的器官，包括胸腺、淋巴结、脾等。

1. 胸腺的形态和位置

胸腺（图 9-3）位于胸腔前部纵隔内，以及颈部气管的两侧，呈红色或粉红色，单蹄类和肉食类动物的胸腺主要在胸腔内，猪和反刍动物的胸腺除胸部外，颈部也很发达，向前可到喉部。家畜出生后，胸腺仍继续生长，到性成熟期，体积达到最大，以后生长停止并逐渐退化，到老年几乎完全被脂肪组织所代替。

2. 淋巴结

淋巴结是哺乳动物特有的淋巴器官，也是位于淋巴回流通路上唯一的淋巴器官，大小、结构与机体的免疫状态密切相关，多呈豆状，亦有球形、卵圆形、肾形、扁平状等，大小不一，直径从 1mm 到几厘米不等。淋巴结一侧凹陷为淋巴门，是输出淋巴管、血

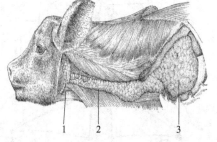

图 9-3　犊牛的胸腺
1—胸腺；2—颈部胸腺；3—胸部胸腺

管及神经出入之处，另一侧隆凸，有多条输入淋巴管进入（猪淋巴结输入淋巴管和输出淋巴管的位置正好相反）。机体淋巴结单个或成群分布，多位于凹窝或隐藏之处，如腋窝、关节屈侧、内脏器官门及大血管附近。身体每一个较大器官或局部均有一个主要的淋巴结群。淋巴结收集的是机体一定区域的淋巴，局部淋巴结肿大，常反映其收集区域有病变，对临床诊断如兽医卫生检疫有重要实践意义。如下颌淋巴结肿大，那么头面部或颈部肯定已被感染。

（1）头部淋巴结　如图 9-4 所示。

① 腮腺淋巴结　位于颞下颌关节后下方，部分或全部被腮腺覆盖。通常有 1 个大的或 2～4 个小的淋巴结。引流颅部、鼻腔、唇、颊、眼和外耳的淋巴，汇入咽后淋巴结。

② 下颌淋巴结　呈卵圆形，位于下颌间隙，一般有 1～3 个小的淋巴结。牛的在下颌间隙后部，其外侧与颌下腺前端相邻，较结实且小，活体触膜时不要将颌下腺误认为下颌淋巴结；在猪位置更加靠后，表面有腮腺覆盖；在马则与血管切迹相对，左、右淋巴结在下颌间隙相连成顶端向前的"V"字形。引流头腹、侧部、鼻腔和口腔前半及唾液腺的淋巴，汇入咽后外侧淋巴结，为头部临床诊断和畜牧、兽医及卫生检验的主要淋巴结。

③ 咽后淋巴结　引流头部、咽、喉、唾液腺、腮腺淋巴结和下颌淋巴结的淋巴。每侧均有内、外两组：内侧组位于咽的背侧壁，一般有 1 个大的或 2～3 个小的淋巴结，马通常有 8～15 个小的淋巴结，与颈前淋巴结无明显界限，汇入咽后外侧淋巴结；外侧组位于颌下腺的深面。一般有 1 个大的或 1～3 个小的淋巴结，汇入气管淋巴干。

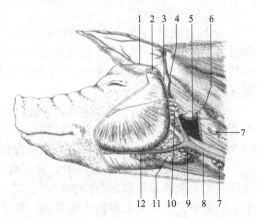

图 9-4　猪头浅层淋巴结和耳静脉
1—外侧支；2—内侧支；3—耳大静脉；4—耳后静脉；
5—咽上淋巴结；6—环椎淋巴结；7—颈浅淋巴结；
8—颈静脉；9—下颌副淋巴结；10—腮腺淋巴结；
11—下颌腺；12—下颌副淋巴结

(2) 颈部淋巴结

① 颈浅淋巴结　又称肩前淋巴结，位于肩前，在肩关节上方，被臂头肌和肩胛横突肌（牛）覆盖（图 9-4，图 9-5）；马在肩关节前方，被臂头肌覆盖，有 60～130 个小的淋巴结组成；猪的颈浅淋巴结分背侧和腹侧两组，背侧淋巴结相当于其他家畜的颈浅淋巴结，腹侧淋巴结则位于腮腺后缘和胸头肌之间。引流颈部、前肢和胸壁的淋巴，汇入胸导管或右气管淋巴干。

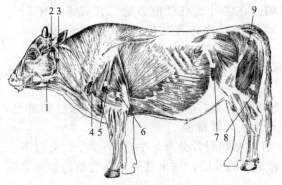

图 9-5　牛体表淋巴结位置
1—下颌淋巴结；2—腮淋巴结；3—咽后外侧淋巴结；
4—颈浅淋巴结；5—第一肋间淋巴结；6—膝淋巴结；
7—膝上淋巴结；8—腘淋巴结；9—荐外侧淋巴结

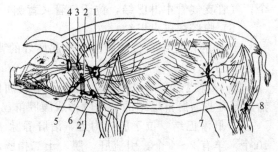

图 9-6　猪体浅层主要淋巴结
1—颈浅背侧淋巴结；2—颈浅腹侧淋巴结；
2′—颈浅中淋巴结；3—咽后外侧淋巴结；
4—腮腺淋巴结；5—下颌淋巴结；
6—下颌副淋巴结；7—髂下淋巴结；
8—腘淋巴结

② 颈深淋巴结　分为前、中、后 3 组。颈前淋巴结位于咽、喉的后方，甲状腺附近，前与咽淋巴结相连；颈中淋巴结分散在颈部气管的中部；颈后淋巴结位于颈后部气管的腹侧，表面被覆有颈皮肌和胸头肌。引流咽、喉、气管、食管、胸腺和颈腹侧肌及腋淋巴结的淋巴，汇入气管淋巴干或胸导管，或直接注入颈总静脉。

(3) 前肢淋巴结

① 腋固有淋巴结　位于肩关节后方、大圆肌的内侧，通常为一个卵圆形淋巴结，特殊

的有两个淋巴结；马有12～20个小的淋巴结。引流前肢的淋巴，汇入第一肋腋淋巴结或颈深后淋巴结（图9-6）。

② 第一肋腋淋巴结　在胸深肌和第一肋之间，有1～3个小的淋巴结；马在第一肋的外侧面，有数个，与颈深后淋巴结不易区分。引流肩臂部以及腋固有淋巴结的淋巴，汇入颈深后淋巴结和胸导管或气管淋巴干或颈静脉。

（4）胸腔淋巴结

① 胸背侧淋巴结　包括肋间淋巴结和胸主动脉淋巴结：肋间淋巴结位于肋间隙上段、肋骨头前方的脂肪中，常伴有血淋巴结；胸主动脉淋巴结位于胸主动脉和胸椎体之间的纵隔脂肪中，数目不定，约有2～8个小的淋巴结，马数目不定。主要引流胸壁的淋巴，汇入纵隔淋巴结或胸导管。

② 胸腹侧淋巴结　有胸骨前、后淋巴结，位于胸骨前部和后部背侧的脂肪中，沿胸内血管分布，数目不定，常伴有血淋巴结；马胸骨前淋巴结位于胸骨柄背侧、胸廓内动脉的起始部。主要引流胸壁的淋巴，汇入纵隔淋巴结或胸导管、右气管淋巴干、右淋巴导管。

③ 纵隔淋巴结　位于纵隔中，分下列三组：纵隔前淋巴结，位于心前纵隔内，随气管、食管、臂头动脉总干和前腔静脉分布，有4～9个，右侧有一大淋巴结；纵隔中淋巴结，位于心的背侧、主动脉右侧的食管背侧，有1～5个，绵羊一般无纵隔中淋巴结；纵隔后淋巴结，位于主动脉弓后方、胸主动脉和食管之间的纵隔内，常有1～3个，牛常有一个6～7cm的大淋巴结，羊常有长至7～8cm的大淋巴结。

纵隔淋巴结主要引流胸膜、纵隔、食管、支气管、肺和心的淋巴，汇入胸导管或右淋巴导管或气管淋巴干。

④ 气管支气管淋巴结　位于气管分叉附近，分下列四群：气管支气管左淋巴结，位于气管的左侧，约有2～7个；气管支气管右淋巴结，位于气管的右腹侧，右主气管与尖叶支气管之间，约有1～3个；气管支气管前淋巴结，在尖叶支气管前方的气管右侧，有2～3个；气管支气管中淋巴结，位于气管叉背侧，约有2～5个，有时有1个，无肺淋巴结。

（5）腹腔内脏淋巴结

① 腹腔淋巴结　位于腹腔动脉起始处的背侧，有3～4个；引流脾的淋巴，输出管汇入腹腔淋巴干。

② 胃淋巴结　数目很多，沿胃各室表面的血管分布，各淋巴结引流相应部位的淋巴，输出管有些与肝淋巴结的输出管形成腹腔淋巴干，汇入浮糜池。

③ 肝淋巴结　位于肝门附近，沿肝静脉、肝动脉和胆管分布，牛有1～3个，有时多至10个，羊有2～4个，引流肝、胰、十二指肠和皱胃的淋巴，输出管和胃淋巴结的输出管形成腹腔淋巴干。

④ 胰、十二指肠淋巴结　位于胰腹侧与十二指肠之间的系膜上，有4～5个，引流十二指肠和邻近结肠的淋巴，汇入肠淋巴干。

（6）腹壁和骨盆壁淋巴结

① 髂下淋巴结　又称股前淋巴结，位于膝关节上方，阔筋膜张肌前缘的皮下。引流来自腰腹部及臀股部的淋巴。

② 腹股沟浅淋巴结　位于腹股沟部皮下，公畜位于阴茎背侧；母畜位于乳房后上方，又称乳房上淋巴结。母猪的腹股沟浅淋巴结位于倒数第2对乳头外侧。引流股内侧、腹下壁皮肤及阴茎或乳房的淋巴。

③ 髂内淋巴结　位于髂外动脉起始部附近，为荐髂淋巴中心最重要的淋巴结群。

（7）后肢淋巴结　腘淋巴结，位于腓肠肌的后方，股二头肌和半腱肌之间，构成腘淋巴中心。主要收集小腿以下肌肉和皮肤的淋巴。

3. 脾

脾是动物体内最大的淋巴器官，位于血液循环径路上，是血液循环中的一个重要滤器，没有输出淋巴管，只有输入淋巴管；没有淋巴窦，而有大量的血窦。有造血、灭血、滤血、储血，以及参与机体免疫活动等功能。

各种家畜的脾均位于腹前部，在胃的左侧，但其形态各异（图 9-7）。

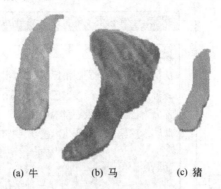

(a) 牛　　　　(b) 马　　　　(c) 猪

图 9-7　脾的形状

（1）牛的脾　牛的脾为长而扁的椭圆形，呈蓝紫色，质硬，位于瘤胃背囊的左前方。上端与最后两肋骨椎骨端相对；下端一般与第 8、9 肋骨下 1/3 相对。壁面稍凸，与膈相接，脏面稍凹，与瘤胃贴连。脾门位于脏面 1/3 近前缘处。

（2）羊的脾　羊的脾扁平略呈钝三角形，红紫色，质软，位于瘤胃左侧。脾门位于脏面的前上角。

（3）猪的脾　猪的脾狭而长，上宽下窄，呈紫红色，质软，以胃脾韧带与胃大弯相连。

（4）马的脾　马的脾呈扁平镰刀状，上宽下窄，蓝红或铁青色，位于胃大弯左侧。

（5）鸡的脾　鸡脾脏呈球形（鸭脾脏呈三角形，背面平，腹面凹），棕红色，位于腺胃与肌胃交界处的右背侧，直径 1.5cm，母禽重约 3g，公禽重约 4.5g，约占其体重的0.2%～0.3%。

4. 血结和血淋巴结

血结为暗红色卵圆形小体，直径在 5～12mm，多见于反刍动物，而马和灵长类也有。其结构介于淋巴结和脾之间，但无输入淋巴管和输出淋巴管，其中充盈血液而非淋巴。血结除有滤过血液的作用外，还能产生淋巴细胞和浆细胞。

血淋巴结见于牛、羊、猪、鼠和灵长类，一般呈圆形或卵圆形，紫红色，直径在 1～3mm，其结构介于血结和淋巴结之间，特点是具有输入淋巴管和输出淋巴管。主要分布于主动脉附近，胸腹腔器官的表面和血液循环的通路上，有滤血的作用，也能参与免疫应答。

5. 扁桃体

位于舌、软腭和咽的黏膜组织内，形状和大小因动物种类而不同，仅有输出淋巴管，注入附近的淋巴结，没有输入淋巴管。

【复习思考题】

1. 动物体内的淋巴干及淋巴导管各包括哪些？
2. 任意写出 5 个浅表淋巴结。

【本章小结】

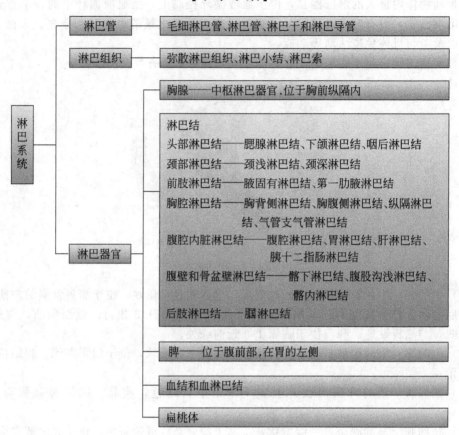

淋巴系统

- 淋巴管 —— 毛细淋巴管、淋巴管、淋巴干和淋巴导管
- 淋巴组织 —— 弥散淋巴组织、淋巴小结、淋巴索
- 淋巴器官
  - 胸腺 —— 中枢淋巴器官,位于胸前纵隔内
  - 淋巴结
    - 头部淋巴结 —— 腮腺淋巴结、下颌淋巴结、咽后淋巴结
    - 颈部淋巴结 —— 颈浅淋巴结、颈深淋巴结
    - 前肢淋巴结 —— 腋固有淋巴结、第一肋腋淋巴结
    - 胸腔淋巴结 —— 胸背侧淋巴结、胸腹侧淋巴结、纵隔淋巴结、气管支气管淋巴结
    - 腹腔内脏淋巴结 —— 腹腔淋巴结、胃淋巴结、肝淋巴结、胰十二指肠淋巴结
    - 腹壁和骨盆壁淋巴结 —— 髂下淋巴结、腹股沟浅淋巴结、髂内淋巴结
    - 后肢淋巴结 —— 腘淋巴结
  - 脾 —— 位于腹前部,在胃的左侧
  - 血结和血淋巴结
  - 扁桃体

第十章 神经系统

【本章要点】

本章概述了神经系统的组成、基本结构和活动方式及常用术语，重点叙述了脊髓、脑的外部形态和内部结构，以及脊神经、脑神经和植物性神经的组成、性质和分布。

【知识目标】

1. 掌握神经系统的组成、基本结构和活动方式及常用术语。
2. 掌握家畜脑和脊髓的解剖结构特点。
3. 掌握外周神经的组成和分布特点；了解脑神经的组成和分布特点。
4. 掌握植物性神经的概念、组成和分布特点。

【技能目标】

能够熟记脊髓和脑的外部形态结构；掌握与临床疾病相关的重要的脊神经或脑神经的名称和分布特点；了解脑脊液的产生及循环途径。

神经系统是机体的重要调节系统之一，由中枢神经系统和周围神经系统两部分构成。中枢神经系统包括脑和脊髓；周围神经系统包括脑神经、脊神经和植物性神经。神经系统在动物体内起主导作用。它能接受刺激并将刺激转变为神经冲动进行传导，以调节机体各器官的活动，一方面保持各器官之间的平衡和协调；另一方面保持机体与外界环境间的平衡和协调一致，以维持机体正常的生命活动。

神经系统主要由神经组织构成，神经组织包括神经细胞和神经胶质细胞。神经细胞是一种高度分化的细胞，它是神经系统结构和功能的基本单位，故称神经元。神经元由胞体和突起组成。突起分为树突和轴突。树突可以有一条或几条，一般较短，反复分支。轴突通常只有一条。从功能上看，树突和胞体是接受神经冲动，而轴突是将冲动传至远离胞体的部位。按突起的多少可将神经元分为三类：①多极神经元，有一个轴突和多个树突；②双极神经元，有一个轴突和一个树突；③假单极神经元，只有一个突起，但它呈丁字形，分为中枢突和外周突。中枢突相当轴突，连中枢神经；外周突相当树突至外周感受器。按功能和神经冲动传导的方向也可将神经元分为三类：①感觉神经元，将内、外环境的刺激由周围传向中枢神经，亦称传入神经元，属假单极或双极神经元；②运动神经元，将中枢的冲动传向肌肉或腺体，亦称传出神经元，属多极神经元；③中间神经元，亦称联络神经元，位于感觉神经元和运动神经元之间，属多极神经元。有关神经元和神经胶质的详细结构将在组织学部分介绍。

神经系统的基本活动方式是反射，即有机体接受内外环境的刺激后，在神经系统的参与下，对刺激做出的应答性反应。反射活动的形态基础是反射弧，即完成一个反射活动所要通过的神经通路。反射弧由感受器、传入神经、中枢、传出神经和效应器五部分组成。其中任何一个环节遭到破坏，反射活动就不能进行。因此，临床上常利用破坏反射弧的完整性对动物进行麻醉，以便进行实验或治疗。

神经系统中常用的术语有灰质和皮质、白质和髓质、神经核和神经节、神经和神经束、网状结构等。在中枢神经内，由神经元胞体和树突聚集的部位，在新鲜标本呈暗灰白色，故称灰质。位于大脑和小脑表面的灰质称皮质。在中枢神经内，由神经纤维集聚的部位，由于大部分神经纤维有髓鞘呈白色，故称白质。位于大脑和小脑深面的白质称髓质。形态与功能相似的神经元，其胞体常聚集在一起，在中枢神经内称神经核，在周围神经内称神经节。在中枢神经内，行程与功能相同的神经纤维走在一起，称神经束；在周围神经中，神经纤维都形成粗细不等的条索状结构，称神经。在中枢神经内，白质和灰质混杂在一起，分散的神经元胞体位于神经纤维网眼内，形成网状结构。

第一节　中枢神经系统

一、脊髓

1. 脊髓的位置形态

脊髓位于椎管内，自枕骨大孔后缘向后伸延至荐骨中部。呈背、腹侧稍扁、粗细不匀的圆柱状。根据脊髓与脊柱的对应关系，可分为颈、胸、腰、荐四段。在颈后段和胸前段、腰荐部因有分布到前、后肢的强大神经干，致该两段内部的神经元及神经纤维数量增多，在外形上分别形成两个膨大部，前者称颈膨大，后者称腰膨大。脊髓的后端逐渐变细形成圆锥状，称为脊髓圆锥，最后形成一根来自脊软膜的细丝称为终丝。由于在胚胎期脊髓的生长速度较脊柱生长得慢，故脊髓较脊柱短。在腰段以后部分，荐神经根和尾神经根不对应相应的椎间孔，而必须在椎管内向后斜行伸延一段距离，方能达到其相应的椎间孔。因此在脊髓圆锥和终丝的周围被荐神经和尾神经包围，此结构总称马尾（图10-1）。

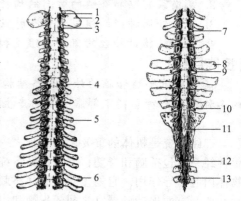

图10-1　牛脊髓的外形

1—第1颈神经；2—寰椎翼；3—第1颈神经；
4—第8颈神经；5—第4胸神经；6—第10肋骨；
7—第13胸神经；8—腰椎横突；9—第3腰神经；
10—第6腰神经；11—脊髓圆锥；
12—马尾；13—尾椎

剥出脊膜，在脊髓的表面有几条纵沟，脊髓的背侧面有纵向的浅沟，称背侧正中沟。脊髓腹侧面的正中有纵向的深裂，称为腹侧正中裂。背侧正中沟和腹侧正中裂将脊髓分为不完全分开的左右两半。在背侧正中沟的两侧分别有一背外侧沟，脊神经背侧根的根丝经此沟进入脊髓。在腹侧正中裂的两侧，也分别有一腹外侧沟，是脊神经腹侧根的根丝发出的部位。

2. 脊髓的内部结构

脊髓内部中央有细长纵走的中央管，在中央管周围的是灰质，灰质外面是白质。

（1）灰质　在脊髓的横断面上，灰质呈H形，其全长形成纵柱，每侧部的灰质分别向背、腹侧伸入白质，分别称背侧柱（角）和腹侧柱（角）。在胸段和腰前段脊髓的腹侧柱基部的外侧，还有一个

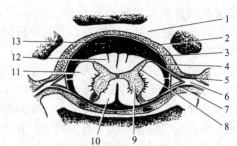

图10-2　脊髓横断面模式图

1—椎弓；2—硬膜外腔；3—脊硬膜；4—硬膜下腔；
5—背侧根；6—脊神经节；7—腹侧根；8—背侧柱；
9—腹侧柱；10—腹侧索；11—外侧索；
12—背侧索；13—蛛网膜下腔

不太明显的小突称为外侧柱。在中央管周围连接两侧部的灰质称为灰质连合（图10-2）。

（2）白质　位于灰质的周围，主要由纵走的神经纤维构成，为脊髓上、下传导冲动的传导径路。白质被灰质分为左右对称的三对索：背侧索位于背侧正中沟至背外侧沟之间；外侧

索位于背外侧沟与腹外侧沟之间；腹侧索位于腹外侧沟至腹侧正中裂之间。

（3）脊神经根　每一节段脊髓均接受来自脊神经的感觉神经纤维并发出运动神经纤维，分别形成背侧根和腹侧根，背侧根较长，是感觉性的，由背侧根外侧的脊神经节内感觉神经元的中枢突组成。它的根丝分散成扇形进入脊髓的背外侧沟。各段脊神经节的大小不完全相同。腹侧根是运动性的，由脊髓腹侧柱内运动神经元的轴突构成，其根丝亦呈扇形出腹外侧沟。背侧根和腹侧根在椎间孔附近合并成脊神经，经椎间孔出椎管。

二、脑

脑是神经系统的高级中枢，形态和功能较脊髓复杂，机体内的许多活动都是在脑的控制下完成的。脑位于颅腔内，后端在枕骨大孔处延接脊髓。根据外部形态和内部结构特征脑可分为大脑、小脑、间脑、中脑、脑桥和延髓六部分。通常将延髓、脑桥和中脑统称为脑干。十二对脑神经自脑出入（图10-3，图10-4）。

1. 脑干

脑干由后向前依次为延髓、脑桥和中脑。各部有共同的结构特点。每部都联系一定的脑神经，外为白质，内有灰质。灰质是由功能相同的神经元胞体聚集成团块状的神经核，分散于白质中。脑干内的神经核可分为两类：一类是与脑神经直接相连的脑神经核，包括感觉核和运动核；另一类为传导径路上的中继核，是传导路上的联络站，如薄束核、楔束核和红核等。白质为上、下行传导径。较大的上行传导径多位于脑干的外侧部和延髓靠近中心的部分；较大的下行传导径位于脑干的腹侧部。此外，脑干内还有网状结构，散在其中的神经细胞在一定程度上也集合成团，形成神经核。网状结构既是上行和下行传导径的联络站，又是某些反射中枢。因此，脑干在结构上比脊髓复杂，它联系着视、听、平衡等专门的感受器，是内脏活动的反射中枢，是联系大脑高级中枢与各级反射中枢的重要径路；也是大脑、小脑、脊髓以及骨骼肌运动中枢之间的桥梁。

（1）延髓

① 延髓的位置形态　延髓是脑的后段，其后部在枕骨大孔处接脊髓，两者之间没有明

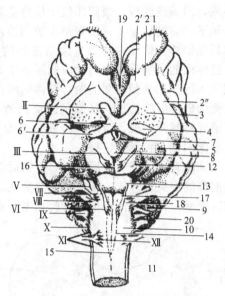

图 10-3　牛脑腹侧面模式图

1—嗅球；2—嗅回；2′—内侧嗅回；2″—外侧嗅回；3—嗅三角；4—前穿质；5—梨状叶；6—视交叉；6′—视束；7—灰结节和漏斗；8—乳头体；9—小脑；10—延髓；11—脊髓；12—大脑脚；13—脑桥；14—锥体；15—锥体交叉；16—脚间窝；17—斜方体；18—面神经丘；19—大脑纵裂；20—小脑半球

Ⅰ—嗅神经；Ⅱ—视神经；Ⅲ—动眼神经；Ⅳ—滑车神经；Ⅴ—三叉神经；Ⅵ—外展神经；Ⅶ—面神经；Ⅷ—前庭耳窝神经；Ⅸ—舌咽神经；Ⅹ—迷走神经；Ⅺ—副神经；Ⅻ—舌下神经

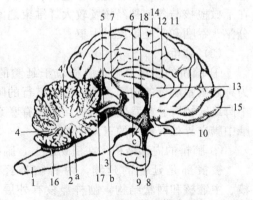

图 10-4　牛脑矢状面模式图

1—脊髓；2—延髓；3—脑桥；4—小脑；4′—小脑树；5—四叠体；6—丘脑间粘合；7—松果体；8—灰结节和漏斗；9—垂体；10—视神经；11—大脑半球；12—胼胝体；13—穹隆；14—透明中隔；15—嗅球；16—后髓帆和脉络丛；17—前髓帆；18—第三脑室脉络丛；a—第四脑室；b—中脑导水管；c—第三脑室

显界限，前端连脑桥，腹侧部位于枕骨基底部上，背侧部大部分为小脑所遮盖。

延髓呈前宽后窄、背腹侧稍扁的四边形。在腹侧面的正中有腹侧正中裂，裂两侧的隆凸部称延髓锥体。锥体内含来自大脑皮质的运动性锥体纤维束，即皮质脊髓束。在延髓的后端，锥体束的大部分纤维向背内侧越过中线交叉至对侧，称锥体交叉，交叉后的纤维沿脊髓外侧索下行。在延髓腹侧前端，锥体的两侧有横隆凸，称斜方体，是由耳蜗神经核发出并走向对侧的横行纤维构成。延髓的腹侧两侧有六至十二对脑神经根，由前向后依次有面神经根、前庭耳蜗神经根、舌咽神经根、迷走神经根和副神经根；锥体前端的两侧有外展神经根，后部两侧有舌下神经根。

延髓的背侧面分为前后两部，延髓后部的形态与脊髓相似，也有中央管，称延髓的闭合部；前部的中央管开放，形成第四脑室底的后部，称延髓的开放部。第四脑室后部两侧走向小脑的隆起，称绳状体或小脑后脚，主要由脊髓小脑背侧束的纤维组成。在背侧正中沟两侧

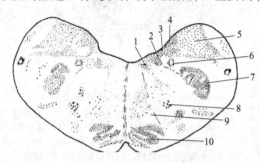

图 10-5 延髓中部横断面模式图
1—舌下神经核；2—迷走神经背核；
3—迷走神经背感觉核；4—前庭内侧核；
5—外楔核；6—孤束核；7—三叉神经脊束核；
8—疑核；9—网状巨细胞核；10—下橄榄核

的纤维束被一浅沟分为内侧的薄束和外侧的楔束，两束向前，在绳状体的后部外侧分别膨大形成薄束核结节和楔束核结节，其深部分别有薄束核和楔束核。

② 延髓的内部结构　灰质内有脑神经核和中继核。脑神经核有舌下神经核、迷走神经核团、舌咽神经核团、三叉神经脊束核、前庭神经核和耳蜗神经核；中继核主要有薄束核、楔束核和下橄榄核（图 10-5）。

白质内包括由脊髓延续来的上行传入纤维和由大脑下行的传出纤维及网状结构。延髓背侧上行传导束中，有薄束、楔束、脊髓小脑背侧束、脊髓小脑腹侧束、脊髓丘脑束和脊髓顶盖束。下行的运动束有皮质脊髓束、红核脊髓束和前庭脊髓束。网状结构位于延髓的背侧，在下橄榄核与各脑神经核及较大纤维束之间，内有许多重要生命中枢，如呼吸、心跳、唾液分泌、吞咽和呕吐等反射中枢。

（2）脑桥

① 脑桥的位置形态　脑桥位于延髓的前端，在中脑的后方，小脑的腹侧。背侧面凹，为第四脑室底壁的前部；腹侧面为横行的隆起。横行纤维自两侧向背侧伸入小脑，形成小脑中脚或脑桥臂。在背侧部的前端两侧有联系小脑和中脑的小脑前脚或结合臂；在腹侧部与小脑中脚交界处有粗大的三叉神经根。

② 脑桥的内部结构　在横切面上，脑桥可分为背侧的被盖部和腹侧的基底部。

被盖部是延髓的延续，内有脑神经核、中继核和网状结构。脑神经核有外展神经核、面神经核团、三叉神经核团和前庭前核；中继核主要有脑桥核和斜方体核等；网状结构较延髓的大，为延髓的网状结构向前的延续（图 10-6）。

基底部主要由纵横两种白质纤维组成。横行纤维发自脑桥核。纵行纤维主要为皮质脊髓束，来自大脑皮质，经脑桥入延髓的锥体。

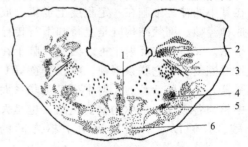

图 10-6 脑桥后部横断面模式图
1—中继核；2—三叉神经主核；3—三叉神经运动核；
4—前橄榄核；5—斜方体核；6—脑桥核

（3）第四脑室　第四脑室位于延髓、脑桥和小脑之间的空隙，底呈菱形，亦称菱形窝，前部属脑桥，后部属延髓的开放部。前方通中脑导水管，后方通脊髓的中央管，内充满脑脊髓液。第四脑室顶壁由前向后依次为前髓帆、小脑、后髓帆和第四脑室脉络丛。前、后髓帆系白质薄板，附着于小脑前脚和后脚。脉络丛在后髓帆和菱形窝后部之间，由富于血管丛的室管膜和脑软膜组成，伸入第四脑室内，它能产生脑脊髓液。该丛上有孔与蛛网膜下腔相通。

（4）中脑

① 中脑的位置形态　中脑位于脑桥和间脑之间，是脑最小的部分。腹侧面有两条伸向前外方的纵行隆起，称为大脑脚。在大脑脚表面有动眼神经根发出。左、右大脑脚之间的凹窝称脚间窝。背侧面有两对丘状的圆形隆起，称为四叠体或顶盖。前方较大的一对，称前丘，后方较小的一对称为后丘。从后丘向前外方发出一斜行隆起，称为后丘臂，连于间脑的内侧膝状体。后丘的后方有滑车神经根，是唯一从脑干背侧面发出的脑神经。从前丘发出一条前丘臂伸向间脑的外侧膝状体。

② 中脑的内部结构　中脑的深部有纵贯其全长的中脑导水管，前通第三脑室，后连第四脑室。横切面上可见中脑导水管周围由灰质包围，称为中央灰质。以中央灰质为界，中脑被分成背侧部的顶盖和腹侧部的大脑脚。大脑脚又可分为背侧的被盖和腹侧的脚底（图10-7）。

顶盖形成四个丘状隆起。前丘呈灰质和白质相间的分层结构，接受部分视束纤维和后丘的纤维，发出纤维至脊髓，完成视觉反射，是皮质下视觉反射中枢。后丘表面覆盖一薄层白质，内有后丘核，接受来自蜗神经核的部分纤维，发出纤维到延髓和脊髓，完成听觉反射，是皮质下听觉反射中枢。大脑脚底主要由大脑皮质到脑桥、延髓和脊髓的运动纤维束组成，多数为锥体束。被盖位于顶盖和大脑脚之间，是脑桥被盖的延续，内有脑神经核和中继核。脑神经核主要有滑车神经核、动眼神经核和三

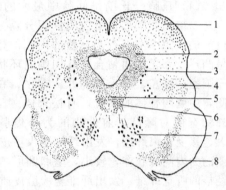

图 10-7　中脑横断面模式图
1—前丘核；2—中央灰质；3—三叉神经中脑核；
4—后丘核；5—动眼神经副核；6—动眼神经核；
7—红核；8—黑质

叉神经中脑核；中继核主要有红核和黑质。黑质位于被盖和脚底之间，仅存于哺乳类。红核位于被盖中央，发出纤维到脊髓。黑质和红核都是椎体外系的重要核团。

2. 小脑

小脑略呈球形，位于大脑后方，延髓和脑桥的背侧，构成第四脑室的顶壁。小脑背侧面有两条近平行的浅沟，将小脑分为三部分：两侧的小脑半球和中央部分的蚓部。小脑的表面有许多平行的横沟，将小脑分成许多小叶，两沟间是一个小叶。其中最深的一条称原裂，将小脑蚓部分为前叶和后叶。蚓部最后有一小结，向两侧伸入小脑半球的腹侧，与小脑半球的绒球，合称绒球小结叶，它是最古老的部分，即为古小脑，与延髓的前庭核有联系，与维持身体的正常姿势和平衡有关。小脑前叶，属旧小脑，有调节肌紧张的机能。小脑后叶，与两侧的脑半球部为新小脑，与大脑皮质有联系，参与调节随意运动（图10-8）。

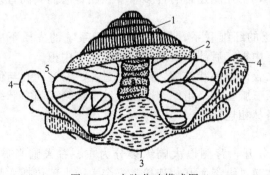

图 10-8　小脑分叶模式图
1—前叶；2—后叶；3—小结；4—小脑绒球；5—小脑半球

小脑的表面为灰质，称小脑皮质；深部为白质，称为小脑髓质。髓质呈树枝状伸至小脑各叶，称为髓树。髓质内有三对灰质核团：外侧的1对最大，称为小脑外侧核或齿状核；中部外侧的称为栓状核或小脑中位外侧核；内侧正中的为内侧核或称顶核。

小脑的白质分别组成3对小脑脚，与延髓、脑桥和中脑相连。小脑后脚或称绳状体，由小脑联系脊髓和延髓的纤维组成，如脊髓小脑背侧束、前庭小脑束、橄榄小脑束等；小脑中脚或称脑桥臂，由脑桥与小脑相联系的纤维组成；小脑的前脚或称结合臂，由小脑各核（主要为齿状核）发出纤维到中脑红核、大脑的基底核以及丘脑去的纤维所组成。

3. 间脑

间脑位于中脑的前方，大脑半球的腹侧，内有第三脑室。间脑主要可分为丘脑和丘脑下部（图10-9）。

（1）丘脑　丘脑是间脑中最大的灰质团块，一对，略呈卵圆形，由白质髓板分隔为许多不同机能的核团。左、右两丘脑的内侧部相连，断面呈圆形，称丘脑间粘合，其周围的环状裂隙为第三脑室，将左、右丘脑隔开。在左、右丘脑的背侧，中脑四叠体的前方，有松果体。丘脑后部背外侧有两对隆凸，前外侧的为外侧膝状体，较

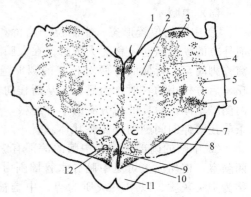

图 10-9　间脑横断面模式图
1—缰核；2—丘脑内侧核；3—丘脑前核；
4、6—丘脑外侧核；5—网状核；
7—大脑脚；8—脑底核；9—室旁核；
10—视上核；11—视束；12—穿窿柱

大，接受视束纤维，发出纤维至大脑皮质视觉区，是视觉冲动通向大脑皮质的联络站。后外侧的为内侧膝状体，较小，呈卵圆形，位于外侧膝状体、大脑脚和四叠体之间。接受耳蜗神经核的听觉纤维，发出纤维至大脑皮质听觉区，是听觉冲动通向大脑皮质的联络站。丘脑是皮质下的主要感觉中枢，还含有一些与运动、记忆和其他功能有关的核群。

（2）丘脑下部　丘脑下部位于丘脑腹侧，包括第三脑室侧壁内的一些结构。从脑底面看，由前向后依次为视交叉、视束、灰结节、漏斗、脑垂体和乳头体等结构。

视交叉由左、右视神经交叉而成，向后伸延为视束。灰结节为位于视交叉和乳头体之间的灰质隆起，它向腹侧移行为漏斗。漏斗腹侧连接垂体。垂体为体内重要的内分泌腺，借漏斗附着于灰结节。乳头体为位于灰结节后方一对紧靠在一起的白色圆形隆起，其内还有灰质核。

丘脑下部的核团结构和功能非常复杂，其中主要有成对的视上核和室旁核，它们都有纤维沿漏斗柄伸向垂体后叶，能进行神经内分泌。视上核位于视束的背侧，分泌抗利尿激素；室旁核位于第三脑室两侧，分泌催产素。此外，下丘脑还含有许多重要核团，它们共同管理一系列复杂的代谢活动和内分泌活动。

丘脑下部形体虽小，但与其他各脑有广泛的纤维联系，是植物性神经系统的皮质下中枢。一般认为，其前部为副交感神经的皮质下中枢，后部为交感神经的皮质下中枢。

（3）第三脑室　第三脑室是环绕丘脑间粘合部的环状空隙，向前通过左、右室间孔与侧脑室相通，向后通中脑导水管。其背侧壁为第三脑室脉络组织，突入室腔形成第三脑室脉络丛，经室间孔向前与大脑半球内的侧脑室脉络丛相连接。

4. 大脑

大脑又称端脑，后端以大脑横裂与小脑分开，背侧以大脑纵裂分为左、右大脑半球。左、右大脑半球通过由横行纤维构成的胼胝体横过纵裂而互相连接。每个大脑半球包括大脑皮质、白质、嗅脑、基底核和侧脑室（图10-10）。

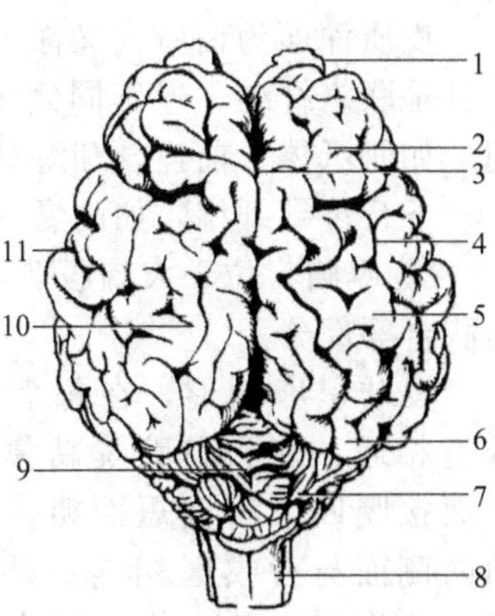

（1）大脑半球的外形　胚胎时期大脑表面是平滑的，以后由于表层的皮质各部发育不平衡，出现凹下的大脑沟和隆起的大脑回。每个大脑半球分为背外侧面、内侧面和腹侧面。

① 背外侧面　大脑背侧面的皮质可分为四叶：前部的额叶，后部的枕叶，背侧部的顶叶，外侧部的颞叶。在大脑半球背外侧面与腹侧面的交界处，有一条纵行的深沟，称外嗅沟，将大脑皮质与嗅脑分开。在外嗅沟的中前部背侧方，有一较明显的血管压迹，称大脑外侧沟，又称薛氏沟，分支或不分支，可作为额叶和颞叶的分界沟。外嗅沟被薛氏沟分为前、后两段。外嗅沟的后段绕至脑的内侧面延续为枕颞沟，枕颞沟可作为枕叶和颞叶的分界沟。在大脑后部背侧面和外侧面之间，有一相当长的弯曲沟，称上薛氏沟，可作为顶叶和颞叶的分界沟。

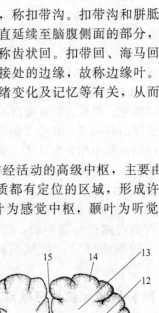

图 10-10　牛大脑半球外形和
分叶模式图

1—嗅球；2—额叶；3—大脑纵裂；
4—脑沟；5—脑回；6—枕叶；
7—小脑半球；8—延髓；9—小脑蚓部；
10—顶叶；11—颞叶

② 内侧面　位于大脑纵裂内，与对侧半球的内侧面相对应。内侧面上有环绕胼胝体的沟，叫胼胝体沟。在胼胝体沟的背侧，约在内侧面中部，有与大脑半球背侧缘平行的沟，称扣带沟。扣带沟和胼胝体沟之间的脑回，称扣带回。扣带回自胼胝体后端折转向前，一直延续至脑腹侧面的部分，称海马回。海马回伸向胼胝体后部腹侧的皮质，内侧呈锯齿状，称齿状回。扣带回、海马回和齿状回相连而形成的穹隆形脑回，因其位置是在大脑与间脑相接处的边缘，故称边缘叶。边缘叶与附近的皮质以及有关的皮质下结构，都与内脏活动、情绪变化及记忆等有关，从而构成一个统一的功能系统，称为边缘系统（图 10-11）。

③ 腹侧面　又称底面，即嗅脑。

（2）大脑半球的内部结构

① 大脑皮质和白质　皮质是大脑半球表面的灰质，是神经活动的高级中枢，主要由4～6层神经细胞所构成，机体各种功能的最高级中枢在大脑皮质都有定位的区域，形成许多重要中枢。一般认为额叶是运动中枢，枕叶为视觉中枢，顶叶为感觉中枢，颞叶为听觉中枢（图 10-12）。

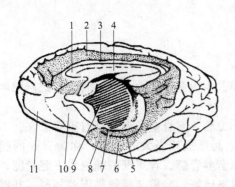

图 10-11　大脑半球内侧面边缘系统（矢状面）

1—透明中隔；2—扣带回；3—胼胝体；4—穹隆；
5—海马裂；6—海马回；7—齿状回；8—梨状叶；
9—丘脑切面；10—嗅三角；11—嗅束

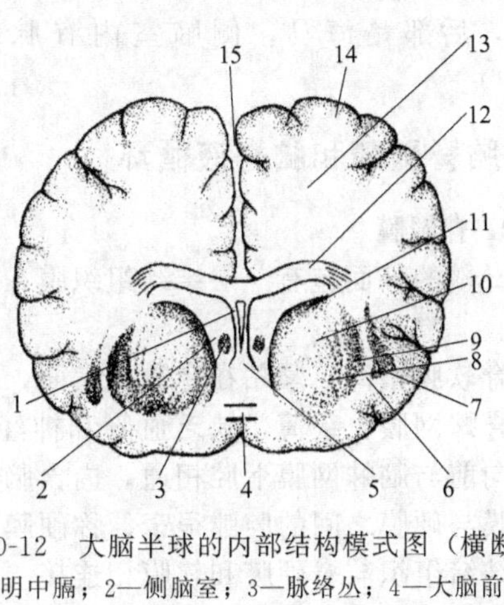

图 10-12　大脑半球的内部结构模式图（横断面）

1—透明中隔；2—侧脑室；3—脉络丛；4—大脑前联合；
5—穹隆；6—外囊；7—屏状核；8—苍白球；9—壳核；
10—内囊；11—尾状核；12—胼胝体；13—白质；
14—皮质；15—大脑纵裂

皮质深面为白质，又称大脑髓质，由各种神经纤维组成。半球内部的白质纤维有三种：一种是联络纤维，连于同侧半球各叶和脑回之间；第二种是连合纤维，连于左、右半球之间，如胼胝体、前连合和海马连合；第三种是投射纤维，是联络大脑皮质与脑各部及脊髓的上、下行传导纤维，如内囊。

② 嗅脑　位于大脑腹侧，包括嗅球、嗅回、嗅三角、梨状叶、海马、透明膈、穹窿和前联合等部分。

嗅球呈卵圆形，在每个大脑半球的最前端，位于筛窝内。嗅球中空为嗅球室，与侧脑室相通，来自鼻腔嗅黏膜的嗅神经通过筛板上的孔进入颅腔而终止于嗅球。嗅球的后面接嗅回。嗅回短而粗，向后分为内侧嗅回和外侧嗅回。内侧嗅回较短，伸向半球的内侧面与旁嗅区相连；外侧嗅回较长，向后延续为梨状叶。内、外侧嗅回之间的三角区称为嗅三角，位于视束的前方。嗅三角的前部稍隆凸称嗅结节。梨状叶为位于大脑脚和视束的梨状隆起，是海马回的前部。表层是灰质，称为梨状叶皮质。梨状叶内有腔，是侧脑室的后角。在梨状叶的前部，侧脑室的底面有杏仁核。海马呈弓带状，位于侧脑室的后内侧，由梨状叶的后部和内侧部转向半球的深部而成。左、右半球的海马在正中线处相接，形成侧脑室底壁的后部。海马属古皮质，但表面包有一层白质，其纤维向前外腹侧集中形成海马伞。伞的纤维向前内侧伸延并与对侧的相连形成穹窿。穹窿由联系乳头体与海马之间的纤维构成，在中线位于胼胝体和透明膈的腹侧。透明膈又称端脑膈，位于胼胝体和穹窿之间的两层神经组织膜，由神经纤维和少量神经细胞体组成，构成左、右侧脑室之间的正中膈。两脚间的横行纤维为海马连合。海马伞的边缘与侧脑室脉络丛相接。前联合由左、右嗅脑间的联合纤维构成。

③ 基底核　基底核是大脑半球基底部的灰质核团，也是皮质下运动中枢，主要有尾状核和豆状核。两核之间有由白质构成的内囊。尾状核较大，呈梨状弯曲，其背内侧面构成侧脑室底壁的前半部；其腹外侧面接内囊。豆状核较小，又可分为两部分，外侧部较大称为壳，内侧部较小称为苍白球。尾状核、豆状核和内囊在横切面上呈灰、白质交错花纹状，统称为纹状体。纹状体接受丘脑和大脑皮质的纤维，发出纤维至红核和黑质，是锥体系外系的主要联络站，有维持肌紧张和协调肌肉运动的作用。

④ 侧脑室　侧脑室为每侧大脑半球中的不规则腔体，经室间孔与第三脑室相通。侧脑室的内侧壁是透明膈，位于胼胝体与穹窿之间；顶壁为胼胝体；底壁的前部为尾状核，后部是海马。侧脑室内有脉络丛，在室间孔处与第三脑室脉络丛相连（图10-13）。

三、脑脊髓膜和脑脊液循环

1. 脊髓膜

脊髓的外面包有三层结缔组织膜，总称脊髓膜。由内向外依次为脊软膜、脊蛛网膜和脊硬膜。

脊软膜很薄，紧贴在脊髓的表面，富含神经和血管，对脊髓的滋养具有重要意义。

脊蛛网膜也很薄，缺乏血管和神经，与软膜之间形成相当大的腔隙，称为脊蛛网膜下腔，向前与脑蛛网膜下腔相通，内含脑脊髓液，以营养脊髓。荐尾部的蛛网膜下腔较宽。脊蛛网膜与硬膜之间的腔隙很窄，称硬膜下腔，内含淋巴液，向前与脑硬膜下腔相通。蛛网膜通过结缔组织与脊硬膜和软膜相连接。

脊硬膜是白色致密的结缔组织膜。在脊硬膜与椎管之间有一较宽的腔隙，称为硬膜外腔，内含静脉和大量脂肪，有脊神经通过。在临床上做硬膜外麻醉时，即将麻醉药注入硬膜外腔，阻滞脊神经的传导作用。

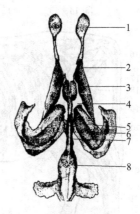

(a) 背侧

1—嗅球室；2—侧脑室前角；3—侧脑室体部；
4—杏仁核压迹；5—侧脑室腹角；
6—中脑导水管的后段；7—第四脑室

(b) 腹侧

1—嗅球室；2—侧脑室前角；3—与尾状核对应
的陷窝；4—室间孔；5—第三脑室腹侧部；
6—与海马对应的陷窝；7—中脑导水管；
8—第四脑室

图 10-13　牛脑室铸型图

2. 脑膜

脑膜和脊髓膜一样，由内向外依次为脑软膜、脑蛛网膜和脑硬膜三层。脑硬膜与脑蛛网膜之间形成硬膜下腔，脑蛛网膜与脑软膜之间形成脑蛛网膜下腔。但脑硬膜与衬于颅腔内壁的骨膜紧密结合而无形成硬膜外腔。脑硬膜伸入大脑纵裂形成大脑镰，伸入大脑横裂形成小脑幕，围绕脑和垂体之间形成鞍隔。脑硬膜内含有若干静脉窦，接受来自脑的静脉血。脑蛛网膜有绒毛状突起伸入脑硬膜的静脉窦，称蛛网膜粒。

脑软膜薄，富含血管，紧贴于脑的表面，并随血管分支伸入脑中形成鞘，围于小血管的外面。与脑室膜上皮共同折入侧脑室、第三脑室和第四脑室的脑软膜内含有大量的血管丛，形成脉络丛，能产生脑脊髓液。

3. 脑脊液循环

脑脊液是无色透明的液体，由侧脑室、第三脑室和第四脑室的脉络丛产生，充满于各脑室、脊髓中央管和蛛网膜下腔。

脑脊液不断由脉络丛产生，沿一定途径循环，又不断被重新吸收回流到血液的过程，称为脑脊液循环。其循环途径如下：左、右侧脑室产生的脑脊液，经左、右室间孔流入第三脑室，与第三脑室产生的脑脊液一起，经中脑导水管流入第四脑室。然后与第四脑室产生的脑脊液一起，经第四脑室脉络丛上的孔流入蛛网膜下腔后，流向大脑背侧，再经蛛网膜粒渗入脑硬膜的静脉窦，最后归入静脉，回到血液循环中。

脑脊髓液与位于硬膜下腔的淋巴，共同起保护和营养脑、脊髓的作用。若脑室系统的通路发生阻塞，脑脊液循环发生障碍，可产生脑积水或颅内压升高。

第二节　周围神经系统

周围神经系统由联系中枢和各器官之间的神经纤维构成，包括中枢神经以外的全部神经和神经节。根据来源、分支及分布的不同，可分为躯体神经和内脏神经两类。躯体神经包括由脊髓发出的脊神经和由脑发出的脑神经，分布于体表、骨、关节和骨骼肌（图 10-14）。内脏神经分布于内脏和血管的平滑肌、心肌和腺体。

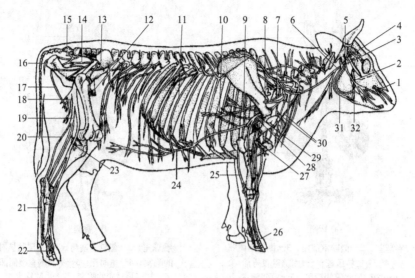

图 10-14　牛脑脊神经模式图

1—眶下神经；2—上颌支；3—面神经；4—颞浅神经；5—耳睑神经；6—副神经；
7—肩胛下神经；8—肩胛上神经；9—胸背神经；10—胸长神经；11—肋间神经；
12—股神经；13—臀前神经；14—臀后神经；15—直肠后神经；16—股后皮神经；
17—阴部神经；18—近侧肌支；19—胫神经；20—小腿跖侧皮神经；21—足底外侧神经；
22—趾背侧神经；23—腓神经；24—胸外侧神经；25—尺神经；26—指背侧神经；
27—正中神经；28—桡神经；29—腋神经；30—膈神经；31—下颊支；32—腮腺神经

一、脊神经

脊神经因神经根与脊髓相连而命名。脊髓的每个节段连有一对脊神经。按部位分为颈神经、胸神经、腰神经、荐神经和尾神经。不同家畜的脊神经数目因椎骨数目的不同而有差别（表 10-1）。

表 10-1　不同家畜脊神经的数量表

名　称	牛	马	猪	狗	兔
颈神经（对）	8	8	8	8	8
胸神经（对）	13	18	14～15	13	12
腰神经（对）	6	6	7	7	7～8
荐神经（对）	5	5	4	3	4
尾神经（对）	5～6	5～6	5	5～6	6
合计（对）	37～38	42～43	38～39	36～37	37～38

脊神经属混合神经，内含感觉神经纤维和运动神经纤维，在椎管中，每一脊神经由感觉根（或背侧根）和运动根（或腹侧根）合并形成。穿出椎间孔后，分为脊膜支、背侧支和腹侧支。脊膜支极细，返回椎管，分布于脊膜；背侧支较细，分布于脊柱背侧的肌肉和皮肤；腹侧支较粗，分布于脊柱腹侧和四肢的肌肉及皮肤。背侧支和腹侧支分别又有三种分支，入肌肉的为肌支；入皮肤的为皮支；入关节的为关节支。在腹侧支中，第 6～8 颈神经和第 1～2 胸神经的腹侧支形成臂神经丛，由此发出分布到前肢的神经；第 4～6 腰神经和第 1～2 荐神经的腹侧支形成腰荐神经丛，由此发出分布到后肢的神经。本节主要介绍牛的周围神经系统。

1. 分布于躯干的神经

（1）脊神经背侧支　颈神经、胸神经和腰神经的背侧支，都分为内侧支和外侧支，分布于脊柱背侧的肌肉和皮肤；荐神经的背侧支分布于荐臀部的肌肉和皮肤；尾神经的背侧支合成尾背侧神经，分布于尾背侧肌肉和皮肤。

（2）脊神经腹侧支

① 膈神经　由 3～6 颈神经的腹侧支形成，为膈的运动神经，经胸前口入胸腔，沿纵隔向后伸延，分布于膈。

② 肋间神经　胸神经的腹侧支又叫肋间神经，伴随同名血管沿肋骨的后缘在肋间内、外肌之间下行，沿途分支分布于肋间肌，其本干穿过肋间肌，分支分布于腹壁肌、胸腹皮肌和皮肤。最后肋间神经又称为肋腹神经，是支配腹壁皮肤和肌肉的主要神经之一（图 10-15）。

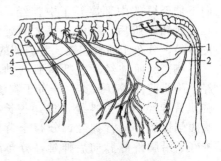

图 10-15　牛腹壁神经模式图
1—生殖股神经；2—会阴神经乳房支；
3—髂腹股沟神经；4—髂腹下神经；
5—肋腹神经

③ 髂下腹神经　纤维来自第 1 腰神经的腹侧支，在腰方肌（腰椎横突腹侧，腰大肌深面）和腰大肌之间穿出，牛的行经第 2 腰椎横突端部的腹侧向后向下伸延，分为深、浅两支。浅支在腹内、外斜肌之间向腹侧伸延，分布于腹外斜肌；在髋结节下方有分支穿出腹外斜肌，分布于腹壁后部腹侧的皮肤。深支沿腹横肌的后缘向下伸延分布于腹内斜肌、腹横肌、腹直肌和腹底壁的皮肤。

④ 髂腹股沟神经　纤维来自第 2 腰神经的腹侧支，穿经腰方肌和腰大肌之间，牛的行经第 4 腰椎横突端部的腹侧向后伸延，分为深、浅两支。浅支在髋结节的前下方穿出腹外斜肌，分布于膝关节外侧的皮肤；深支在腹横肌和腹内斜肌之间向下伸延，分布于腹内斜肌、腹直肌和腹底壁的皮肤。

⑤ 生殖股神经　纤维来自第 2、3 和 4 腰神经的腹侧支，经腰方肌和腰大肌之间穿出，分为前、后两支，向下伸延穿过腹股沟管与阴部外动脉一起分布于公牛的包皮、阴囊和睾提肌或母牛的乳房。

⑥ 阴部神经　起于第 2～4 荐神经，在荐结节阔韧带的内侧面向后向下伸延，分支分布于股后的皮肤；然后分出会阴神经，分布于尿道、肛门和会阴等处；绕过坐骨弓后至阴茎的背侧，为阴茎背侧神经，沿阴茎的背侧向前伸延，分布于阴茎和包皮；在母畜则为阴蒂背神经，分布于阴唇和阴蒂（图 10-16）。

⑦ 直肠后神经　起自第 4～5 荐神经腹侧支，常有 2 支，在直肠与尾骨肌之间向后伸延，在公牛分布于肛门；在母牛分布于肛门、阴蒂和阴唇，也有小支到尾骨肌和肛提肌。

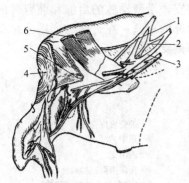

图 10-16　牛的会阴部神经模式图
1—直肠后神经；2—盆神经；
3—阴部神经；4—肛门括约肌；
5—肛提肌；6—尾骨肌

2. 分布于前肢的神经

如图 10-17，图 10-18 所示。

（1）肩胛上神经　纤维来自第 6～7 颈神经的腹侧支，由臂神经丛的前部发出，经冈上肌和肩胛下肌之间伸向外后方，分布于冈上肌、冈下肌和肩关节。

（2）肩胛下神经　纤维主要来自第 7 颈神经，第 6 颈神经和第 8 颈神经也有纤维加入，常形成 2～4 支，分布于肩胛下肌。

（3）腋神经　纤维来自第 7～8 颈神经和第 1 胸神经的腹侧支，由臂神经丛的中部发出，向后下方沿肩胛下肌与大圆肌之间伸向外侧，沿途分支分布于肩胛下肌、大圆肌和三角肌。

在三角肌的深面腋神经分出皮支，分布于前臂背外侧的皮肤。

（4）肌皮神经　纤维主要来自第6～7颈神经的腹侧支，由臂神经丛的前部发出，经腋动脉的腹侧与正中神经相连形成腋袢，然后分出肌支分布于喙臂肌和臂二头肌后，其主干并入正中神经，向下伸至臂的中部离开正中神经，分支分布于臂二头肌和臂肌后，在该二肌之间延续为前臂内侧皮神经，分布于前臂、腕、掌内侧的筋膜和皮肤。

（5）胸肌神经　包括胸肌前神经和胸肌后神经。胸肌前神经有数支，分布于胸浅肌和胸深肌。胸肌后神经由三条神经构成：胸长神经，分布于胸腹侧锯肌；胸背神经，分布于背阔肌；胸外侧神经，沿胸外静脉向后伸延，分布于胸腹皮肌和皮肤。

（6）桡神经　为前肢最粗的神经，纤维来自第7～8颈神经和第1胸神经的腹侧支，由臂神经

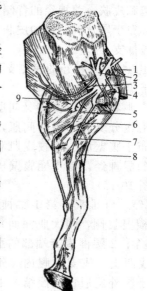

1—肩胛上神经;
2—臂神经丛;
3—腋神经;
4—腋动脉;
5—尺神经;
6—肌皮神经和正中神经总干;
7—正中神经;
8—肌皮神经的前臂内侧皮神经;
9—桡神经

图 10-17　牛的前肢神经（内侧面）

丛后部发出，沿臂动脉后方向下伸延，分出肌支至臂三头肌和前臂筋膜张肌，然后经臂三头肌长头和内侧头之间进入肱骨臂肌沟，分为浅、深两支。深支为桡深神经，分布于腕和指的伸肌。浅支较粗，称桡浅神经，经臂三头肌外侧头的下缘穿出，分出一皮支，为前臂外侧皮神经，分布于前臂背外侧的皮肤；主干经腕桡侧伸肌的内侧面向下伸至腕部及掌部，分为内、外侧支，分布于第3和第4指的背侧面。外侧支为指背侧第三总神经，内侧支为指背侧第二总神经，分布于第三、四指的背侧面。

（7）尺神经　纤维来自第8颈神经和第1胸神经的腹侧支，沿臂动脉的后缘和前臂部的尺沟向下伸延；在臂中部分出前臂后皮神经，分布于前臂后部的皮肤；在臂部的远端分出肌支分布于腕尺侧屈肌和指屈肌；主干在腕部分为背侧支和掌侧支。

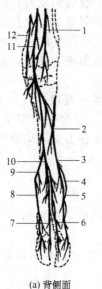

1—前臂内侧皮神经;
2—尺神经背侧支;
3—指背侧第4总神经;
4—第5指背侧固有神经;
5—第4指背侧远轴侧固有神经;
6—第4指背侧固有神经;
7—第3指背侧轴侧固有神经;
8—第3指背侧远轴侧固有神经;
9—指背侧第2总神经;
10—指背侧第3总神经;
11—桡浅神经;
12—前臂后皮神经

(a) 背侧面

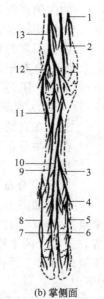

1—前臂后皮神经;
2—正中神经;
3—内侧支;
4—指掌侧第2总神经;
5—第3指掌远轴侧固有神经;
6—第3指掌侧轴侧固有神经;
7—第4指掌侧轴侧固有神经;
8—第4指掌远轴侧固有神经;
9—指掌侧第4总神经;
10—外侧支;
11—尺神经掌侧支;
12—尺神经背侧支;
13—尺神经

(b) 掌侧面

图 10-18　牛的前脚部神经

　　背侧支在掌部的背外侧向下伸延，到第四指的背侧为指背侧第四总神经，分布于第四指背外侧面；掌侧支经副腕骨的内侧面向下伸延，为掌外侧神经，接受正中神经的交通支构成指掌侧第四总神经，分布于第四指掌外侧面。

　　（8）正中神经　纤维来自第 8 颈神经和第 1 胸神经的腹侧支，为臂神经丛最长的分支。随同前肢动脉主干伸达指端。正中神经的起始部与肌皮神经合并，沿臂动脉的前缘向下伸延，在臂的中部与肌皮神经分离后，沿肘关节的内侧向下伸至前臂的正中沟中，与同名血管伴行；在前臂近端分出肌支分布于腕桡侧屈肌和指屈肌，并分出前臂骨间神经至骨间隙，分布于前臂骨膜；在前臂近端分出肌支后，继续沿指浅屈肌腱下行，通过腕管，在掌部下 1/3 处分为内侧支和外侧支。内侧支又分为两支，分别称为指掌侧第二总神经和第三指掌远轴侧固有神经，分布于第三指的掌内侧和悬蹄。外侧支在掌远端分出一交通支，与尺神经的掌侧支共同构成指掌侧第四总神经，主干延续为第四指掌轴侧固有神经，分布于第四指的掌侧。

　　3. 分布于后肢的神经

　　（1）股神经　纤维来自第 4～5 腰神经的腹侧支，由腰荐神经丛的前部发出，经腰大肌与髂肌之间进入股直肌与股内侧肌之间，分布于股四头肌。股神经的分支有髂腰肌神经和隐神经。髂腰肌神经在股神经起始处分出，分布于髂腰肌。隐神经在股神经横过腰大肌腱时分出，有分支至缝匠肌，主干在股管中伸延一段，分布于股及小腿内侧皮肤（图 10-19，图 10-20）。

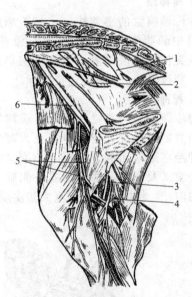

图 10-19　牛后肢的神经（外侧面）
1—坐骨神经；2—肌支；3—胫神经；4—腓总神经；
5—小腿外侧皮神经；6—腓浅神经；7—腓深神经

图 10-20　牛后肢的神经（内侧面）
1—直肠后神经；2—坐骨神经；3—腓总神经；
4—胫神经；5—隐神经和隐动脉；6—股神经

　　（2）闭孔神经　纤维来自第 4～6 腰神经的腹侧支，沿髂骨体的内侧面向闭孔伸延，分布于闭孔内肌；穿出闭孔后分布于闭孔外肌和股内侧肌群。

　　（3）臀前神经　纤维来自第 6 腰神经和第 1 荐神经的腹侧支，经坐骨大孔穿出骨盆腔，分支分布于臀肌群和股阔筋膜张肌。

　　（4）臀后神经　纤维来自第 1～2 荐神经的腹侧支，经坐骨大孔穿出骨盆腔，分布于臀中肌和臀股二头肌。

　　（5）坐骨神经　为全身最粗的神经，纤维主要来自第 6 腰神经和第 1～2 荐神经的腹侧支，经坐骨大孔穿出骨盆腔，在臀肌群和荐结节阔韧带之间向后伸延，再经股骨大转子和坐骨结节之间绕至髋关节后方，在臀股二头肌和半膜肌之间下行，至股中部分为腓总神经和胫神经。坐骨神经在臀部分支分布于闭孔肌、股方肌等，并分出股后皮神经，与会阴神经或阴部神经的皮支相连，分布于股后部和会阴部的皮肤；在股部分出大的肌支，分布于臀股二头肌、半膜肌和半腱肌。

二、脑神经

脑神经是与脑相连的周围神经，通过颅骨的一些孔出颅腔，共有12对，按其与脑相连的前后顺序及其功能、分布和行程而命名，其序号常用罗马数字表示（图10-21、图10-22、图10-23）。根据脑神经所含的纤维种类，将脑神经分为三类。现将其名称、发出部位、纤维成分和分布部位列于表10-2。

1. 嗅神经

为传导嗅觉的感觉神经，起于鼻腔嗅区嗅黏膜中的嗅细胞。嗅细胞为双极神经元，其周围突伸向嗅区黏膜；中枢突聚集成许多嗅丝，穿过筛板，入颅腔连接嗅球。

2. 视神经

为传导视觉的感觉神经，由眼球视网膜节细胞的轴突构成，经视神经孔入颅腔，两侧视神经在脑底面部分纤维互相交叉，形成视神经交叉及视束，至间脑的外侧膝状体或中脑的前丘，将视觉冲动传至大脑皮质或对光反射中枢。

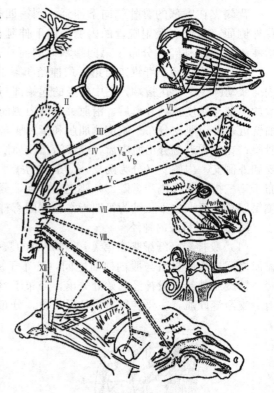

图 10-21　脑神经分布示意图
------- 感觉纤维；—— 运动纤维；
—·—·— 副交感神经纤维
Ⅰ—嗅神经；Ⅱ—视神经；Ⅲ—动眼神经；Ⅳ—滑车神经；
Ⅴ—三叉神经；Ⅵ—外展神经；Ⅶ—面神经；
Ⅷ—前庭耳窝神经；Ⅸ—舌咽神经；Ⅹ—迷走神经；
Ⅺ—副神经；Ⅻ—舌下神经

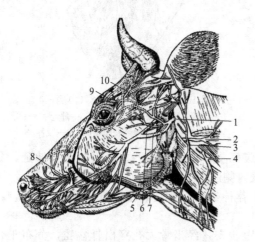

图 10-22　牛头部浅层神经
1—面神经；2—副神经；3—第2颈神经；4—第3颈
神经；5—上颊支；6—耳颞神经；7—下颊支；
8—眶下神经；9—额神经；10—角神经

图 10-23　牛头部深层神经
1—角神经；2—额神经；3—上颌神经；4—眶下神经；
5—下齿槽神经；6—舌神经；7—下颌神经

表 10-2　脑神经简表

名　称	与脑的联系部位	纤维成分	分布部位
Ⅰ 嗅神经	嗅球	感觉纤维	鼻黏膜
Ⅱ 视神经	间脑外侧膝状体	感觉纤维	视网膜
Ⅲ 动眼神经	中脑的大脑脚	运动纤维	眼球肌
Ⅳ 滑车神经	中脑的四叠体的后丘	运动纤维	眼球肌
Ⅴ 三叉神经	脑桥	混合纤维	面部皮肤、口鼻黏膜和咀嚼肌
Ⅵ 外展神经	延髓	运动纤维	眼球肌
Ⅶ 面神经	延髓	混合纤维	面部及耳肌
Ⅷ 前庭耳窝神经	延髓	感觉纤维	内耳的前庭、耳蜗及半规管
Ⅸ 舌咽神经	延髓	混合纤维	舌咽黏膜和部分味蕾
Ⅹ 迷走神经	延髓	混合纤维	咽、喉、食管、气管和胸腹腔内脏
Ⅺ 副神经	延髓和颈部脊髓	运动纤维	咽、喉、食管、胸头肌和斜方肌
Ⅻ 舌下神经	延髓	运动纤维	舌肌及部分舌骨肌

3. 动眼神经

含有运动神经纤维和植物性神经的副交感纤维。运动神经纤维起于中脑的动眼神经核，自脚间窝外缘出脑，分布于眼球肌。副交感神经纤维起于中脑动眼神经副交感核或缩瞳核，支配瞳孔括约肌和睫状肌的活动。

4. 滑车神经

为运动神经，起于中脑的滑车神经核，支配眼球上斜肌。

5. 三叉神经

为最大、分布最广的脑神经，属混合神经，由大的感觉根和较小的运动根组成，连于脑桥的外侧部。感觉根上有一大的半月形三叉神经节，其感觉神经元的中枢突组成的感觉根入脑桥，终于三叉神经感觉核；周围突组成眼神经、上颌神经和下颌神经。运动根起自脑桥三叉神经运动核，参与组成下颌神经。眼神经为感觉神经，分布于眶和额部皮肤以及泪腺、结膜和牛、羊的角；上颌神经为感觉神经，分布于上齿、齿龈、鼻腔黏膜以及口裂和眼裂之间的面部皮肤；下颌神经为混合神经，分布于咀嚼肌的为运动神经，分布于下唇、下齿和舌的为感觉神经。

6. 外展神经

属运动神经，起于延髓的外展神经核，在脑桥后缘和锥体前端外缘出脑，分布于眼球外直肌和眼球退缩肌。

7. 面神经

由延髓斜方体的前外侧发出，属混合神经，有三种神经纤维。大部分为运动神经纤维，起于延髓的面神经核，支配耳廓肌和面肌；植物性神经感觉纤维，起于膝神经节，中枢突至延髓孤束核，周围突分布于舌前 2/3 的味蕾，司味觉；副交感神经纤维，起于面神经副交感核，分布于舌下腺、下颌腺与泪腺、鼻黏膜腺等。

8. 前庭耳蜗神经

属感觉神经，因司听觉和平衡觉，亦称位听神经，分为前庭神经和耳蜗神经。前庭神经传导平衡觉，感觉神经元的胞体位于内耳道底部的前庭神经节，其周围突分布于内耳前庭和半规管中的膜迷路中的位置感受器，中枢突构成前庭神经，至延髓的前庭神经核；耳蜗神经传导平衡觉，感觉神经元的胞体位于内耳的螺旋神经节，周围突分布于内耳膜迷路听觉感受器，其中枢突组成耳蜗神经，至延髓的耳蜗神经核。

9. 舌咽神经

由延髓侧面前部连接脑，神经上有很小的近神经节和远神经节。属混合神经，含四种神经纤维成分。运动纤维，起自延髓的疑核，支配部分咽肌；副交感纤维，起自延髓的舌咽神经副交感核，控制腮腺分泌。内脏感觉纤维的胞体在远神经节内，其中枢突终止于孤束核，周围突分布至舌背后 1/3 味蕾、咽、咽鼓管、软腭等处的黏膜及颈动脉窦或颈动脉体；感觉纤维的胞体位于近神经节，中枢突终止于三叉神经脊束核，周围突分布于耳后皮肤，传导普遍感觉。

10. 迷走神经

为混合神经，其根丝附着于延髓的侧面，是脑神经中行程最远、分布区域最广的神经。含四种神经纤维成分：副交感纤维，是迷走神经的主要成分，起于迷走神经背核，主要分布至胸、腹腔内脏器官，控制心肌、平滑肌和腺体的活动；运动纤维，起始于延髓的疑核，支配咽、喉肌；内脏感觉纤维，胞体位于结状神经节内，其中枢突入延髓，终止于孤束核；周围突分布于胸腹内脏器官、咽喉黏膜、颈动脉窦（体）、颈、胸、腹腔内脏器官和心（大血管起始部）及肺。感觉纤维，胞体在颈静脉神经节，中枢突入延髓，终止于三叉神经脊束核，周围突分布于外耳的皮肤。

迷走神经穿出颅腔后与副神经伴行，向下至颈总动脉分支处则与颈交感干并列，并有结缔组织包裹形成迷走交感神经干，沿颈总动脉的背侧向后伸延至胸前口处，与交感干分离。迷走神经在气管的右侧面或食管的左侧面进入胸腔，沿着食管伸延至腹腔。

迷走神经按其行程，可分为颈部、胸部和腹部。

颈部迷走神经的主要分支有：咽支在颈前神经节的前方分出，分布于咽肌和食管的前段；喉前神经在颈外动脉起始分出，向前腹侧伸延至喉，分布于喉黏膜和喉肌；心支在胸腔内分出，与交感神经和喉返神经的心支形成心丛，分布于心脏及大血管；右喉返神经约对着第二肋骨处由右迷走神经分出，绕过右锁骨下动脉、肋颈动脉的后方至气管的右下缘，沿气管向前伸延至颈部。左喉返神经约对着第二肋骨处由左迷走神经分出，绕过主动脉弓的后面沿气管的左下缘向前伸延，经心前纵隔至颈部，于是左、右喉返神经分别沿左、右颈总动脉的下缘向前伸延至颈前端时，即离开颈总动脉而位于食管与气管之间，分支分布于食管、气管和喉肌。

胸部迷走神经分出分支到气管后神经丛，分布于食管、气管、心脏和血管；左、右侧迷走神经在支气管的背侧面分为背侧支和腹侧支。背侧支与腹侧支都分出分支形成肺神经丛。肺神经丛位于气管分叉处，分布于肺；左、右侧迷走神经的腹侧支和背侧支分别再在食管腹侧和背侧彼此汇合，形成迷走神经的食管腹侧干和食管背侧干。食管腹侧干和食管背侧干都分出分支形成食管神经丛。

迷走神经食管腹侧干进入腹腔后，分出胃壁面支和肝支。胃壁面支分布于瘤胃、网胃壁面和幽门。肝支除形成肝丛分布于肝和胆道外，还分布于十二指肠、瓣胃和皱胃壁面；腹部迷走神经食管背侧干进入腹腔后分出胃脏面支和腹腔丛支。胃脏面支分布于瘤胃；腹腔丛支与交感神经一起随腹腔动脉、肠系膜前动脉和肾动脉以及它们的分支分布于肝、胃、脾、胰、小肠、大肠和肾等器官。

11. 副神经

为运动神经，由两根组成：颅根起自延髓，脊髓根起自脊髓前部，经枕骨大孔入颅腔，与颅根合并成副神经，分布于喉、咽肌、胸头肌、斜方肌和臂头肌。

12. 舌下神经

为运动神经，起自延髓的舌下神经核，根丝在锥体后部外侧与延髓相连，经舌下神经孔穿出颅腔，分布于舌肌和舌骨肌。

三、植物性神经

植物性神经是整个神经系统的一个重要组成部分。植物性神经又称自主神经或内脏神经，是支配平滑肌、心肌和腺体的神经。主要分布于内脏、血管、心脏、腺体以及其他平滑肌。根据其形态、功能的不同，又分为交感神经和副交感神经两部分。二者均含有传入和传出神经，因其传入神经与脑神经和脊神经行程相同，所以植物性神经一般是指其传出神经部分。本节主要讲述其传出神经。

1. 植物性神经的特点

植物性神经与躯体运动神经一样，都受大脑皮质和皮质下各级中枢的控制和调节，而且二者之间在功能上互相依存、互相协调、互相制约，以维持机体内外环境的相对平衡。然而它们在结构与功能上却有较大差别。

① 躯体运动神经支配骨骼肌，其活动一般受意识支配。而植物性神经支配平滑肌、心肌和腺体，其所支配的效应器在功能上有相对自律性，一般不受意识的直接控制。

② 躯体运动神经冲动由中枢到效应器只经过一个神经元，神经元的胞体存在于脑和脊髓；而植物性神经则有两个神经元：第一个神经元称为节前神经元，位于脑干和脊髓灰质外侧柱，由此发出节前纤维；第二个神经元称为节后神经元，位于外周神经系植物性神经节内，发出节后纤维至效应器。节后神经元的数目较多，一个节前神经元可与多个节后神经元形成突触，这有利于多效应器同时活动。

植物性神经的节前纤维离开中枢部后，要在植物性神经节内与节后神经元形成突触，通过节后纤维支配效应器的活动。植物性神经节根据位置可分为三类：位于脊柱椎体两侧椎间孔附近的称椎旁神经节，如交感神经干的神经节，数目较多；位于脊柱下方，同名动脉起始部附近的称椎下节，如腹腔神经节、肠系膜前神经节和肠系膜后神经节等，数目较少；位于所支配的器官旁或器官内的统称终末神经节，如盆神经节和壁内神经节，数目也较少。其中椎旁节和椎下节属于交感神经节，终末神经节属于副交感神经节。

③ 躯体运动神经纤维一般为粗的有髓纤维，而植物性神经节前纤维为细的有髓纤维，节后纤维为细的无髓纤维。

④ 躯体运动神经由脑干和脊髓全长的每个节段向两侧对称地发出；而植物性神经由脑干、胸腰段脊髓灰质外侧柱及荐段脊髓发出。

⑤ 植物性神经的节后纤维常攀附血管或内脏器官表面形成神经丛，由丛发出分支到效应器，而躯体运动神经纤维仅在末端分支，其末梢形成运动终板。

⑥ 植物性神经根据形态和机能的不同分为交感和副交感神经，而躯体运动神经不加区分。

2. 交感神经

交感神经节前神经元的胞体位于胸腰段脊髓的灰质外侧柱，节后神经元主要位于椎旁节和椎下节。一系列椎旁节和椎下节及其之间的节间神经纤维共同组成交感神经干。交感神经干按部位可分为颈部、胸部、腰部和荐尾部。

交感神经干有灰白交通支与脊神经相连。节前纤维经腹侧根至脊神经，出椎间孔后离开脊神经，形成单独的神经支，即白交通支。节前纤维通过两种途径与节后神经元形成突触，交换神经元后发出节后纤维：一种是在本节段或相邻节段的椎旁节交换神经元，其节后神经纤维组成灰交通支，返回脊神经，伴随脊神经分布于躯干和四肢的血管平滑肌、皮肤腺和竖毛肌；另一种节前纤维穿过椎旁节后离开脊柱，向下伸延终止于椎下节，由椎下节发出节后纤维攀附在动脉周围形成神经丛，伴随动脉分支到内脏器官的平滑肌、心、肺和腺体（图10-24，图10-25）。

（1）颈部交感干 连于颈前神经节与颈胸神经节之间，并与迷走神经同包于一结缔组织鞘内而成迷走交感干，沿气管两侧、在颈总动脉的背侧向后伸延至胸前口处，与迷走神经分离。颈部交感干上包含颈前、颈中和颈后三个交感神经节。

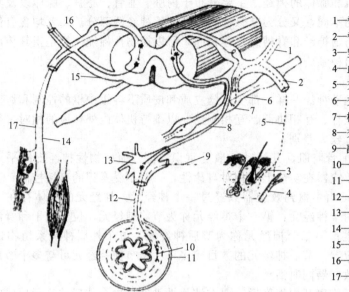

1—脊神经背侧支；
2—脊神经腹侧支；
3—竖毛肌；
4—血管；
5—交感神经节后纤维；
6—交感神经干；
7—椎旁神经节；
8—交感神经节前纤维；
9—副交感神经节前纤维；
10—副交感神经节后纤维；
11—消化管；
12—交感神经节后纤维；
13—椎下神经节；
14—运动纤维；
15—腹侧根；
16—背侧根；
17—感觉神经纤维

图10-24 脊神经和植物性神经反射径路模式图

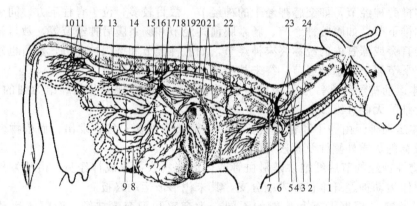

图10-25 牛的植物性神经模式图

1—迷走交感神经干；2—喉返神经；3—迷走神经；4—椎神经；
5—交感神经干；6—颈胸神经节；7—心支；8—小肠丛；
9—盲肠丛；10—盆神经丛；11—盆神经节；12—腹下神经；
13—肠系膜后神经节；14—主动脉神经丛；15—肾丛；16—腹腔肠系膜前神经丛；
17—内脏小神经；18—迷走神经背侧干；19—椎旁神经节；20—内脏大神经；
21—迷走交感神经的背侧干和腹侧干；22—胸心神经；23—交通支；24—颈部交感神经

① 颈前神经节 最大，呈梭状，位于颅底后方颈静脉突的内侧。由其发出的节后纤维攀附于颈内动脉和颈外动脉表面，形成颈内动脉神经丛和颈外动脉神经丛，随动脉分布于唾液腺、泪腺和瞳孔开大肌以及头部的汗腺、竖毛肌等。

② 颈中神经节 山羊常有，牛和绵羊没有或与颈后神经节合并，位于颈后部。发出的节后纤维组成1～2心支，向后下方加入心神经丛，分布于心、主动脉、气管和食管。

③ 颈后神经节 颈后神经节与第1、2胸神经节合并形成颈胸神经节，或称为星状神经节，而在脊椎左侧的颈中神经节也参与星状神经节的构成。左右侧星状神经节均位于第1肋骨椎骨端的内侧，紧贴于颈长肌的腹外侧面，神经节呈星芒状因此而得名，有交通支至臂神经丛并形成椎神经。椎神经在颈椎横突管中向前走，其分支连于第2～7颈神经。除此以外，

颈胸神经节还分出数支粗大的心支（颈胸心神经），沿血管向后伸延，分布于主动脉壁、肺动脉壁和心，右侧的还加入前腔静脉神经丛。另有小支至气管和动脉。

（2）胸部交感神经干　位于胸椎椎体的腹外侧，由颈胸神经节伸延至膈，后连腰部交感干，在每个椎间孔附近有胸神经节。胸部交感神经干分出内脏大神经和内脏小神经。

① 内脏大神经　由节前纤维组成，与胸交感干并列向后伸延，分开后穿过膈脚的背侧入腹腔，成一带状连于腹腔肠系膜前神经节，并向外侧分出一系列小支入肾上腺。

② 内脏小神经　由胸部脊髓最后节段和第 1、2 腰髓节段的节前纤维组成，由腰部交感干分出，入肾上腺神经丛和腹腔肠系膜前神经节。第 1 腰内脏支有小支入肾神经节，参与组成肾神经丛。

（3）腰、荐、尾部交感神经干　较细，位于椎体的两侧，是胸部交感干向后的延续。

① 椎旁神经节　腰交感干上常有 6 个腰神经节，也有少于 6 个或多于 6 个节的。少的是由于神经节的合并，多的则是在节间支出现一中间神经节。腰干常发出腰内脏神经，至肠系膜后神经节。荐交感干更细，位于荐骨的骨盆面、荐腹侧孔的内侧，每条干上应有 5 个荐神经节，但神经节常愈合，数目可少至 3 个；荐交感干常于第 5 荐椎处分为内、外侧支。外侧支向后走，与尾神经的腹侧支相连。内侧支在第 1～2 尾椎处与对侧的汇合为一条干，向后至尾部，在会合处有单一的奇神经节；尾部交感干常有 4 个小的尾神经节。腰、荐、尾部的椎旁神经节均发出灰交通支，而前 3 个腰神经节尚有白交通支。

② 腹腔肠系膜前神经节　位于腹腔动脉与肠系膜前动脉的根部，由一对圆的腹腔神经节和一个长的肠系膜前神经节组成。两侧的神经节由短的神经纤维相连。它们接受内脏大神经、内脏小神经内的交感节前纤维；发达的节后纤维，与通过该神经节的迷走神经背侧干的副交感节前纤维，组成腹腔神经丛和肠系膜前神经丛，沿动脉的分支分布到肝、胃、脾、小肠、大肠和肾等器官。肠系膜前神经节与肠系膜后神经节之间有节间支，沿主动脉两侧伸延。

③ 肠系膜后神经节　位于肠系膜后动脉的根部。左右二节有纤维相连。该节接受腰交感干的内脏支和由肠系膜前神经节来的节间支。该神经节发出的节后纤维，随动脉入结肠，随生殖动脉入精索、睾丸或入卵巢、输卵管及子宫角。还发出腹下神经，随输尿管入骨盆腔，在直肠两侧的下方加入盆神经丛。

3. 副交感神经

副交感神经节前神经元的胞体位于中脑、延髓和荐段脊髓。节后神经元的胞体多数位于器官壁内的终末神经节，少数位于器官附近的终末神经节。用肉眼或低倍解剖镜可见到的节后神经元组成的终末节主要有睫状神经节、翼腭神经节、下颌神经节、耳神经节等。

（1）头部的副交感神经　节前纤维随动眼神经、面神经和舌咽神经与迷走神经分布，至相应的终末神经节交换神经元，其发出的节后纤维到达所支配的器官。

① 动眼神经内的副交感神经节前纤维　起于中脑的动眼神经副交感核，伴随动眼神经腹侧支进入眼球，终止于睫状神经节。由该节发出的节后纤维形成若干支小的睫状短神经支配瞳孔括约肌和睫状肌。

② 面神经内的副交感神经节前纤维　起于脑桥的面神经副交感核，伴随面神经出延髓后分两部分：一部分至翼腭神经节，该节发出的节后纤维伴随上颌神经支配泪腺、腭腺和鼻腺；另一部分经鼓索神经、舌神经至下颌神经节，该节发出的节后纤维支配舌下腺和下颌腺。

③ 舌咽神经内的副交感神经节前纤维　起于延髓的舌咽神经副交感核，伴随舌咽神经出延髓后，终至于耳神经节，该节发出的节后纤维伴随下颌神经的颊神经分布于腮腺和颊腺。

④ 迷走神经内的副交感神经节前纤维　起于延髓的迷走交感神经背核，伴随迷走神经至胸腔和腹腔器官，在该器官壁内的终末神经节内换元，节后纤维分布至心、血管、肺、食管、胃、肠、肝、胰等胸、腹腔内大部分器官（详见迷走神经）。

（2）荐部的副交感神经　荐部的副交感神经的节前纤维由第二至四节荐部脊髓灰质外侧柱发出，伴随第三、四荐神经腹侧支出荐盆侧孔，形成1～2支盆神经，沿骨盆壁向腹侧伸延，在直肠侧壁与膀胱侧壁间与腹下神经的分支一起形成盆神经丛，丛内有许多盆神经节，内有副交感神经的节后神经元。节后神经纤维分布于结肠后段、直肠、膀胱、阴茎或子宫和阴道等器官。

【复习思考题】

1. 神经系统的划分是什么？
2. 简述神经系统的常用术语。
3. 简述脊髓的外部形态和内部构造。
4. 简述大脑的外形及大脑皮质的分叶。
5. 牛腹壁的主要神经有哪些？
6. 分布于牛前肢和后肢的神经主要有哪些？
7. 脑神经对数、名称、性质及分布是什么？
8. 植物性神经和躯体运动神经的区别是什么？

【本章小结】

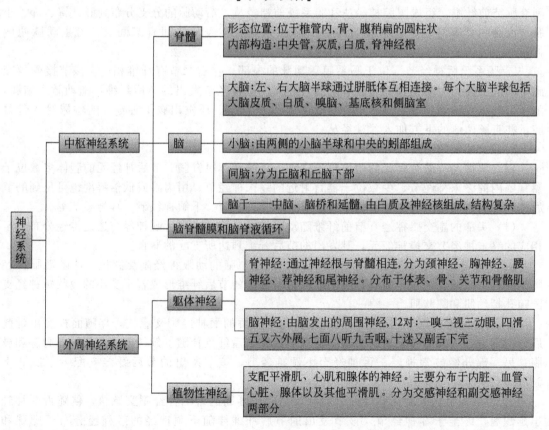

第十一章　感觉器官

【本章要点】

　　主要介绍眼和耳的结构特点。

【知识目标】

　　了解眼和耳的解剖结构。

【技能目标】

　　能识别眼球壁的结构。

　　感觉器官是由感受器及其辅助结构共同组成的，如嗅觉器官鼻、味觉器官舌、视觉器官眼和位听觉器官耳。感受器是反射弧的重要组成部分，是感觉神经末梢的特殊装置，遍及全身各处。各种感受器可感受不同性质、不同来源的刺激。按接受刺激的来源不同，感受器可分为外感受器、内感受器和本体感受器，外感受器又可分为痛觉、温觉、触觉、压觉等感受器。本章主要介绍视觉器官——眼和位听觉器官——耳。

第一节　视觉器官

　　视觉器官能感受光的刺激，经视神经传至中枢而引起视觉。视觉器官包括眼球以及眼的辅助器官。

一、眼球

　　位于眼眶内，后接视神经。眼球的构造包括眼球壁和眼内容物（图 11-1）。

　　1. 眼球壁

　　（1）纤维膜　厚而坚韧，由致密结缔组织构成，构成眼球的外壳，具有保护作用。纤维膜又可分为前部透明的角膜和后部不透明的巩膜。

　　① 角膜　约占纤维膜的前 1/5，无色而透明。角膜内无血管分布，但有丰富的神经末梢，感觉敏锐。

　　② 巩膜　色白而不透明。

　　（2）血管膜　是眼球壁的中层，富含血管和色素细胞，具有营养和吸收光线作用。血管膜由前向后形成虹膜、睫状体和脉络膜三部分。

　　① 虹膜　为一环形薄膜，位于角膜的后方，中央为瞳孔。虹膜因含色素而呈不同颜色。虹膜内含瞳孔开大肌，呈辐射状排列，受交感神经支配；瞳孔括约肌环绕瞳孔分布，受副交感神经支配。

　　② 睫状体　位于虹膜之后，被虹膜遮盖，因而

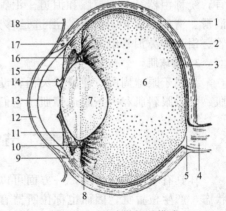

图 11-1　眼球纵切面模式

1—巩膜；2—脉络膜；3—视网膜；4—视乳头；
5—视神经；6—玻璃体；7—晶状体；8—睫状突；
9—睫状肌；10—晶状体悬韧带；11—虹膜；
12—角膜；13—瞳孔；14—虹膜；15—眼前房；
16—眼后房；17—巩膜静脉窦；18—球结膜

外观不易看到。也呈圆环状，含有丰富的色素，因而呈黑色，表面有许多条纹，称为睫状突，借以悬挂晶状体。睫状体上皮还可以产生眼房水，用来营养角膜、晶状体、玻璃体，维持眼内压；睫状体的边缘具有睫状肌，受副交感神经支配，能改变晶状体的凸度，有调节视力的作用。

③ 脉络膜　为薄而柔软的棕褐色膜，衬贴于巩膜的内表面，含有丰富的血管，有营养视网膜和吸收光线，形成暗环境的作用。在牛、羊脉络膜的后部有一片蓝灰色的区域，略呈三角形，称为照膜，有反射光线的作用。

（3）视网膜　在活体呈淡红色，死后呈灰白色。在视网膜中央偏外侧，具有视神经乳头，视网膜中央动脉呈放射状分支，它来源于脑内的动脉。

2. 眼内容物

包括晶状体、眼房水和玻璃体三部分。

（1）晶状体　呈双凸透镜状，位于虹膜和眼房之后，借晶状体悬韧带附着于睫状体中央。借此调节晶状体的屈光度。

（2）眼房水　眼房是指晶状体和角膜之间的空隙，被虹膜分为眼前房和眼后房，眼房内充满无色透明的由睫状体分泌产生的眼房水，可由巩膜静脉窦回流到血液。

（3）玻璃体　是无色透明的胶胨样物，充满于晶状体和视网膜之间。

二、眼的辅助器官

眼的辅助器官包括眼睑、泪器、眼球肌。

1. 眼睑

俗称眼皮，位于眼球前方，分为上、下眼睑。上下眼睑交会处形成内、外眼角。眼睑的外面为皮肤，内面为一层黏膜，称为结膜。结膜一方面衬于眼睑内表面，称为睑结膜，并在一定部位折转到眼球的表面，称为球结膜，二者之间的空隙称为结膜囊。第三眼睑为位于内眼角处的结膜褶，略呈半月形，内含一软骨（图11-2）。

2. 泪器

在眼的周围，存在着分泌泪液和将泪液移去的一系列器官，统称泪器，包括泪腺和泪道。泪腺是分泌泪液的，泪液有润滑、清洁、保护等作用；泪道是移走泪液的管道，由泪小管、泪囊和鼻泪管组成。

3. 眼球肌

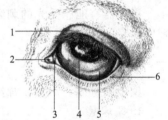

图11-2　马左眼
1—上眼睑；2—泪阜；
3—第三眼睑；4—瞳孔；
5—角膜；6—下眼睑

为位于眼球周围，使眼球灵活转动的肌肉，包括四条眼直肌、两条眼斜肌和一条眼退缩肌。它们受第3、4、6脑神经支配。

第二节　位听器官——耳

耳具有双重感觉功能，一方面可以感觉声波，产生听觉；另一方面可以感受身体的平衡状态，产生位置觉，因而也称位听器官。

耳可分为外耳、中耳和内耳（图11-3）。

一、外耳

外耳是收集声波的结构，包括耳廓、外耳道和鼓膜。

（1）耳廓　呈漏斗状，主要由耳廓软骨及皮肤构成，由于有大量的耳肌存在，耳廓的运动十分灵活。

（2）外耳道 是从耳廓基部到鼓膜的一条管道，其壁是骨性或软骨性的，内表面衬有有毛皮肤，皮肤内具有特殊的皮肤腺——耵聍腺。

（3）鼓膜 是衬于外耳道底的圆形纤维膜。

二、中耳

中耳包括鼓室、听小骨和咽鼓管三部分。鼓室为鼓膜内面，岩颞骨内的小空腔；鼓室内含有锤骨、砧骨、镫骨三块听小骨；鼓室通过其前下端的咽鼓管通咽腔。

三、内耳

内耳为中耳内侧岩颞骨内细小的骨质管道，是位听感受器存在的部位。由骨迷路和膜迷路两套系统组成。

骨迷路包括三个骨性半规管、三个半规管前方的前庭和前庭前下方的骨性耳蜗管。

膜迷路包括三个膜性半规管、椭圆囊、球囊和膜性耳蜗管，在这些膜管内有由毛细胞构成的感受器，膜管内有流动的液体，称为内淋巴，依赖内淋巴的流动或振动产生位置觉和听觉。

图 11-3 马耳结构模式
1—耳廓；2—外耳道；3—颅腔；4—前庭；
5—耳蜗；6—中耳；7—内耳

【复习思考题】

1. 眼球壁的结构是什么？
2. 简述耳的结构。

【本章小结】

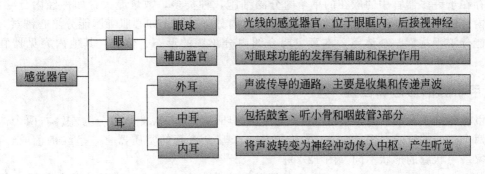

第十二章 内分泌系统

　　内分泌系统是机体内一个重要的功能调节系统。它通过分泌激素，直接进入血液（或淋巴）循环，以体液调节的方式，对畜体的新陈代谢、生长发育和繁殖等进行调节。其作用较广泛而持久，并有一定程度的特异性。体液调节也受控于神经系统，共同实现神经体液调节。不同的激素作用于不同的细胞和器官。激素所作用的细胞和器官称为该激素的靶细胞或靶器官。机体在神经和激素的双重调节作用下，达到适应内、外环境变化的相对平衡，维持机体内部活动的完整和统一。内分泌腺如发生病变，常导致激素分泌过多或不足，造成内分泌功能亢进或低下，从而出现机体发育异常或行为障碍等症状。

　　内分泌系统由分布于全身的内分泌腺、内分泌组织和内分泌细胞构成。内分泌腺指结构上独立存在，肉眼可见的内分泌器官，其构造特点是没有输出管，因此又称无管腺，如甲状腺、甲状旁腺、脑垂体、肾上腺、松果体等；内分泌组织指散在于其他器官之内的内分泌细胞团块，如胰腺内的胰岛、睾丸内的间质细胞、卵巢内的卵泡细胞及黄体等；内分泌细胞为广泛存在于许多器官中的散在的单个内分泌细胞，种类多，数量庞大，如神经内分泌细胞、胃肠内分泌细胞等；此外，体内许多器官兼有内分泌功能，如心肌细胞能分泌心钠素，巨噬细胞能分泌干扰素、补体等。本章主要介绍内分泌腺的形态、位置，其他内容见器官组织部分。

一、甲状腺的形态和位置

　　甲状腺位于喉的后方，前3～4个气管软骨环的两侧和腹侧，可分为左、右两个侧叶和连接两个侧叶的腺峡（图12-1）。甲状腺是一个富含血管的实质器官，呈红褐色或红黄色，各种家畜甲状腺的形状不同（图12-2）。

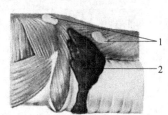

图 12-1　甲状腺及
甲状旁腺的位置
1—甲状旁腺；2—甲状腺

　　牛的甲状腺发育较好，侧叶较发达，颜色较浅。侧叶呈不规则的扁三角形，长约 6～7cm，宽约 5～6cm，厚约 1.5cm，腺小叶明显。腺峡由腺组织构成，较发达，宽约 1.5cm。

　　马的甲状腺由两个侧叶和腺峡组成，侧叶呈现红褐色，卵圆形，长约 3.4～4cm，宽约 2.5cm，厚约 1.5cm。腺峡不发达，为由结缔组织构成的窄带，连接侧叶的后端。

　　猪甲状腺的侧叶和腺峡结合为一整体，呈深红色，位于胸前口处气管的腹侧面。长约4～4.5cm，宽约 2～2.5cm，厚约 1~1.5cm。

绵羊的甲状腺呈长椭圆形，位于气管前端两侧与胸骨甲状肌之间，腺峡不发达。山羊的甲状腺左右两侧叶不对称，位于前几个气管环的两侧，腺峡较小。

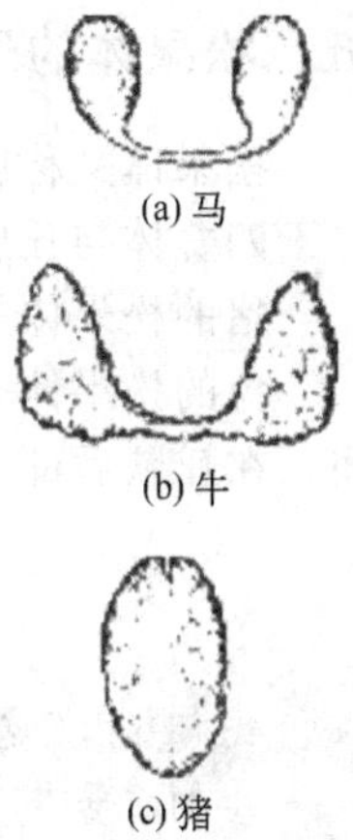

二、甲状旁腺的形态和位置

甲状旁腺很小，位于甲状腺附近或埋于甲状腺组织中，呈圆形或椭圆形。家畜一般具有两对甲状旁腺。

牛有内、外两对甲状旁腺。外甲状旁腺 5~8mm，通常位于甲状腺的前方，靠近颈总动脉。内甲状旁腺较小，1~4mm，通常位于甲状腺的内侧面，靠近甲状腺的背缘或后缘。

马有前、后两对甲状旁腺。前甲状旁腺大多数位于食管和甲状腺前半部之间，有些在甲状腺的背缘，少数在甲状腺内面。后甲状旁腺位于颈部后 1/4 的气管上。两侧腺体不对称，大小 1~1.3cm。

猪只有一对甲状旁腺，大小不定，约 1~5mm，位于颈总动脉分叉处附近。有胸腺时，则埋于胸腺内。

图 12-2　甲状腺

三、肾上腺的形态和位置

肾上腺是成对的红褐色器官，位于肾的前内侧。肾上腺外包被膜，其实质可分为外层的皮质和内层的髓质。皮质呈黄色，髓质呈灰色或肉色。

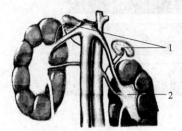

牛两个肾上腺的形状、位置不同，右肾上腺呈心形，位于右肾的前端内侧；左肾上腺呈肾形，位于左肾的前方（图 12-3）。

马的肾上腺呈长扁圆形，长 4~9cm，宽 2~4cm，位于肾内侧缘的前方。

猪的肾上腺狭而长，位于肾内侧缘的前方。羊的左、右肾上腺均为扁椭圆形。

图 12-3　牛肾上腺
1—肾上腺；2—肾

兔的肾上腺为黄白色，扁平三角形，大小（1.2~1.3）cm×（0.7~0.8)cm，位于肾内侧的前方。

四、脑垂体的形态和位置

脑垂体为一扁圆形小体，位于脑的底部，蝶骨构成的垂体窝内，借漏斗柄连于下丘脑（图 12-4）。

牛的脑垂体窄而厚，漏斗长而斜向后下方，后叶位于垂体的背侧，前叶位于腹侧。前叶与后叶之间为垂体腔。

马的脑垂体呈卵圆形，上下压扁，垂体前叶位于前层，包围着后叶，前叶和后叶之间无垂体腔。

猪的脑垂体呈杏仁状，背腹侧压扁，背面正中有纵向的凹沟，腹侧面稍隆凸，漏斗与垂体背侧前部相连，由漏斗向后的正中狭窄区及腹侧面的中间部呈灰色，为神经部；其余大部分颜色呈粉红色，为腺部。

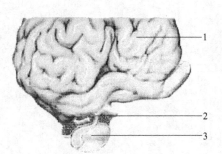

图 12-4　脑垂体与脑
1—大脑；2—垂体柄；3—脑垂体

五、松果体的形态和位置

松果体又称脑上腺，是红褐色坚实的卵圆形小体，位于四叠体与丘脑之间，以柄连于丘脑上部。

猪的松果体呈长锥形体，褐红色。在大猪长约为 10cm，重为 100～200mg。

兔的松果体是一个很小的腺体，呈杆状。位于脑的背面，大脑半球纵裂末端与小脑之间，在丘脑后部与四叠体交界处，其重量仅有 0.016g。

【复习思考题】

1. 简述内分泌系统的组成及其功能。
2. 简述垂体、甲状腺和肾上腺的形态、位置、结构及功能。

【本章小结】

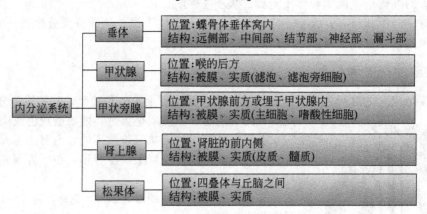

内分泌系统

垂体
位置：蝶骨体垂体窝内
结构：远侧部、中间部、结节部、神经部、漏斗部

甲状腺
位置：喉的后方
结构：被膜、实质(滤泡、滤泡旁细胞)

甲状旁腺
位置：甲状腺前方或埋于甲状腺内
结构：被膜、实质(主细胞、嗜酸性细胞)

肾上腺
位置：肾脏的前内侧
结构：被膜、实质(皮质、髓质)

松果体
位置：四叠体与丘脑之间
结构：被膜、实质

第十三章 家禽解剖学

【本章要点】

主要讲述家禽运动系统和内脏各器官的形态结构特点、位置和主要作用。

【知识目标】

1. 了解禽类运动系统的组成和结构特点。
2. 掌握家禽消化、呼吸、泌尿、生殖系统的组成和结构特点。
3. 掌握禽的免疫器官形态、位置和主要作用。
4. 了解禽类心血管、神经系统和感觉器官的基本构造及内分泌器官的位置。

【技能目标】

1. 通过学习能熟练认识家禽主要的骨骼和肌肉。
2. 能够认识家禽的各个内脏并了解其功能。

第一节 运动系统

一、骨

禽类骨骼由于适应飞翔而发生相应的变化。其主要特征是强度大、重量轻。幼禽的所有骨都含有红骨髓。禽类骨骼在发育过程中不形成骨骺，骨的加长主要靠骨端软骨的增长和骨化。雌禽的某些骨内，在产蛋前形成类似骨松质的髓质骨，随着蛋壳形成的周期而增生或破坏，可贮存或释放钙盐。禽类全身骨骼依其所在部位可分为躯干骨、头骨、前肢骨和后肢骨。

1. 躯干骨

包括脊柱，两侧的肋骨和腹侧的胸骨。脊柱由颈椎（C）、胸椎（T）、腰椎（L）、荐椎（S）、尾椎（Cy）五部分组成。各种禽类各部分椎骨的数目为：鸡 C_{14}，T_7，L_3，S_5，$Cy_{11\sim13}$ 或 C_{14}，T_7，LS_{14}，$Cy_{5\sim6}$；鸭 $C_{14\sim15}$，T_9，L_4，S_7，Cy_{10}；鹅 $C_{17\sim18}$，T_9，$L_{12\sim13}$，S_2，Cy_9；鸽 $C_{12\sim13}$，T_7，L_6，S_2，$Cy_{11\sim13}$（图13-1）。

（1）颈椎 禽的颈椎呈S形弯曲，数目较多，运动灵活。寰椎小，与枕髁形成多轴关节；与枢椎形成活动性较小的寰枢关节。颈椎的关节突发达，横突短厚，基部有横突孔。第3～14颈椎形态基本相似。

（2）胸椎 第1和第6胸椎游离，鸡、鸽的第2～5胸椎愈合成一整体，第7胸椎与综荐骨愈合；鸭、鹅则是最后2～3个胸椎与综荐骨愈合。棘突发达，成年鸡几乎愈合成一完整的垂直板。鸡的胸椎还具有腹嵴。

（3）腰荐椎 鸡的第7胸椎（鸭、鹅最后2～3个胸椎）及全部腰椎、荐椎和第1尾椎在发育早期愈合而成为一块综荐骨。综荐骨共有14～15个椎骨。

（4）尾椎 鸡、鸽有5～6个，鸭、鹅有7个。第1尾椎与综荐骨愈合，2～5尾椎游离；最后一块是三棱形的综尾骨，是胚胎期由几个尾椎愈合而成的，为尾羽和尾脂腺的支架。

（5）肋　第1～2对肋为浮肋，不与胸骨相接，其余每一肋分为背侧的椎肋骨和腹侧的胸肋骨。椎肋骨较长，上端以肋头和肋结节与相应的胸椎形成关节。除最前1对和最后2对（鸡、鸽）或3对（鸭、鹅）肋骨外，每对肋体中部均发出一支斜向后上方的钩突，覆盖在后一肋骨的外侧面，起着加固胸廓侧壁的作用。胸肋骨的长度由前向后逐渐增大，除最后1～2对外，下端与胸骨形成活动关节。最后1～2对胸肋骨则连接在前一胸肋骨上。

（6）胸骨　禽类的胸骨非常发达，是由胸骨体和几个突起组成的。腹侧正中有纵行的胸骨嵴，又称龙骨，飞翔能力强的鸟类特别发达，供强大的胸肌附着。

2. 头骨

禽类头骨以大而明显的眼眶分为颅骨和面骨。颅骨呈圆形，内含脑和位听觉器官；面骨位于颅骨前方，鸡呈尖圆锥形体，鸭呈前方钝圆的长方形体。

（1）颅骨　颅骨较早就互相愈合，为含气骨，其骨松质的间隙较大通鼓室，经咽鼓管与咽相通。主要有：枕骨、蝶骨、顶骨、颞骨、额骨。

（2）面骨　禽的面骨除颌前骨、下颌骨和舌骨发达外，其余各骨均较小。面骨不发达的主要原因是没有齿。主要有：颌前骨、鼻骨、上颌骨、泪骨、筛骨、颧骨、腭骨、犁骨、翼骨、方骨、下颌骨、舌骨。

3. 前肢骨

（1）肩带部　禽类肩带骨包括乌喙骨、锁骨和肩胛骨。

（2）游离部　前肢游离部形成翼，由肱骨、前臂骨（桡骨、尺骨）和前脚骨（腕骨、掌骨和指骨，退化较多）组成。平时折曲成"Z"字形，紧贴胸部。

4. 后肢骨

（1）盆带　盆带包括髂骨、坐骨和耻骨，三骨结合而成髋骨。与哺乳动物比较，禽类髋骨有两大特征：为适应后肢的支持作用，盆带与综荐骨形成牢固的连接；为适应产蛋，两髋骨在骨盆腹侧相距较远，而使禽类具有开放性的骨盆。

① 髂骨　较长，外面以一嵴分为前后两部：前部凹，为臀肌附着面；后部形成一个较大的窝。内侧缘与综荐骨形成骨性结合和韧带连接，内面为凹的肾面，容纳肾。

② 坐骨　为三角形的扁骨，位于髂骨后部腹侧，其背缘与髂骨愈合，构成盆腔的侧壁，前部与髂骨间形成一个髂坐孔，供血管和神经通过。坐骨的前角与髂骨、耻骨一起形成髋臼。髋臼较大，底部常有一个髋臼孔，以韧带封闭。在髋臼后上缘形成一个被覆软骨的隆起，叫对转子突，与股骨大转子相对。

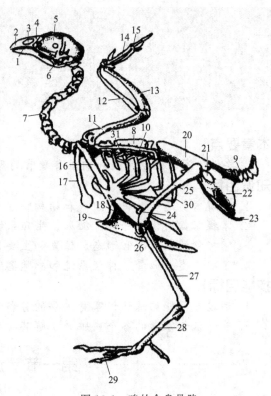

图 13-1　鸡的全身骨骼

1—下颌骨；2—颌前骨；3—鼻孔；4—鼻骨；5—筛骨；
6—方骨；7—颈椎；8—胸椎；9—尾椎；10—肩胛骨；
11—肱骨；12—桡骨；13—尺骨；14—掌骨；
15—指骨；16—乌喙骨；17—锁骨；18—胸骨；
19—龙骨突；20—髂骨；21—坐骨孔；22—坐骨；
23—耻骨；24—髋臼；25—股骨；26—胫骨；
27—腓骨；28—大跖骨；29—趾骨；
30—肋骨；31—钩突

③ 耻骨　狭长，位于坐骨腹侧，与坐骨之间在近髋臼处形成闭孔，其余大部分以坐耻窗互相分开。耻骨前端形成耻骨突，鸡较明显；后端形成耻骨尖，突出于坐骨之后，可在肛门下方两侧触摸到。雄禽的两耻骨尖相距很近，雌禽则相距较宽，在产蛋期尤为明显。

（2）游离部　后肢的游离部由股部、小腿部和后脚部三段组成。

① 股部　由管状长骨的股骨和三角形的髌骨组成。

② 小腿部　是游离部的第二段，分胫骨和腓骨。胫骨的远端已与近列两个附骨愈合，称胫跗骨。腓骨退化，远端约达胫骨的中部。

③ 后脚部　是游离部的第三段。跗骨在禽类已不独立存在。近列跗骨与胫骨愈合，其他跗骨与跖骨愈合。因此跖骨又称跗跖骨。禽的跗关节实际上相当于跗间关节。跖骨发达，有大跖骨和小跖骨。大跖骨是由第 2、3、4 跖骨愈合而成，与胫跗骨成关节面。趾骨有四趾，相当于第 1、2、3、4 趾。第 1 趾向后向内，仅有支撑大跖骨的作用；其余三趾向前，主要起支持和运动作用。第 1～4 趾的趾节骨数目不等，分别有 2、3、4、5 个，末节为爪骨，藏于爪内。

二、关节

禽类头部关节除颞下颌关节外，其他部分属于不动关节。

前肢、后肢的关节基本与哺乳动物相同，其中肩关节由肩带 3 骨组成，关节囊较大。肩关节主要起内收和外展翼的作用。髂腰荐关节是不动关节。

三、肌肉

家禽肌肉的肌纤维较细，肌肉内无脂肪沉积。肌纤维也分白肌纤维和红肌纤维，以及中间型的肌纤维。

禽类肌肉很复杂，有三大特点：一是颈部运动多样性造成靠近头的颈肌系发达；二是肌腱骨化早，尤其是四肢肌肉的长腱；三是翼部肌系发达，大部分固着在躯体上，与胸骨的连接面较广阔。家禽的肌肉分皮肌、头部肌、颈部肌、躯干肌、前肢肌和后肢肌等（图 13-2）。

1. 皮肌

家禽的皮肌薄而广泛，主要与皮肤的羽区相联系，控制其活动范围，有的有支持嗉囊的作用；有的终止于翼的皮肤褶，飞翔时起着紧张翼膜的作用，如前、后翼膜肌。

2. 头部肌

家禽因无唇、颊、耳廓和外耳，面部肌肉不发达；但开闭上下喙的肌肉则比较发达，还有一些作用于方骨的肌肉。舌的固有肌虽不发达，但具有复杂的一系列舌骨肌，使舌在采食和吞咽时可作灵敏而迅速的运动。

3. 颈部肌

禽类颈部较长，活动灵活，因此颈部的多裂肌、棘突间肌、横突间肌

1—长翼膜张肌；
2—臂三头肌；
3—臂二头肌；
4—腕桡侧伸肌；
5—旋前浅肌；
6—腕尺侧屈肌；
7—尾提肌；
8—腹外斜肌；
9—半膜肌；
10—腓肠肌；
11—腓骨长肌；
12—胫骨前肌；
13—股二头肌；
14—股阔筋膜张肌；
15—胸浅肌

图 13-2　鸡全身浅层肌

等肌肉的肌束也相应较多。但禽的颈部无臂头肌和胸头肌，颈静脉直接位于颈部皮下。

4. 躯干肌

包括脊柱肌、胸廓肌和腹壁肌，脊柱肌肉的发达程度在各段不同。脊柱颈段的肌肉很发达，分化较多，特别在近头部和胸部的两段。脊柱胸段和腰荐段的肌肉很不发达，因为这些部位的活动范围很小或完全不能活动，相反，脊柱尾段的肌肉比较丰富，能使尾向各方运动，因为尾羽在飞翔时起着舵的作用。

胸部肌位于肋间隙内，外面有斜角肌、提肋肌和肋间外肌，内面有肋间内肌和胸横肌，肋间内肌为呼气肌，其余为吸气肌，总之，禽类的胸廓肌比较薄弱，膈也不发达，呼吸运动还依赖于腹壁肌特别是翼的扑动。腹壁肌为四层薄的肌片，从外向内依次为腹外斜肌、腹内斜肌、腹直肌和腹横肌。

5. 前肢肌

前肢肌的数量很多，以胸肌特别发达，其重量约占全身肌肉的一半。

（1）胸大肌　位于胸的浅部，作用是将翼下降，为飞翔的主要肌肉；

（2）胸小肌　位于胸浅层肌肉的深面，为一大的纺锤形羽状肌，作用是将翼上举；

（3）胸第三肌　位于胸肌浅层的深面，胸深肌外侧，较小，呈扁平三角形，作用是降翼。

6. 后肢肌

后肢盆部的肌肉不发达，股部和小腿部的肌肉多而发达，占全身肌肉的比重仅次于胸肌。其中最大的一块为股胫肌（股四头肌），在禽分三部：外侧部（股胫外肌）、中间部（股胫中肌）、内侧部（股胫内肌）。迂回肌（耻骨肌）位于股骨前内侧，小的纺锤形肌，又称栖肌。

第二节　消化系统

消化系统由口、咽、食管、泄殖腔、肛门和肝、胰等器官组成（图 13-3）。

1—口腔；
2—咽；
3—食管；
4—气管；
5—嗉囊；
6—鸣管；
7—腺胃；
8—肌胃；
9—十二指肠；
10—胆囊；
11—肝管及胆管；
12—胰管；
13—胰；
14—空肠；
15—卵黄囊憩室；
16—回肠；
17—盲肠；
18—直肠；
19—泄殖腔；
20—肛门；
21—输卵管；
22—卵巢；
23—心；
24—肺

图 13-3　鸡消化系统模式图

一、口腔和咽

1. 口腔

禽类没有软腭、唇和齿，颊不明显，上下颌形成喙。喙是采食器官，其形态及构造因禽的种类而有所不同。鸡、鸽喙为尖锥形，被覆有坚强的角质，鸭、鹅的喙长而扁，除上喙尖部外，大部分被覆以角质层较柔软的蜡膜，喙缘则形成许多横褶，在水中采食时可将水滤出。硬腭后部及咽顶壁的中线上有一鼻后孔，向前延续为腭裂，鸡、鸽的长，鸭、鹅的短，由一对黏膜壁围成。

鸡、鸽的舌为尖锥形，舌体和舌根之间有一列乳头；鸭、鹅的舌较长而厚，除舌体后部外，侧缘有角质和丝状乳头。舌肌不发达，黏膜上缺味觉乳头，仅分布有数量少、结构简单的味蕾。禽类的上喙及硬腭黏膜，分布有感受器。

2. 咽

口腔与咽没有明显的界限，常合称口咽。顶壁前部有鼻后孔，后部正中有咽鼓管漏斗，两咽鼓管开口于漏斗内；咽底壁为喉。咽部黏膜血管丰富，可使大量血液冷却，有参与散发体温的作用。

3. 唾液腺

鸡的口咽发达，数量较多，在口腔和咽的黏膜下几乎连成一片。主要有上颌腺、腭腺、蝶腭腺、咽鼓管腺、下颌腺、舌腺、口角腺等。导管很多，开口于该腺所在部位的口腔黏膜和咽的黏膜上。

二、食管和嗉囊

1. 食管

较宽，易扩张，可分颈段和胸段。颈段与气管同偏于颈的右侧，直接在皮下。鸡、鸽的食管在胸腔前口的前方形成嗉囊；鸭、鹅无真正嗉囊，但食管颈段可扩大成纺锤形，以贮存食料，有括约肌与胸段为界。食管黏膜固有层分布有较大的黏液性食管腺，食管的肌层一般有两层，含丰富的壁内神经丛。食管后端的淋巴滤泡称为食管扁桃体，以鸭的较明显。

2. 嗉囊

为食管的膨大部，位于叉骨之前，直接在皮下，鸡的偏于右侧，鸽的分为对称的两叶。嗉囊的前后两口相距较近，有时食料可经此直接入胃。嗉囊主要有贮存和软化食料的作用。鸽嗉囊的上皮细胞在育雏期增殖而发生脂肪变性，脱落后与分泌的黏液形成嗉囊乳（鸽乳），用以哺乳幼鸽。

三、胃

禽胃分前、后两部：前部为腺胃，后部为肌胃（图 13-4）。

1. 腺胃

呈纺锤形，位于腹腔左侧，在肝左右两叶之间的背侧。前以贲门与食管相通，黏膜具有比较明显的分界；而后以峡部与肌胃相接，两者间的黏膜形成中间区。腺胃壁较厚，内腔不大，黏膜表面分布有 30～40 个肉眼可见的圆形宽矮的腺胃乳头，乳头上有深层腺导管的开口。

腺胃黏膜含有两种腺体：浅层为单管状腺，深层为复管状腺。前者短，紧密排列于固有层内，又称前胃浅腺，分泌黏液。复管状腺又称前胃深腺，形成小叶，分布于两层黏膜肌层之间，小叶中央为集合窦，腺小管排列于周围，集合窦以导管开口于黏膜表面的乳头上。深腺相当于家畜的胃底腺，但细胞只有一种（胃酸-胃酶细胞），兼有分泌盐酸和胃蛋白酶原的功能。食物通过腺胃时，与胃液混合后立即进入肌胃（图 13-5）。

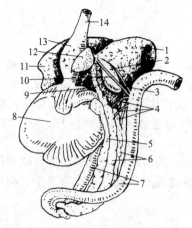

图 13-4　鸡的胃、肝、胰腺及十二指肠
1—肝右叶；2—胆囊；3—胆囊管；4—胰管；
5—胰腺背叶；6—胰腺腹叶；7—十二指肠；
8—肌胃；9—胰腺脾叶；10—肝叶；
11—肝右叶；12—脾；
13—腺胃；14—食管

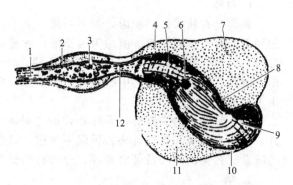

图 13-5　鸡腺胃和肌胃纵切面
1—食管；2—腺胃腺体层；3—黏膜乳头开口；
4—肌胃前背中间肌；5—前背盲囊；6—十二指肠开口；
7—背侧肌；8—类角质膜；9—后腹盲囊；
10—后腹中间肌；11—腹侧肌；12—中间带

2. 肌胃

紧接腺胃之后，为近似圆形或椭圆形的双凸体，质地坚实，位于腹腔左侧，在肝后方两叶之间。肌胃可分为厚的背侧部和腹侧部及薄的前囊和后囊。

肌胃的肌层很发达，是由平滑肌的环肌层发育而成，外纵肌在发育过程中消失。平滑肌因富含肌红蛋白而呈暗红色，组成两块强大厚肌和两块薄肌，四块肌在胃两侧以厚的腱中心相连接，形成所谓腱面。肌胃的入口和出口（幽门）都在前囊处。肌胃黏膜以薄的黏膜下组织与肌层紧密相连；在黏膜固有层内，排列有单管状的肌胃腺，一般 10～30 个为一群，开口于黏膜表面的隐窝。腺和隐窝主要由一种细胞构成，其分泌物加上黏膜上皮的分泌物及脱落的上皮细胞一起在酸性环境中硬化而形成一层厚的类角质膜，称胃角质层，俗称肫皮，中药名"鸡内金"，起保护黏膜的作用。

肌胃内经常含有吞食的砂砾，又称砂囊。肌胃以发达的肌层和胃内砂砾，以及粗糙而坚韧的类角质膜，对吞入食物起机械性磨碎作用。肉食和以浆果为食的鸟，肌胃很不发达，长期以粉料饲养的家禽，肌胃也较薄弱。

四、肠和泄殖腔

1. 小肠

分为十二指肠、空肠和回肠。十二指肠位于腹腔右侧，形成较直的长袢，分为降支和升支，两支的折转处达盆腔。升支在幽门附近移行为空回肠，降升支间夹有胰腺。空回肠形成许多肠袢，由肠系膜悬挂于腹腔的右侧。空回肠的中部有一小突起，叫卵黄囊憩室，是胚胎期卵黄囊柄的遗迹，常以此作为空肠与回肠的分界，壁内含有淋巴组织。回肠的末端较直，以系膜与盲肠相连。

小肠组织结构的特点是没有十二指肠腺，黏液由杯状细胞及单管状腺的浅部分泌，小肠绒毛有分支，但没有中央乳糜管，脂肪则吸收入门静脉循环。肠腺较短，黏膜下组织很薄。

2. 大肠

包括一对盲肠和一短的直肠。盲肠可分为盲肠基、体和尖三部分。盲肠基的壁内分布有丰富的淋巴组织，常称盲肠扁桃体，以鸡的最明显。鸽的盲肠很不发达。禽类没有明显的结肠，只有一短的直肠。大肠的组织结构与小肠相似，黏膜除在盲肠尖外也具有绒毛，但较短而宽。

3. 泄殖腔

泄殖腔是消化、泌尿和生殖三个系统的共同通道，略呈椭圆形。泄殖腔以黏膜褶分为三部分：前部为较膨大的粪道，向前与直肠相连，黏膜上有较短的绒毛，并以环形褶与中间的泄殖道为界，泄殖道最短，向后以半月形褶与肛道为界。输尿管与输精管（公禽）或输卵管（母禽）开口于泄殖道。肛道为最后部分，背侧在幼禽有腔上囊的开口，向后以泄殖孔开口于体外，也称肛门，由背侧唇和腹侧唇围成，并具有发达的括约肌。肛道背侧壁内有肛道背侧腺，侧壁内有分散的肛道侧腺。

五、肝和胰

1. 肝

位于腹腔前下部，分为左右两叶，以峡相连，右叶有一胆囊，但鸽无胆囊。成禽的肝一般呈暗褐色，但肥育的禽则会因肝内含有脂肪而为黄褐色或土黄色；刚孵出的雏禽因吸收卵黄色素而为鲜黄色，约两周后转为褐色。肝脏的两叶各有一肝门，每叶的肝动脉、门静脉和肝管等由此进出。右叶肝管注入胆囊，由胆囊发出胆囊管，左叶的肝管不经胆囊，与胆囊管共同开口于十二指肠终部，但鸽左叶的肝管较粗，开口于十二指肠的降支。禽肝的肝小叶明显。

2. 胰

位于十二指肠祥内，呈淡黄色或淡红色，长条形，可分为背叶、腹叶和很小的脾叶。胰管在鸡一般有2～3条，鸭、鹅有2条，与胆管一起开口于十二指肠终部。

六、胸腔和胸膜腔

禽类无相当于哺乳动物的膈，体腔从胸腔前口延伸到盆腔后端，以浆膜分为8个腔：1对胸膜腔，内有两肺。1个心包腔，内有心脏。5个腹膜腔，1对较小的肝背侧腹膜腔，内有胸气囊和腺胃等；1对较大的肝腹侧腹膜腔，内有肝的两叶；1个最大的肠腹膜腔，内有肌胃和肠等。

1. 囊胸膜和胸腔

囊胸膜是由胸气囊与胸膜构成，伸张于两肺的腹侧，又称肺膈。壁内含有较多的胶原纤维，又叫肺腱膜，禽的胸腔也被覆有胸膜，但因胸膜的大部分与被覆于胸壁及囊胸膜的胸膜壁层之间有纤维相连，因此胸膜腔不明显。

2. 囊腹膜和腹腔

囊腹膜又叫斜膈，是由胸气囊与腹膜形成，将心脏及其大血管等与肝脏及其后部的腹腔内脏隔开，所以又叫胸膜膈，是一层薄膜。

第三节　呼吸系统

一、鼻腔和眶下窦

1. 鼻腔

较狭，鼻孔位于上喙基部。鸡鼻孔上缘盖有一个膜质鼻孔盖，内有软骨支架，鸭、鹅等水禽鼻孔四周为柔软的蜡膜。鸽的上喙基部在两孔之间也形成蜡膜。鼻中隔大部分为软骨。每侧鼻腔有三个鼻甲：前鼻甲正对鼻孔，为C形薄板；中鼻甲较大，向内卷曲；后鼻甲位于后上方，呈小泡状，有嗅神经分布（鸽无后鼻甲）。鼻后孔为一个，开口于咽顶壁前部正中，两边的黏膜褶在吞咽时因肌肉的作用而关闭。

2. 鼻腺

鸡的鼻腺不发达，长而细，位于鼻腔侧壁，导管沿鼻腔侧壁向前，最后开口于鼻前庭的鼻中隔或前鼻甲上。水禽鼻腺对调节机体渗透压起重要作用，对生活在海洋上的禽类更为重要。

3. 眶下窦

眶下窦又称上颌窦，位于上颌外侧和眼球前下方，略呈三角形的小腔，鸡的较小，鸭、鹅的较大。外侧壁为皮肤等软组织，它以较宽的口与后鼻甲腔相通，而以狭窄的口通鼻腔。

二、喉和气管

1. 喉

位于咽的底壁，在舌根后方，约与鼻后孔相对，喉口呈缝状，以两黏膜褶围成，内有勺状软骨支架。环状软骨是喉的主要基础，由4片构成，以腹侧板（体）最长。禽类没有会厌软骨和甲状软骨，喉腔内无声带。喉软骨上分布有扩张和闭合喉口的肌肉，喉口在吞咽过程中，可因喉肌的作用而引起反射性地关闭。

2. 气管

较长而粗，伴随食管后行，到颈后半部，一同偏至右侧，入胸腔前又转到颈的腹侧。进入胸腔后在心基上方分为两个支气管，分叉处形成鸣管。气管支架由U形的气管环所构成，幼禽为软骨，随年龄增长而骨化。相邻气管互相套叠，可以伸缩，以适应颈的灵活性。沿气管两侧附着有狭长的气管肌，包括胸骨气管肌、锁骨气管肌和气管侧肌等，起于胸骨、锁骨和气管，均从鸣管向上一直延续到喉。

3. 鸣管

鸣管是禽类的发音器官，其支架为几个气管环和支气管环以及一块鸣骨。鸣骨呈楔形，位于气管叉的顶部，在鸣管腔分叉处，将气管环形成的鸣腔分为两个。在鸣管的内侧壁和外侧壁覆以两对弹性薄膜，叫内外鸣膜。两鸣膜形成一对狭缝，当禽呼吸时，空气振动鸣膜而发声。鸭鸣管主要由支气管构成；公鸭鸣管在左侧形成一个膨大的骨质鸣管泡，无鸣膜，故发声嘶哑。鸣禽的鸣管还一些复杂的小肌肉，能发出悦耳多变的声音。

4. 支气管

支气管经心基的上方而入肺，其支架为C形软骨环，内侧壁为结缔组织膜。

三、肺

禽类的肺不大，略呈扁平四边形，不分叶，位于胸腔背侧，从第1或第2肋骨向后延伸到最后肋骨，背侧面有椎肋骨嵌入，形成几条肋沟。肺除腹侧面前部有一肺门外，还有一些开口，与气囊相交通。支气管入肺后纵贯全肺，称为初级支气管，后端出肺而连接于腹气囊。从初级支气管分出4群次级支气管。腹内侧支气管一般有4个；背内侧支气管和腹外侧支气管各有8～9个；第4群为背外侧支气管，数目较多，鸡的25～30个，鸭的40个，但较细。从这些次级支气管，又分出许多三级支气管，又叫旁支气管，呈袢状，连接两群次级支气管之间的最多，在鸡有150～200个。此外，相邻的三级支气管之间还有吻合支。因此，禽肺内支气管分支不形成支气管树，而是互相连通形成管道。

每条三级支气管壁被许多辐射状排列的肺房所穿通。肺房是不规则的球形腔，其底壁形成一些小漏斗，漏斗再分出许多直径为7～12μm的肺毛细管，相当于家畜的肺泡。肺毛细管仅有网状纤维作为支架，衬以单层扁平上皮，外面包围着丰富的毛细血管。在禽类，一条三级支气管及其相联系的气体交换区（包括肺房、漏斗和肺毛细管）构成一个肺小叶，呈六面棱柱状，包以薄的结缔组织膜。

四、气囊

1. 气囊的分布

气囊是禽类特有的器官，是肺的衍生物，由支气管的分支出肺后形成。气囊在胚胎发生时共有 6 对，但在孵出前后一部分气囊合并，多数禽类只有 9 个，可分前后两群。前群有 5 个气囊：1 对颈气囊，1 个锁骨气囊和 1 对胸前气囊。2 个颈气囊在胸腔前部背侧正中互相合并，由此再发出分支沿颈椎的横突管和椎管向前延伸；锁骨气囊实际是由 2 个气囊合并而成，位于胸腔前部腹侧，并分出一些憩室到腋部、肱骨、胸骨和锁骨内；胸前气囊位于两肺的腹部。后群气囊有 4 个：1 对胸后气囊和 1 对腹气囊。前者位于肺腹侧的后部；腹气囊最大，位于腹腔内两侧，并分出憩室至综荐骨、髂骨及肾背面。前群气囊均与腹内侧支气管直接相通；胸后气囊与腹外侧支气管直接相通；腹气囊直接与初级支气管相通。此外，除颈气囊外，所有气囊还与若干三级支气管相通，通称为返支气管（图 13-6）。

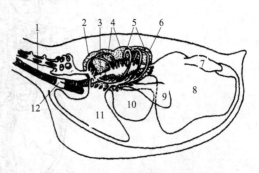

图 13-6　禽气囊及支气管分支模式图
1—气管；2—肺；3—初级支气管；4—次级支气管；
5—三级支气管；6—肺；7—肾憩室；8—腹气囊；
9—胸后气囊；10—胸前气囊；
11—锁骨气囊；12—鸣管

2. 气囊的构造及功能

气囊壁很薄，内皮为单层扁平上皮，仅在开口处为柱状纤毛上皮；外层是与浆膜相连续的单层扁平上皮。两层上皮之间为疏松结缔组织，血管较少。

气囊有多种生理功能，可减少体重，平衡体位，加强发音气流，发散体热以调节体温，并因大的腹气囊紧靠睾丸，而使睾丸能维持较低温度，保证精子的正常生成。但最重要的还是作为贮气装置而参与肺的呼吸作用。当吸气时，新鲜空气进入初级支气管，大部分绕过收缩着的肺，进入后群气囊；呼气时，后群气囊的空气流入肺内，到达肺毛细管，进行气体交换并使肺扩大。第二次吸气时，空气再次充满后群气囊，而前一次吸入的空气由于肺的收缩而进入前群气囊。第二次呼气时，前群气囊的空气进入支气管而排出体外，第二次吸入的空气再次进入肺进行气体交换。由此可见，不论吸气或呼气，肺内均要进行气体交换，以适应禽体新陈代谢的需要。

第四节　泌尿系统

一、肾

禽肾（图 13-7）比例较大，占体重的 1% 以上。位于综荐骨两旁和髂骨的内面，前端达最后椎肋骨。肾外无脂肪囊包裹，仅背侧与骨之间垫以腹气囊形成的肾周憩室。禽肾呈红褐色，分为前、中、后三部。没有肾门，血管、神经和输尿管在不同部位直接进出肾脏。输尿管在肾内不形成肾盂或肾盏，而是分支为初级分支（鸡约 17 条）和次级分支（鸡的每一初级分支上有5～6条）。禽肾表面有许多深浅不一的裂和沟，较深的裂将肾分为数十个肾叶，每个肾叶又被其表面的浅沟分成数个肾小叶。肾小叶呈不规则形状，彼此间由小叶间静脉隔开。每个肾小叶也分为皮质和髓质，但由于肾小叶的分布有浅有深，因此整个肾不能区分出皮质和髓质。禽肾的血液供应与哺乳动物不同，除肾动脉和肾静脉外，还有肾门静脉。

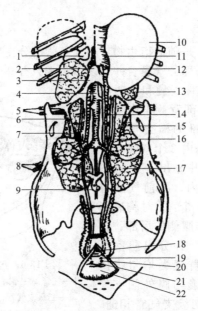

图 13-7　公鸡的泌尿生殖系统（腹面观）

1—肾上腺；2—后腔静脉；3—髂总静脉；4—降主动脉；5—股动、静脉；6—后肾门静脉；7—肾后静脉；8—坐骨动、静脉；9—肠系膜后静脉；10—睾丸；11—睾丸系膜；12—附睾；13—肾前叶；14—输精管；15—肾中叶；16—输尿管；17—肾后叶；18—粪道；19—输尿管口；20—输精管乳头；21—泄殖道；22—肛道

二、输尿管

输尿管从肾中部走出，沿肾的腹侧向后延伸，最后开口于泄殖道顶壁两侧。输尿管壁很薄，有时因管内的尿液含有较浓的尿酸盐而显白色。禽类没有膀胱，尿沿输尿管输送到泄殖腔与粪混合，形成浓稠灰白色的粪便一起排出体外。

第五节　生殖系统

一、公禽生殖器官

1. 睾丸和附睾

（1）睾丸　左右对称，位于腹腔内，以肠系膜悬挂在肾前部的腹侧，与胸、腹气囊相接触，邻近后腔静脉、髂总静脉等大血管，去势时应注意。睾丸的体表投影位置，在最后两个椎肋骨的上部。睾丸的大小因年龄和季节而有变化，幼雏只有米粒大，淡黄色；成禽在生殖季节，可达鸽蛋大，颜色变为白色。

睾丸外面包有浆膜和一层薄的白膜；睾丸内的结缔组织间质不发达，不形成睾丸小隔和纵隔。实质主要为精小管。睾丸增大主要是由于精小管的加长和增粗，以及间质细胞增多。

（2）附睾　主要由睾丸输出小管和短的附睾管构成。附睾管由附睾后端伸出延续为输精管。

2. 输精管

输精管是一对弯曲的细管，与输尿管并行，向后因壁内平滑肌逐渐增多而增粗，输精管的终部变直，然后略扩大成纺锤形，进入泄殖腔内，末端形成输精管乳头，突出于输尿管口的外下方。输精管是精子成熟和主要贮存处，在生殖季节输精管加长增粗，弯曲密度也变大，此时常因贮有精液而呈乳白色。禽类没有相当于哺乳动物的副性腺，精液主要由精小管、睾丸输出小管及输精管的上皮细胞所分泌，可能还来自泄殖腔旁血管体和淋巴褶。

3. 交配器

公鸡的交配器除一对输精管乳头外，还包括阴茎体、生殖突和一对淋巴褶。阴茎体包括一个正中突和一对外侧突，位于肛门腹侧唇的内侧，刚孵出的雏鸡可用来鉴别雌雄，此外在泄殖道侧壁上还有泄殖腔旁血管体，为红色的卵圆形体，由上皮细胞和窦状毛细血管构成。交配射精时，一对外侧突因充满淋巴而增大。中间形成阴茎沟，插入母鸡阴道内，精液由阴茎沟导入阴道。

公鸭和公鹅有较发达的阴茎，位于肛道腹侧偏左，长达 6～9cm，但和哺乳动物并非同源器官，它是由两个纤维淋巴体和一个产生黏液的腺部构成。两个纤维淋巴体之间在阴茎表面形成螺旋形的阴茎沟。勃起时，淋巴体充满淋巴，阴茎变硬并加长因而伸出，阴茎沟则闭合成管，将精液导入母鸭和母鹅阴道内。

二、母禽生殖器官

母禽生殖器官仅左侧发育正常，右侧在胚胎发生过程中即停滞而至退化。母禽生殖器官有卵巢和输卵管（图 13-8）。

1. 卵巢

以短的系膜附着在左肾前部及肾上腺的腹侧。雏禽卵巢为扁平椭圆形，呈灰白色或白色，表面呈颗粒状，被覆生殖上皮。皮质内有卵泡，髓质为疏松结缔组织和血管。随着年龄的增长和性活动，卵泡不断发育生长，卵泡逐渐贮积卵黄，并突出于卵巢表面，尤其在排卵前 7～9 天，仅以细的卵泡蒂与卵巢相连，因而卵巢呈葡萄状。

2. 输卵管

仅左侧发育完整，为一条长而弯曲的管道，幼禽较细直，成禽在停止产卵期间萎缩。它以背侧韧带悬挂于腹腔背侧偏左，沿输卵管腹侧形成一个游离的腹侧韧带，向后固定于阴道。

禽输卵管根据构造和功能，由前向后可顺次分为五部分：漏斗、膨大部、峡、子宫和阴道。漏斗位于卵巢的后方，前端呈漏斗状，中央有一缝状的输卵管腹腔口，边缘薄而呈伞状，漏斗迅速变细，形成漏斗颈。漏斗以韧带固着在左侧倒数第 2 肋骨。膨大部又称蛋白分泌部，是输卵管最长和最弯曲的一段，它以短而细的峡与子宫连接。子宫扩大成囊状，壁较厚。阴道是输卵管的最后一段，弯曲成 S 形的短袢，先以子宫折转向前，再转而向后，最后开口于泄殖道的左侧。

输卵管壁也由黏膜、肌层和浆膜构成。黏膜形成皱

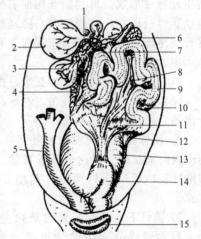

图 13-8 母鸡生殖器官（腹侧面）
1—卵黄柄；2—成熟卵泡；3—排卵后的
卵泡膜；4—漏斗；5—直肠；6—左肾前叶；
7,10,12—背侧韧带；8—腹侧韧带；
9—蛋白分泌部；11—峡部；13—子宫及
临产的卵；14—阴道；15—泄殖孔（肛门）

褶，上皮由纤毛柱状细胞和单细胞腺构成；固有层内含有管状腺；黏膜下组织薄，无黏膜肌层。

第六节　心血管系统

一、心脏

禽的心脏较大，位于胸腔前下方，心基朝向前方，与第 1 肋骨相对；心尖夹于肝脏的左、右叶之间，与第 5 肋骨相对。禽心也有两个心房和两个心室，其形态构造与哺乳动物的相似。右心房有一个静脉窦，是左、右前腔静脉和后腔静脉的注入处，但外表并不明显，有的禽类可能没有。右房室瓣是一片厚的肌瓣，呈新月形。右心室壁内较平滑，缺乳头肌和腱索结构。

左、右肺静脉相互合并成一总静脉干进入左心房。左心室口呈圆形，有 3 个膜性左房室瓣。主动脉口和肺动脉口都是 3 个半月形的瓣膜。

禽心脏传导系也由窦房结、房室结和房室束构成。窦房结位于右心房壁内，其位置因禽种不同而有差异，鸡的窦房结位于两前腔静脉口之间，在心房的心外膜下或右房室瓣基部的心肌内。房室结位于房中隔的后上方，在左前腔静脉口的稍前下方。房室结向后逐渐变窄移行为房室束，分为左、右两支。禽的房室束及其分支无结缔组织鞘包裹，和心肌纤维直接接触，兴奋易扩散到心肌。

二、血管

1. 动脉分布的特点

肺动脉干由右心室出发，在接近臂头动脉的背侧分为左、右肺动脉，肺动脉通过肺膈，在肺的腹侧面稍前方进入肺门（图 13-9）。

主动脉由左心室出发，可分为升主动脉、主动脉弓和降主动脉 3 段。升主动脉是胚胎期右主动脉弓形成。自起始部向前右侧斜升，然后弯向背侧，到达胸椎下缘移行为主动脉弓。主动脉弓近段在心包内弯向右肺动脉背侧，然后穿过心包和肺膈，位于右肺前端内侧，远段移行到尾部，沿途分支分布到体壁和内脏器官。

主动脉的分支如下所述。

（1）左、右冠状动脉　在半月瓣处发出，分布于心肌。

（2）臂头动脉　一对在主动脉起始部分处。分布到头部和翼部的血管，向前外侧延伸，分出颈总动脉和锁骨下动脉。

① 颈总动脉　向前到颈基部互相靠拢，然后沿颈部腹侧中线，在颈椎和颈长肌所形成的沟内向前延伸，沿途分布于食管、嗉囊、甲状腺等。两颈总动脉到颈前部（约第 4 至第 5 颈椎处）由肌肉深处穿出，互相分开向同侧的下颌角延伸，在此处分为颈外动脉和颈内动脉。

② 锁骨下动脉　是翼的动脉主干，它绕出第 1 肋骨移行为腋动脉，以后延续为臂动脉，到前臂部分为桡动脉和尺动脉。锁骨下动脉紧靠第 1 肋骨外侧还发出胸动脉，分布于胸肌。

（3）降主动脉　沿体壁背侧中线后行，分出成对的肋间动脉、腰动脉和荐动脉到体壁，还分出一些脏支至内脏。腹腔动脉分布于食管、腺胃、肌胃、肝、脾、胰、小肠和盲肠，其中肝动脉有两支，到肝的两叶。肠系膜前动脉分布于空、回肠。肠系膜后动脉分布于盲肠和直肠。

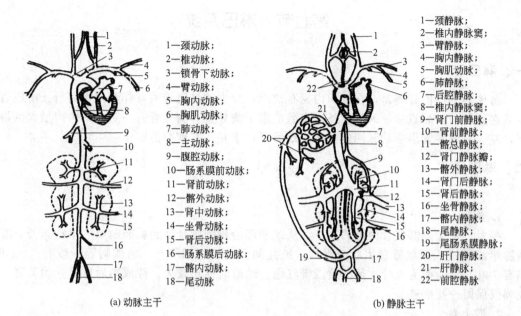

1—颈动脉；
2—椎动脉；
3—锁骨下动脉；
4—臂动脉；
5—胸内动脉；
6—胸肌动脉；
7—肺动脉；
8—主动脉；
9—腹腔动脉；
10—肠系膜前动脉；
11—肾前动脉；
12—髂外动脉；
13—肾中动脉；
14—坐骨动脉；
15—肾后动脉；
16—肠系膜后动脉；
17—髂内动脉；
18—尾动脉

1—颈静脉；
2—椎内静脉窦；
3—臂静脉；
4—胸内静脉；
5—胸肌动脉；
6—肺静脉；
7—后腔静脉；
8—椎内静脉窦；
9—肾门前静脉；
10—肾前静脉；
11—髂总静脉；
12—肾门静脉瓣；
13—髂外静脉；
14—肾门后静脉；
15—肾后静脉；
16—坐骨静脉；
17—髂内静脉；
18—尾静脉；
19—尾肠系膜静脉；
20—肝门静脉；
21—肝静脉；
22—前腔静脉

(a) 动脉主干　　　　　　　　　　　　　　　　(b) 静脉主干

图 13-9　禽血管主干模式图

（4）肾前动脉　由主动脉分出至肾前部，还分出肾上腺动脉、睾丸或卵巢动脉。

（5）髂外动脉　在肾前部与中部之间分出，向外侧延伸，出腹腔后称为股动脉。

（6）坐骨动脉　在肾中部与肾后部之间分出，并向外侧延伸，同时分出肾中和肾后动脉，然后穿过坐骨孔到后肢，成为后肢动脉主干。

（7）髂内动脉　在主动脉末端分出，很细，主干延续为尾动脉至尾部。

2. 静脉分布的特点

（1）肺静脉　有左、右两支，注入左心房。

（2）大循环静脉　基本与动脉伴行。

（3）左、右颈静脉　主要汇流头部血液，两颈静脉在颈部皮下沿气管两侧延伸于颈的全长。在胸腔前口处，左、右颈静脉分别与同侧的锁骨下静脉汇合，形成左、右前腔静脉，开口于右心房静脉窦。但鸡的左前腔静脉则直接开口于右心房。

（4）翼、胸肌、胸壁静脉　经臂静脉和胸肌静脉到锁骨下静脉，后者与颈静脉汇合。臂静脉位于臂部内侧，亦称翼下静脉，是鸡静脉注射的部位。

（5）左、右髂内静脉　汇集骨盆壁的静脉，向前延续，部分埋于肾内，成为后肾门静脉。在肾中部和肾后部的交界处，肾门后静脉与同侧的髂外静脉汇合成髂总静脉。两侧的髂总静脉汇合成后腔静脉。后腔静脉较粗，向前行，通过肝时接纳几支肝静脉，然后穿过胸腹膈而入胸腔，最后开口于右心房。两侧后肾门静脉在肾后方中线吻合，插入肠系膜后静脉形成 3 路吻合。在髂外静脉分出前支（前肾门静脉）处，有禽类特有的括约肌样圆筒状肾门瓣。在活体，通过肾门瓣启闭，可调节血流量。

（6）股静脉和坐骨静脉　汇集后肢的静脉。股静脉离开股部进入盆腔后称为髂外静脉。坐骨静脉沿股骨后方上行，通过髂坐孔与后肾门静脉吻合。

（7）门静脉　有左、右两干，左干主要收集胃和脾的血液，较细，其属支有胃腹侧静脉、胃左静脉、腺胃后静脉和左肝门静脉，进入肝左叶。右干主要收集肠的血液，较粗，入肝右叶，其属支有肠系膜总静脉、胃胰十二指肠静脉和腺胃静脉，并有肠系膜后静脉汇入，后者与髂内静脉相连，借此体壁静脉与内脏静脉相沟通。

第七节　淋巴系统

一、淋巴管

禽体内的淋巴管丰富，在组织内密布成网，较大的淋巴管通常伴随血管而行。淋巴管除少数在胸腔前口处直接注入静脉外，多数汇集于胸导管。胸导管有一对，是体内最大的淋巴管，左、右胸导管沿主动脉两侧前行，最后开口于左、右前腔静脉。

二、淋巴器官

1. 胸腺

一对，位于颈部气管两侧的皮下，从颈前部沿颈静脉延伸到胸腔前口的甲状腺处。有时胸腺组织可进入甲状腺和甲状旁腺内，彼此间无结缔组织隔开。每侧胸腺一般有 3～8 叶，鸡有 7 叶，鸭、鹅为 5 叶，呈淡黄或带红色。幼龄时体积较大，性成熟后重量开始下降，到成鸡仅保留一些痕迹。

2. 腔上囊

又叫泄殖腔囊或法氏囊，是禽类特有的淋巴器官，位于泄殖腔背侧，开口于肛道。鸡的呈球形，鸭、鹅的为椭圆形。腔上囊同胸腺一样，幼龄家禽较发达，性成熟后开始退化，随着年龄增长，体积逐渐缩小，到 10 月龄（鸭一年，鹅更迟）时，仅留小的遗迹，甚至完全消失。

3. 脾

禽的脾较小，位于腺胃右侧，为褐红色，呈圆形或三角形。外包薄的结缔组织膜，并向内分出不发达的小梁，形成脾的支架。实质分白髓和红髓，但二者分界不明显。

4. 淋巴结

与哺乳动物类似的淋巴结仅见于鸭、鹅等水禽，有两对。一对是颈胸淋巴结，位于颈基部，呈长纺锤形；另一对是腰淋巴结，为长带形，位于腰部主动脉两侧，肾与综尾骨之间。

另外，禽体的淋巴组织除形成一些淋巴器官外，还广泛分布于体内许多管状器官的黏膜固有层或黏膜下层和实质性器官的间质内，多为弥散淋巴组织，有的可形成淋巴小结。如鸡盲肠后端在近回盲肠交界处，具有发达的淋巴组织，称为盲肠扁桃体，是抗体的重要来源之一。

第八节　内分泌系统

一、垂体

垂体位于脑的腹侧，以垂体柄与间脑相连，呈扁平长卵圆形，可分为腹侧部的腺垂体和背侧部的神经垂体，腺垂体又分为结节部和远侧部；结节部包围于漏斗和正中隆起的周围；远侧部又分为前区和后区。神经垂体由漏斗、正中隆起和神经叶三部分组成，前两者组成垂体柄，神经叶位于腺垂体远侧部后区的背侧。神经垂体有发达的垂体隐窝，与第三脑室相通。

二、松果体

成年家禽的松果体呈钝圆锥形实心体，淡红色，位于大脑两半球与小脑之间的三角形区内，外覆脑膜，以一细柄与间脑相接。产蛋期母鸡的松果体重约 5mg，长约 3.5mm，宽约

2.0mm。松果体的重量，当孵出后随着年龄的增长而增加，直至性成熟为止。

三、甲状腺

禽的甲状腺呈椭圆形，暗红色，位于胸腔前口附近气管的两侧，颈总动脉与锁骨下动脉分叉处的前方。甲状腺的大小因禽的品种、年龄、季节和饲料中碘的含量而有变化，鸡的约为0.8cm×0.4cm。组织结构与哺乳动物的相似，也形成许多囊状滤泡。

四、甲状旁腺

甲状旁腺有两对，很小，如芝麻粒大，呈黄色或淡褐色，紧位于甲状腺之后，位置变化较大。其实质为主细胞形成的细胞索，索间为网状组织。

五、腮后腺

腮后腺是一对较小的腺体（鸡为2～3mm），位于甲状腺和甲状旁腺后方，新鲜标本中，腮后腺呈淡红色。形状不规则，无被膜，周界常不明显。其实质由降钙素细胞形成的细胞索所构成。腮后腺分泌降钙素，参与体内钙的代谢。

六、肾上腺

肾上腺是一对，呈卵圆形或扁平的不规则形，多为乳白色、黄色或橙色，位于两肾前端。实质也由皮质和髓质构成，但分界不明显。皮质形成细胞索，髓质则形成不规则的细胞团，分散于皮质的细胞索之间，呈镶嵌状结构。

第九节　神经系统

一、中枢神经

1. 脊髓

禽类脊髓细长，从枕骨大孔与延髓连接处起，向后延伸，直到综尾骨的椎管内，因此后端不形成马尾。在脊髓的颈胸部和腰荐部形成颈膨大和腰膨大。腰膨大较发达，其背侧向左右分开，形成菱形窦，窦内有胶质细胞团，称胶质体，因其细胞内充满糖原，故又称糖原体，其作用不甚清楚（图13-10）。脊髓的内部结构与哺乳动物相似，中央为灰质，外周为白质。在颈膨大和腰膨大部，灰质腹侧柱神经元有一部分移至外周的白质内，形成缘核。

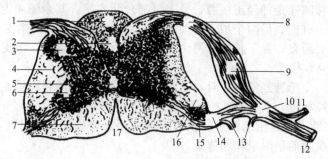

图13-10　鸡脊髓腰段横断面
1—胶状体；2—中央管；3—灰质背柱；4—外侧索；5—灰质连合；6—灰质腹柱；7—腹侧索；
8—背根；9—背神经节；10—脊神经；11—脊神经背支；12—脊神经腹支；13—交通支；
14—腹根；15—运动根细胞；16—边缘核；17—腹正中裂

2. 脑

禽脑较小。延髓腹侧面隆凸，第Ⅴ至第Ⅷ对脑神经根向两侧发出。中脑较发达，后方与延髓直接融合，背侧顶盖形成一对发达的二叠体，又叫视叶，相当于哺乳动物的前丘。间脑较短，位于视交叉背后侧，无乳头体。小脑的蚓部很发达，两侧有一对小脑绒球。禽的大脑皮质较薄，表面光滑，无脑沟和脑回，仅背面有一略斜的纵沟。禽的纹状体较发达，是重要的整合中枢。胼胝体很不发达，主要是以前连合和皮质连合联络两大脑半球（图13-11）。

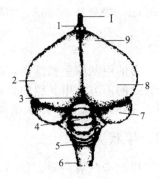

图13-11 鸽脑背侧观

Ⅰ—嗅神经；1—嗅球；2—大脑；3—松果体；4—小脑；5—延髓；6—脊髓；7—视叶；8—顶叶；9—额叶

二、周围神经

1. 脊神经

鸡的脊神经与椎骨数目接近，共36～41对，其中颈神经13～14对、胸神经7对、腰荐神经11～14对、尾神经5～6对。

（1）臂神经丛 由最后两个颈神经和第1、2胸神经的腹侧支形成，分为丛背侧干和丛腹侧干，丛背侧干发出腋神经和桡神经。丛腹侧干发出胸肌神经和正中尺神经。正中尺神经又分为正中神经和尺神经。

（2）腰荐神经丛 是由脊髓腰膨大的8对（第23～30对）脊神经腹侧支所形成，分为腰神经丛和荐神经丛两部分。腰神经丛主要分支有股神经和闭孔神经等。荐神经丛主要形成粗大的坐骨神经。坐骨神经分为胫神经和腓总神经，二者被一结缔组织鞘所包围，直到膝关节后方才分开。

（3）阴部神经丛 是由第31～34对脊神经的腹侧支所形成，其壁支分布于泄殖腔和尾部、腹底壁的皮肤；脏支即阴部神经，属副交感神经。

2. 脑神经分布特点

禽类的脑神经有12对，其中第Ⅰ、第Ⅱ、第Ⅲ、第Ⅳ、第Ⅵ、和第Ⅶ对脑神经与哺乳动物基本相似，其余脑神经有以下特点。

（1）三叉神经 较发达，分为眼神经、上颌神经和下颌神经。

（2）面神经 不发达，有运动支和感觉支。

（3）舌咽神经 分为三支，即舌神经、喉咽神经（喉神经、咽神经）和食管降神经。

（4）迷走神经 见植物性神经。

（5）副神经 伴随迷走神经出颅腔，分支至部分颈皮肌，其余随迷走神经分布。

（6）舌下神经 有前、后两个根，出颅腔后与第1、2颈神经腹侧支连合，并与迷走神经和舌咽神经间有交通支。舌下神经有两个终支，即舌支和气管支。舌支细小。

3. 植物性神经分布特点

（1）交感神经 交感神经干有一对，从颅底沿脊柱两侧延伸到综尾骨，具有一串椎旁神经节，数目与脊神经相近，在鸡有37个：颈14个、胸7个、腰荐13个、尾3个。

① 颈部交感神经干 有粗细两条。颈前神经节很大，位于颅骨底部，其节后纤维主要分布于头部皮肤、血管的平滑肌和腺体中。

② 胸部和腰荐部交感神经干 节间支分为背、腹两支，包绕肋头或椎骨横突。胸部发出的脏支有心肺支和内脏大、小神经。主要分布于心脏、肺、肝、胃、脾、胰、十二指肠、空回肠和盲肠。

③ 肠神经 为禽的一支特殊的神经，从直肠与泄殖腔的连接处起，在肠系膜内与肠管

平行向前延伸，直到十二指肠的后端，具有一串肠神经节。肠神经接受来自肠系膜前丛、主动脉丛、肠系膜后丛和盆丛的交感神经纤维，发出细支到泄殖腔。

（2）副交感神经　禽脑部副交感神经的节前纤维随动眼神经、面神经、舌咽神经和迷走神经出脑，其中动眼神经、面神经和舌咽神经的副交感纤维与哺乳动物的相似，主要分布于口腔、咽、鼻腔的弥散腺体及虹膜、睫状肌、瞬膜腺等。

迷走神经主要含副交感神经纤维，很发达，其根部具有近神经节，经颈静脉孔出颅腔后有交通支与舌咽神经及舌下神经相联系，分布到咽、喉、气管和食管。然后伴随颈静脉下行，在胸腔前口、甲状腺附近有远神经节，从其上发出 4～5 个小支分布到胸腺、甲状腺、甲状旁腺、腮后腺等。在此神经节之后，迷走神经分出返神经，右侧返神经绕过主动脉弓向上行，左侧的则绕过动脉导管索，它们有分支到气管、食管和嗉囊，并与舌神经的食管降支相交通。返神经还发出一条细的降支，沿嗉囊后的食管后行，除分支到食管外，在食管背侧系膜中继续后行，左、右两支互相联合形成一短干，连于腹腔神经丛。迷走神经在胸腔内发出心前神经、心后神经和肺支，分布到心和肺。然后左、右迷走神经于同侧肺动脉的外侧后行，在腺胃处合成迷走神经总干，沿腺胃腹侧后走，在腺胃与肌胃交界处，又互相分开进入腹腔神经丛。迷走神经除分支到胃、肝、脾、胰外，在十二指肠后端也有分支加入肠神经。

荐部副交感神经由荐部脊髓发出形成几支盆神经，加入阴部神经丛。阴部神经丛分出阴部神经，沿输尿管后行，直到泄殖腔背外侧的泄殖腔神经节，在泄殖腔的背侧，两侧的泄殖腔神经节及直肠系膜内的直肠神经节相互联系，形成泄殖腔神经丛，节后纤维分布于输尿管、输精管（或输卵管）和泄殖腔等。泄殖腔神经丛也有纤维加入肠神经。

第十节　感觉器官

一、视觉器官

1. 眼球

禽类眼球比较大，成鸡两眼球的重量与脑之比为 1∶1。家禽的眼球较扁，角膜较凸，巩膜坚硬，其后部含有软骨板；角膜与巩膜连接处有一环形小骨片形成巩膜骨环。虹膜呈黄色，中央为圆形的瞳孔，虹膜内的瞳孔开大肌和瞳孔括约肌均为横纹肌。睫状肌除调节晶状体外，还能调节角膜的曲度。视网膜层较厚，在视神经入口处，视网膜呈板状伸向玻璃体内，并含有丰富的血管和神经，这一特殊结构称为眼梳，可能与视网膜的营养和代谢有关，因禽的视网膜没有血管分布。晶状体较柔软，其外周在靠近睫状突部位有晶状体环枕（图 13-12）。

2. 辅助器官

禽类眼睑缺睑板腺。下眼睑大而薄，较灵活。第三眼睑（瞬膜）发达，为半透明薄膜，由两块小的横纹肌控制，即瞬膜方肌和瞬膜锥状肌，受外展神经支配。瞬膜活动时，能将眼球前面完全盖住。

泪腺较小，位于下眼睑后部的内侧。瞬膜腺较发达，鸡的呈淡红色至褐红色，位于眶内眼球的腹侧和后内侧，分泌黏液性分泌物，有清洁、湿润角膜和利于瞬膜活动的作用。禽类眼球的运动由 6 块小而薄的眼肌控制，包括 2 块斜肌，4 块直肌，无退缩肌。

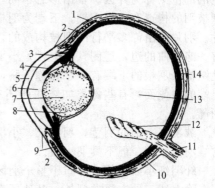

图 13-12　鸡眼球纵剖面

1—巩膜；2—巩膜骨环；3—睫状体；4—虹膜；
5—角膜；6—瞳孔；7—晶状体；8—晶状体环枕；
9—脉络膜；10—视网膜；11—视神经；
12—眼栉；13—玻璃体；14—巩膜

二、位听器官

1. 外耳

禽类无耳廓，外耳门周缘有褶，被小的耳羽遮盖。外耳道较短，鼓膜向外隆凸。

2. 中耳

鼓室除以咽鼓管与咽腔相通外，还以一些小孔与颅骨内的一些气腔相通。听小骨只有一块，称为耳柱骨，其一端以多条软骨性突起连于鼓膜，另一端膨大呈盘状嵌于内耳的前庭窗。

3. 内耳

内耳由骨迷路和膜迷路构成，但三个半规管很发达。耳蜗则不形成螺旋状，是一个稍弯曲的短管。

第十一节　被皮系统

一、皮肤

皮肤被覆于整个禽体表面，可分为表皮、真皮、皮下组织三层。表皮由复层扁平上皮构成，表皮浅层为角化层，不断形成皮屑脱落，而由深层的生长层补充，真皮由致密结缔组织构成，也较薄，真皮内没有腺体，血管也不丰富，皮下组织层为疏松结缔组织，疏松而细微，以利于羽毛的活动，在某些部位常含有脂肪。皮肤的颜色因品种而不同，一般有白色和黄色，黄色色素来源于饲料中的叶黄素和胡萝卜素。

禽类皮肤没有汗腺，也没有分布广泛的皮脂腺，只是在尾部形成集中的尾脂腺。

禽的皮肤从躯干到臂部和前臂部形成一固定的皮肤褶，叫翼膜，翼膜由两层皮肤构成，皮翼膜有较大的面积，以利飞翔，中间有一层强性弹性膜，当翼展开后，它能机械地回缩，并将翼的各端紧贴于胸壁，有协助收翼的作用。在翼膜内有特殊的皮肌——翼膜肌。水禽的趾间有皮褶叫蹼，用来作为划水的工具。

二、羽毛

羽毛是禽类皮肤特有的衍生物。这些羽毛着生在皮肤的一定区域，称为羽区。无羽毛着生的部位则称为裸区。根据形态不同，羽毛主要分为三类，即正羽或披羽、绒羽和纤羽。典型披羽的构造有一根羽轴，下端为羽根，着生在皮肤的羽囊内，上部为羽茎，其两侧具有羽片。羽片是由许多平行的羽枝构成的，从其上又分出两排小羽枝，近端（即下排）小羽枝具有一略卷曲的边，远侧（即上排）小羽枝具有小钩与卷边互相钩连，从而构成一片完整的弹性结构。羽根的下端有一小孔称下脐，内有真皮乳头，是新羽羽髓的发生处，上脐位于羽根上端的腹侧面，有些禽类如鸡在此还有一较小的付羽。在羽根内有一系列呈片状的干燥的羽髓。

绒羽有一细的羽茎，羽枝长、小羽枝不形成小钩等构造，主要起保温作用。初孵出的幼禽雏羽似绒羽。但不具羽小枝。

纤羽细小如毛状，分布于整个羽区，长短不一，仅羽茎顶部有少数短羽枝。

除上述三种主要类型外，其他还有耳羽、尾腺羽等。

羽毛的颜色决定于其内的色素颗粒。

三、尾脂腺

禽类皮肤没有汗腺和皮脂腺，仅有与皮脂腺作用相同的尾脂腺，位于综尾骨背侧，有两叶，鸡的为圆形，水禽的为卵圆形。每叶腺体中央有一小腺腔。周围的分泌部属于单管状全浆分泌腺，分泌物排入腺腔，再经1～2个导管开口于尾脂腺乳头。尾脂腺分泌物含有脂质、卵磷脂和高级醇，但无胆固醇。禽可用喙压迫尾脂腺，将分泌物涂布于羽毛，起着润泽羽毛、使之不被水浸湿的作用。因此，在水禽更为重要。

四、被皮衍生物

1. 冠、髯和耳叶

冠、髯和耳叶位于头部，均由皮肤褶衍变而成。

（1）冠　公鸡冠较发达，成直立状。母鸡冠常倒向一侧。冠柔润光滑，呈鲜红色。其结构、形态可作为辨别鸡的品种、成熟程度和健康情况的标志。冠的表皮很薄，真皮较厚。真皮浅层含有丰富的窦状毛细血管，使冠呈红色；中间层是厚的纤维黏液组织，其黏液性物质填充于中间层的间缘内，能维护冠的直立，但去势公鸡和停蛋母鸡中间层的黏液性物质消失，故冠也倾倒。冠的中央部也来源于真皮，内含较大的血管。

（2）髯　位于喙的下方，两侧对称。结构与冠相似，但真皮缺少纤维黏液性组织，中央部则由疏松结缔组织构成。

（3）耳叶　位于耳孔开口的下方，呈椭圆形，多为红色或白色。其构造特点是真皮缺少纤维黏液性组织。真皮浅层中含窦状毛细血管的耳叶呈红色，缺者呈白色。

2. 鳞片、喙、爪和距

鳞片、喙、爪和距均是由表皮角质层加厚形成，其中喙、爪和距的角质由于角蛋白高度钙化而变得特别坚硬。

【复习思考题】

1. 家禽骨骼与家畜骨骼有什么不同？
2. 禽类消化管依次由哪些结构组成？食管、腺胃、肌胃和肠各有什么形态结构特点？
3. 禽类呼吸、生殖系统由哪些结构组成？有什么形态结构特点？

【本章小结】

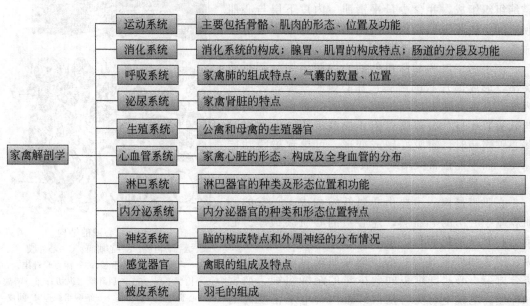

第十四章　主要器官组织结构

【本章要点】

【本章要点】

主要介绍各系统中主要器官的组织结构特点。

【知识目标】

1. 掌握心血管系统、消化系统、呼吸系统、泌尿系统、生殖系统、免疫系统各器官的组织结构特点。

2. 了解被皮系统、内分泌系统、神经系统各器官的组织结构特点。

【技能目标】

能够在显微镜下认识各主要器官的组织结构。

第一节　心血管系统的组织结构

一、心壁的组织结构

心脏是厚壁有腔的肌性器官，其自发的规律性收缩推动血液在血管中循环。心壁由内向外依次分为心内膜、心肌膜和心外膜三层（图 14-1）。

1. 心内膜

心内膜最薄，由内皮、内皮下层及内膜下层构成。内皮为衬于腔面的单层扁平上皮，表面平滑，与相连的大血管内皮相延续。内皮下层由薄层致密结缔组织组成，并含少量平滑肌。内皮下层与心肌膜之间是内膜下层，由疏松结缔组织组成，含有小血管、神经和蒲肯野纤维。

位于房室口和动脉口处的心内膜组织局部折叠突出，形成薄片状的瓣膜，称心瓣膜。瓣膜表面为内皮，其内为致密结缔组织，瓣膜的游离缘由腱索与乳头肌相连。心瓣膜可阻止血液逆流，但在患某些心脏疾病时，瓣膜变硬或变形，可导致瓣膜功能障碍，而不能正常关闭或开放。

2. 心肌膜

心肌膜最厚，主要由心肌纤维构成，心室的心肌膜厚于心房的心肌膜，左心室的心肌膜最厚。心室的心肌纤维粗而长，呈螺旋状排列，大致可分内纵、中环和外斜 3 层；心房的心肌纤维细而短，多集合成束。心肌纤维束间含少量的结缔组织、血管和神经。电镜下可见心房肌纤维内含电子密度高的

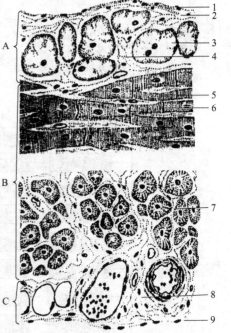

图 14-1　心壁的结构

A—心内膜；B—心肌膜；C—心外膜

1—内皮；2—内皮下层；3—蒲肯野纤维；

4—心内膜下层；5—心肌纤维（纵切）；6—闰盘；

7—心肌纤维（横切）；8—结缔组织；9—间皮

膜包颗粒，称心房特殊颗粒。颗粒内含心房利钠因子（atrial natriuretic factor，ANF），ANF 又称心钠素，具有排钠利尿、扩张血管及降低血压等作用。

在心房和心室交界处，有心骨骼，它是心脏的支架，也是心肌和心瓣膜的附着处。牛和马的心骨骼为骨片，羊和狗的为软骨片，猪和猫的由致密结缔组织组成。心房肌与心室肌不相连续，两者分别附着于心骨骼上。

3. 心外膜

心外膜即心包的脏层，为浆膜，其表面覆以间皮，间皮下面是薄层结缔组织。内含弹性纤维、血管和神经，并常有脂肪组织。

二、血管

1. 血管壁的一般微细结构

动脉与静脉的管壁由内向外都可以分为内膜、中膜和外膜三层结构（图 14-2）。

（1）内膜　为血管壁的最内层，也是三层结构中最薄的一层，由内皮、内皮下层和内弹性膜组成。

① 内皮　衬贴于血管腔面，表面光滑，有利于血液流动。内皮细胞的长轴多与血流方向一致，含核部位略隆起，突向管腔。电镜下，可见内皮细胞游离面有稀疏的胞质突起，基底面附着于基膜上，相邻细胞间可见紧密连接、缝隙连接等细胞连接，胞质内含吞饮小泡和成束的微丝，并有一种长杆状小体，称 Weibel-Palade 小体（Weibel-Palade body，W-P 小体），W-P 小体由单位膜包裹，内含大量直径约 15nm 的平行细管，它是内皮细胞特有的细胞器，与第 Ⅷ 因子相关抗原的合成和贮存有关。内皮细胞和其下的基膜构成通透性屏障，参与血液与周围组织之间的物质交换。

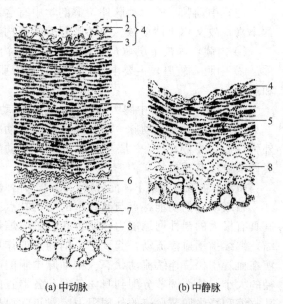

(a) 中动脉　　　　(b) 中静脉

图 14-2　中动脉和中静脉

1—内皮；2—内皮下层；3—内弹性膜；4—内膜；
5—中膜；6—外弹性膜；7—营养血管；8—外膜

② 内皮下层　是位于内皮下的薄层结缔组织，内含少量胶原纤维、弹性纤维，有的部位还有少许纵行平滑肌。

③ 内弹性膜　是内膜的最外层，由均质状弹性蛋白组成，膜上有许多小孔。该膜有弹性，在 HE 染色的横切面上，因管壁收缩，常呈现红色折光性强的波浪状，常以此膜作为内膜和中膜的分界。

（2）中膜　其厚度及组成成分因血管类型不同而有很大差别。动脉的中膜明显厚于静脉；大动脉中膜以弹性膜为主，间有少许平滑肌；中、小动脉和静脉的中膜则主要由平滑肌组成，动脉的平滑肌又远多于静脉。中膜平滑肌可产生胶原纤维、弹性纤维和基质，具有类似成纤维细胞的功能。血管平滑肌与内皮细胞间常形成肌-内皮连接，平滑肌细胞通过这种连接，接受血液或内皮细胞传递的化学信息。

（3）外膜　由疏松结缔组织组成，含较多的胶原纤维和弹性纤维，纤维呈螺旋状或纵向排列。部分动脉血管的中膜和外膜交界处，可见外弹性膜。管壁较厚的血管的外膜中，含有小的营养血管，其分支形成毛细血管，分布到外膜和中膜。内膜一般无血管，营养由血管腔内的血液直接渗透供给。血管的神经主要分布于中膜与外膜交界部位。

2. 动脉

动脉是由心室发出的血管，分支到达身体各部。根据其管径大小和管壁结构可将动脉分为大动脉、中动脉、小动脉和微动脉。动脉内血压较高，流速较快，因而管壁较厚，富有弹性和收缩性。

（1）大动脉　　大动脉是紧连心脏的动脉，包括主动脉、肺动脉等。因其中膜富含弹性膜和弹性纤维，故又称弹性动脉。

① 内膜　　内皮下层较厚，靠近中膜处有纵行平滑肌束。由于内弹性膜与中膜的弹性膜相连，故大动脉内膜与中膜的分界不明显。

② 中膜　　主要由弹性膜构成，各层弹性膜由弹性纤维相连。弹性膜之间有围绕管腔环行排列的平滑肌、少量胶原纤维和基质，基质的主要成分为硫酸软骨素。

③ 外膜　　较薄，为疏松结缔组织，无明显外弹性膜，含有小的营养血管及神经束等，与中膜的分界也不明显。

（2）中动脉　　除大动脉外，解剖学中有名称的动脉多属中动脉。中动脉的中膜平滑肌非常丰富，故又称肌性动脉。中动脉管壁的结构特点如下所述。

① 内膜　　内皮下层薄，内弹性膜明显，内膜与中膜分界清楚。

② 中膜　　较厚，主要由环形排列的平滑肌纤维组成，其间有少量弹性纤维、胶原纤维和基质。

③ 外膜　　厚度与中膜大致相等，多数中动脉的中膜和外膜交界处有外弹性膜。

（3）小动脉和微动脉　　小动脉也属肌性动脉。其管壁特点是：内弹性膜薄而不明显，无外弹性膜，中膜由1～2层平滑肌组成。小动脉的收缩或舒张能影响器官组织内的血流量，对调节血压有重要意义。

微动脉要在显微镜下才能分辨，无内、外弹性膜，中膜仅由1～2层平滑肌组成，外膜较薄。

各级动脉的功能特点与其管壁的结构特点有直接的关系。大动脉具有的大量弹性成分使其具有极大的弹性回缩能力，既可在心脏收缩期扩张，缓冲压力，又可在心脏舒张期弹性回缩，继续推动血液流动，起到一个辅助泵的作用，使心脏节律性搏动引起的间断性射出的血液在血管中保持连续流动状态。中动脉中膜的平滑肌发达，通过平滑肌的收缩和舒张调节管径的大小，从而调节分配到身体各部和各器官的血流量。小动脉和微动脉的数量多，可通过其收缩和舒张调节血流的外周阻力，对正常血压的维持起着重要作用。

3. 毛细血管

毛细血管是体内分布最广、数量最多、管径最细、管壁最薄的血管，它在组织内可分支和吻合形成网，一般位于动脉和静脉之间，但也有极少数毛细血管位于动脉与动脉或静脉与静脉之间，如肾入球微动脉和出球微动脉之间的血管球、门静脉和肝静脉之间的肝血窦等。不同组织和器官的毛细血管网的密度各不相同，其疏密程度与该组织和细胞的代谢率及耗氧量有关。代谢旺盛的组织和器官，如骨骼肌、心、肺、肝和肾等，毛细血管网丰富而稠密；而代谢率较低的组织和器官，如平滑肌、骨、肌腱及韧带等，其毛细血管网的密度较低；有的器官和组织中，如表皮、软骨、角膜、晶状体、玻璃体和蹄匣等则无毛细血管。

（1）毛细血管的基本结构　　毛细血管管径大都为 $6\sim8\mu m$，管壁由一层内皮细胞、基膜和周细胞组成，外有少许结缔组织，在横切面上，有核的部位管壁较厚，无核的部位较薄。细的毛细血管横切面仅由1个内皮细胞围成，仅能通过1个红细胞，较粗的毛细血管可由2～3个内皮细胞围成。基膜只有基板，没有网板。周细胞是一种扁而有突起的细胞，紧贴在内皮细胞的外面，周细胞周围也有自身的基膜。周细胞含有肌动蛋白和肌球蛋白，提示其有收缩功能。有人认为周细胞是未分化的细胞，在血管生长或再生时，可分化为内皮细胞、平滑肌细胞或成纤维细胞（图14-3）。

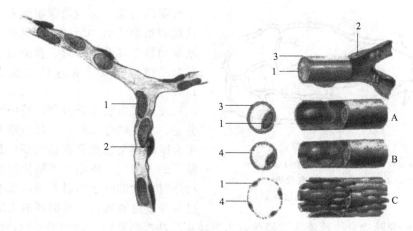

图 14-3　毛细血管结构和类型

A—连续毛细血管；B—有孔毛细血管；C—血窦

1—血管内皮细胞；2—周细胞；3—基膜；4—窗孔

　　（2）毛细血管的分类　光镜下，各处的毛细血管结构相似。电镜下，根据其管壁结构的差别，将毛细血管分为三种（图 14-3）。

　　① 连续性毛细血管　有一层连续的内皮和完整的基膜，细胞间有紧密连接，基膜完整。内皮细胞胞质中有许多吞饮小泡，由内皮细胞膜内陷形成，分布在胞质周围。小泡有时融合成穿内皮小管，起着加速毛细血管内、外物质运送的作用。连续性毛细血管主要分布于结缔组织、肌组织、中枢神经系统和肺泡隔等处。

　　② 有孔毛细血管　也有一层连续的内皮和完整的基膜。细胞间也有紧密连接，基膜完整。内皮细胞不含核的部分极薄，其上有许多贯穿细胞的小孔，孔的直径一般为 60～80nm，孔上有时有隔膜封闭，厚约 4～6nm，较细胞膜薄，没有单位膜的 3 层结构。此型毛细血管主要见于胃肠黏膜、某些内分泌腺和肾血管球等处。肾血管球内皮细胞的孔上无隔膜。

　　③ 血窦　或称窦状毛细血管，特点为管腔大，直径可达 40μm，不规则，内皮细胞之间常有较大的间隙。血窦主要分布于肝、脾、骨髓及一些内分泌腺中。不同器官内的血窦结构常有较大差别，如某些内分泌腺的血窦，内皮细胞有间隙，内皮细胞上有孔，基膜连续；肝的血窦内皮细胞上有孔，细胞间隙较宽，无基膜；脾血窦内皮细胞呈杆状，细胞上无孔，细胞间隙大，基膜不连续，血细胞等可穿过。

　　4. 静脉

　　静脉是输送血液回心的血管，起自毛细血管的静脉端，逐级汇合，不断接受属支，逐渐变粗。根据管径的大小，静脉亦可分为微静脉、小静脉、中静脉和大静脉。静脉常与相应的动脉伴行，但数量比动脉多，变异也较大。与伴行的动脉相比，静脉具有以下特点：①管腔大，管壁薄，弹性小，故切片标本中的静脉常塌陷变扁，或呈不规则形；②管壁大致也可分内膜、中膜和外膜 3 层，但分界不明显，外膜常比中膜厚；③中膜的平滑肌不如动脉丰富，结缔组织成分相对较多；④在四肢和颈部的静脉内膜上常有静脉瓣。静脉瓣为两个彼此相对的半月形薄片，由内膜凸入管腔折叠而成。瓣膜两面覆以内皮，中心为含弹性纤维的结缔组织，其游离缘朝向血流方向。静脉瓣的功能是防止血液逆流。

　　5. 微循环

　　微循环是指由微动脉到微静脉之间的微细血管的血液循环。它是血液循环的基本功能单位，它含总血量的 10% 左右。在微循环中血液与组织细胞之间进行充分的物质交换，能调

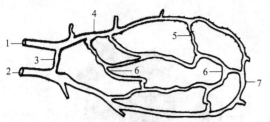

图 14-4　微循环组成模式图
1—微动脉；2—微静脉；3—动静脉吻合；
4—中间微动脉；5—毛细血管前括约肌；
6—真毛细血管；7—直捷通路

节局部的血流，影响局部组织和细胞的新陈代谢和功能活动。微细血管包括微动脉、中间微动脉、真毛细血管、直捷通路、动静脉吻合及微静脉 6 个相连续的组成部分（图 14-4）。

真毛细血管管壁极薄，是中间微动脉的分支，相互吻合成网。其起始端有少量环形平滑肌组成毛细血管前括约肌，起着调节微循环的"闸门"作用。当机体组织处于静息状态时，大部分括约肌收缩，真毛细血管内仅有少量血液通过，微循环的大部分血液经直捷通路或动静脉吻合快速流入微静脉；当机体组织功能活跃时，括约肌松弛，微循环的大部分血液流经真毛细血管，血液与组织细胞之间进行充分的物质交换。因此，根据机体局部机能活动的需要，血液流经循环的途径有三种：①微动脉→真毛细血管→微静脉；②微动脉→直捷通路→微静脉；③微动脉→动静脉吻合→微静脉。与毛细血管相接的微静脉称为毛细血管后微静脉，其结构与毛细血管相似，相邻细胞间隙较宽，通透性大，故仍可进行物质交换。

第二节　免疫系统的组织结构

免疫系统是体内一个非常重要的防御系统，由免疫细胞、免疫组织和免疫器官组成，其核心成分是免疫细胞中的淋巴细胞。其防御功能包括两个方面：一是识别和清除机体自身变性细胞，如癌细胞、病毒感染的细胞和衰老死亡的细胞等；二是识别和清除侵入机体的抗原，如病原微生物及其产物、异体细胞等，即"内审诸己，外察诸异"。免疫系统在机体内形成了三道防线，保护机体免受各种不良因素的侵害，从而维持机体内部的稳定性。

一、免疫细胞

免疫细胞是指直接参加免疫应答或与免疫应答有关的细胞，主要包括淋巴细胞、抗原呈递细胞和巨噬细胞等。

1. 淋巴细胞

淋巴细胞是免疫系统中的核心成分，来源于淋巴干细胞，是直接参与免疫应答反应的细胞，具有三个重要特性。

① 特异性。每种淋巴细胞表面均具有特异性的抗原受体，其种类可超过百万种，但每个淋巴细胞表面只有一种抗原受体，故只参与针对一种抗原的免疫应答。②转化性。是指处于静息状态的淋巴细胞在受到某种抗原刺激后，能转化成淋巴母细胞，继而通过多次分裂使具有该种抗原受体的单株淋巴细胞株急剧增殖，分化形成大量效应淋巴细胞和记忆淋巴细胞。其中效应淋巴细胞能产生抗体、淋巴因子或具有直接杀伤作用，直接参与免疫应答，以清除相应抗原，但寿命短；而记忆淋巴细胞能记忆抗原信息，保留对该特异性抗原产生免疫应答的能力，亦即记忆性。③记忆性。是指增殖后的一小部分细胞在分化中再次转入静息期，参加淋巴细胞再循环，当再次遇见该抗原时，能迅速转化增殖形成大量效应淋巴细胞，引起更强的免疫应答，及时清除抗原。记忆细胞是免疫记忆的结构基础。

淋巴细胞数目庞大，形态相似，在一般光镜下不易区分。但各种淋巴细胞具有不同的表面标志以及超微结构。根据发育部位、形态结构、表面标志和免疫功能等，可将淋巴细胞分为以下 4 种。

(1) T 细胞　又称胸腺依赖性淋巴细胞。由胸腺产生，胞体小，表面光滑，胞核大而圆，染色质呈致密块状，是淋巴细胞中数量最多、功能最复杂的一类细胞。约占外周血淋巴细胞的 60%～75%，淋巴结淋巴细胞的 75%，脾淋巴细胞的 35%～40%。由三个亚群组成：①细胞毒性 T 细胞（Tc 细胞）。占 20%～30%，通过释放穿孔素和颗粒酶，直接攻击带异抗原的肿瘤细胞、病毒感染细胞和异体细胞。②辅助性 T 细胞（Th 细胞）。占 65%，辅助 B 细胞和 Tc 细胞进行免疫应答。③抑制性 T 细胞（Ts 细胞）。于免疫应答后期增多，降低 T、B 细胞的活性。T 细胞参与免疫应答可以通过直接杀伤靶细胞或分泌淋巴因子扩大免疫效应。这种由效应性 T 细胞直接与靶细胞接触而产生免疫反应的作用方式即为细胞免疫。

(2) B 细胞　又称骨髓依赖淋巴细胞或囊依赖淋巴细胞，来源于哺乳动物骨髓或禽类腔上囊，胞体较 T 细胞大，胞质内含溶酶体和分泌颗粒。约占外周血淋巴细胞的 10%～15%，淋巴结淋巴细胞的 25%，脾淋巴细胞的 40%～55%。B 细胞受抗原刺激后，通过单株增殖产生的效应细胞为浆细胞，浆细胞能产生抗体，即免疫球蛋白（Ig），共有五大类（IgM，IgG，IgA，IgD，IgE），每类又有上万种不同特异性的抗体，然后抗原抗体特异性结合得以清除抗原。这种通过抗体介导的免疫方式称为体液免疫。

另外，T 细胞、B 细胞又可根据大小分为大、中、小淋巴细胞。

(3) K 淋巴细胞　又称杀伤淋巴细胞，来源于骨髓，胞体较 T 细胞大，胞质内含溶酶体和分泌颗粒，约占外周淋巴血细胞的 5%～7%。能够杀伤带有抗原的靶细胞。主要攻击比微生物大的靶细胞和肿瘤细胞。无特异性，但可通过抗体的特异性有目的地杀死靶细胞。

(4) NK 淋巴细胞　又称自然杀伤淋巴细胞，来源于骨髓，胞体大，表面有微绒毛，胞质内含嗜天青颗粒。无须抗原呈递细胞中介，不借助抗体，即可直接杀伤被病毒感染的细胞和肿瘤细胞。

2. 抗原呈递细胞

抗原呈递细胞是指参与免疫应答，能捕捉、吞噬、处理抗原，并将抗原呈递给特异性淋巴细胞，激发其活化、增殖的一类细胞。其是免疫系统的前哨细胞，起到诱发机体特异性免疫应答的作用。包括：巨噬细胞、郎格汉斯细胞、微皱褶细胞、滤泡树突状细胞、交错突细胞等，多属单核吞噬细胞系统（mononuclear phagocyte system，MPS）。其中巨噬细胞最重要，绝大多数抗原均得经巨噬细胞的摄取、加工、处理并呈递给淋巴细胞后，才能启动免疫应答反应。

二、免疫组织

免疫组织又称淋巴组织，是一种以网状组织（网状细胞和网状纤维）为支架，网眼中充满大量淋巴细胞和其他一些免疫细胞的特殊组织。淋巴组织除了分布于淋巴器官外，还分布于消化管、呼吸道、泌尿及生殖管道的黏膜中，组成黏膜相关淋巴组织，参与构成免疫的第一道防线。依据其形态，可分为以下几种。

1. 弥散淋巴组织

淋巴细胞分布松散，与周围组织无明显分界，无固定形态，主要含 T 细胞，有的也含大量 B 细胞。弥散淋巴组织常见毛细血管后微静脉，其内皮细胞为单层立方或矮柱状，之间有间隙，内皮外基膜不完整，是淋巴细胞从血液进入淋巴组织的重要通道。

2. 淋巴小结

淋巴小结又称淋巴滤泡，为直径约 1～2mm 的圆形或卵圆形小体，与周围组织界线清晰，由密集淋巴组织组成，以 B 细胞为主。未受抗原刺激时体积较小，为初级淋巴小结，

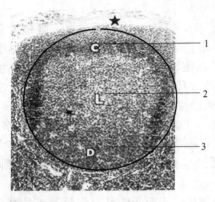

图 14-5 淋巴小结
1—小结帽；2—生发中心之明区；
3—暗区

主要由密集的小淋巴细胞组成，结构较均匀；受到抗原刺激后即增大，小淋巴细胞开始转化成大淋巴细胞，并出现了淡染的生发中心，为次级淋巴小结（图14-5）。

生发中心是指次级淋巴小结正中纵切面上的着色浅淡区域，由正处于分裂状态的淋巴细胞组成，是体液免疫应答的重要标志，包括浅部的明区和其下部的暗区。暗区较小，位于小结基部，着色深（细胞嗜碱性强），主要含大而幼稚的 B 细胞，分化为中 B 淋巴细胞后移至明区。明区位于淋巴小结中心，染色淡，主要为中等大的 B 细胞，只有其膜抗体与滤泡树突细胞表面抗原有高度亲和性的才能继续分裂分化，形成小 B 淋巴细胞移至帽部，其余的被明区的巨噬细胞吞噬清除。另外还有部分 Th 细胞、滤泡树突状细胞、巨噬细胞等。生发中心的周边有一层密集小 B 淋巴细胞，为幼浆细胞和记忆性 B 细胞，尤以顶部最厚，称为小结帽。

淋巴小结可单独存在于消化管、呼吸系统、生殖系统等器官内，称作孤立淋巴小结；亦可 10～40 个成群存在，称作集合淋巴小结。

3. 淋巴索

淋巴组织呈索状，其内主要为 B 淋巴细胞。如淋巴结的髓索、脾的脾索等。

三、免疫器官

免疫器官是指由淋巴组织为主构成的器官，所以又称淋巴器官。包括中枢淋巴器官和周围淋巴器官两大类。中枢淋巴器官又称初级淋巴器官，包括胸腺和腔上囊（鸟类）。胸腺是 T 淋巴细胞发育成熟的器官，腔上囊是 B 淋巴细胞发育成熟的器官。哺乳动物没有腔上囊，B 淋巴细胞在胚胎早期首先在肝，然后在骨髓内分化成熟，故胚肝及骨髓有类似鸟类腔上囊的功能，称为类囊器官。中枢淋巴器官的发生较周围淋巴器官早，一般出生前就发育完善，主要功能是分泌激素和选育淋巴细胞。其原始淋巴细胞来源于骨髓的干细胞，分化形成初始 T 细胞（在胸腺）和初始 B 细胞（在骨髓），输送到周围淋巴器官。在此处，干细胞的增殖不需要外界抗原的刺激，并在出生以前就可以向周围淋巴器官和淋巴组织输送淋巴细胞，而不直接参加机体的免疫功能。故中枢淋巴器官发育较早，决定周围淋巴器官的发育。退化亦快，当周围淋巴器官发育完善后，中枢淋巴器官开始退化或消失（一般认为性成熟后逐渐退化）。周围淋巴器官包括淋巴结、脾、扁桃体等，是淋巴细胞发生免疫应答的场所。这些器官发育晚，出生后发育完善；由中枢淋巴器官输送来的初始淋巴细胞在周围淋巴器官内特定区域定居，遭遇抗原刺激或接受抗原提呈后，器官内的淋巴细胞活化、增殖，分化为效应细胞和记忆细胞，产生免疫应答，直接参与机体的免疫功能。

1. 胸腺

胸腺外被薄层结缔组织被膜，被膜结缔组织深入内部形成小叶间隔，将实质分为许多胸腺小叶，每一小叶又由浅层的皮质和深层的髓质组成，相邻小叶的髓质相互连接（图 14-6）。胸腺的功能是形成初始 T 细胞以及分泌胸腺素等激素。

（1）胸腺皮质　由胸腺上皮细胞构成支架，间隙内含有大量胸腺细胞和少量巨噬细胞等。由于细胞密集，故着色较深。

① 胸腺上皮细胞　包括两种细胞，即扁平上皮细胞和星形上皮细胞。

　　扁平上皮细胞位于被膜下和小叶间隔旁，与结缔组织相邻的一侧呈扁平状，另一侧有突起，能分泌胸腺素和胸腺生成素。有些扁平上皮细胞胞质内含胸腺细胞，这种上皮细胞称哺育细胞。

　　星形上皮细胞，又称上皮性网状细胞，分布于被膜下或胸腺细胞之间，细胞有突起，以桥粒连接成网，能诱导胸腺细胞发育分化。

　　② 胸腺细胞　是胸腺内增殖、分化的早期 T 细胞，占皮质细胞的 85%～90%。皮质浅层的胸腺细胞大而幼稚，皮质中层的中等大小，皮质深层的小而成熟（初始 T 细胞）。

　　（2）胸腺髓质　染色淡，在中央，由大量胸腺上皮细胞、少量胸腺细胞（初始 T 细胞）和巨噬细胞等组成。

　　① 上皮细胞　包括两种细胞，即髓质上皮细胞和胸腺小体上皮细胞。

　　髓质上皮细胞，呈球形或多边形，胞体较大，细胞间以桥粒连接，间隙内有少量 T 细胞。分泌胸腺激素。

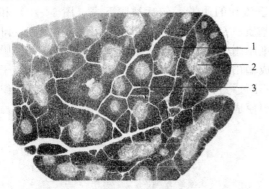

图 14-6　胸腺

1—胸腺皮质；2—胸腺髓质；3—小叶间隔

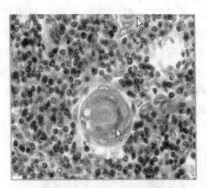

图 14-7　胸腺小体

　　胸腺小体上皮细胞，扁平状，数层至数十层呈同心圆排列构成圆形或卵圆形的胸腺小体，形成胸腺的特征性结构（图 14-7）。小体外周的细胞较幼稚，核明显，可分裂；近中心的细胞较成熟，胞质含较多角蛋白，核渐退化；中心细胞完全角化，呈强嗜酸性染色。胸腺小体功能不详，但缺乏胸腺小体的胸腺不能培育出 T 细胞。

　　② 胸腺细胞　少，是由胸腺皮质内发育成熟迁移过来的处女型 T 细胞。

　　（3）血-胸腺屏障　胸腺内存在的能阻挡大分子抗原物质进入胸腺皮质，维持内环境稳定，保证胸腺细胞正常发育的屏障结构，即血-胸腺屏障。由连续毛细血管（内皮细胞间有完整的紧密连接）、内皮外完整基膜、血管周隙（含巨噬细胞）、胸腺上皮细胞基膜和连续胸腺上皮细胞构成。

　　2. 淋巴结

　　（1）淋巴结的结构

　　① 被膜和小梁　淋巴结表面被覆薄层结缔组织被膜，被膜结缔组织（含输入淋巴管）深

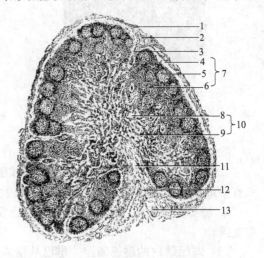

图 14-8　牛的淋巴结（低倍）

1—被膜；2—输入淋巴管；3—小梁；4—皮质；
5—淋巴小结；6—副皮质区；7—皮质；
8—髓窦；9—髓索；10—髓质；11—门部；
12—血管；13—输出淋巴管

入其内部形成互连成网的小梁，构成淋巴结的支架，神经、血管行于其内，共同形成淋巴结间质。在小梁之间，为淋巴组织和淋巴窦，构成淋巴结的实质，包括皮质和髓质，两者之间无截然界限（图 14-8）。一般动物皮质在浅层，髓质在深层，而仔猪的淋巴结两者位置相反，成年猪两者混合排列。

② 皮质　位于被膜下，由浅层皮质、深层皮质和皮质淋巴窦构成（图 14-9）。

a. 浅层皮质　含大量淋巴小结和小结间弥散淋巴组织，主要是 B 细胞的聚居区。未受抗原刺激的淋巴结中只有初级淋巴小结，而受到抗原刺激的淋巴结内有次级淋巴小结。

b. 深层皮质　又称副皮质区，位于皮质深层的弥散淋巴组织，主要由 T 细胞聚集而成，又称胸腺依赖区。免疫应答时，此区的细胞分裂相增多，区域迅速扩大。副皮质区有许多毛细血管后微静脉，是淋巴细胞再循环途径的重要部位，内皮细胞胞质中常见正在穿越的淋巴细胞。血液经此段时，约 10% 的淋巴细胞穿越内皮进入副皮质区，再迁移到淋巴结的其他部位。

c. 皮质淋巴窦　简称皮窦，是淋巴结内淋巴流动的通道。包括被膜下窦（图 14-10）和小梁周窦。内皮细胞构成窦壁，内皮外有薄层基质、少量网状纤维和一层扁平网状细胞。淋巴窦内亦有星状内皮细胞支撑窦腔，许多巨噬细胞附着于内皮细胞上。输入淋巴管穿过被膜与皮窦相通，再与髓窦相通，最后在门部汇合成输出淋巴管。淋巴在窦内流动缓慢，有利于巨噬细胞清除抗原。淋巴内的各种细胞和淋巴不断通过内皮进入皮质淋巴组织；而淋巴组织中的细胞等成分也不断进入淋巴，这样淋巴组织便成为一种动态的结构，有利于免疫应答。

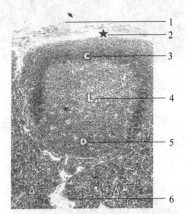

图 14-9　淋巴结皮质
1—被膜之输入淋巴管；2—皮质淋巴窦；
3—小结帽；4—生发中心之明区；
5—暗区；6—副皮质区

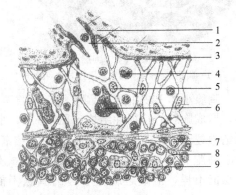

图 14-10　被膜下窦结构模式图
1—被膜；2—输入淋巴管；3—窦壁内皮细胞；
4，7—淋巴细胞；5—星状内皮细胞；
6，9—巨噬细胞；8—网状细胞

③ 髓质　由髓索和髓窦组成（图 14-11，图 14-12）。

a. 髓索　索条状淋巴组织，主要含 B 细胞，也有一些 T 细胞、浆细胞和巨噬细胞。中央有毛细血管，是血液内淋巴细胞进入髓索的通道。

b. 髓窦　位于髓索之间，与皮质淋巴窦结构相同，但腔宽大，腔内巨噬细胞多，过滤功能强。

（2）淋巴结内的淋巴通路　淋巴从输入淋巴管进入被膜下窦和小梁周窦，部分渗入皮质淋巴组织，然后渗入髓窦，部分经小梁周窦直接流入髓窦，继而汇入输出淋巴管。淋巴流经一个淋巴结需数小时，含抗原越多，流速越慢。淋巴经滤过后，其中的细菌等抗原即被清除。淋巴组织中的细胞和产生的抗体等也不断进入淋巴，因此，输出的淋巴常较输入的淋巴含较多的淋巴细胞和抗体。

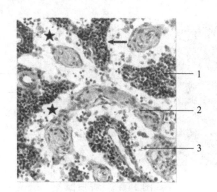

图 14-11　淋巴结髓质
1—髓索；2—小梁；3—髓窦

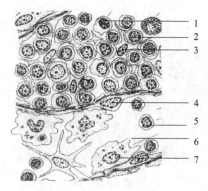

图 14-12　淋巴结髓质模式图
1—浆细胞；2，5—淋巴细胞；3—网状细胞；
4—窦壁内皮细胞；6—髓窦；7—巨噬细胞

（3）淋巴结的功能

① 滤过淋巴　巨噬细胞清除淋巴中的抗原物质（细菌、病毒、毒素等）。

② 参与免疫应答　包括体液免疫应答（B细胞）和细胞免疫应答（T细胞）。

③ 参与淋巴细胞再循环　淋巴结副皮质区的毛细血管后微静脉在淋巴细胞再循环中起重要作用，淋巴细胞穿过高内皮，离开血液循环，进入淋巴结皮质，然后向髓质移动，最终通过输出淋巴管引流到胸导管或右淋巴导管，从而再回到血循环（图 14-13）。完成该循环约需 24～48h。通过淋巴细胞的再循环，可传递抗原信息，有利于发现、识别抗原和肿瘤细胞，提高免疫功能。

3. 脾

（1）脾的组织结构

① 被膜与小梁　脾的被膜较厚，由富含弹性

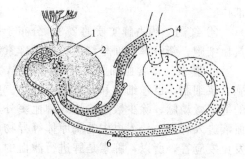

图 14-13　淋巴细胞再循环模式图
1—毛细血管后微静脉；2—淋巴结；3—心脏；
4—静脉；5—动脉；6—淋巴管

纤维及平滑肌纤维的致密结缔组织构成，表面覆有间皮。被膜结缔组织伸入脾内形成小梁，构成脾的支架，其内有小梁动脉、静脉伴行。被膜和小梁内含有许多散在的平滑肌细胞，其收缩可调节脾内的血量。被膜和小梁间为脾的实质，将新鲜脾切开，可见大部分组织为深红色，称红髓；红髓间有散在的灰白色点状区域，称白髓；两者之间为窄的边缘区，三者构成了脾的实质，主要由淋巴组织构成，但富含血管和血窦（图 14-14）。

② 白髓　新鲜脾切面，呈散在的灰白色小点状，直径 1～2mm 大小。由密集的淋巴组织环绕动脉构成，包括动脉周围淋巴鞘和脾小结（图 14-15）。

a. 动脉周围淋巴鞘　小梁动脉的分支离开小梁，称中央动脉。中央动脉周围有厚层弥散淋巴组织，由大量 T 细胞和少量巨噬细胞与交错突细胞等构成，称动脉周围淋巴鞘。此区与淋巴结的副皮质区相似，但无毛细血管后微静脉。当发生细胞免疫应答时，动脉周围淋巴鞘内的 T 细胞增殖，鞘也增厚。中央动脉旁有一条伴行的小淋巴管，是鞘内 T 细胞经淋巴迁出脾的重要通道。

b. 脾小结　动脉周围淋巴鞘的一侧，可有淋巴小结，主要由大量 B 细胞构成，又称脾小体。初级淋巴小结受抗原刺激后形成生发中心，包括明区与暗区，小结帽部朝向红髓。健康动物脾内淋巴结少。当抗原侵入时，淋巴小结数量大增，其中央主要是 B 细胞、巨噬细胞、滤泡树突状细胞，外围有 T 细胞。

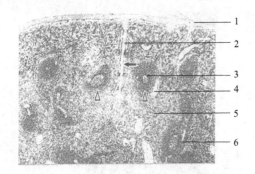

图 14-14 脾

1—被膜；2—脾小梁；3—脾小体；4—中央动脉（纵切）；
5—红髓；6—边缘区

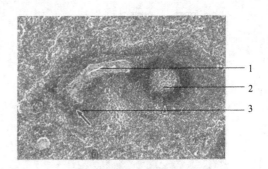

图 14-15 脾白髓

1—中央动脉（纵切）；2—脾小梁；
3—动脉周围淋巴鞘

③ 边缘区 白、红髓交界处的狭窄区域，宽 $100\sim500\mu m$。含 T、B 细胞，以 B 细胞为主，并含有较多巨噬细胞。中央动脉侧支形成一些毛细血管，其末端在白髓与边缘区之间膨大形成小血窦，称为边缘窦，是血液内抗原以及淋巴细胞进入淋巴组织的重要通道。白髓内的淋巴细胞也可进入边缘窦，参与再循环。边缘区是脾首先接触抗原并引起免疫应答的部位。

④ 红髓 约占脾实质的 2/3，分布于被膜下、小梁周围及边缘区外侧的广大区域，含大量血细胞，新鲜脾切面呈红色，包括脾索和脾血窦。见图 14-16。

a. 脾索 富含血细胞的淋巴组织索，呈不规则的索条状，互相连接成网。索内含 B 细胞、浆细胞、巨噬细胞和树突状细胞等。中央动脉主干穿出白髓进入脾索后，形成形似笔毛的笔毛微动脉，除少数直接注入脾血窦外，多数的末端扩大成喇叭状，开口于脾索，大量的血液进入脾索。侵入血中的病原体等异物可被密布脾索内的巨噬细胞和树突状细胞处理，激发免疫应答，所以，脾索是脾进行滤血的主要场所。

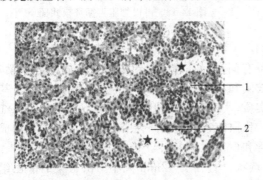

图 14-16 脾红髓
1—髓窦；2—髓索

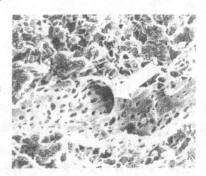

图 14-17 大鼠脾血窦内皮

b. 脾窦 位于脾索之间，形状不规则，相互吻合成网，为血窦（图 14-17）。纵切面上，血窦壁如同多孔隙的栅栏，由一层平行排列的长杆状内皮细胞围成，内皮外有不完整的基膜及环行网状纤维。横切面上，可见内皮细胞沿血窦壁排列，核突入管腔，细胞间有 $0.2\sim0.5pm$ 宽的间隙，脾索内的血细胞可穿越内皮细胞间隙进入血窦。血窦外侧有较多巨噬细胞，其突起可通过内皮间隙进入脾血窦。脾血窦汇入小梁静脉，再于脾门处汇合为脾静脉出脾。

（2）脾的血流通路 脾动脉经脾门入脾后分支进入小梁，称小梁动脉。小梁动脉分支离开小梁进入动脉周围淋巴鞘内，称为中央动脉。中央动脉沿途发出一些小分支并形成毛细血管供应白髓，在白髓与边缘区之间膨大形成边缘窦。中央动脉主干在穿出白髓进入脾索时分支形成一些直行的微动脉，形似笔毛，故称笔毛微动脉。笔毛微动脉在脾内可分为 3 段：①髓微动脉，内皮外有 1～2 层平滑肌。②鞘毛细血管，内皮外有许多巨噬细胞排列成一层鞘。③动脉毛细血管，大部分毛细血管末端扩大成喇叭状开放于脾索，少数直接连通于血窦。血窦汇入髓微静脉，再汇入小梁静脉，最后在门部汇成脾静脉出脾。

（3）脾的功能

① 滤血　脾内含有大量的巨噬细胞，可吞噬清除血液中的病原体和衰老的血细胞。脾内滤血的主要部位是脾索和边缘区。

② 免疫应答　脾内含有大量的淋巴细胞，其中 B 细胞约占 60%，T 细胞约占 40%，还有些 NK 细胞等。脾是对血源性抗原物质产生免疫应答的重要部位。进入血液的病原体，如细菌、血吸虫等，可引起脾内发生免疫应答。体液免疫应答时，淋巴小结增多增大，脾索内浆细胞增多；细胞免疫应答时，动脉周围淋巴鞘显著增厚。

③ 造血　胚胎早期的脾具有造血功能，但骨髓开始造血后，脾逐渐变为一种淋巴器官，仅能产生淋巴细胞和浆细胞。但在脾内仍终生含有少量造血干细胞，成体在严重缺血或某些病理状态下，恢复造血。

④ 调节循环血量　脾约可储存 40mL 血液，主要储于血窦内。当机体需要时，脾被膜及小梁内平滑肌收缩，可将所储的血液输入血循环。

四、单核吞噬细胞系统

单核吞噬细胞系统是机体内的一个具有巨大吞噬功能的细胞系统，包括结缔组织内的巨噬细胞、肝内的枯否细胞、肺内的尘细胞、神经组织内的小胶质细胞、骨组织内的破骨细胞、淋巴组织内的交错突细胞以及表皮内的郎格汉斯细胞等，这些细胞都有很强的吞噬功能，并且均来源于骨髓内的幼单核细胞。血液中的单核细胞穿出毛细血管壁，进入不同的组织后进一步分化发育，形成了单核吞噬细胞系统中的各种细胞。此系统的细胞不仅具有很强的吞噬功能，还参与免疫应答和分泌多种生物活性物质，它们都是抗原呈递细胞。

第三节　消化器官的组织结构

一、食管的组织结构

食管的腔面形成纵行皱襞，食物通过时皱襞消失。其管壁由内向外亦包括黏膜、黏膜下层、肌层和外膜四层结构（图 14-18）。

（1）黏膜　上皮为复层扁平上皮；黏膜肌层为纵行平滑肌束。

（2）黏膜下层　为疏松结缔组织，有食管腺，其导管穿过黏膜开口于食管腔，分泌黏液，但不具备消化作用，所以不属于消化腺。

（3）肌层　内环外纵，有时中间有副肌层，马、猪的前段为横纹肌，后部为平滑肌；牛、羊的全部为横纹肌。

（4）外膜　在颈段为纤维膜，胸、腹段为浆膜。

二、胃

1. 单室胃的组织结构特点

胃壁亦由四层构成（图 14-19），从内向外依次是黏膜、黏膜下层、肌层和浆膜。空胃时，黏膜形成许多皱褶，当充满食物时，胃壁胀大，皱褶变小或完全消失。黏膜表面有许多

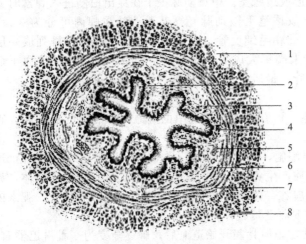

图 14-18　食管切片（横切）

1—外膜；2—复层扁平上皮；3—固有层；4—黏膜肌层；
5—食管腺；6—黏膜下层；7—环形肌；8—纵行肌

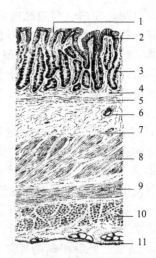

图 14-19　胃底部横切

1—胃小凹；2—黏膜上皮；3—胃底腺；
4—固有层；5—黏膜肌层；6—血管；
7—黏膜下层；8—内斜行肌；9—中环形肌；
10—外纵行肌；11—浆膜

小的凹陷，叫做胃小凹，是胃腺开口处。

（1）单室胃胃壁的一般结构

① 黏膜上皮　无腺部是复层扁平上皮，有腺部为单层柱状上皮。胃黏膜单层柱状上皮细胞是一种特殊的分泌黏液的细胞，排列整齐，细胞核位于细胞基部，核上区细胞质中充满球形或卵圆形的均匀致密的黏原颗粒，用洋红染色可显示出来，HE 染色制片中，这些颗粒不能保存，因此顶部胞质呈现透明状。细胞分泌的黏液为中性黏液，形成黏液层，对胃黏膜有保护作用，乙醇、磷酸酶、洗涤剂、脂溶性物质能够溶解它，容易得胃病。电镜下，上皮细胞游离面有短而稀疏的微绒毛，表面覆以薄层富含糖蛋白的细胞衣。表面细胞脱落时，由胃小凹底部的新细胞不断补充。

固有膜很厚，其中充满丰富的腺体，少量结缔组织包围在腺体周围。猪的固有膜的结缔组织内常含有大量浸润的白细胞。

黏膜肌层由薄层内环行、外纵行平滑肌纤维构成。

② 黏膜下层　较厚，由疏松结缔组织构成，其中含有血管和淋巴管网以及神经丛。在猪黏膜下层还有淋巴小结。

③ 肌层　很发达，各部分层次、纤维的方向不完全一致，一般内层斜行，中层环行，外层纵行，所以胃肌收缩时可以向各方向改变容积和形状，使食物和胃液得到充分混合，食物又可以在胃中充分揉碎、磨细。贲门和幽门部的内环肌增厚，形成贲门括约肌和幽门括约肌。

④ 外膜　为浆膜结构。

（2）胃腺的结构　胃壁黏膜上皮下陷至固有膜中形成胃腺（图 14-20，图 14-21），是胃执行消化功能的最重要部分。根据部位、组织构造和功能的不同，有三种腺体：胃底腺、贲门腺和幽门腺。

① 胃底腺（图 14-20，图 14-21）　分布在胃底部和胃体部，是胃的重要腺体，其分泌物是胃液的主要成分。胃底腺是很少分支的单管状腺，在固有膜里紧紧挤到一起，每个腺体分为腺颈部、腺体部和腺底部三个部分：腺颈部是导管部，开口于胃小凹；腺体部和腺底部是分泌部。胃底腺的腺腔狭小，胃腺由四种细胞构成：颈黏液细胞、胃酶原细胞（主细胞）、

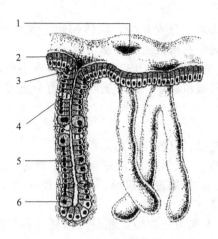

图 14-20　胃底腺模式图
1，3—胃小凹；2—柱状细胞；4—颈黏液细胞；
5—主细胞；6—壁细胞

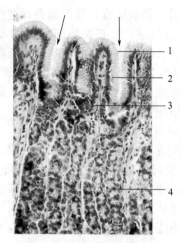

图 14-21　胃底腺（高倍）
1—胃小凹；2—胃黏膜上皮；
3—固有膜；4—胃底腺

盐酸细胞（壁细胞）、嗜银细胞（内分泌细胞）。

　　a. 颈黏液细胞　　分布在胃腺颈部，单个或成小堆分布在壁细胞间，猪的可在胃腺各部，分泌黏液，细胞呈矮柱状，细胞常因受周围细胞的挤压，形状很不规则。颈黏液细胞细胞核扁平，位于细胞基部，细胞质中充满黏蛋白原颗粒，不易染色，HE 染成淡蓝色，PAS 反应呈阳性。

　　b. 胃酶原细胞（主细胞）　　数量较多，分布在腺体部和腺底部，细胞呈矮柱状或立方形，核呈圆形或椭圆形，位于细胞的基底部。细胞质嗜碱性，有许多胃蛋白酶原颗粒。胃蛋白酶原无活性，需盐酸的 H^+ 激活，就变成有活性的胃蛋白酶，可以促使蛋白质分解为蛋白胨与肽等小分子的物质。幼畜的主细胞还分泌凝乳酶。

　　主细胞细胞质中的酶原颗粒用铬酸、$HgCl_2$ 福尔马林混合液可以固定保存下来，一般制片常被溶解掉，则细胞质呈空泡状结构。固定好的标本，特别是禁食一段时间后，细胞质中充满颗粒。强度分泌活动以后，细胞变小，只在近细胞表面部位有很少的颗粒。电子显微镜观察证明其超微结构同一般的浆液性腺细胞，细胞的游离面有短而不规则的微绒毛，粗面内质网很发达，遍布细胞质中，细胞基部较密集，核蛋白体丰富，高尔基体也发达，有无数有包膜的酶原颗粒，细胞侧面有闭锁小带和桥粒等结构。

　　c. 盐酸细胞（壁细胞）　　较胃酶原细胞大，数量较少，分布在腺颈部和腺体部，间插于主细胞之间。细胞呈卵圆形或圆锥状，细胞核位于细胞中央，细胞质在一般制片中呈颗粒状，被伊红染成红色，细胞质内有细胞内分泌小管。壁细胞分泌盐酸，分泌物从细胞内分泌小管和细胞间分泌小管排到腺腔里。

　　在消化过程中，盐酸能使胃蛋白酶原变为胃蛋白酶，促使蛋白质的消化分解，并能刺激胃的运动。盐酸对进入胃里的微生物有杀伤作用，进入肠后还能刺激肠液、胰液、胆汁的排放。但在体内调节失去平衡时，盐酸分泌过多则会腐蚀胃壁和十二指肠壁，造成溃疡病。电子显微镜研究证明壁细胞有大量的微绒毛突入到细胞内小管中，扩大了盐酸的分泌表面，细胞质中无分泌颗粒，线粒体特别多，表明盐酸的产生需大量的能量。此外，壁细胞中含有丰富的碳酸酐酶，因此认为细胞中形成碳酸，由它分离出的 H^+ 通过细胞膜进入细胞内的分泌小管。

　　d. 嗜银细胞（内分泌细胞）　　在胃底腺中相当多，单个散布在主细胞的基部与基膜之间，不面向腺腔。嗜银细胞小，为锥形或圆形，游离面不突入腺腔，细胞质内含活性胺与多肽，与银、铬盐亲合，显黑褐色，产生胃泌素。

② 贲门腺 分布在胃的贲门附近，也是单管状腺，分支很少，腺体部短，腺腔宽大，末端卷曲。腺细胞主要为柱状黏液细胞，偶然可见夹杂有嗜银细胞和壁细胞。

③ 幽门腺 分布在胃的幽门附近，为分支盘曲的管状腺，开口于较深长的胃小凹，腺细胞为黏液性。分泌物黏稠度较高，其中含有少量的蛋白酶原。腺细胞间夹杂有分泌胃激素的嗜银细胞。

2. 多室胃的构造

多室胃胃壁也分黏膜、黏膜下层、肌层和浆膜四层，但各具特点。

① 瘤胃的黏膜形成许多大小不等、舌状或圆锥状可以活动的乳头。黏膜上皮是复层扁平上皮，浅层细胞角化。固有膜结缔组织富弹性纤维，没有黏膜肌层。黏膜下层薄而疏松，肌层很厚，由内环肌、外纵肌或斜肌组成。外被浆膜。

② 网胃的黏膜形成蜂巢状皱褶，黏膜构造基本上和瘤胃相似，肌层分内环肌和外纵肌两层。

③ 瓣胃的整个黏膜层形成不同高度的皱褶，称为瓣叶，瓣叶的两侧布满粗糙短小的乳头。黏膜肌层很发达，大型瓣叶能活动。瓣叶的肌层由内环肌和外纵肌两层构成，内环肌伸入大型瓣叶，形成中央肌层。

④ 皱胃又称为真胃，其构造和前述的单室胃相似，贲门区小，幽门区面积较大。胃底部的黏膜有固定的皱褶，胃底腺短而密集。

三、肠的组织结构

1. 小肠的组织结构

小肠各段组织构造基本相似，都分为四层，其结构的区别主要表现为黏膜的变化（图14-22）。

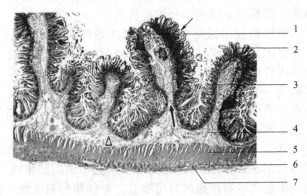

图 14-22 小肠横切（低倍）
1—皱襞；2—肠绒毛；3—黏膜肌层；4—黏膜下层；5—内环行肌层；
6—外纵行肌层；7—浆膜

（1）小肠黏膜的组织结构特征 小肠的整个黏膜和黏膜下层共同向肠腔隆起，形成许多环形皱襞，是恒定的结构，当小肠充满食糜时，皱襞也不展开。小肠腔面由黏膜上皮和固有膜向肠腔突出，形成大量指状的突起，称肠绒毛，是小肠特有的结构。皱褶和肠绒毛大大增加了小肠的消化和吸收面积。绒毛底部之间有小孔，是肠腺的开口。

① 小肠上皮 为单层柱状上皮，细胞可以分为吸收细胞和杯状细胞两种。

a. 吸收细胞 是小肠上皮的主要细胞，高柱状，细胞核呈卵圆形，位于细胞的基底部，细胞朝向管腔的一面具有明显的纹状缘，光学显微镜下观察，是一层有平行纵列细纹的薄带。电子显微镜研究证明，纹状缘是由大量紧密平行排列的细小突起——微绒毛组成，有垂直排列的微丝形成的芯，每个细胞约有 1500～3000 个微绒毛，可增加 15～20 倍的吸收面积。微绒毛的质膜外有一层绒毛样含有颗粒的细胞衣。吸收细胞的主要功能是吸收食物消化后的产物以及一些小分子（水、电解质等），将它们送入绒毛的毛细血管或毛细淋巴管中。

b. 杯状细胞　夹杂在吸收细胞之间，数量不如吸收细胞多，分泌黏液，有滑润和保护上皮的作用。杯状细胞呈高柱状，细胞核位于细胞的基部，细胞的游离端染色淡，含有黏原颗粒，是制造黏液分泌物的部分。杯状细胞充满黏液分泌物时，细胞上端体积膨大，呈杯状，核被挤到基部，变为三角形或半月形。杯状细胞顶部有许多有包膜的黏蛋白原小滴，在顶部崩解时形成黏液性分泌物。小肠前段杯状细胞少，后段杯状细胞逐渐增多。

② 固有膜　位于绒毛的中轴和肠腺周围，由疏松结缔组织构成，内含有较多的网状纤维和弹性纤维。常有分散的吞噬细胞、浆细胞、淋巴细胞和其他血液白细胞。此外，在肠壁的固有膜内还常见有淋巴小结，包括单独存在的淋巴孤结（如在十二指肠及空肠），成群聚集成为淋巴集结（如在回肠）。

③ 小肠绒毛（图 14-23）　是小肠特有的结构，是由小肠黏膜上皮和固有膜，突到管腔形成的指状、圆锥状或叶状的结构。绒毛外覆黏膜上皮，固有膜形成它的中轴部分。绒毛的高矮、形状和密度随小肠部位不同而有差别。绒毛固有膜内有丰富的毛细血管网、毛细淋巴管和平滑肌纤维。绒毛中心有粗大的毛细淋巴管，称中央乳糜管（图 14-23）。中央乳糜管与绒毛的长轴平行，起端是盲端，另一端穿过黏膜肌层，通到黏膜下层的淋巴管丛。毛细血管在乳糜管外周形成一个网状丛，也连到黏膜下层的血管丛，与肠系膜动脉相通。平滑肌纤维在绒毛中呈纵行，直达绒毛的顶端，下接黏膜肌层。吸收机制中一个重要组成部分是肠绒毛的主动运动。剪开一个活的动物的小肠，在双筒放大镜下观察，即可见绒毛突然缩短到原长度的一半，并相应变粗，然后再慢慢伸展到原长度。每个绒毛每分钟约收缩 6 次，收缩时绒毛体积变小，使毛细血管和中央乳糜管内的营养物质进入到黏膜下层的血管网和淋巴管网中。收缩由绒毛芯中纵行排列的平滑肌的收缩造成，由黏膜下的梅氏神经丛控制，如用一根硬毛机械性刺激绒毛基部也会引起绒毛收缩，还会波及周围的绒毛也发生收缩。

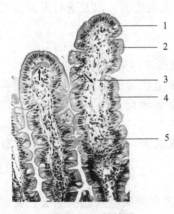

图 14-23　肠绒毛
1—杯状细胞；2—纹状缘；3—中央乳糜管；
4—柱状细胞；5—固有膜

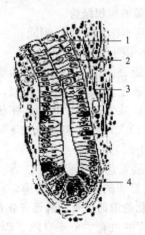

图 14-24　肠腺
1—杯状细胞；2—柱状细胞；
3—固有层；4—潘氏细胞

④ 肠腺（图 14-24）　是小肠黏膜上皮下陷形成的单管状腺，广泛分布在小肠黏膜的固有膜中，开口于小肠绒毛之间。构成肠腺的大部分细胞是柱状细胞和杯状细胞。肠腺上部的上皮由低柱状细胞和间插其间的杯状细胞组成。

肠腺柱状细胞是较幼稚的细胞，微绒毛短小稀疏，与绒毛上皮的吸收细胞大不相同，这种细胞可不断进行有丝分裂，补充和更新表面脱落的上皮细胞，小肠的上皮约2～3天即更新一次，它们即来源于肠腺中较幼稚的柱状细胞。

肠腺杯状细胞也来源于肠腺的柱状细胞。

肠腺底部有潘氏细胞成群分布，细胞略呈锥状或柱状，顶部比底部窄小，核椭圆形，位于细胞基部，核与细胞顶部的细胞质中含有大而圆的嗜酸性颗粒，可用伊红或橙黄 G 染色。细胞质嗜酸性，潘氏细胞能吸收多量的锌，是酶的激活剂与组成成分。马、牛、羊、人、猴、大鼠、小鼠和豚鼠有潘氏细胞，但狗、猫、猪等则未见有此种细胞，其分泌颗粒含有溶菌酶，能溶解细菌，并含有肽酶，可分解肽，具有吞噬、杀灭肠道内微生物的功能。

⑤ 黏膜肌层　由内环、外纵两层平滑肌构成。内环肌的肌纤维有的离开黏膜肌层，进入绒毛或肠腺周围。马和食肉类只有内环肌，大熊猫有发达的两层，猪也分为两层，中间还夹杂有斜肌纤维。

（2）小肠黏膜下层、肌层和外膜　小肠的黏膜下层由疏松结缔组织构成，内含淋巴小结、脂肪细胞、血管、淋巴管和神经等。在黏膜下层和肌层之间有黏膜下神经丛。淋巴小结单个分布或成群形成淋巴集结。十二指肠的黏膜下层里有十二指肠腺，是分支的管泡状腺，反刍类的则为管状腺，由导管通到肠腺底部或绒毛间，实验证明十二指肠腺分泌物内含有蛋白水解酶（肽酶）。

小肠的肌层由内环和外纵两层平滑肌构成，内环肌厚，外纵肌薄，肌层间有肌间神经丛。小肠的外膜为浆膜。

（3）小肠各段的组织结构特点

① 十二指肠　绒毛密集；柱状、杯状细胞少；黏膜下层有十二指肠腺，消化能力强，切1/3则不能工作。

② 空肠　绒毛密集；柱状、杯状细胞增多；固有膜与黏膜下层有淋巴小结。

③ 回肠　绒毛细而少；杯状细胞更多；固有膜中有淋巴小结。

2. 大肠的组织结构

大肠基本构造和小肠相同。主要机能是吸收水分和无机盐类，以及进行发酵过程，这些机能对应于以下结构特点。

① 大肠黏膜没有环状皱襞和绒毛。

② 黏膜上皮细胞和小肠相似，但微绒毛变短，纹状缘不显著，杯状细胞多。

③ 大肠腺发达，长而直，杯状细胞多，没有嗜银细胞和潘氏细胞，分泌物没有消化酶（食草动物的大肠和食肉类及人不同，在其中进行着大量的消化作用和吸收作用，但消化酶主要来自小肠）。

④ 肌层发达，马和猪的结肠、盲肠的外纵肌形成纵肌带（富于弹性的组织，肌肉成分很少），肌带间的纵行肌层很薄，只是分散的小肌束。

3. 消化管道的血管、淋巴管分布

消化管的血管主要来自肠系膜动脉，分支多，经外膜和肌层进入黏膜下层，反复分支形成黏膜下层的动脉丛，有分支由黏膜下层进入到黏膜肌层和绒毛内形成毛细血管网。黏膜的毛细血管网汇合成静脉，在黏膜下层形成静脉丛和较大的静脉，与动脉并行，离开消化管道。

消化管的淋巴管由固有膜中的毛细淋巴管开始（小肠绒毛中转化为粗大的乳糜管），连接形成小淋巴管，穿过黏膜肌层，在黏膜下层形成淋巴管网，最后汇合成较大的淋巴管，随血管离开消化管，最后注入到胸导管起始部的乳糜池。

四、肝的组织结构

肝是体内最大的腺体，具有许多非常重要的功能，是一多机能的器官，其主要功能是分泌胆汁，同时具有解毒、防御、物质代谢、造血、贮血等作用。胆汁由肝细胞分泌，通过肝管输出，再经胆囊管贮存于胆囊，经胆管排至十二指肠。胆汁具有促进脂肪的消化以及脂肪酸和脂溶性维生素的吸收等作用。胃肠道吸收的物质经门静脉进入肝内，其中的营养物质被肝细胞分解或合成为机体所需的多种重要物质，有的贮存于肝细胞内，有的释放入血液，供机体利用；有毒物质被肝细胞分解或结合转化为毒性较小或无毒物质，与代谢产物一起经血液转运至排泄器官排出体外；微生物和异物被肝的枯否细胞吞噬消化清除。另外，在胎儿时期，肝可制造红细胞、白细胞等，肝还能够产生血浆蛋白、凝血酶等，同时肝窦能贮存一定量的血液，因此肝也有造血、贮血功能。

肝的表面被覆一层浆膜，浆膜下面是一层致密的结缔组织形成的纤维膜。纤维膜的结缔组织进入肝实质，把肝脏分为许多肝小叶。肝小叶间的结缔组织称小叶间结缔组织，神经、血管、淋巴管、肝管随小叶间结缔组织分布。猪、骆驼等动物小叶结缔组织发达，小叶界限明显，甚至肉眼就可以看见。人、马、牛、鼠、兔等以及鸟类的肝小叶间结缔组织少，小叶界限不清。肝的组织结构包括两套管道系统：一套是分泌和输送胆汁的系统；另一套是血液循环的系统，在血液循环过程中调节血液成分，包括排除异物、解毒、分解血红蛋白、合成血浆蛋白等。

1. 肝小叶

肝小叶是肝的基本结构单位（图 14-25），为不规则的多边棱柱体，大小不一，长约 2mm，宽约 1mm。肝小叶的结构比较复杂，中轴有一条中央静脉，中央静脉周围肝细胞排列成单层的细胞板，称肝板（切片观察为索状，称肝索）。肝板围绕中央静脉呈放射状排列，肝板彼此吻合、相接成网。肝板之间是血管腔隙，称窦状隙。在肝板内，肝细胞之间形成胆小管（图 14-25～图 14-27）。

图 14-25 猪的肝小叶
1—小叶下静脉（与中央静脉相通）；
2—肝小叶；3—中央静脉；4—门管区

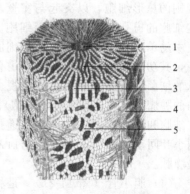

图 14-26 肝小叶模式图
1—中央静脉；2，5—肝血窦；
3—肝板；4—门管区

（1）中央静脉 位于肝小叶的中央，是肝静脉的终末分支，直径约 $50\mu m$。管壁只有一层内皮，外面没有平滑肌，只有少量结缔组织。中央静脉从肝小叶顶端起，走向肝小叶的底部，并垂直连于小叶下静脉。中央静脉在小叶内行进过程中，随时接收来自肝血窦的血液。

（2）肝板 肝细胞以中央静脉为中轴呈板状体放射状排列的结构。细胞排列不整齐，使肝板凸凹不平，并互相结合成网状。肝板上有许多小孔，为肝血窦的通道。在肝小叶的边缘，肝细胞排列成环行结构，称为界板。在肝小叶的横切面上，中央静脉周围的肝细胞呈放射状条索形排列，故常称为肝细胞索或肝索。

肝细胞是肝组织的最主要细胞，数量和体积均占肝实质的 70%～80%。肝细胞是高度特化的细胞，在动物体内是功能的"多面手"。肝细胞的体积较大，直径 $20～30\mu m$，多面形，核大而圆，居中央，核膜清晰，异染色质少，着色较浅，有 1 个或数个核仁，核的结构呈现出肝细胞代谢活动旺盛的特征，人和哺乳类动物的部分肝细胞常有双核（约占 25%），少数细胞的核在 2 个以上。胞质在新鲜状态下呈黄色，经固定染色后，胞质内可显示各种细胞器和包含物，如线粒体、高尔基复合体、内质网、溶酶体、微体、糖原、脂滴和色素等。肝细胞的大小、核的结构、细胞器的形态结构与数量都因不同生理条件和在小叶内所在的不同部位而有差别。

肝细胞呈不规则的多面体，其中至少有两面与血窦相连，其他面与相邻肝细胞相接，肝细胞间有胆小管。肝细胞间的接触面有连接复合体和缝管连接，是肝细胞功能协同活动的重要结构。胆小管面和血窦面都有许多微绒毛，生活的肝细胞随血流动力的变化和肝板的活动，形态有一定的变化，但细胞的位置和相互关系是稳定的。

（3）窦状隙　位于肝板之间。窦壁由扁平的内皮细胞构成，核呈扁圆形，突入窦腔内。窦壁内皮细胞是不连续的，它们之间有裂隙，宽约 $0.1～0.5\mu m$，另外在内皮细胞上也有许多大小不等的散在的窗孔，内皮细胞外面没有基膜。同时在肝细胞和窦壁内皮细胞之间，在电镜下观察，可见有宽约 $0.4\mu m$ 的间隙，称为狄氏（Disse）间隙。因此，肝血窦内血浆及其大分子物质（如乳糜微粒等），可以自由通过内皮间隙和窗孔，进入狄氏间隙内，而肝细胞又有微绒毛伸入狄氏间隙。这套结构有利于肝细胞和血液间进行充分的物质交换。有利于肝细胞从血液中摄取所需物质并排出其分泌物。

另外，在狄氏间隙内还有少量胶原纤维束和星形的贮脂细胞。后者有贮存维生素 A 的作用，当患慢性肝炎病或肝硬化时贮脂细胞数量增多，可转变成为成纤维细胞，合成大量的胶原纤维。

此外，在窦腔内还有许多体积较大、形状不规则的星形细胞，以突起与窦壁相连，或伸入内皮细胞的窗孔中，称为枯否细胞。该细胞来源于血中的单核细胞，属单核吞噬细胞系统的成员之一，其功能为：①吞噬和消除由胃肠道进入门静脉的细菌、病毒和异物；②监视、抑制和杀伤体内的肿瘤细胞（尤其是肝癌细胞）；③吞噬衰老的红细胞和血小板；④处理和传递抗原。肝血窦接纳小叶间动脉和小叶间静脉的血液，然后流入中央静脉。

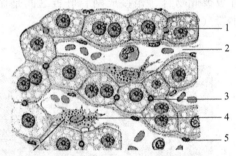

图 14-27　肝小叶局部模式图
1—肝细胞；2—肝血窦；3—胆小管；
4—枯否细胞；5—窦壁内皮细胞

（4）胆小管（图 14-27）　是相邻两个肝细胞间局部胞膜凹陷成槽并相互对接形成的微细管道。胆小管周围相邻的肝细胞膜较平整，且互相贴连，并形成紧密连接，将胆小管严密封闭以防胆汁流入窦状隙。胆小管直径约 $0.5～1\mu m$，它们以盲端起始于中央静脉周的肝板内，随肝板的排列方式，也以中央静脉为轴心呈放射状排列，并互相吻合成网状。肝细胞分泌胆汁到胆小管中，胆小管在肝小叶边缘与小叶内胆管连接，再汇集到小叶间结缔组织中的小叶间胆管。这种管道的显示需用特殊的染色方法，如 $AgNO_3$ 浸渍。

2. 门管区

几个相邻肝小叶之间呈三角形或椭圆形的结缔组织小区，有门静脉、肝动脉和胆管的分支，并在小叶间结缔组织内相伴行分别称为小叶间静脉、小叶间动脉和小叶间胆管，合称为门管，该区域叫门管区（图14-28）。小叶间静脉是门静脉的分支，管腔大，管壁薄而不规则，内皮外仅有少量散在平滑肌。小叶间动脉是肝动脉的分支，管径小，管壁厚，内皮外面有环行平滑肌。小叶间胆管是肝管的分支，管腔狭小，管壁围以单层立方或低柱状上皮。此外，在门管区内还有淋巴管和神经纤维等。

3. 肝的血液循环

肝的血液循环（图14-28）比较复杂，进入肝的血管有两条：一条是营养血管，即肝动脉，其分支构成小叶间动脉，最后注入肝血窦，小叶间动脉还分出若干小支供应被膜、间质和胆管的营养；另一条为机能血管，即门静脉，门静脉发出分支穿行于小叶间，构成小叶间静脉，最后也注入肝血窦。

中央静脉收集肝血窦的血液，出肝小叶后汇入小叶下静脉。小叶下静脉单独走行于小叶间结缔组织内，管径较大，管壁也相应加厚。许多小叶下静脉再汇成2～3支肝静脉，出肝后入后腔静脉。

4. 肝内胆汁的排出途径

肝细胞分泌的胆汁经胆小管从肝小叶中央流向周边，穿过郝令氏管，出肝小叶，进入小叶间胆管。小叶间胆管再汇合成左右肝管出肝（图14-28）。

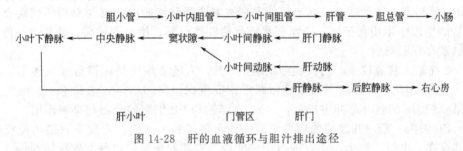

胆小管 ⟶ 小叶内胆管 ⟶ 小叶间胆管 ⟶ 肝管 ⟶ 胆总管 ⟶ 小肠

小叶下静脉 ⟵ 中央静脉 ⟵ 窦状隙 ⟵ 小叶间静脉 ⟵ 肝门静脉

小叶间动脉 ⟵ 肝动脉

肝静脉 ⟶ 后腔静脉 ⟶ 右心房

肝小叶　　　　　门管区　　　　肝门

图14-28　肝的血液循环与胆汁排出途径

五、胰的组织结构

胰腺是一个较大的消化腺，为实质性器官，其表面包着一层疏松结缔组织构成的被膜，被膜伸进腺的实质，把它分隔成若干个小叶，血管、神经、淋巴管等随同结缔组织一起分布到腺内。胰由外分泌部和内分泌部组成（图14-29）。外分泌部占腺体的大部分，属于消化腺，主要分泌胰液，嗜碱性，含多种消化酶，如胰蛋白酶、胰脂肪酶和胰淀粉酶，由胰管输入十二指肠，对淀粉、脂肪和蛋白质有消化作用。内分泌部形成大小不等的细胞团，分布在外分泌部中，形如小岛，称胰岛。胰岛分泌胰岛素和高血糖素，直接从毛细血管进入血液中，对糖代谢起主要作用。

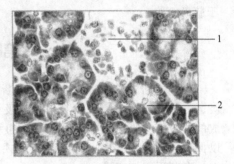

图14-29　胰腺（低倍）
1—胰岛；2—外分泌部腺泡

1. 外分泌部

外分泌部属复管泡状腺，包括分泌部和导管部，由许多泡状或管泡状腺泡组成，大小形状不一。腺细胞呈锥形，细胞核圆形，位于细胞的基部，核仁显著，细胞界限不明显。用碱性染料染色时，细胞底部染色深，呈现纹状结构。接近腺泡腔的游离部有大量嗜酸性的酶原颗粒，数量随细胞的分泌情况而有增减。腺细胞间有分泌小管。与腺泡相连的管道是闰管，由单层扁平上皮或立方上皮构成管壁。闰管汇合成小叶间导管，管径大，由柱状上皮构成，夹杂有少量杯状细胞。小叶间导管最后汇合为总排泄管，离开腺体，开口于十二指肠。总排泄管壁是含有杯状细胞的单层高柱状上皮。

另外在腺泡腔内经常可看到一种体积较小的扁平细胞，贴在腺细胞顶部，胞质少，染色浅，胞核扁圆，是胰腺闰管伸入腺泡部分形成的，称泡心细胞，是胰腺特有的结构。

2. 内分泌部——胰岛

胰岛为分布在胰腺腺泡间的大小不等的细胞团，由内分泌细胞组成，在 HE 常规制片中染色较淡。组成胰岛的细胞数目多的可达几百个，少的只有几个，总重约占胰腺总量的 $1\%\sim2\%$，呈不规则的团索状。胰岛细胞间有丰富的毛细血管，细胞的分泌物直接进入血流。用特殊染色法，根据细胞质内颗粒的性质，可区分出四种胰岛细胞。

（1）α细胞 细胞质中颗粒较细，不易被酒精溶解，一般可被酸性染料和银染色。用马劳瑞－埃赞法（Mallany-Azan 法）染色，细胞内呈现出鲜红色的粗大颗粒，总数约占胰岛细胞的 25%，是分泌高血糖素的细胞。有些物种（如大鼠）的α细胞多分布在胰岛的周围部分，另一些种类（如人、狗等）则散布在胰岛中，形成小群分布在中部。低血糖、高血胰岛素都促使高血糖素的释放，导致胰静脉血中高血糖素水平的升高。

（2）β细胞 是胰岛的主要细胞，多分布于胰岛的中心部分，染色淡，细胞分界不清楚，细胞内颗粒细小，易溶于酒精。用 Mallany-Azan 染色法，细胞质中呈现出橘黄色颗粒。β细胞分泌胰岛素，数量最多。高血糖素和胰岛素这两种细胞的分泌物对糖的代谢有重要影响。两者的生理作用相互拮抗，高血糖素能促使肝糖分解，使血糖增高。胰岛素能使血糖转化为肝糖贮存在肝细胞。

（3）δ细胞 数量较少，约占胰岛细胞的 5%，人的δ细胞呈卵圆形或长梭形，单个散在胰岛α、β细胞间。δ细胞细胞核呈卵圆形，染色深。Mallany-Azan 染色，δ细胞质中含大量蓝染颗粒。δ细胞分泌抑生长素，对α、β细胞和 PP 细胞的分泌起抑制作用。

（4）PP 细胞 是一些部位的胰岛中的一种含多肽的小细胞。光镜下只能用免疫化学才能证实其存在。电镜下有大小不一的电子密度低、有芯的颗粒。此种细胞在胰的外分泌组织中和动物的胃肠道中也有发现，分泌胰多肽，具有抑制肠运动、胰液分泌以及胆囊收缩的作用。

胰岛中有稠密的毛细血管网，淋巴管只围绕胰岛分布。来自腹腔神经丛的交感神经纤维伴随血管进入胰岛。迷走神经的副交感神经纤维不与血管伴行，单独穿入胰岛，末梢常终止于胰岛细胞。

第四节　呼吸系统

畜体在新陈代谢过程中，要不断地进行气体交换，即呼吸。呼吸包括三个环节：外呼吸、气体运输和内呼吸，其中外呼吸为肺泡与血液间进行气体交换的过程，是由呼吸系统完成的，包括呼吸道和肺。呼吸道的组织结构特征是由骨或软骨作为支架，围成开放性管腔，以保证气体出入畅通。肺是气体交换的器官，其特征是由许多薄壁的肺泡构成，总面积很大，有利于气体交换。

一、气管和主支气管的组织结构

气管管壁分为黏膜、黏膜下层和外膜三层（图 14-30）。

1. 黏膜

黏膜由上皮和固有膜构成。上皮为假复层柱状纤毛上皮，上皮细胞间夹有许多杯状细胞。杯状细胞分泌的黏液与黏膜下层内气管腺分泌的黏液均覆盖于纤毛上皮的表面，可黏附吸入空气中的尘埃。纤毛细胞的纤毛不断向喉摆动，将尘埃与黏液推向喉部排出，以净化吸入的空气。固有膜由疏松结缔组织构成，与上皮之间有明显的基膜。固有膜结缔组织中有较多弹性纤维和腺导管、血管、淋巴管、神经及弥散淋巴组织。在猪，淋巴细胞常浸润到黏膜上皮内。

2. 黏膜下层

黏膜下层由疏松结缔组织构成，与固有膜分界不明显。此层胶原纤维多，弹性纤维少，内有血管、淋巴管、神经和许多混合性气管腺。气管腺中的黏液性腺细胞顶部胞质中充满低电子密度的黏原颗粒，胞核被挤至细胞基部。黏液性腺细胞和上皮内的杯状细胞所分泌的黏液共同形成黏液层，铺于气管上皮表面。气管腺的浆液性腺细胞游离面有少量粗短的微绒毛，胞质的显著特点是含有大量由单位膜包绕的电子致密颗粒。浆液性腺细胞分泌稀薄水样分泌物，于黏液层下形成浆液层，在纤毛摆动时起润滑作用。

3. 外膜

外膜又称软骨纤维膜，由透明软骨和连于软骨环之间的致密结缔组织所构成。软骨环的缺口处由平滑肌和结缔组织相连接，可调节管腔与气量。肉食动物的平滑肌分布于软骨环开口处的外侧，而马、牛、羊和猪则分布于内侧。

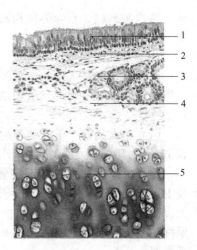

图 14-30　气管切片
1—黏膜上皮；2—固有膜；
3—气管腺；4—黏膜下层；
5—外膜内透明软骨

气管下端分支成为左、右两支气管。支气管在肺外经过一短的行程后，在肺门处分别进入左、右肺。肺外支气管的管壁构造与气管相同。

二、肺的组织结构

肺表面被覆一层浆膜，称肺胸膜。其表面为间皮，光滑湿润，可减少肺在收缩时与胸壁的摩擦；深层为含有大量弹性纤维的结缔组织，其内夹杂有平滑肌纤维，结缔组织深入肺组织，将肺组织分隔成许多小叶，称小叶间结缔组织，即肺间质部分，构成肺的支架，内含丰富的血管、淋巴管和神经。肺间质之间即为肺的实质，是指肺内各级支气管和肺泡等结构，其中肺泡是进行气体交换的主要部位。

左、右支气管在肺门处进入肺形成的各级分支在组织学上统称小支气管。当管径细至 0.5～1mm 时，称细支气管。细支气管再反复分支，管径到 0.35～0.5mm 时，称为终末细支气管。终末细支气管再分支，开始有了肺泡的开口，成为呼吸性细支气管。呼吸性细支气管的分支称肺泡管。肺泡管管壁四周由许多肺泡囊和肺泡构成。从呼吸性细支气管开始往下的分支都和肺泡相连，所以具有了呼吸功能，又称呼吸部（图 14-31）；而其上部分是气体出入的通道，又称导气部，所以肺实质根据其机能的不同，又可分为导气部和呼吸部。

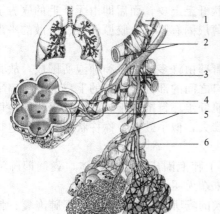

图 14-31　肺呼吸部结构模式图
1—终末细支气管；2—血管；
3—呼吸性细支气管；4—肺泡囊；
5—肺泡；6—肺泡管

各级支气管在肺内反复分支成树状，故名支气管树。每个细支气管连同其各级分支及分支末端的肺泡共同组成肺小叶，周围有薄层结缔组织包绕。肺小叶大多呈锥体形，锥体的尖朝向肺门，底多朝向肺表面，透过肺胸膜，小叶界限肉眼可见。临床上的小叶性肺炎，即指肺小叶的病变。

1. 肺导气部

肺内导气部是气体出入的通道，包括小支气管、细支气管及终末细支气管，其组织结构呈现移行性的变化（图14-32）。

（1）小支气管　小支气管的组织结构基本上与支气管相似，也分黏膜、黏膜下层和外膜三层。

① 黏膜　随着小支气管的管径变小黏膜逐渐变薄。黏膜上皮仍为假复层柱状纤毛上皮。管径随着分支而变细，上皮变薄，杯状细胞亦随之减少。固有膜含丰富的弹性纤维网，有弥散淋巴组织和孤立淋巴小结。固有膜外方出现平滑肌。

② 黏膜下层　为疏松结缔组织，内含混合腺。此层随管径逐渐变小而变薄，腺体数量亦随之减少。

③ 外膜　由结缔组织和软骨构成，软骨环逐渐变为软骨小片，数量亦逐渐减少。

（2）细支气管　细支气管起始段的结构基本与小支气管相似，只是管径变得更小，管壁更薄。上皮仍为假复层柱状纤毛上皮，杯状细胞数量较少，软骨片消失，而平滑肌相对增多，形成完整的一层。

（3）终末细支气管　终末细支气管的黏膜常有皱襞，黏膜上皮为单层柱状纤毛上皮或单层柱状上皮，腺体与杯状细胞均消失。由于细支气管、终末细支气管管壁上的平滑肌相对增多，因此它们具有调节进入肺泡内气流量的作用。

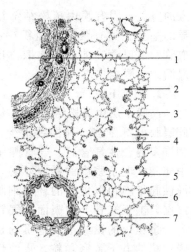

图14-32　肺切片（低倍）
1—支气管；2—呼吸性细支气管；
3—肺泡管；4—杵状指；5—肺泡囊；
6—肺泡；7—细支气管

2. 肺呼吸部

肺的呼吸部包括呼吸性细支气管、肺泡管、肺泡囊和肺泡等四部分。因各部均含有能够进行气体交换的肺泡，故称呼吸部。

（1）呼吸性细支气管　为终末细支气管的分支，它与终末细支气管的区别在于其管壁上有肺泡直接开口。呼吸性细支气管的起始部为单层柱状纤毛上皮，而后即由无纤毛的立方上皮细胞及部分有纤毛的立方上皮细胞构成。上皮下为薄层固有膜，由胶原纤维、分散的平滑肌纤维和弹性纤维等构成。

（2）肺泡管　为呼吸性细支气管的分支。由于其管壁由许多肺泡囊和肺泡所围成，故其自身的管壁结构很少，只存在于相邻肺泡或肺泡囊开口之间的部分。此处的上皮为单层扁平或立方上皮，上皮下有薄层结缔组织和少量平滑肌，肌纤维环行围绕于肺泡开口处，故在切片中肺泡管断面在相邻肺泡间的肺泡隔末端呈结节状膨大，似小鼓槌，称杵状指，是肺泡管的特征性结构。

（3）肺泡囊　为数个肺泡的共同开口处，即由数个肺泡围成的公共腔体，囊壁即肺泡壁。因相邻肺泡间的肺泡隔中不含平滑肌，故肺泡隔末端无明显的结节状膨大。

（4）肺泡　为半球形囊泡，是肺真正进行气体交换的场所。肺泡一面开口于肺泡囊、肺泡管或呼吸性细支气管，其他各面则与相邻肺泡紧密相接。肺泡壁很薄，表面衬覆上皮，上皮下为肺泡隔的结缔组织和血管等。肺泡上皮根据上皮细胞的形态和功能，可分为Ⅰ型肺泡细胞和Ⅱ型肺泡细胞两种类型（图14-33，图14-34）。

Ⅰ型肺泡细胞又称扁平肺泡细胞，数量少，但细胞扁平，所以肺泡内表面大部分由此种细胞覆盖。胞核扁圆位于中央，含核部略厚，其余部分极薄。电镜下，细胞游离面有少量短

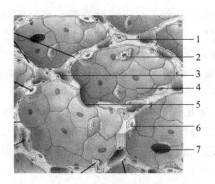

图 14-33　肺泡模式图

1—肺泡隔；2—尘细胞；3—肺泡隔内毛细血管；
4—Ⅰ型肺泡细胞；5,7—肺泡孔；6—Ⅱ型肺泡细胞

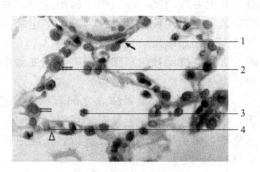

图 14-34　肺泡壁的细胞

1—Ⅰ型肺泡细胞；2—Ⅱ型肺泡细胞；
3—尘细胞；4—肺泡隔

微绒毛，胞质内的细胞器不发达，含有吞饮小泡，相邻细胞之间有连接复合体。Ⅰ型肺泡细胞的结构有利于气体交换。受损的Ⅰ型肺泡细胞可由Ⅱ型肺泡细胞增生分化修复，但修复后的上皮细胞厚度明显增加，从而阻碍了气体的正常交换。

　　Ⅱ型肺泡细胞又称大肺泡细胞或分泌细胞，位于基膜上，常单个或三两成群地嵌于Ⅰ型肺泡细胞之间。胞体一般呈圆形或立方形，突向肺泡腔；胞核大，呈圆形；胞质呈泡沫状。电镜下，细胞游离面可见有散在的微绒毛，胞质中有较发达的高尔基复合体与粗面内质网，还有滑面内质网、线粒体及过氧化酶体等。Ⅱ型肺泡细胞的特征性结构是胞质中含有大量嗜锇性板层小体。板层小体呈圆形或卵圆形，外有界膜包绕，内含同心圆或平行排列的板层结构，内含饱和的二棕榈酰卵磷脂（dipalmitoyl lecithin，DPL）。

　　板层小体是肺泡表面活性物质的贮存处。当板层小体从细胞游离端以胞吐的方式将内容物释放至肺泡腔后，排出的分泌物迅速铺展于肺泡上皮表面，形成表面活性物质。表面活性物质在肺泡表面呈均匀的单分子层排列，具有降低肺泡表面张力及稳定肺泡形态的作用，呼气时，肺泡缩小，表面活性物质密度增加，使表面张力减小，肺泡回缩力减低，可防止肺泡过度收缩而塌陷；吸气时，肺泡扩张，表面活性物质密度减小，表面张力增大，肺泡回缩力增强，可防止肺泡过度膨胀。表面活性物质不断由肺泡巨噬细胞吞噬或Ⅰ型肺泡细胞摄取，而新释出的分泌物不断加以补充，使表面活性物质的代谢处于动态平衡。如果由于内因或外因引起表面活性物质合成与分泌受到抑制或破坏，可引起肺泡塌陷，造成肺功能衰竭。

　　Ⅱ型肺泡细胞不仅具有分泌功能，而且还有增殖分化能力。当Ⅰ型肺泡细胞受损时，Ⅱ型肺泡细胞可增殖分化为Ⅰ型肺泡细胞，起一定的修复作用。

　　（5）肺泡隔　相邻两个肺泡之间的薄层结缔组织为肺泡隔。肺泡隔中含有丰富的毛细血管网及大量的弹性纤维、网状纤维、胶原纤维和肺巨噬细胞（又称隔细胞）等。丰富的毛细血管有利于气体交换；弹性纤维可使肺泡回缩，如弹性纤维的弹性减小可引起肺泡扩大。

　　（6）肺巨噬细胞　体积较大，外形不规则，具

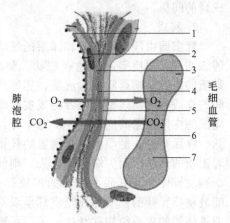

图 14-35　气-血屏障模式图

1—肺泡表面的液体层；2—Ⅰ型肺泡细胞；
3—Ⅰ型肺泡细胞基膜；
4—薄层结缔组织；5—毛细血管基膜；
6—毛细血管内皮细胞；7—红细胞

有明显的吞噬功能,不仅位于肺泡隔中,而且还可穿过肺泡上皮进入肺泡腔。当巨噬细胞吞噬吸入了尘土颗粒后,则称尘细胞。尘细胞可与黏液一起受支气管树管壁上的纤毛摆动经由气管至喉部而咳出,也可经淋巴管入肺门淋巴结内或沉积于肺间质中。当心力衰竭肺淤血时,大量红细胞被巨噬细胞吞噬,红细胞中的血红蛋白转变为含铁血黄素颗粒贮于巨噬细胞中,则称其为心力衰竭细胞。

(7)肺泡孔 相邻肺泡之间有小孔穿通,称肺泡孔。此孔为沟通相邻肺泡内气体的孔道,当某支气管受到阻塞时,可通过肺泡孔建立侧支通气,进行有限的气体交换。但在肺部感染时,微生物也可经此孔扩散,使炎症蔓延。肺泡孔的形态、大小及数量随动物种属不同而异。

(8)气-血屏障 肺泡腔内的气体与毛细血管内血液中的气体进行交换时,必须经过肺泡表面的液体层、Ⅰ型肺泡细胞及其基膜、薄层结缔组织、毛细血管基膜及其内皮细胞,这几层结构即构成生理学上所说的气-血屏障或呼吸膜(图14-35)。气-血屏障很薄,厚约 $0.2 \sim 0.5 \mu m$,若结构中任何一层发生病变,均会影响气体交换,如间质性肺炎、肺气肿等可导致气-血屏障增厚,而降低气体交换速率。

第五节 肾的组织结构特点

肾是动物机体主要的排泄器官,它以形成尿液的方式排出体内的各种代谢产物,从而维持机体的电解质及酸碱平衡,肾还能分泌一些生物活性物质,如肾素、促红细胞生成素等。因此,肾在维持动物体的内环境相对稳定中发挥着重要作用。

一、肾的一般结构

1. 被膜

肾表面有结缔组织被膜,又称纤维膜,分为内、外两层。外层致密,含较多的胶原纤维;内层疏松,含网状纤维和平滑肌纤维。马和猪的肾被膜内层的平滑肌纤维散在分布,而反刍动物则形成平滑肌层。被膜由肾门入肾,构成肾盂外膜,少量伸入肾实质形成肾的间质。

2. 实质

肾实质由浅层的皮质和深层的髓质构成。在新鲜肾脏的纵切面,皮质呈暗红色颗粒状,髓质淡红色呈条纹状。髓质的条纹呈辐射状伸入皮质,称髓放线;相邻髓放线之间的皮质称皮质迷路,两者构成皮质部。一个髓放线及其周围的皮质迷路共同构成一个肾小叶,小叶间有小叶间动脉、静脉穿过。髓质由一些倒置的肾锥体组成,锥体底对着皮质的内缘,而尖端(肾乳头)则朝向肾盂或肾盏。每个髓质锥体和与其底面相对的皮质部分,构成一个肾叶。哺乳动物肾叶的皮质部和髓质部呈现不同程度的融合。相邻锥体间的皮质结构称肾柱,可指示锥体外侧缘的轮廓。

肾实质由大量弯曲的具有泌尿功能的小管即泌尿小管组成,其间有少量结缔组织、血管和神经等构成的肾间质。泌尿小管可分为肾单位和集合小管两部分(图14-36,表14-1)。

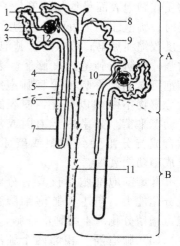

图14-36 肾组织结构模式图
A—皮质;B—髓质

1—远曲小管;2—肾小体;3—近曲小管;
4—近直小管;5—髓放线;6—远直小管;
7—细段;8—弓形集合小管;9—皮质
集合小管;10—致密斑;11—髓质集合
小管;12—皮质肾单位;13—髓旁肾单位

表 14-1　泌尿小管的组成

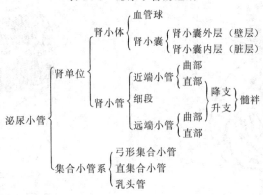

二、肾单位

由肾小体和肾小管组成，是肾的结构和功能单位。肾单位的数量因动物种类不同而异，如牛约有 800 万个，狗约有 80 万～120 万个，兔约有 20 万个，猫约有 18 万个。一个肾单位长约 60mm。根据肾小体所在的部位不同，将肾单位分为皮质肾单位和髓旁肾单位。皮质肾单位位于皮质浅部，所以又称浅表肾单位，数量多，肾小体较小，髓袢较短，只伸到髓质浅层甚至不进入髓质，细段很短仅位于降支内，有时缺无；髓旁肾单位位于皮质深部，数量较少，体积较大，髓袢和细段较长，对尿液浓缩具有重要的生理意义。

1. 肾小体

呈球形，故又称肾小球，直径约 200μm，是原尿形成的部位。肾小体有相对的两个极，血管出入一侧为血管极，其对侧是肾小囊与肾小管相接处，称尿极。肾小体由血管球和肾小囊两部分构成 [图 14-37，图版 1（见封三）]。

（1）血管球　是被肾小囊包裹着的一团蟠曲的毛细血管团，由入球微动脉分支形成。一条入球微动脉从血管极处进入肾小囊内，即分成数支，每支再分出数个分支形成网状的毛细血管袢相互盘绕，而后又逐步汇合成一条出球微动脉，仍由血管极离开肾小体。

入球微动脉的管径比出球微动脉粗，故血管球毛细血管内的血压较一般毛细血管高，当血液流经血管球时，这种较高压力有利于大量水分和小分子物质滤出血管，进入肾小囊腔，形成原尿。

电镜下，血管球毛细血管为有孔毛细血管。内皮细胞呈扁平梭形，含核部位较厚，突向管腔，无核部位极薄，上有许多小孔，孔径 50～100nm，孔上无隔膜覆盖，因而管壁通透性较大。内皮细胞外有薄层基膜。血管球的毛细血管袢之间有血管系膜和少量结缔组织支持。血管系膜主要由系膜细胞和系膜基质组成。系膜细胞又称球内系膜细胞，为星形多突起的细胞，具有吞噬异物及清除沉积在血管球基膜上的免疫复合物、维持基膜通透性的作用，并参与基膜的更新与修复。

（2）肾小囊　是肾小管起始部膨大凹陷形成的双层杯形囊。外层又称肾小囊壁层，内层又称肾小囊脏层，两层之间的腔隙为肾小囊腔，与近曲小管相通。肾小囊壁层由单层扁平上皮构成，在肾小体尿极处与近曲小管上皮相延续，在血管极处向肾小体内返折成肾小囊脏层。脏层细胞有许多足状突起，称足细胞（图 14-38）。扫描电镜下，可见足细胞胞体呈圆形或椭圆形，从胞体伸出几个大的初级突起，每个初级突起再分出许多小的指状次级突起。相邻次级突起之间彼此穿插嵌合，形成栅栏状结构，贴附于毛细血管基膜外面。足细胞次级突起之间有宽约 25nm 的间隙，称为裂孔，孔上覆以厚 4～6nm 的薄膜，称裂孔膜。突起内含较多微丝，微丝收缩可使突起移动，使裂孔的宽度改变。

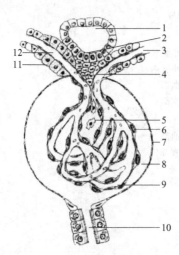

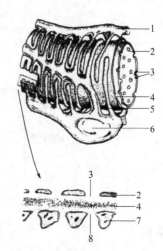

图 14-37 肾小体与球旁复合体结构模式图

1—远曲小管；2—致密斑；3—出球微动脉；4—球外
系膜细胞；5—球内系膜细胞；6— 肾小囊脏层；
7—肾小囊壁层；8—肾小囊腔；9—毛细血管袢；
10—近曲小管；11—球旁细胞；12—入球微动脉

图 14-38 肾血管球毛细血管、基膜和
足细胞超微结构模式图

1—足细胞初级突起；2—内皮细胞；3—内皮细胞胞孔；
4—基膜；5—足细胞次级突起；6—足细胞体；
7—足细胞突起；8—足细胞裂孔膜

　　肾小体在血管球血液和肾小囊腔之间形成的结构类似于一个滤器。组成这个滤器的结构有有孔毛细血管内皮、内皮基膜和足细胞裂孔膜，合称为滤过屏障或滤过膜。血液通过滤过膜滤入肾小囊腔的原尿除不含大分子蛋白质外，其成分与血浆基本相似。滤过膜的三层结构对血浆具有选择性的通透作用，一般认为，相对分子质量小于 7 万的物质（如葡萄糖、多肽、尿素、电解质和水等）均能通过，血细胞、血浆蛋白等大分子物质则不能通过。在病理（如肾小球肾炎）情况下，滤过膜结构破坏，导致蛋白质滤出，甚至红细胞漏出，临床称为蛋白尿或血尿。牛每天两肾可产生原尿 1400L，绵羊约为 140L，犬约为 50L。

　　2. 肾小管

　　肾小管是一条细长而弯曲的单层上皮小管，分为近端小管、细段和远端小管，其功能主要为重吸收、排泄和分泌等（图 14-36，图 14-39，图 14-40）。

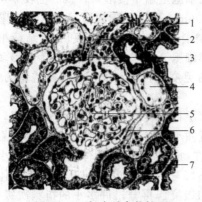

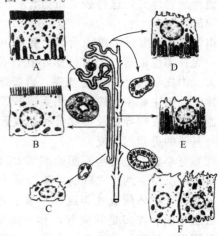

图 14-39 肾皮质高倍镜图

1—近血球细胞；2—球外系膜细胞；
3—致密斑；4—远端小管；5—血管球；
6—肾小囊；7—近端小管

图 14-40 泌尿小管各段上皮细胞结构模式图

A—近端小管曲部；B—近端小管直部；
C—细段；D—远端小管曲部；
E—远端小管直部；F—集合管

（1）近端小管 是肾小管中最粗最长的一段，管径约 $50\sim60\mu m$，长约 14mm，约占肾小管总长的 1/2，又分曲、直两段。

近端小管曲部简称近曲小管，连接于肾小囊，并盘曲在肾小体附近。管径较粗且不规则，管壁上皮细胞呈锥体形或立方形，胞体较大，细胞间界限不清，胞质强嗜酸性。胞核呈球形，较大，着色浅而核仁明显，偏于细胞基底面。细胞游离面有刷状缘，基部有纵纹。用常规方法固定的肾标本上，近曲小管的管腔常常缩小。

电镜下，上皮游离面有密集排列的微绒毛，形成光镜下的刷状缘，使细胞的表面积增加，有利于重吸收功能；微绒毛基部内陷形成顶小管和顶浆小泡，上皮细胞以胞饮或胞吞的方式重吸收原尿中分子量较大的物质。细胞的侧面有许多侧突，相邻细胞的侧突相互嵌合，使光镜下上皮细胞界限不清；细胞基底面有发达的质膜内褶，内褶之间有许多纵向排列的杆状线粒体，线粒体和质膜内褶共同形成了光镜下所见到的纵纹。质膜内褶增大了基底面面积，有利于上皮细胞重吸收物质进入深部血管。内褶上含有 Na^+，K^+-ATP 酶（钠泵），能把细胞内的 Na^+ 泵到细胞间质。在微绒毛基部之间还有由细胞膜内陷形成的小泡和小管，胞质内可见溶酶体、吞噬体和吞饮泡，这些结构是细胞以胞吞形式重吸收蛋白质的产物。

近端小管直部简称近直小管，是曲部的延续，其结构与近端小管曲部基本相同，仅是细胞略矮小，管腔略大，微绒毛较短，侧突和质膜内褶不如曲部发达，顶部胞质的小泡和小管、溶酶体、吞噬体和线粒体均较少。

近端小管的结构特点与其良好的重吸收功能是相适应的。近端小管上皮细胞间的紧密连接并非是完全封闭的，属于"渗漏上皮"，上皮细胞间有低阻力旁路存在，这些特性在调节水和溶质的通透性中起重要作用。原尿中，几乎全部的葡萄糖、氨基酸和蛋白质以及大部分水、无机盐离子和尿素等均在此重吸收。原尿中蛋白质的重吸收可通过胞吞方式进行，蛋白质被近端小管上皮细胞吸收消化后生成的氨基酸，由细胞基部转运至小管周围的毛细血管内。原尿中葡萄糖的重吸收依赖小管细胞膜上的葡萄糖转运载体，并与 Na^+ 偶合转运。

此外，近端小管还可以通过分泌或排泄的方式，将体内的一些代谢终产物排入滤液，如肌酐、肌酸和马尿酸等既可以由血管球滤过，又可以由近端小管排泄；一些药物的代谢终产物，如青霉素、酚红及有机碘化物可以通过近端小管上皮细胞直接分泌进入尿液。临床上常利用酚红排泄试验来检测近端小管的功能状态。

（2）细段 位于髓质及髓放线内，为直行的上皮细管，管径细，直径 $10\sim15\mu m$，管壁为单层扁平上皮，细胞扁长，含核部分突向管腔，胞质着色较浅，无刷状缘（图 14-41）。电镜下，细胞游离面有少量微绒毛，基底面有少量质膜内褶，细胞器不发达。细段上皮很薄，有利于水和离子通透，与尿液的浓缩有关。

（3）远端小管 也分直部和曲部。较近端小管短而细。上皮细胞矮小，大致呈立方形，所以管腔相对较大且规则；胞质呈弱嗜酸性，细胞着色浅，界限清晰；细胞核圆形靠近细胞顶部；游离面无刷状缘，但基底部纵纹明显。电镜下，上皮细胞腔面仅有少量微绒毛；基底部质膜内褶发达，褶深可达细胞高度的 2/3 或顶部，褶间胞质内有纵行排列的大而长形的线粒体。基底部质膜上有丰富的 Na^+，K^+-ATP 酶，能主动向间质内转运钠离子。

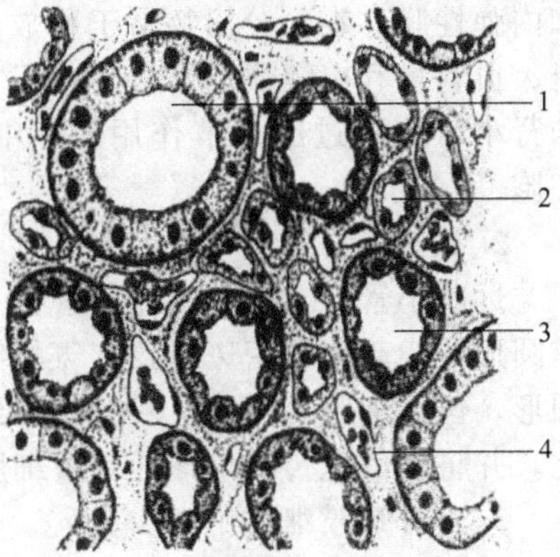

远端小管直部简称远直小管，经髓质肾锥体沿髓放线上行至皮质，是组成髓袢升支的主要部分。电镜下可见细胞表面微绒毛少而短，基部质膜内褶发达，

图 14-41 肾髓质高倍镜图
1—集合小管；2—细段；
3—远端小管；4—毛细血管

其间有细长的线粒体，基部质膜上有丰富的 Na^+，K^+-ATP 酶，能主动向间质转运 Na^+，使肾锥体底部到肾乳头的间质内渗透压升高，从而促进尿液浓缩。

远端小管曲部简称远曲小管，分布于皮质，盘绕于所属的肾小体周围，其超微结构与直部相似，但质膜内褶和线粒体不如直部发达。远曲小管是离子交换的重要部位，细胞能吸收 Na^+、H_2O，排出 K^+、H^+、NH_3 等，对维持体液的电解质及酸碱平衡起重要作用。远曲小管吸钠排钾的作用受体内一些激素的影响，如肾上腺皮质分泌的醛固酮，能促进该功能，而来自下丘脑的抗利尿激素则能促进其对水的重吸收，使尿液进一步浓缩。

三、集合小管系

根据外形及分布不同可分为弓形集合小管、直集合小管和乳头管三段。三者之间没有截然的界限。弓形集合小管短，与远端小管曲部末端相接，自皮质迷路呈弧形走向髓放线，汇集于直集合小管。直集合小管沿髓放线向髓质方向直行进入肾锥体，在肾锥体乳头部汇成乳头管，开口于肾乳头。直集合小管下行途中，有许多远曲小管汇入，其管径也逐渐加粗，管壁上皮由单层立方逐渐增高为单层柱状。几个直行的集合小管最后汇合成乳头管，乳头管衬有单层柱状上皮，近开口处为变移上皮。但在狗，乳头管全长均为单层柱状上皮，马和反刍动物乳头管的变移上皮延伸得更远些。集合小管的上皮细胞较大，核圆形位于中央，胞质着色淡而明亮，细胞界限清晰。细胞的超微结构较简单，细胞器少，胞质中可见少量线粒体，游离面仅有少量微绒毛。集合小管的功能是进一步重吸收水、Na^+ 和排出 K^+，使原尿进一步浓缩，形成终尿。

四、球旁复合体

球旁复合体又称肾小球旁器，由球旁细胞、致密斑和球外系膜细胞组成，位于肾小体血管极处的一个三角形区域内。在断面上致密斑、入球微动脉和出球微动脉分别为三角形的边，球外系膜细胞填充于三角区中心。球旁复合体可通过释放肾素，调节机体的血压、血容量和电解质的平衡 [图 14-37，图版 2（见封三）]。

1. 球旁细胞

入球微动脉在靠近肾小体处，其管壁平滑肌细胞变高，转变为上皮样，称为球旁细胞。细胞较大，呈立方形或多边形，核大而圆，胞质弱嗜碱性，着色浅。电镜下，粗面内质网及核糖体丰富，高尔基复合体发达，肌丝含量较少；分泌颗粒较多，呈均质状，大小不等。免疫组织化学技术证明颗粒内含物为肾素。球旁细胞与相对应的入球微动脉内皮细胞间无基膜和内弹性膜存在，分泌物易于释放入血，通过肾素-血管紧张素系统的作用，调节机体的血压、血容量和电解质的平衡。由于它可引起血管收缩而使血压升高，在局部，对肾的血流量和肾小球的滤过起调节作用。该细胞还可产生肾性促红细胞生成因子，刺激骨髓生成红细胞。

2. 致密斑

远曲小管在靠近肾小体血管极一侧的上皮细胞增高变窄呈高柱状，在小管壁上形成一个椭圆形的隆起称致密斑。致密斑的细胞排列紧密、整齐，较其他远端小管细胞高而窄，核椭圆形，位于细胞的顶部。一般认为致密斑为化学感受器，能感受远曲小管内 Na^+ 浓度的变化，并将此信息传递给球外系膜细胞。

3. 球外系膜细胞

球外系膜细胞也称极垫细胞，填充在入球微动脉、出球微动脉和致密斑三者构成的三角区内，细胞排列稀疏，形态与球内系膜细胞相似，有突起，核呈长椭圆形，胞质少，胞质着色浅，内含颗粒。球外系膜细胞与球旁细胞、球内系膜细胞之间有缝隙连接，因此认为它在近血管球复合体的功能活动中担负着"信息"传递的作用，可能将致密斑传来的"信息"转变为某种"信号"，并扩散到球旁细胞。

五、肾的血液循环

肾动脉自腹主动脉分支而来，由肾门入肾后，伸向皮质，并沿途分出许多小的入球微动脉。入球微动脉进入肾小体形成血管球后，再汇成出球微动脉。这种动脉间的毛细血管是肾内血液循环的特点。出球微动脉离开肾小体后，又分支形成毛细血管，分布于肾小管周围。这些毛细血管网又汇合成小静脉，后者在肾门处汇集成肾静脉，经肾门出肾后入后腔静脉。

肾血液循环的特点为：肾动脉直接来自腹主动脉，在静息的情况下，每次心输出血量的20%～25%进入肾脏，其中90%经过肾血管球完成过滤作用；动脉在肾内两次形成毛细血管网，即血管球和球后毛细血管网；入球微动脉口径大于出球微动脉，以提高血管球内的血压；由髓旁肾单位发出的直血管与髓袢平行，有助于水分重吸收和尿液浓缩。

第六节　卵巢、睾丸及附睾的组织结构

一、卵巢

1. 卵巢的一般结构

卵巢由被膜和实质构成。卵巢表面除卵巢系膜附着处，其他部位均覆盖着一层生殖上皮。其形态随动物年龄的增长而逐渐由单层柱状或立方变为扁平。马卵巢的生殖上皮只分布在排卵窝处，其他部位均被覆浆膜。在生殖上皮的下面有一层致密结缔组织构成的白膜。实质又分周围的皮质和中央的髓质，但马则相反，皮质在中央，而髓质在外周。卵巢的皮质和髓质之间无明显分界。皮质较厚，由基质、不同发育阶段的卵泡和黄体等组成。基质由致密结缔组织构成，其内含有大量网状纤维及散在的平滑肌纤维，胶原纤维、弹性纤维较少。基质的结缔组织参与形成卵泡膜和间质腺。老龄动物的卵巢结缔组织大量增生，卵巢表面常凹凸不平。髓质范围较小，由疏松结缔组织构成，内含丰富的血管和许多弹性纤维。近卵巢门处的髓质中

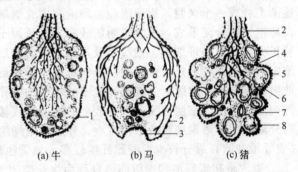

(a) 牛　　　　(b) 马　　　　(c) 猪

图 14-42　不同动物卵巢结构示意图

1—上皮；2—浆膜；3—排卵窝；4—卵泡；5—生殖上皮；
6—髓质；7—皮质；8—黄体

有少量上皮样细胞，称门细胞，一般认为其分泌雄激素，若门细胞增生或发生肿瘤时，可出现雄性化。卵巢的血管、淋巴管及神经由卵巢门出入（图 14-42）。

2. 卵泡的发育与成熟

卵泡是由中央的卵母细胞和周围的卵泡细胞组成的一个球状结构。性成熟后开始发育，根据其结构特点，一般将卵泡的发育过程分为 4 个阶段，即原始卵泡、初级卵泡、次级卵泡和成熟卵泡（图 14-43）。

（1）原始卵泡　位于皮质浅部，出生前即已形成，数量多，体积小。卵泡的中央有一个初级卵母细胞，周围是单层扁平的卵泡细胞，但在多胎动物，如猪和肉食动物的原始卵泡中可看到 2～6 个初级卵母细胞。初级卵母细胞呈球形，体积较大，胞核大而圆，核内染色质细小、分散，着色浅，呈空泡状，核仁大而明显；胞质嗜酸性，电镜下，可见含有少量粗面

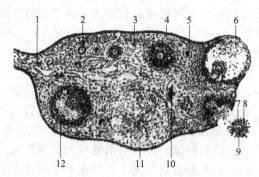

图 14-43　卵巢结构模式图

1—门细胞；2—初级卵泡；3—原始卵泡；4—白膜；
5—闭锁卵泡；6—成熟卵泡；7—透明带；
8—放射冠；9—次级卵母细胞；10—白体；
11—黄体；12—次级卵泡

内质网、丰富的游离核糖体和线粒体，以及高尔基复合体和脂滴等。初级卵母细胞是在胚胎期由卵原细胞分裂分化而成，随后进入第一次成熟分裂，并长期停留于分裂前期的双线期，直至排卵前才完成第一次成熟分裂。卵泡细胞较小，核扁圆形，染色深，与结缔组织之间有薄层基膜。

（2）初级卵泡　由原始卵泡生长发育而来，又称为早期生长卵泡。也由初级卵母细胞和卵泡细胞构成，但出现以下结构特点：①初级卵母细胞体积增大，核糖体、粗面内质网等细胞器增多。②卵泡细胞开始生长发育，由扁平状变为立方状或柱状，由一层变为多层，此时的卵泡细胞又称颗粒细胞。③初级卵母细胞与卵泡细胞间出现一层均质的蛋白多糖膜，嗜酸性，称透明带，由初级卵母细胞和卵泡细胞共同分泌而成。电镜下可见初级卵母细胞的微绒毛和卵泡细胞的突起均伸入透明带，两者之间有缝隙连接。卵泡细胞可向初级卵母细胞传递营养物质及激素等，从而沟通信息，协调功能活动。另外，透明带上有精子受体，对精子与卵细胞之间的相互识别和特异性结合起着重要作用。④环绕在卵泡周围的基质细胞增生，构成卵泡膜，它与卵泡细胞之间隔以基膜。

（3）次级卵泡　由初级卵泡发育而来，也叫晚期生长卵泡。其结构特点为：①卵泡细胞继续增殖，达 6～12 层，细胞间出现一些大小不等的腔隙，随着卵泡的发育增大，这些腔隙逐渐汇合成一个大腔，称卵泡腔。卵泡腔内充满液体，称卵泡液，由卵泡膜的毛细血管渗出及卵泡细胞分泌形成，内含透明质酸酶、生长因子及雌激素等物质。随着卵泡液增多，卵泡腔扩大，初级卵母细胞、透明带及其周围的卵泡细胞被挤到卵泡腔的一侧，形成一个凸入卵泡腔的隆起，称卵丘。此时的初级卵母细胞体积更大。紧靠透明带的一层高柱状卵泡细胞呈放射状排列，称放射冠。构成卵泡壁的颗粒细胞则称为颗粒层。②卵泡膜进一步分化为内、外两层。内层为细胞性膜，含有较多的多边形或梭形的膜细胞和丰富的毛细血管，膜细胞具有分泌类固醇激素细胞的结构特点。外层为结缔组织膜，与周围结缔组织分界不明显，细胞（成纤维细胞）成分较少，胶原纤维较多，血管也较少，并有少量平滑肌纤维。

通常将初级卵泡和次级卵泡合称为生长卵泡。

（4）成熟卵泡　在卵泡刺激素（FSH）及黄体生成素（LH）作用下，次级卵泡进一步发育，成为成熟卵泡，是卵泡发育的最后阶段（图 14-44）。此时，卵泡液急剧增多，体积很大（牛的直径约 15mm；马的可达 70mm；羊、猪的约 5～7mm），占据皮质全层并突向卵巢表面。由于颗粒细胞不再增殖，卵泡壁变薄，处于排卵前期。卵泡的卵泡膜内外两层十分明显，卵泡内膜较厚。有丰富的毛细血管和毛细淋巴管，细胞由梭形变为多角形，胞质内有丰富的类脂颗粒、发达的内质网、线粒体等。类脂颗粒最后被用于合成类固醇激素。

许多动物的初级卵母细胞在成熟卵泡阶段进行第一次成熟分裂，形成次级卵母细胞和第一极

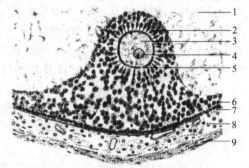

图 14-44　成熟卵泡的卵丘部分放大

1—卵泡液；2—放射冠；3—卵母细胞；
4—核；5—透明带；6—颗粒层；7—基膜；
8—卵泡内膜；9—卵泡外膜

体，第二次成熟分裂多在排卵前后进行。每个发育周期，只有少数原始卵泡发育成熟并排卵。生长卵泡和成熟卵泡还具有内分泌功能，主要分泌雌激素。雌激素少量进入卵泡液，大部分进入血液循环，调节子宫内膜等靶器官的功能活动。

3. 排卵

成熟卵泡破裂，次级卵母细胞及其周围的透明带、放射冠从卵巢表面排出至腹膜腔的过程称排卵。排卵前，在 LH 的作用下，成熟卵泡的卵泡液急剧增多，使其突出于卵巢表面的卵泡壁、白膜和表面上皮变薄，局部缺血，形成半透明的卵泡小斑；卵丘与卵泡壁分离，漂浮在卵泡液中。排卵时，小斑处的结缔组织被胶原酶、透明质酸酶等分解，卵泡破裂，同时卵泡膜外层的平滑肌收缩，次级卵母细胞及其周围的透明带、放射冠与卵泡液一起从卵巢排出。正常情况下，单胎动物一次只排一个卵，而多胎动物一次可排多个卵。

在排卵前，初级卵母细胞完成第一次成熟分裂，形成一个较大的次级卵母细胞和一个很小的第一极体。排卵时，次级卵母细胞立即进行第二次成熟分裂，但它停止于分裂中期。如排卵后不受精，次级卵母细胞即退化；若受精，次级卵母细胞很快完成第二次成熟分裂，形成一个较大的合子和一个第二极体。

4. 黄体的形成与演变

（1）黄体的形成、结构和功能　成熟卵泡排卵后，残留的卵泡壁塌陷形成皱襞，卵泡膜毛细血管破裂，故在卵泡腔内含有大量血液，称血体或红体，牛、猪、马的血体较羊和肉食动物的大而明显。同时颗粒细胞及卵泡膜突入卵泡腔并在 LH 的作用下，逐渐发育成一个富含血管的内分泌细胞团，新鲜时呈黄色，称黄体。牛、马和肉食兽的黄体细胞内含有一种黄色的脂色素——黄体色素，因此整个黄体呈黄色；猪和羊的黄体缺少该色素，呈肉色。颗粒细胞衍化为颗粒黄体细胞，其数量多，体积大，细胞多角形，染色浅，胞质内有类脂颗粒，位于黄体中央，主要分泌孕激素和松弛素。膜细胞衍化为膜黄体细胞，其数量少，体积小，染色较深，位于黄体周边，通过与颗粒黄体细胞协同作用，分泌雌激素。黄体产生大量的孕酮和松弛素，前者使子宫内膜松软，维持妊娠；后者则抑制妊娠子宫的收缩，促进分娩时子宫颈扩张和耻骨联合松弛，以利胎儿的娩出。黄体的形状因动物种类不同而异，牛、羊、猪的黄体有一部分突出于卵巢表面；马的黄体则完全埋藏于基质内。

（2）黄体的演变　黄体形成后，发育很快，其发育程度取决于排出的卵是否发生受精。如卵母细胞未受精，黄体就逐渐退化，此种黄体称为假黄体；如果卵母细胞受精，黄体在激素的作用下继续长大，除马以外，其他家畜的黄体在整个妊娠期都起作用。此种黄体称真黄体或妊娠黄体。无论是真黄体或假黄体，在完成其功能后即行退化，细胞逐渐变小，胞核固缩，血管减少，逐渐被周围的结缔组织替代，称为白体。

妊娠母马的初期黄体大约持续 40d，以后发生变性。自妊娠 40～120d，因子宫内膜分泌胎盘孕马血清促性腺激素（PMSG），刺激卵巢而形成大的卵泡。这些卵泡多数排卵并形成继发黄体，少数卵泡则不经排卵而黄体化。继发黄体大约维持到 180d，以后即行变性。在妊娠的其余时间内，没有黄体存在。

5. 闭锁卵泡与间质腺

在正常情况下，雌性动物一生中仅排出少量发育成熟的卵泡，其余的绝大多数卵泡都不能发育成熟而逐渐退化，这些退化的卵泡称为闭锁卵泡。退化可发生在卵泡发育的各个时期。原始卵泡和初级卵泡退化时，卵母细胞首先表现为核固缩，细胞形态不规则，卵泡细胞变小和分散，最后卵母细胞和卵泡细胞都溶解消失，整个卵泡被结缔组织取代，不留痕迹。次级卵泡退化，可见卵泡腔中有残留的均质状透明带，腔内还常见中性粒细胞和巨噬细胞。临近成熟的卵泡退化时，卵母细胞的胞质内出现脂滴，核固缩；透明带膨胀、塌陷；卵泡细胞分离、变松并萎缩；卵泡液被吸收，卵泡壁凹陷；卵泡内膜的膜细胞一度变得肥大，形似黄体样细胞，以后这些肥大的膜细胞，逐渐被结缔组织和血管分隔成分散的细胞团或索称为间质腺(存在于肉食兽和啮齿动物)。间质腺细胞呈多角形，成群分布，细胞内含有大的类脂颗粒，可分泌雌激素、孕酮和雄激素。

二、睾丸的组织结构

睾丸表面覆以睾丸被膜（附睾缘除外），睾丸被膜由外向内可以分为浆膜、白膜和血管膜三层结构。浆膜为鞘膜脏层，白膜为致密结缔组织，血管膜位于白膜内侧，为富含血管的疏松结缔组织。在睾丸头处，白膜增厚，伸入睾丸实质内，形成睾丸纵隔。马的睾丸纵隔仅局限于睾丸头处，其他家畜的睾丸纵隔贯穿睾丸的长轴。纵隔中的结缔组织呈放射状向睾丸实质伸入，将睾丸实质分隔成许多锥体形的睾丸小叶。肉食动物、马和猪的睾丸小叶发达，牛、羊的薄而不完整。每个小叶内有2～3条弯曲细长的管道，称曲精小管。曲精小管在近睾丸纵隔处与直精小管相延续，直精小管进入睾丸纵隔后相互吻合形成睾丸网。曲精小管与直精小管合称为精小管。

1. 曲精小管

曲精小管是产生精子的场所，管壁由复层生精上皮、基膜和界膜构成（图14-45）。生精上皮是一种特殊的复层上皮，由生精细胞和支持细胞组成。支持细胞为单层排列的高柱状或圆锥状细胞，底部附着在基膜上，顶端伸向管腔，细胞界限不清，有处于不同发育阶段的生精细胞镶嵌在相邻支持细胞之间或其表面，对生精细胞起支持、营养等作用。生精上皮基膜较厚，含有层黏连蛋白、Ⅳ型胶原蛋白等物质。基膜外侧为肌样细胞层构成的界膜，肌样细胞扁平状，切面上呈梭形，胞质内有肌动蛋白或类肌动蛋白样物质，肌样细胞收缩可帮助精子向附睾方向移动。肌样细胞还能分泌多种生长因子，对睾丸的功能起调节作用。

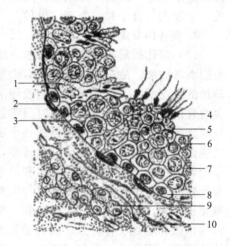

图14-45 曲精小管与睾丸间质
1—支持细胞；2—肌样细胞；3—基膜；
4—精子；5—精子细胞；6—次级精母细胞；
7—初级精母细胞；8—间质细胞；
9—间质组织；10—结缔组织

（1）生精细胞 是发生精子的一类细胞，在脑垂体促性腺激素的作用下，生精细胞增殖分化形成精子。按发育阶段分为精原细胞、初级精母细胞、次级精母细胞、精子细胞和精子，自生精小管基底部至管腔面依次排列。性成熟前，生精小管没有管腔，只有精原细胞和支持细胞。性成熟后，生精小管出现管腔，精原细胞增殖形成精母细胞，精母细胞经过二次成熟分裂形成精子细胞，精子细胞不再分裂，经过复杂的形态变化成为精子，生精细胞在发育的同时，逐渐移向管腔。从精原细胞至形成精子的过程称精子发生，这一过程在牛约需60天，马约50天，猪约45天。

① 精原细胞 是生成精子的干细胞，紧贴基膜，胞体较小，呈椭圆形或圆形，精原细胞分为A、B两型。A型精原细胞核染色质细小，核仁常靠近核膜，包括明A型（Ap）和暗A型（Ad）两种，暗A型精原细胞能不断分裂增殖，分裂后一半仍为暗A型细胞，另一半为明A型细胞，明A型细胞再经分裂数次产生B型精原细胞。B型精原细胞分裂后，体积增大，分化为初级精母细胞。

② 初级精母细胞 由精原细胞分裂发育形成，体积较大，呈圆形，位于精原细胞的近管腔侧，排成1～2层，胞核大而圆，核内染色质成粗网状，镜内观察呈黑色的团块或条状。初级精母细胞迅速进入第一次成熟分裂（有丝分裂），但在分裂前期停留时间较长，有明显

的分裂相，在生精小管的切面上可见大量处于不同增殖阶段的初级精母细胞。它经第一次成熟分裂后，产生两个次级精母细胞。

③ 次级精母细胞　位于初级精母细胞的内侧，体积较初级精母细胞小，呈圆形，胞核大而圆，淡染，镜下观察核内染色质呈均质的网状。细胞很快进行减数分裂的第二次成熟分裂（DNA减半），生成两个精子细胞。由于次级精母细胞存在时间很短，故在切片中不易看到。

④ 精子细胞　靠近曲精小管的管腔，常排成数层。胞体更小、呈圆形，核圆而小，染色质致密，深染，核仁清晰。精子细胞是单倍体细胞，它不再分裂。经过一系列变化，由球形细胞演变成蝌蚪形的精子，这一过程称精子形成。整个过程包括：a. 细胞核变大，移向细胞的一侧，染色质逐渐浓缩，构成精子头部的主要结构。b. 高尔基复合体增大，形成顶体泡，并逐渐凹陷成双层帽状结构，覆盖于核的头端，称为顶体。c. 中心粒迁移至细胞核的尾端，微管延长形成轴丝。随轴丝逐渐增长，精子细胞变长，形成精子尾。d. 随着精子尾的延长，胞质中的线粒体向轴丝的近端聚集，规则地盘绕在轴丝周围，形成线粒体鞘。e. 在精子的核、顶体和轴丝周围仅存有薄层细胞质，多余的细胞质脱落成残余体，被支持细胞吞噬。

⑤ 精子　蝌蚪形，细胞核高度浓缩，刚形成的精子头部常嵌合在支持细胞的游离端，尾部游离于曲精小管腔内，成熟后脱离支持细胞进入管腔。精子可分为头、颈和尾三部，尾部又称鞭毛，具有运动功能，可分为中段、主段和末段3部分。颈段是头部和尾部的结合部位。

（2）支持细胞　又称塞托利细胞，呈不规则的锥体形或柱状，细胞底部附着在基膜上，顶部伸达上皮的腔面，常有多个精子的头部成簇镶嵌在其侧面及游离面上。相邻支持细胞的侧面之间，镶嵌着各级生精细胞，故使支持细胞外形极不规则，在光镜下难以辨认其轮廓（图14-46）。支持细胞的核呈椭圆形、三角形或不规则形，多位于细胞基底部，核的异染色质稀疏，有1～2个明显的核仁。细胞质呈弱嗜酸性，富含滑面内质网，高尔基复合体明显，线粒体多而细长，溶酶体多，微丝及微管丰富。支持细胞的功能有：为生精细胞提供营养，吞噬精子多余的胞质；微丝和微管则与支持细胞的形态维持和各类生精细胞向腔面移动和精子释放有关；分泌少量液体，有助于精子的运输；在FSH和雄激素的作用下，合成雄激素结合蛋白，与雄激素结合，提高曲精小管内雄激素含量，促进精子的发生；参与血-睾屏障的形成。

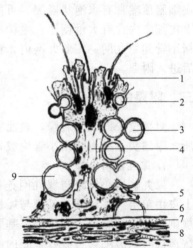

图14-46　支持细胞与
生精细胞关系模式图

1—精子；2—精子细胞；3—次级精母
细胞；4—支持细胞；5—紧密连接；
6—精原细胞；7—基膜；
8—肌样细胞；9—初级精母细胞

相邻支持细胞之间有连接复合体，位于细胞基底部，由紧密连接和缝管连接构成。连接复合体将生殖上皮分隔成基底室和近腔室两部分。基底室位于生精上皮的基膜和支持细胞的连接复合体之间，内有精原细胞。近腔室位于连接复合体的上方，与生精上皮的管腔相通，内有精母细胞、精子细胞和精子。因此，支持细胞的紧密连接将精原细胞与其他生精细胞分隔在不同的微环境中。曲精小管的管壁存在着血-睾屏障，它主要是由睾丸毛细血管内皮、曲精小管界膜、生精上皮基膜及支持细胞间的紧密连接组成。血-睾屏障可阻止某些物质自由进出生精上皮，尤其是支持细胞的紧密连接，可使浅部生精细胞处在较稳定的微环境中发育，还能防止精子抗原物质逸出到小管外，发生自体免疫反应。

2. 睾丸间质

睾丸间质是填充在曲精小管之间的疏松结缔组织。睾丸间质内毛细血管、淋巴管丰富。结缔组织细胞种类多，除成纤维细胞、肥大细胞、巨噬细胞和淋巴细胞等常见的结缔组织细胞外，还可见一种单个或成群分布的间质细胞。间质细胞是一种内分泌细胞，细胞较大，圆形或多边形，核圆形或椭圆形，胞质颗粒状，嗜酸性。电镜下，间质细胞滑面内质网丰富，并含有胆固醇合成酶，线粒体丰富，体积大，嵴多为管状。胞质内还可见脂滴、溶酶体、微丝、微管和脂褐素等。间质细胞的主要功能是合成雄激素。体内大约95%的雄激素都是由睾丸间质细胞合成。雄激素在胚胎期可促进生殖管道及外生殖器的发育与分化，性成熟后有促进精子发生，维持第二性征和性功能的作用。间质细胞的数量与家畜种类和年龄有关，马、猪的数量多，牛的少。

3. 直精小管和睾丸网

曲精小管在靠近睾丸纵隔处变成短而直的管道，称为直精小管，其管径较细，管壁为单层立方、扁平或柱状上皮，无生精细胞。直精小管进入睾丸纵隔后分支吻合成网状的管道，称为睾丸网，其管腔大小不一，不规则，管壁上皮是单层立方或扁平上皮（图14-47）。牛的睾丸网管壁为复层上皮；猪的在立方上皮细胞顶端常有水泡状隆突，可能有分泌活动；马的上皮细胞内含有大量糖原。生精小管产生的精子经直精小管到睾丸网，在睾丸网内，精子和液体充分混合后进入附睾。

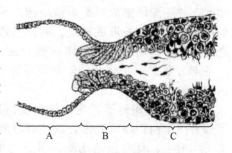

图14-47　曲精小管、直精小管和睾丸网
A—睾丸网；B—直精小管；C—曲精小管

三、附睾的组织结构

附睾位于睾丸附着缘，表面有固有鞘膜和白膜覆盖，是贮存精子和精子进一步成熟的场所。附睾头主要由输出小管构成，体部和尾部主要由附睾管组成。

1. 睾丸输出小管

睾丸输出小管是与睾丸网连接的12～25条弯曲小管，组成附睾头的大部。其管壁薄，上皮由单层高柱状纤毛细胞与矮柱状无纤毛的细胞相间排列组成，管腔面高低不平，管腔不规则。上皮细胞位于基膜上，基膜外面有薄层平滑肌围绕。矮柱状上皮细胞有分泌功能，其游离面有微绒毛，可吸收管腔内的液体；上皮纤毛的摆动和平滑肌的收缩可促进精子进入附睾管。

2. 附睾管

附睾管是睾丸输出小管与输精管间的一条极度蟠曲的管道，组成附睾的体部和尾部。管腔面整齐、规则，腔内充满精子和分泌物。管壁衬以假复层柱状纤毛上皮，上皮细胞分为高柱状有纤毛的细胞和基底细胞，腔面平整。从管道的头端至尾端，上皮逐渐变薄。上皮中的高柱状细胞表面有成簇的粗长静纤毛，细胞除具有吸收功能外，还能分泌促进精子成熟的物质，如磷酸甘油胆碱与糖蛋白等，可增强精子的运动能力；基底细胞紧贴基膜，为圆形或卵圆形，淡染，核为圆形。基膜外有较多平滑肌，并从管道的头端至尾端逐渐增厚，前段主要为环行平滑肌，中段逐渐出现外纵肌，近后段处还出现薄的内纵肌。肌层的蟠动性收缩可协助精子移动。

附睾不仅有输送和贮存精子的功能，还有以下重要功能。

① 分泌功能　附睾上皮能分泌K^+、肌醇、磷酸甘油胆碱及唾液酸等物质。附睾上皮还能合成、分泌多种蛋白质和多种酶类，对于精子成熟发育极为重要。

② 重吸收功能　精子随睾丸液进入附睾后，大部分睾丸液在输出小管内被重吸收，附睾上皮对离子的重吸收具有选择性。

③ 浓缩肉毒碱功能　附睾上皮细胞能摄取血液中的肉毒碱并转运至附睾管腔，使其高度浓缩。肉毒碱浓度的高低能抑制或刺激精子运动。

第七节　神经器官的组织结构

一、脊髓的内部结构

脊髓横切面呈卵圆形，分灰质和白质两部分。灰质位于脊髓的中央，呈蝶翼状或 H 形，神经细胞体集中于灰质。两翼的灰质由灰质联合连接起来，中央有衬以室管膜的中央管，内含脑脊液。灰质的横断面可分为背角和腹角。背角长而狭，在背角的顶端有淡染的背胶状质，其中含有神经胶质细胞和少量神经细胞体。腹角短而宽。在胸腰段脊髓的腹角和背角之间还有外侧角。白质位于灰质的外周，主要由神经纤维组成，白质被腹正中裂和背正中隔分为左右两部分，每部分又被腹根和背根分隔成三区，即腹索、背索和外侧索（图 14-48）。

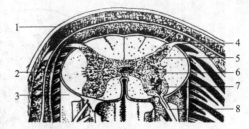

图 14-48　脊髓横切面
1—硬膜；2—蛛网膜；3—软膜；4—背根；
5—背角；6—侧角；7—腹角；8—腹根

1. 灰质

脊髓灰质由神经细胞体和神经纤维靠神经胶质连接在一起而构成。根据神经细胞体的分布情况，可以分为三个细胞群。

（1）腹角细胞群　腹角的神经元均属星形神经元，大小不一，大多数为运动神经元，其中胞体较大的称 α 神经元，直径约 $70\mu m$，胞质中含有块状排列的粗面内质网，即尼氏体。轴突较粗长，分布至躯干及四肢的骨骼肌纤维。较小的神经元称 γ 神经元，直径约 $35\sim45\mu m$，轴突较细，对维持肌紧张起重要作用。运动神经元的轴突穿出白质，被髓鞘包围后进入脊神经的腹根。一个运动神经元可以控制多个肌纤维。位于腹角内侧部还含有一种短轴突的、胞体较小、具有抑制性功能的中间神经元，称任肖氏细胞。

（2）侧角细胞群　构成植物性神经的低级中枢，神经细胞属多级神经元，胞体较小，呈星形，胞质内有细小的尼氏体。其轴突构成节前神经纤维，与节后神经元构成突触联系。节后神经元发出节后神经纤维至内脏器官。

（3）背角细胞群　由接受各种不同感觉的中间神经元构成。中间神经元的突起只分布于中枢神经系统范围之内。这些神经元的大小和形态差异很大。中间神经元可分为两类：一类是柱细胞，胞体比运动神经元小，含有色素，树突短且分枝少，终止于灰质内。轴突伸入同侧或对侧的白质中，形成神经束。另一类是高尔基 II 型细胞，胞体最小，突起短，终止于灰质内。由柱细胞突起构成的神经束，可伸至脑及各段脊髓，使中枢神经系统不同部分的活动联系起来。

2. 白质

白质包围着灰质，主要由粗细不等的神经纤维和神经胶质细胞组成。神经纤维大部分是有髓鞘神经纤维。纤维多为纵行的，但在神经根与白质联合处也有横行和辐射状排列的。

在白质内具有相同起点、终点和功能的神经纤维集合成神经传导束。脊髓的神经传导束可分为前行传导束和后行传导束。前行传导束将冲动传至脑；后行传导束将脑的调节冲动传至运动神经元。背侧索内含有前行传导束，纤维是由脊神经节内的感觉神经元的中枢突构成的；外侧索和腹侧索含有前行和后行传导束，均由来自背侧柱的中间神经元的轴突（前行纤维束）以及来自大脑和脑干的中间神经元的轴突（后行纤维束）所组成。靠近灰质柱的白质都是一些短程的纤维，称为固有束，前行或后行一段距离后又返回灰质，以联系脊髓的不同节段。其他都是一些远程的，连于脑和脊髓之间的纤维。这些远程的纤维聚集成束，形成脑脊髓的传导径。通过传导径，将中枢神经系统各部和体内各器官联系起来。

二、小脑和大脑的组织结构

1. 小脑

由灰质和白质构成，白质位于中央，称髓质；灰质位于外周，称皮质。小脑白质的分支伸进灰质，形成小脑树（图 14-49）。

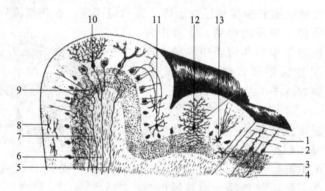

图 14-49　小脑皮质结构模式图

1—分子层；2—蒲肯野细胞层；3—颗粒层；4—白质；5—攀登纤维；6—蒲肯野细胞轴突；
7—苔藓纤维；8—星形细胞；9—颗粒细胞；10—蒲肯野细胞；
11—篮状细胞；12—高尔基Ⅱ细胞；13—神经胶质细胞

（1）皮质　从外向内可分为三层：分子层、蒲肯野细胞层和颗粒层。

① 分子层　位于皮质的外层，含神经纤维较多，细胞较少，主要有浅层的星形细胞和深层的篮状细胞。前者胞体较小，轴突短；后者胞体较大，轴突较长，与小脑叶片长轴成直角方向并平行于小脑表面走行，沿途发出许多侧支，其末端呈篮球状，分支包绕蒲肯野细胞的胞体并与之形成突触。

② 蒲肯野细胞层　又称节细胞层，由单层排列的蒲肯野细胞组成，是小脑皮质中最大的神经元。树突伸向分子层，与小脑回的长轴成直角。而胞体则与篮状细胞的轴突分支构成突触。蒲肯野细胞的轴突穿过颗粒层至白质，穿过颗粒层时，分出许多反向性的侧支，分布于小脑皮质各层内。

③ 颗粒层　位于小脑皮质的最深层，由排列较密的颗粒细胞及高尔基细胞组成。颗粒细胞的胞体小，圆形，胞质少，核深染。高尔基细胞多位于颗粒层浅部，形状与蒲肯野细胞相似，树突多且分支复杂，大部分进入分子层，轴突只在颗粒层内分支，且分支短小丛密。

（2）髓质　含有三种有髓纤维，即由蒲肯野细胞的轴突形成的纤维、苔藓纤维和攀登纤维。

由蒲肯野细胞的轴突形成的纤维是小脑皮质唯一的传出纤维，终止于小脑髓质的齿状核；后两种纤维是完全不同的两套传入纤维系统，它们都可兴奋蒲肯野细胞。攀登纤维是来自前庭神经的纤维，这些纤维几乎是蒲肯野细胞专有传入纤维，它们直接作用于蒲肯野细胞，引起该细胞强烈兴奋。苔藓纤维来自脊髓的背核，它要通过颗粒细胞才能间接地使蒲肯野细胞产生兴奋。

2. 大脑

大脑是机体高级神经活动和调节各种基本生理功能的中枢，分左右两个大脑半球。大脑半球表面为灰质，又称皮质；白质在深层，又称髓质（图14-50）。

皮质由无数大小不等、形态多样的神经元和神经胶质细胞以及少量神经纤维构成。根据其所含神经元的形态、大小和排列的密度不同，从浅到深可分为六层结构。

① 分子层　又称丛状层，在皮质表面紧靠软膜的下方。该层神经元很少，主要有两种细胞：一种是星形细胞，轴突较短；另一种是水平细胞，胞体细小且呈梭形。

② 外颗粒层　主要含大量的星形细胞和小锥体细胞，后者的树突进入分子层，轴突向内伸至各层。

③ 外锥体细胞层　较厚，主要成分是小型和中型锥体细胞。其树突伸至分子层，轴突则伸向皮质深层或进入髓质。

④ 内颗粒层　此层较薄，细胞密集，主要含星形细胞。

⑤ 内锥体细胞层　此层细胞稀少，主要为中型

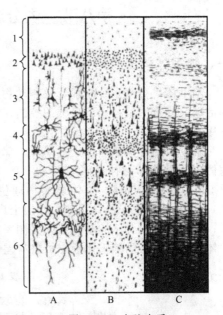

图 14-50　大脑皮质
A—镀银染色示神经元形态；
B—尼氏体染色示 6 层结构；
C—髓鞘染色示神经纤维分布
1—分子层；2—外颗粒层；3—外锥体层；
4—内颗粒层；5—内锥体层；
6—多形细胞层

及大型的锥体细胞。大锥体细胞的树突伸向分子层，轴突伸入髓质至脑干各区或脊髓。而小锥体细胞的树突较短，分布于本层或伸入内颗粒层。

⑥ 多形细胞层　此层细胞很不规则，梭形细胞居多，也含少量小锥体细胞及马丁诺提细胞。

大脑皮质 1～4 层主要接受传入冲动。从丘脑来的各种感觉特异传入纤维主要进入第 4 层，与星形细胞形成突触，星形细胞的轴突又与其他细胞建立广泛的联系。大脑皮质的传出神经元为锥体细胞和梭形细胞两种。皮质内起联络作用的神经元为星形细胞、水平细胞和上行轴突细胞。水平细胞的轴突与锥体细胞和梭形细胞主树突形成突触，上行轴突细胞伸向皮质表层的轴突发出侧支与各层神经元相联系。

生理研究发现，刺激某些神经纤维和皮肤的一定区域，可引起大脑皮质全层的一个柱形区域的神经元发生兴奋，称此为垂直柱。皮质垂直柱贯穿皮质全层，包括传入纤维、传出神经元和中间神经元。垂直柱可能是大脑皮质的基本结构和功能单位。

三、血-脑屏障

血-脑屏障是指血液和脑、脊髓之间的一种特殊结构，屏障的功能是防止有害物质进入脑以维持神经系统内环境的相对稳定。血-脑屏障的形态学基础包括连续性毛细血管内皮、完整的基膜和胶质细胞突起形成的胶质膜三层结构。电镜下，连续性毛细血管的内皮细胞之间有紧密连接，内皮细胞的吞饮小泡很少，内皮外周有完整的基膜，神经胶质细胞包绕毛细血管面的 85% 以上。一般认为连续性毛细血管是血-脑屏障的主要结构基础，具有高度的选择性，基膜和神经胶质膜起辅助作用。

第八节　内分泌器官及皮肤的组织结构

一、脑垂体的组织结构

　　脑垂体可分泌多种激素，控制动物的生长、发育、代谢、生殖等重要的生命活动。垂体的活动又受着中枢神经下丘脑的控制，所以在神经与内分泌两大调节系统中起着重要的枢纽作用。

　　脑垂体由腺垂体和神经垂体两大部分构成。腺垂体包括远侧部、中间部和结节部；神经垂体包括漏斗部和神经部（表14-2）。漏斗的上部膨大，称正中隆起；下部称漏斗柄（图14-51）。腺垂体与神经垂体虽然物理位置离得很近，但来源和组成有很大的区别（图14-52）。腺垂体来源于原口顶部外胚层上皮向背侧的突起，后脱离口腔外胚层形成独立的拉克囊；神经垂体来源于间脑底部向腹侧突起，并与拉克囊相互靠拢，最后紧贴在一起共同形成垂体。各种家畜的脑垂体形态虽略有差异，但其发生及结构基本相同。

表 14-2　脑垂体的组成

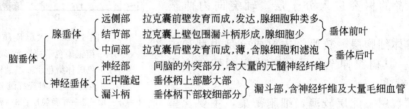

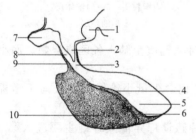

图 14-51　牛脑垂体正中矢面模式图
1—乳头体；2—垂体腔；3—漏斗柄；
4—中间部；5—神经部；6—垂体裂；
7—视交叉；8—正中隆起；
9—结节部；10—远侧部

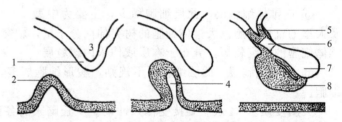

图 14-52　脑垂体发生模式图
1—间脑底部；2—原口顶部；3—第三脑室；4—拉克囊；
5—正中隆起；6—漏斗柄；7—神经部；8—腺垂体

1. 腺垂体的组织结构

　　（1）远侧部　位于垂体的腹前侧，是腺垂体最大的部分。细胞排列成团状或索状，互相连接成网，网孔内有血窦。根据其分泌激素性质的不同细胞大致可分为五类：催乳激素细胞、生长激素细胞、促甲状腺素细胞、促性腺激素细胞和促肾上腺皮质激素细胞。根据其颗粒对染料亲和力的不同又可分为嗜酸性细胞、嗜碱性细胞和嫌色细胞三类。

　　① 嗜酸性细胞。占远侧部细胞的40%左右，细胞轮廓清晰，呈圆球形或卵圆形。包括以下各类。

　　a. 催乳激素细胞　是远侧部中最大的细胞，细胞内的颗粒最大，且形状多样。可分泌催乳素（LTH），细胞的数量和大小随动物生理周期的不同而异，妊娠期和授乳期增加，在非妊娠期减少。催乳激素能促进乳腺的发育，促使分娩后的乳腺分泌，在一些动物（如鼠）

还能刺激黄体分泌。

b. 生长激素细胞　数量多，胞体较大，细胞内充满圆球形的颗粒。可分泌生长激素（STH），STH 有提高各种代谢的功能，特别是刺激骺板的生长，使骨加长。

② 嗜碱性细胞　数量少，仅占远侧部细胞的 10% 左右。胞体比嗜酸性细胞稍大，胞核大而色浅。包括以下各类。

a. 促甲状腺素细胞　细胞呈多角形，胞质内含的颗粒最小，分泌促甲状腺激素（TSH），TSH 能促使甲状腺发育及滤泡上皮合成和分泌甲状腺素。

b. 促性腺激素细胞　胞体大，靠近血窦分布，胞质颗粒大小及深浅不一。其特点是在一个细胞内可形成两种激素，即卵泡刺激素（FSH）和黄体生成素（LH）。FSH 在雌性促使卵泡发育，在雄性则作用于曲精小管内的支持细胞，有助于精子正常发生。

c. 促肾上腺皮质激素细胞　细胞呈弱嗜碱性或嫌色。染色浅，形态不规则，分泌颗粒密度不一，且小而少。可分泌促肾上腺皮质激素（ACTH）和促脂激素（LPH）。ACTH 可促使肾上腺束状带和网状带细胞分泌，LPH 作用于脂肪，产生脂肪酸，不同动物 LPH 的含量不等。

③ 嫌色细胞　数量最多，可占远侧部细胞的 50% 左右，细胞较小，常聚集成堆，胞质少而着色浅，细胞界限不清。嫌色细胞一部分是嗜色细胞的脱颗粒细胞，有的是未分化细胞，有的有突起可能有支持营养作用。

（2）中间部　位于远侧部与神经部之间，紧贴神经垂体，常与神经部合称垂体后叶。人和灵长类中间部不发达，禽类无中间部，但家畜均有，骆驼的中间部发达。中间部主要由嫌色细胞及少量的弱嗜碱性细胞组成，常可见到充满胶体的滤泡。可分泌促黑素细胞激素（MSH），可使黑色素细胞分泌增加，皮肤变黑，也可使两栖类黑色素细胞内的色素分散，使皮肤颜色发生改变而达到变色隐身的目的。

（3）结节部　围绕着神经垂体的漏斗，前面较厚，后面较薄，与远侧部合称垂体前叶。细胞排列呈索状，主要由嫌色细胞和少量的嗜色细胞组成，能分泌少量的促性腺激素和促甲状腺激素。

2. 神经垂体的组织结构

神经垂体位于垂体背后侧，通过漏斗部与下丘脑连为一体。主要由大量的神经纤维和神经胶质细胞组成。神经部的结缔组织分散，其内有较丰富的毛细血管。其细胞在常规组化染色中可见形态多样的细胞核，而胞膜及胞浆不易观察到。神经胶质细胞呈纺锤形或具有短的突起，称垂体细胞。垂体细胞不分泌激素，起支持、营养和保护功能。神经垂体的激素来自下丘脑的视上核和室旁核的大分泌颗粒沿轴突进入神经垂体，由末梢释放进入毛细血管或形成团块，称赫令氏体贮存于神经垂体。

3. 垂体与下丘脑的关系

从发生上看，神经垂体是下丘脑的延伸部分，两者实为一体，共同完成激素的合成、分泌、运输、贮存与释放（图 14-53）。下丘脑与腺垂体由于发生上的来源不同，因此在组织上两者没有直接的联系，但它们之间有一垂体门脉系统，即垂体前动脉在正中隆起形成初级毛细血管网，然后汇合成数条门微静脉至腺垂体，又二次分支形成次级毛细血管，门脉及其两端的毛细血管网构成了垂体门脉循环。下丘脑分泌的促垂体激素或因子先进入初级毛细血管网，经门脉系统运抵腺垂体，由次级毛细血管透出，通过体液作用于腺垂体各靶细胞，起促进或抑制激素释放的作用。其中对腺细胞分泌起促进作用的激素称释放激素，反之称为抑制激素。目前已知的释放激素有：生长激素释放激素（GRH）、催乳激素释放激素（PRH）、促甲状腺激素释放激素（TRH）、促性腺激素释放激素（GnRH）、促肾上腺皮质激素释放激素（CRH）及黑素细胞刺激素释放激素（MSRH）等。释放的抑制激素有：生长激素释放抑制激素（或生长抑制素 SOM）、催乳激素释放抑制激素（PIH）和黑素细胞刺激素释放抑制激素（MSIH）等。由此可见，下丘脑是通过体液的联系来实现对腺垂体的调控。由于下丘脑与神经垂体和腺垂体的密切关系，所以将其合称为丘脑下部-垂体系统。

近年来，国内外一些学者还应用电镜免疫组化技术，发现在垂体前叶也有不少肽能神经纤维，并观察到神经末梢与一些腺细胞之间有突触关系。据此我国学者也提出垂体前叶不仅受体液的调节，同时也受神经的直接调节。

二、肾上腺的组织结构

肾上腺由被膜和实质构成。被膜由致密不规则的结缔组织构成，偶见少量平滑肌纤维。实质由皮质和髓质构成，从被膜发出小梁伸入皮质，但很少进入髓质。在被膜上常有类似未分化的皮质细胞团块，它们可能分化为皮质多形区的细胞。

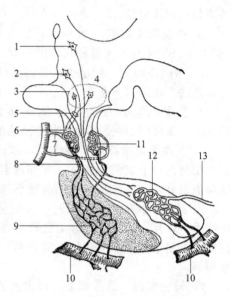

图 14-53　脑垂体血液供应模式图
1—视上核；2—室旁核；3—促垂体区；
4—第三脑室；5—结节垂体束；6—正中隆起；
7—垂体前动脉；8—垂体门静脉；9—次级
毛细血管；10—海绵窦；11—初级毛细血管；
12—神经部毛细血管；13—垂体后动脉

1. 皮质

位于实质的外周，占腺体绝大部分。根据细胞排列和形态的不同，从外向内可分为多形带、束状带和网状带（图 14-54）。

（1）多形带　位于被膜下，约占皮质的 15%。细胞的排列因动物种类的不同而异，反刍兽排列成不规则的团块状和索状；马和肉食兽为弓状，猪的排列不规则，介于前两者之间。多形带的细胞在马、猪、肉食兽呈高柱状，在其他家畜则较小，呈多边形，核小而染色深。胞质内有小脂滴，细胞分泌盐皮质激素，如醛固酮，可通过控制肾小管留钠排钾作用维持电解质和水的平衡。

（2）束状带　位于多形区的深层，是多形带的延续。细胞呈辐射状排列，细胞索之间有血窦和少量结缔组织。细胞呈立方形或多边形，胞核较大，染色较浅，细胞器亦较多形带丰富，线粒体较大，圆形，嵴呈管状。胞质含有许多脂滴，在制片过程中因脂滴溶解而呈空泡状。

在马、狗、猫的多形带与束状带之间尚可区分出一个中间带，此处细胞较小，柱状或立方形，胞核小而染色深。牛、绵羊、山羊也有中间带，但不明显。束状带细胞分泌糖皮质激素，如可的松，调节蛋白质、脂肪和糖的代谢。

（3）网状带　位于皮质的深层，与髓质相连。由细胞索互相吻合形成网状结构，索间有宽大的血窦。细胞呈多边形，其结构与束状带略同，但脂滴较少，脂褐素较多。有些胞核固缩、深染，可能是退变的细胞。网状带细胞在两性均分泌雄激素和少量雌激素。

2. 髓质

细胞呈多边形，柱状或圆形，排列成不规则的细胞索，索间为血窦。髓质中央有大的中央静脉，有助于分泌物排出。在含铬酸盐的固定液所制备的标本上，细胞内有呈暗棕色的颗粒，因此称嗜铬细胞。此外，髓质还有单个或成群的交感神经节细胞（相当于交感神经节后神经元）分散于嗜铬细胞之间，它们均和交感神经节前纤维形成突触联系。

嗜铬细胞因分泌激素的不同可分为肾上腺素细胞和去甲肾上腺素细胞，两者形态相似，颗粒都具嗜银性，但电子密度不同，肾上腺素细胞颗粒较去甲肾上腺素细胞低。肾上腺素能提高心肌兴奋性，使心跳加快；去甲肾上腺素可使血管收缩，血压升高。其作用与交感神经相同。两类细胞一般混合分布，但马、牛和绵羊的髓质可分为内外两区；外区细胞大而染色深，分泌肾上腺素；内区细胞小，呈多边形，染色较浅，常排列成团，分泌去甲肾上腺素。

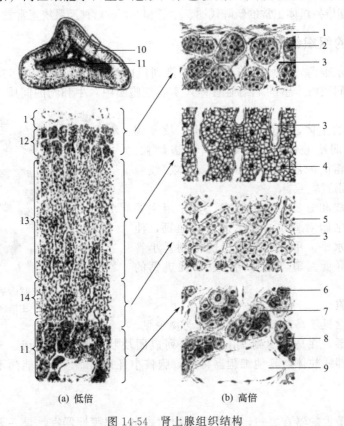

(a) 低倍　　　　　(b) 高倍

图 14-54　肾上腺组织结构

1—被膜；2—多形带细胞；3—血窦；4—束状带细胞；5—网状带细胞；6—去甲肾上腺素细胞；

7—交感神经节细胞；8—肾上腺素细胞；9—中央静脉；10—皮质；

11—髓质；12—多形带；13—束状带；14—网状带

三、甲状腺的组织结构

　　甲状腺外覆薄层结缔组织被膜，内伸的小梁把实质分为许多小叶。牛和猪的小叶明显。小叶内充满大小不一的滤泡，滤泡的结缔组织内含有散在的滤泡旁细胞。滤泡由单层上皮细胞组成，细胞的形态和滤泡的大小可因功能状态而变化，在功能不活跃时，细胞呈低的立方形甚至扁平形，胶体较多；当功能活跃时，细胞变高，呈立方形或柱状，胶体较少（图 14-55）。

1. 滤泡

　　滤泡上皮将其合成的甲状腺球蛋白储存于滤泡腔中，成为胶体。当机体需要时，又将胶体吸收，分解成为有活性的激素，从细胞基部分泌进入毛细血管。因此滤泡上皮细胞具有蛋白质分泌和吸收两方面的结构特点。

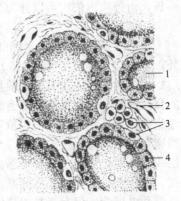

图 14-55　甲状腺滤泡

1—胶体；2—毛细血管；

3—滤泡旁细胞；4—滤泡上皮细胞

2. 滤泡旁细胞

常单个嵌在滤泡壁上或成群散在于滤泡间的间质中。滤泡旁细胞在 HE 染色切片中着色浅，故又名亮细胞或 C 细胞，用银染法则显示细胞内有嗜银颗粒。旁细胞分泌降钙素，其作用是通过抑制骨的吸收使血钙下降。

甲状腺激素能维持机体正常的新陈代谢、生长和发育，对神经系统正常发育有较大影响。

四、甲状旁腺的组织结构

甲状旁腺被膜很薄，实质的腺细胞一般排列成团块或索状（图 14-56）。由主细胞和嗜酸性细胞构成。间质有丰富的毛细血管伸入实质细胞团中，牛和狗的间质最多。

1. 主细胞

构成腺实质的主体，呈圆形或多边形，核卵圆形，胞质浅染呈弱嗜酸性，嗜银染色有嗜银颗粒。电镜下有发达的粗面内质网、高尔基复合体、线粒体等，并含有脂褐素颗粒。

主细胞能合成和分泌甲状旁腺素，其作用主要是通过增强破骨细胞对骨质的溶解而升高血钙，使血钙维持在一定水平。甲状旁腺素尚能抑制肾小管对磷的重吸收，降低血磷以及作用于肠，促进钙的吸收。

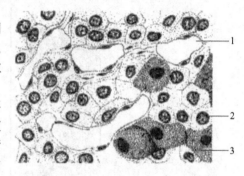

图 14-56　甲状旁腺的微细结构
1—毛细血管；2—主细胞；3—嗜酸性细胞

2. 嗜酸性细胞

数量较少，常见于马和反刍兽，其他动物少见。细胞较大，多边形，在马可达到 $7\mu m$，常排列成团块状。胞质染色淡，充满嗜酸性颗粒，电镜下这些颗粒即线粒体，其他细胞器稀少，胞核小且常固缩。其功能尚不清楚。

五、皮肤

皮肤是畜体最大的器官之一，被覆于动物的体表，属膜性器官，是一天然屏障。具有保护内部器官、防止水分蒸发、排出某些代谢废物、感觉、调节体温、储藏吸收某些营养物质等功能。皮肤的厚薄依家畜种类、年龄、性别、分布位置的不同而不同，如覆盖体表的大部分是有毛的薄皮肤，而分布于鼻镜、足垫、乳头等处的是无毛的厚皮肤。两者虽在角化程度、毛和汗腺的数量及类型、色素的多少、耐磨性能等方面有较大的不同，但基本结构大体一致，由外向内依次可以分为表皮、真皮和皮下组织三层结构。

1. 表皮

位于皮肤的最表层，由角化的复层扁平上皮构成。表皮在鼻镜、乳头等无毛的厚皮肤处，从深层到表层又可分为 5 层（图 14-57），即基底层、棘细胞层、颗粒层、透明层和角质层；有毛的皮肤无透明层，颗粒层薄或不连续，角质层也薄。上述各层细胞由基底层向浅层的移动过程中，绝大部分细胞的形状和内部结构逐渐变化，最后生成角质蛋白。因此，这类细胞称为角质形成细胞。在角质形成细胞之间还有散在的黑素细胞、朗格汉斯细胞和麦克尔细胞，它们具有特殊的机能，与表皮角化无直接关系，称为非角质形成细胞，如黑素细胞能生成黑色素；麦克尔细胞是感觉细胞，能感受触觉刺激；朗格汉斯细胞属于单核吞噬细胞系统，能识别、捕获和处理抗原，在 HE 切片上不易辨认，用特殊染色法可显示。表皮内没有血管和淋巴管，但有丰富的神经末梢，其营养来自于真皮。

（1）基底层　位于表皮的最深层，紧贴基膜分布，由一层低柱状细胞组成，核椭圆形，染色深，胞质较少，常含有黑色素颗粒。胞质中含有较多的核蛋白体，所以呈弱嗜碱性。张力丝成束散在于胞质内，细胞基部有微细的短突伸入基膜内，加强表皮的附着力，并有吸收真皮营养的作用。基底细胞与相邻细胞间由桥粒相连，细胞基底面借半桥粒与基膜相连。基底细胞增殖能力很强，细胞可以不断分裂产生新的细胞，并向浅层推移，以补充衰老、死亡脱落的其他角质细胞。在基底层细胞间还有少数散在的，具有短指状突起的梅克尔细胞，能感受触觉或其他机械刺激。

（2）棘细胞层　位于基底层细胞的浅层，由数层大的多角形细胞组成，核圆形或椭圆形，位于细胞中央。靠近颗粒层的细胞逐渐变成扁平形。棘层细胞表面伸出许多短小的棘状突起，并与邻近细胞的突起以桥粒相连。棘细胞的胞质丰富，含有较多的核蛋白体，胞质呈嗜碱性，张力丝成束交织分布于细胞质内。棘细胞也有分裂增生的能力，但只限于深层。

在基底层与棘细胞层深部的细胞间有呈星状的黑素细胞，胞核较小，胞质内含有丰富的核蛋白体、粗面内质网、发达的高尔基复合体，能产生黑色素颗粒。细胞的突起伸入基层细胞或棘层

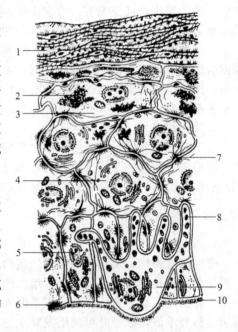

图 14-57　表皮超微结构模式图
1—角质细胞；2—透明角质颗粒；3—颗粒层细胞；
4—棘细胞；5—基底细胞；6—半桥粒；7—桥粒；
8—黑素颗粒；9—黑素细胞；10—基膜

细胞之间，成熟的颗粒迁入突起内，由此再转移到邻近的细胞内。色素与皮肤的颜色有关，并能吸收紫外线，因此可防止日光中紫外线损伤深部组织。此外，还有朗格汉斯细胞，该细胞呈星形，末端呈纽扣样膨大，胞质中含有特征性颗粒，颗粒呈网球拍状，有包膜，内呈酸性和碱性磷酸酶活性。

（3）颗粒层　位于棘细胞层的浅部，由1～5层梭形细胞构成；胞核较小，染色较淡，渐趋退化消失，胞质中有大小不等的透明角质颗粒，颗粒的数量向表层逐渐增加，普通染色呈强嗜碱性。至此，细胞内已充满着含角质素的颗粒。随着角质素的增加，细胞会逐渐地角质化而死亡。

（4）透明层　只有鼻镜、乳头、肉食兽足垫等无毛的厚皮肤才有，由几层扁平无核的细胞组成，细胞界限不清，呈均质透明状，嗜酸性，胞核和细胞器已退化消失。

（5）角质层　位于表皮最表层，由多层完全角化的扁平细胞构成，胞质内充满角蛋白，染色呈嗜酸性，角质细胞的胞膜增厚，细胞互相嵌合，仍以桥粒相连，对酸、碱、摩擦等因素有较强的抵抗力，同时这些紧密相连的细胞，构成了皮肤最重要的保护屏障层。角质层最表层细胞逐渐连接松散，桥粒消失，最后死亡，脱落形成皮屑。角质层内常有由皮脂腺分泌的用来防止皮肤脱水的脂质通过。在那些经常摩擦的部位（手掌、脚掌），角质层会加厚而形成茧。

2. 真皮

位于表皮深层，由致密结缔组织构成，含有大量的胶原纤维和弹性纤维，细胞成分较少，分乳头层和网状层。

（1）乳头层　位于表皮的下面，与表皮的基膜相接。此层很薄，纤维细而疏松，细胞成分较多，结缔组织向表皮伸入形成很多圆锥状突起，称真皮乳头，乳头的高低与皮肤的厚薄有关，一般表皮较厚的无毛或少毛皮肤，乳头高而细；多毛的皮肤和表皮薄的皮肤，如羊的

皮肤，乳头很小，甚至没有。毛少皮厚的水牛真皮乳头较发达。乳头层富有毛细血管、淋巴管和感觉神经末梢，以供应表皮的营养和感受外界刺激。

（2）网状层 位于乳头层深层，较厚，由致密结缔组织构成，细胞成分比乳头层少，粗大的胶原纤维束交织排列成网状，内含丰富的弹性纤维。牛网状层的胶原纤维束粗大且排列紧密，网状层占真皮厚度的 2/3 左右，绵羊（特别是细毛羊）的纤维束细，网状层仅占真皮厚度的 1/3 左右。

3. 皮下组织

位于真皮的深层，由疏松结缔组织构成。皮肤借皮下组织与深部的肌肉或骨膜相连。临床常用的皮下注射则是将少量药物注入皮下组织内。皮下组织中常含有大量的脂肪细胞，构成脂肪组织。猪的皮下脂肪组织特别发达，形成一层很厚的脂膜（膘）。

六、皮肤的衍生物

1. 毛

坚韧而有弹性，由角化的上皮细胞构成。毛分为露在皮肤外面的毛干和埋入皮肤内的毛根两部分。毛根周围有上皮和结缔组织构成的毛囊。毛根和毛囊下端膨大，称毛球，其底面内陷，有结缔组织、血管、神经末梢伸入，是毛的生长点，称毛乳头。毛囊一侧有斜行的平滑肌，称竖毛肌，收缩时可使毛发竖立。

2. 皮脂腺

皮脂腺为分支泡状腺，位于毛囊与竖毛肌之间，可分为分泌部和导管部。分泌部由一个或几个大腺泡构成，几乎没有腺腔，属全浆分泌型腺体。靠近基膜的细胞可不断分裂产生新的细胞，以补充因分泌而崩解的细胞。导管部很短，一般开口于毛囊，少数直接开口于皮肤表面，如睑板腺、耵聍腺等。皮脂腺分泌皮脂，有柔润皮肤、保护毛发的作用。竖毛肌收缩有利于皮脂的排出。

3. 汗腺

分泌汗液，位于真皮和皮下组织内。属单管状腺，也可分为分泌部和导管部。牛、绵羊和山羊的汗腺分泌部蜿蜒卷曲，马和猪的盘曲成团。腺上皮细胞由单层立方或柱状细胞构成。在上皮细胞和基膜之间，有一层肌上皮细胞，收缩时有助于汗液排出。导管部为一较直的管道，管壁由两层矮立方形细胞构成。导管部从真皮深部上行，开口于毛囊或直接开口于皮肤表面。

4. 乳腺

家畜的乳腺发育始于胚胎期，但速度很缓慢。公畜的乳腺发育不全，仅由埋于脂肪内的初级和次级导管组成。母畜乳腺结构随动物生理、营养状况、年龄和泌乳周期等不同而变化。

乳腺由间质和实质构成。乳腺间质由富有血管、淋巴管和神经纤维的疏松结缔组织构成。结缔组织还伸入到腺泡周围，将乳腺分隔成腺小叶，每叶又分成若干腺叶，每一腺叶是一复管泡状腺，由分泌部和导管部组成。分泌部呈泡状和管状，其上皮为单层，形状随功能状态的不同而不同，在充满分泌物时，为高柱状或锥形，空虚时，为立方形。导管部包括小叶内导管、小叶间导管、输乳管、乳池和乳头管。

性成熟前母畜的乳腺主要是间质组织，腺泡很少，导管相对发达；泌乳后期，腺体的分泌活动停止，残留在腺泡及导管内的乳汁逐渐被吸收，腺上皮细胞开始萎缩，仅剩一些孤立的腺泡。间质组织增生，可见到单个或成群的脂肪细胞，并有淋巴细胞和浆细胞存在。母畜进入初情期后，由于激素周期性刺激，乳腺生长速度增快。在分娩后不久的哺乳期，乳腺发育达到最高峰。此时，腺泡发达，间质少。家畜在分娩后，短时间所分泌的乳汁称初乳，内含大量的球蛋白、抗体、维生素和溶菌酶，同时还含有初乳小体。初乳小体是穿过腺泡壁进入腺泡腔的巨噬细胞，细胞呈圆形，细胞内含有吞噬的脂肪颗粒。

【复习思考题】

1. 名词解释：胸腺小体，皱襞，绒毛，纹状缘，中央乳糜管，小肠腺，滤过屏障，卵泡，排卵，黄体，血-睾屏障，血-脑屏障，垂体门脉循环。

2. 试述毛细血管的电镜结构、分类及其结构特点。中动脉及中静脉的组织结构特点是什么。

3. 简述淋巴结皮质和髓质的组织结构、主要的细胞分布及功能意义。

4. 简述脾白髓和红髓的组织结构、主要的细胞分布和功能意义。

5. 单室胃的组织结构有哪些特点？胃底腺主细胞和壁细胞的结构与功能是什么？

6. 小肠的组织结构有何特点？肠绒毛、肠腺有怎样的结构及功能？

7. 试述与小肠吸收功能有关的组织结构基础。

8. 试述肝小叶和门管区的结构及其相互关系。

9. 试述胰腺内、外分泌部的结构特点及其功能意义。

10. 肺实质的组织结构如何？肺的哪些组织结构与气体交换功能有关？

11. 肾单位的组成及其组织结构特点是什么？球旁复合体的组成、结构及功能是什么？

12. 各级卵泡有怎样的结构特点？

13. 复层生精上皮的组成及其结构特点是什么？

14. 脊髓灰质的组织结构特点是什么？

15. 皮肤有怎样的组织结构特点？

16. 脑垂体、肾上腺及甲状腺的组织结构特点是什么？

【本章小结】

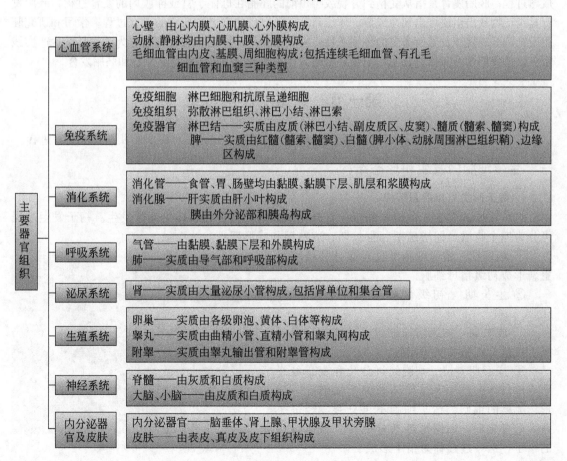

第十五章 畜禽胚胎学基础

【本章要点】

主要介绍家畜、家禽早期胚胎发育。

【知识目标】

1. 掌握家畜、家禽卵子与精子的形态结构和生理特性。
2. 熟悉家畜、家禽早期胚胎发育过程。
3. 掌握家畜、家禽胎膜种类、构造及功能。
4. 掌握家畜、家禽胎盘的类型、构造及功能。

【技能目标】

能够识别不同类型的胎盘标本；能够识别鸡胚的结构。

胚胎学是研究畜禽个体发育过程中形态结构及其生理功能变化的一门科学。可分为三个阶段：胚前发育、胚胎发育和胚后发育。胚前发育是指两性生殖细胞即精子和卵子的起源、发生和成熟过程；胚胎发育是指从受精到分娩或孵出前的胚胎在母体子宫或卵膜内的发育过程；胚后发育是指动物从出生或孵出到性成熟、体成熟，以及以后的衰老和死亡的发育过程。学习和研究胚胎发育的客观规律及其所需要的环境条件，有效地利用和控制胚胎发育过程为动物科学生产实践服务，是我们学习和研究胚胎学的重要目的。在本章我们主要研究胚前发育和胚胎发育。

第一节 家畜的胚胎发育

家畜的胚胎发育，主要研究从精子和卵子结合开始，经过发育形成胎儿的整个发育过程。

一、生殖细胞的发生和形态结构

1. 精子的发生和形态结构

（1）精子的发生 由精原细胞发育分化形成精子的过程，称为精子发生。精子发生过程可分为四个阶段，即增殖期、生长期、成熟期和成形期。

① 增殖期 精原细胞经过多次分裂增殖和更新形成初级精母细胞。

② 生长期 初级精母细胞生长并进行DNA复制。

③ 成熟期 初级精母细胞经过减数分裂形成次级精母细胞和精子细胞。

④ 成形期 精子细胞经过分化和变态最终形成单倍体的精子。单倍体的精子细胞是一圆形、无尾的细胞。精子细胞不再分裂，经过一系列的变化后，由圆形逐渐分化转变为蝌蚪状的精子，这一过程称为精子形成。

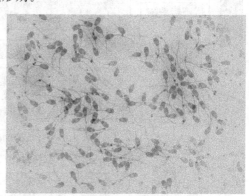

图 15-1　精子形态

（2）精子的形态结构　精子是一种特殊的细胞，多为蝌蚪形（图 15-1），是具有活动性并含有遗传物质的雄性生殖细胞。各种家畜精子的外形、大小各有差异（图 15-2），但基本结构相似。精子主要由头部、颈部、尾部三部分组成（图 15-3），其长度因动物种类而异。一般家畜精子长约 $50 \sim 70 \mu m$，精子头、尾的重量大致相等。

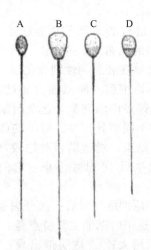

图 15-2　各种家畜的精子
A—马；B—牛；C—绵羊；D—猪

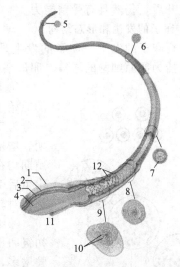

图 15-3　精子外形及切面模式图
1—精子膜；2—顶体；3—核膜；4—核；5—末段；
6—主段；7—纤维鞘；8—中段；9—颈；
10—外周致密纤维；11—头；12—线粒体

① 头部　家畜的精子头部呈扁卵圆形。从正面观察：马精子的头部较窄，呈长椭圆形；牛精子的头部较宽，呈梨形；从侧面观察，精子头部扁平。

精子头部由细胞核和顶体构成（图 15-4）。细胞核中含有由 DNA 和碱性核蛋白相结合而成的高度致密化的染色质。顶体为单位膜包围的囊状结构，也叫核前帽，位于核的顶部，富含透明质酸酶、顶体粒蛋白、酸性蛋白酶、磷酸酶等物质。当精子发生顶体反应时就会释放这些水解酶，有利于精子通过卵外的各层结构进入卵内。据观察，具有顶体遗传性畸形的牛和猪的精子，难以进入卵内，缺乏受精能力。

② 颈部　很短，在头的基部，从近端中心粒起到远端中心粒止。近端中心粒固于核底部，远端中心粒又称为基粒，发出精子尾部的轴丝。颈部是精子最脆弱的部分，特别在精子成熟过程中稍受到一些影响，尾部很容易在此处脱离，形成无尾精子。

③ 尾部　尾部又称鞭毛，是精子的运动装置。一般从前向后分为中段、主段和末段三部分。中段是尾部最粗的一段，主要由轴丝、纤维带和包在两者外面的呈螺旋状排列的线粒体鞘组成。中段是精子活动的能量供应中心，线粒体内含有精子氧化代谢的各种酶类。中段与主段的连接处有环，称为终环，可以防止精子运动时线粒体鞘向尾部移动。主段是尾部最长的一段，由轴丝及其周围的纤维鞘组成。末段为精子的最后一段，短而细，仅含轴丝，外面包有精细胞膜。

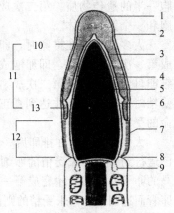

图 15-4　精子头部结构模式图
1—质膜；2—顶体外膜；3—顶体内膜；4—核膜（无核孔）；5—核；6—顶体下物质；7—后顶体致密层；8—后环；9—残余核膜；10—顶体帽；11—顶体；12—后顶体区；13—赤道段

精子的最大特点是运动，主要靠尾部的鞭索状波动，使精子推向前进。精子是一种高度分化的细胞，生存能力特别差。在母畜的生殖道内，家畜的精子一般只能生存1~2天。精子在37~38℃运动正常，温度升高，活动加快，很快死亡；温度在4℃以下，精子活动停止。现代的精液冷冻技术，可使精子在-196~-78℃条件下长期保存。长期保存的精子，温度复升后，仍然具有受精能力。

2. 卵子的发生和形态结构

（1）卵子的发生　卵子的发生是在雌性动物卵巢内进行的。卵子发生过程（图15-5）可以概括为卵原细胞的增殖、卵母细胞的生长和卵母细胞的成熟三个阶段。

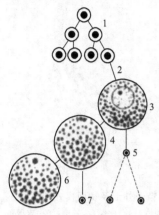

图 15-5　卵子的发生过程
1—卵原细胞；2—生长；3—初级卵母细胞；4—次级卵母细胞；5—第一极体（可能分裂）；6—成熟卵；7—第二极体

① 卵原细胞的增殖　动物在胚胎期性别分化后，雌性胎儿的原始生殖细胞便分化为卵原细胞。卵原细胞通过有丝分裂，一分为二，二分为四，形成许多卵原细胞，这个时期称为增殖期。增殖期的长短，因动物不同而异。牛、绵羊的卵原细胞增殖期均在胚胎期的前半期便结束，增殖期相对地较短；猪直到出生后7日才停止，兔在出生后10日才停止，它们的增殖期都相对较长。

② 卵母细胞的生长　卵原细胞经最后一次分裂而发育成为初级卵母细胞并形成卵泡。这个时期的主要特点是：a. 卵黄颗粒增多，使卵母细胞的体积增大；b. 透明带出现；c. 卵泡细胞通过有丝分裂而增殖，由单层变为多层。卵泡细胞可作为营养细胞，为卵母细胞提供营养物质。因此到了成熟时，卵子已有贮备物质，为以后的发育提供能量来源。卵母细胞的生长与卵泡的发育密切相关。可分为两个时期，第一期生长很快，第二期缓慢。

③ 卵母细胞的成熟　卵母细胞的成熟是经过两次成熟分裂。卵泡中的卵母细胞，是一个初级卵母细胞，在排卵前不久完成第一次成熟分裂，形成含有大部分细胞质的次级卵母细胞，以及有少量细胞质的第一极体，二者均携带了初级卵母细胞一半的遗传物质。第二次成熟分裂时间很短促，是在排卵之后受精中完成。形成一个卵细胞和一个第二极体。

大多数母畜在排卵时，卵子尚未完成成熟分裂。牛、绵羊和猪的卵子，在排卵时只是完成第一次成熟分裂，即卵泡成熟破裂时，释放出次级卵母细胞和一个极体。排卵后形成的次级卵母细胞，进入第二次成熟分裂，并停留在分裂中期。第二次成熟分裂的完成通常在卵子受精时进行，卵子才达到真正成熟并释放出第二极体。此时已不是卵子，而是一个孕育着生命的受精卵。

大多数家畜，在排卵后3~5天，受精及未受精的卵细胞都已运行到子宫，未受精的卵细胞在子宫内退化及碎裂；但是母马的卵子，排卵后才完成第一次成熟分裂，受精后才能通过输卵管而进到子宫，未受精的则停留在输卵管内，最后崩解吸收。

（2）卵子的形态和结构　哺乳动物的正常卵子为圆形、椭圆形或扁形。卵子直径为100~150μm，因个体和种类不同而有差异。家畜卵子的卵黄含量少，卵子体积不大，是因为胚胎在体内发育成熟，发育期间可以利用母体营养，无须很多营养储备。

家畜卵子的结构包括放射冠、透明带、卵黄膜（卵细胞膜）及卵黄等部分（图15-6）。

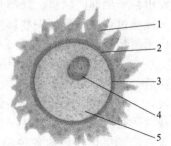

图 15-6　卵子的结构
1—放射冠；2—透明带；3—卵细胞膜；4—卵细胞核；5—卵细胞质

① 放射冠 卵子的周围有放射冠细胞及卵泡液基质。放射冠细胞附在透明带外，这些细胞的原生质伸出部分斜着或者不定向的微绒毛穿入透明带，并与存在于卵母细胞本身的微细突起（微绒毛）相交织。排卵后数小时，由于输卵管黏膜分泌纤维蛋白分解酶的作用，使放射冠细胞脱落，透明带裸露。这种情况，猪和家兔的卵子比牛、绵羊的卵子发生较慢。马在排卵时，卵子没有放射冠细胞，但其周围被一层不整齐的胶状物所包着，这层胶状物在两天之内便被分离掉。

② 卵膜——卵黄膜和透明带 卵子有两层明显的被膜，即卵黄膜和透明带。卵黄膜是卵母细胞的皮质分化物，又称卵细胞膜，包围卵细胞。它具有与体细胞的原生质膜基本上相同的结构和性质。透明带为一均质而明显的半透膜，可以被蛋白分解酶如胰凝乳蛋白酶所溶解。

卵膜的作用：a.保护卵子完成正常的受精过程；b.对精子有选择作用；c.使卵子有选择地吸收无机离子和代谢物质。

③ 卵黄 排卵时，卵黄占据透明带以内的大部分容积。受精后，卵黄收缩，并在透明带和卵黄膜之间形成一个"卵黄周隙"，极体就存在于卵黄周隙中。卵黄的形状特点因动物种类不同而有明显的差别，主要是由于卵黄和脂肪小滴的含量不同所致。马和猪的卵子所含的卵黄比牛和绵羊多，同时马的卵子充满着折光性强的脂肪小滴，因此马的卵黄颜色稍黑，猪为深灰色；至于牛和绵羊的卵子，因含脂肪小滴少，故颜色较浅，呈灰色。山羊和家兔的卵子中，卵黄颗粒很细，而且分布很均匀，因此在成熟分裂和受精时，容易看到核的变化，而马的卵子卵核的变化就不容易看得清楚。

卵黄内含胞核和胞质。胞核呈球形，位置不在中心，含有一个或多个染色质核仁。核有一明显的核膜，被胞质所包围。胞质内含少量卵黄颗粒和较丰富的细胞器。胞质浅层还含有一种特殊颗粒，称为皮质颗粒。

卵子和精子不同，没有运动能力，排出的卵子被动地进入输卵管内，依靠输卵管内肌肉的收缩和上皮纤毛的摆动，向子宫方向移动。

卵子只有在受精之后才能继续发育，否则很快死亡。家畜卵子在生殖道内的生存时间比精子短，一般在12～14h内。超过一定时间的老龄卵子不能受精；即使受精，胚胎大多不能正常发育。因而，人工授精的时间必须掌握准确。未受精的卵子胞质破碎变性，在子宫内最后解体。

二、家畜的早期胚胎发育

家畜早期胚胎发育过程，包括受精、卵裂、囊胚、原肠形成、胚泡植入、三胚层形成及分化等过程。家畜属胎生动物，胚胎在母体子宫内发育。在胚胎发育过程中，通过胎膜和胎盘吸收母体营养，排出代谢废物。

1.受精

公母畜交配后，精子和卵子结合，形成一个合子（受精卵）的过程，谓之受精。合子是新的个体发育的起点。受精过程中，使两性各具一定性状的遗传物质结合在一起，发育为一个具有亲代特性而与亲代有所不同的新个体。

（1）配子在受精前的准备 在受精前，精子和卵子分别要经历一定的生理成熟，才能受精而奠定合子的正常发育。

① 精子的获能 精子在睾丸内产生，在附睾中发育成熟，直接从睾丸内取出的精子没有受精能力。哺乳动物刚射出的精子，不能使同种动物的卵子受精，只有在雌性生殖道内或类似于雌性生殖道的环境中停留一段时间，才具有使卵受精的能力，这种现象叫精子获能。自然情况下，此过程是精子沿雌性生殖道上行期间完成的。如绵羊、猪、兔的精子，需要在子宫、输卵管内度过一段时间（2～4h），进行受精准备，才能获得受精能力。精子获能过

程在于精子发生形态生理和生物化学变化，有利于入卵。

② 精子的顶体反应　当获能的精子和卵膜接触时，精子质膜与顶体外膜之间发生点状融合，最后从融合处破裂，并释放出顶体内容物（顶体粒蛋白、透明质酸酶、酸性水解酶）的过程，称为顶体反应（图 15-7）。精子经过顶体反应，释放出透明质酸酶，可以溶解放射冠，通过透明带，接近卵黄膜。

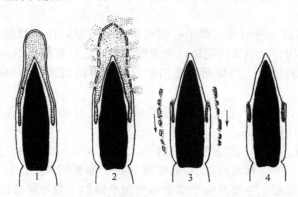

图 15-7　哺乳动物精子顶体反应过程
1—顶体；2—顶体反应在进行时，顶体外膜和质膜发生多处融合并释放内容物；3，4—顶体
反应已完成，精子向前运动时，囊状膜及释放的物质可能一起留在后面

③ 卵子在受精前的准备　所有家畜的卵母细胞，在尚未成熟以前，由卵巢排出进入输卵管，但成熟程度不一样。牛、绵羊、山羊和猪的卵子，在第二次成熟分裂中期排出；狗和狐狸的卵子，在第一次成熟分裂尚未完成时排出卵巢受精。卵子排出后，在受精前也有类似精子获能的成熟过程。已发现，小鼠、大鼠的卵子，其受精是在排卵后 2～3h 进行的，在这段时间内进行了哪些生理生化变化，目前尚不清楚。有学者发现，小鼠、大鼠的卵子，在排出后卵黄膜内皮质颗粒数量继续增加，当皮质颗粒达到最大数量时，卵子的受精能力最高。此外，卵子进入输卵管后，卵黄膜的亚微结构发生变化，可暴露出与精子结合的受体。

（2）受精过程　家畜精子和卵子受精的部位在输卵管壶腹部。一般情况下，卵子由外向内包被有放射冠细胞、透明带和卵黄膜三层，受精时精子依次穿过这三层结构（图 15-8），进入卵子之后，精子核形成雄原核，卵子核形成雌原核，然后配子配合，完成受精（图 15-9）。

① 精子穿过放射冠　卵子周围被放射冠细胞包围，这些细胞彼此以胶样基质粘连。精子发生顶体反应后，顶体内酶被激活释放出透明质酸酶，能使这种胶样基质溶解，为精子进入卵子打开通路而接近透明带。有些畜种（马）的卵子在受精前甚至刚一排出时即已裸露。在这种情况下，精子一开始即接触透明带。

② 精子穿过透明带　当精子穿过放射冠与透明带接触后，有一短时的与透明带的附着与结合的过程。在附着期间可能经历了前顶体素转变为顶体酶的过程，经短时间的附着后，精子就牢固地结合于透明带上，这种结合是有特异性的，此特异的结合部位，为精子受体。精子与透明带结合后，顶体素将透明带溶出一条通道，精子借自身的运动穿过透明带。

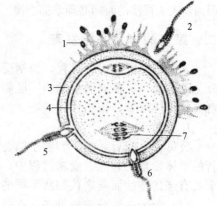

图 15-8　受精时精子依次穿过
放射冠细胞、透明带和
卵黄膜三层结构
1—放射冠；2—精子穿过放射冠；3—透明带；4—卵细胞膜；5—精子穿入透明带；6—精子穿过卵膜；7—初级卵母细胞的第二次成熟分裂

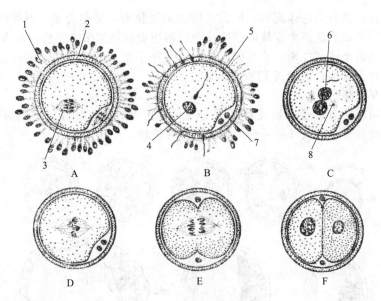

图 15-9 受精过程示意图

A—卵细胞第二次成熟分裂；B—精子进入卵细胞排出第二极体；C—精原核与卵
原核时期；D—形成合子；E—染色体在着丝点分离向细胞两极移动；F—二细胞时
1—放射冠；2—透明带；3—卵细胞核；4—卵原核；5—卵膜周围间隙；
6—精原核；7—极体；8—中心体

③ 精子进入卵黄 穿过透明带的精子，头部触及卵黄膜表面。精子和卵子表面相附着，稍停之后，精子带着尾部一起进入卵黄内。用透射电镜及扫描电镜观察大鼠精子进入卵黄的过程，发现卵黄膜的微绒毛先抓住精子的头，然后精子的质膜和卵黄膜相互融合形成统一的膜被覆于卵子和精子的外部表面。

在精子头与卵黄膜发生融合的同时，卵子激活，使卵子从休眠状态苏醒过来，并产生一系列的激活变化。在哺乳动物卵上，则表现为皮质反应、卵黄膜反应和透明带反应，从而起到阻断多精受精和激发卵进一步发育的作用。

a. 皮质反应 这是一种防止卵黄膜再被其他精子穿透的防御性反应。当精子与卵黄膜接触时，在接触点膜电荷发生改变并向周围扩大，整个膜持续去极化数分钟，在卵黄膜下的皮质颗粒（直径约 $0.1\sim0.5\mu m$）向卵子表面移动，在 Ca^{2+} 的作用下，皮质颗粒与卵黄膜融合，以胞吐方式将其内容物排至卵间隙。皮质反应从精子入卵开始，迅速向卵黄膜四周和透明带扩散。

b. 卵黄膜反应 由于皮质反应的结果，大部分原来的卵黄膜加了皮质颗粒膜而发生膜的改组，这种变化称为卵黄膜反应或卵黄膜封闭作用。同时皮质颗粒所释放的黏多糖与卵黄膜表面紧密相粘，在卵子周围又形成一保护层，称透明膜，从而改变了卵子表面结构，阻止第二个精子入卵，避免产生多精子受精现象。

c. 透明带反应 透明带反应为皮质颗粒外排物与透明带一起形成受精膜的过程，卵膜与质膜分离，透明带中特异性精子受体消失，透明带硬化，从而阻止其他精子再穿过透明带。

④ 原核形成 精子入卵后，头尾分离，核内染色体解聚，头部迅速膨大，胞核出现核仁，周围形成明显的核膜，形成圆形的核，称为雄原核。与此同时，卵排出第二极体，完全成熟并形成雌原核。两个原核同时发育，在数小时之内，两者的体积均增大，可达原体积的20 倍。在猪的受精卵中，两个原核的大小相似，其他家畜则雄原核略大于雌原核。

⑤ 配子配合 雄原核和雌原核相向移动，逐渐在细胞中部靠拢，彼此接触，核膜消失，

染色体彼此混合，同源染色体配对，形成二倍体的受精卵，又称合子，至此受精过程结束。随后发生第一次卵裂。从两个原核的彼此接触到两组染色体的结合过程，称为配子配合，合子将来发育为新的个体的性别，此时即已决定，与卵子结合的这一精子的性染色体如为 Y，则合子将来发育为雄性；如为 X 则发育为雌性。

2. 家畜的早期胚胎发育

受精的结束标志着合子开始发育（图 15-10）。胚胎的早期发育主要包括卵裂、胚泡形成、三胚层形成与分化以及胚体外形的建立等发育阶段。

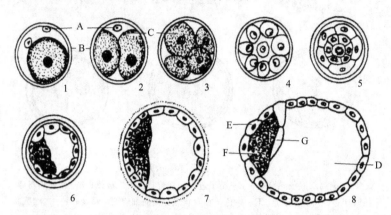

图 15-10　受精卵的发育
A—极体；B—透明带；C—卵裂球；D—囊胚腔；E—滋养层；F—内细胞团；G—内胚层
1—合子（受精卵单细胞期）；2—二细胞期；3—三细胞期；4—八细胞期；5—桑葚胚；6～8—囊胚期

（1）卵裂　受精卵的有丝分裂称卵裂。卵裂产生的子细胞称卵裂球。家畜的卵细胞含卵黄极少，并均匀分布，属少黄卵、均黄卵。其卵裂为不规则异时全裂，可出现 3、5、7、9 等单数卵裂球的现象。卵裂一直在透明带内进行，卵裂球只是数量增多，每个卵裂球没有生长，卵裂球紧挨在一起，总体没有增大。由于受透明带内空隙的限制，当胚胎的卵裂球达到 16～32 个细胞左右，细胞间紧密连接，形成致密的细胞团，呈桑葚状，称桑葚胚。受精卵在输卵管内开始卵裂，至桑葚胚期前后进入子宫。从交配时算起，家畜的受精卵一般经 3～5 天进入子宫。在这期间，输卵管和子宫内的胚胎处于浮游状态。

（2）胚泡形成与附植

① 胚泡形成　在子宫内，桑葚胚的透明带很快消失，细胞进一步分裂和分化，在细胞之间不断出现一些含液体的小腔，并逐渐汇合，形成一个中空的囊胚腔，卵裂球被挤到外周，此时的胚胎称胚泡或囊胚，囊胚腔也称胚泡腔。排列在胚泡腔四周的单层扁平细胞称滋养层。滋养层可以从子宫内吸收营养物质。在滋养层的深面有一团细胞突入胚泡腔内，称内细胞团或胚结，以后演变成胚体。

② 附植　在胚泡形成初期仍处于浮游状态，与子宫壁无联系。随着胚泡的增大和腔内液体的增多，胚泡的移动性变小，此时滋养层出现绒毛，并伸入子宫内膜，使胚泡固定在子宫内膜上，建立起胚胎与母体的物质交换关系，这个过程称为附植或植入（图 15-11）。

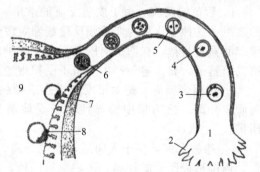

图 15-11　从受精到附植过程模式图
1—输卵管；2—伞；3—受精（原核阶段）；
4—受精卵；5—二细胞期；6—桑葚胚；
7—囊胚；8—附植早期；9—子宫

（3）三胚层形成

① 内、外胚层的形成　胚泡植入后，发育到一定时期（如猪交配后 7～8 天），内细胞团表面的滋养层细胞溶解，使内细胞团裸露出来，呈盘状，故称胚盘。胚盘表面的细胞分化成外胚层；此外，从胚泡内细胞团分出一些细胞，逐渐在内细胞团下方和滋养层内侧形成一新的细胞层，称为内胚层。内胚层所围成的腔，称原肠腔，即卵黄囊。此时的胚胎具有内、外两个胚层，称原肠胚（图 15-12）。

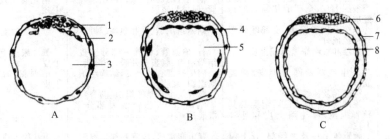

图 15-12　原肠胚的形成

A—囊胚；B—原始内胚层的形成；C—原肠胚

1—内细胞团；2—原始内胚层细胞；3—囊胚腔；4—原始
内胚层；5—原肠腔；6—胚盘；7—滋养层；8—原肠腔

② 中胚层的形成　随着胚胎的发育，胚盘膨大的部分是胚胎的头端，狭窄部分是尾端。在胚盘尾端的细胞迅速增生并加厚，细胞聚集于中轴并向头端延伸形成索状结构，称原条。原条细胞不断增殖并下陷，形成原沟，原沟的两侧为原褶；原沟底部的细胞在内、外胚层之间向左右两侧和头端迁移，形成新的细胞层，即中胚层。在胚盘区内的称胚内中胚层，在胚盘区外，滋养层和内胚层之间的称胚外中胚层。

原条的头端有一隆起，称原结，原结凹陷成一深窝，称原窝。原结细胞向深面增生，在内、外胚层之间的中轴线上向头端生长，形成一条源于中胚层的脊索。随着胚盘的发育，脊索继续延伸，原条相应缩短最后消失，脊索占据胚盘的中轴位置。在胚胎早期，脊索起支持作用，以后被脊柱代替。畜体脊柱椎间盘中的髓核乃是脊索的遗迹。

③ 胚体的形成　早期的胚盘呈扁盘状。胚盘各部分生长速度不均衡，胚盘中部生长速度快于边缘，外胚层快于内胚层，胚盘头、尾快于左右两侧，头端又快于尾端，致使扁平的胚盘向背侧隆起，胚盘的边缘卷到胚盘腹侧，整个胚盘卷折成头大、尾小的圆柱状胚体。

（4）三胚层的分化　动物有机体的组织、器官都是由内胚层、中胚层和外胚层发育分化而来。三个胚层首先分化形成胚性组织，继而分化为各器官的原基，由器官原基进一步分化为各种器官。具体见表 15-1。

① 外胚层的分化　在脊索形成末期，覆盖在脊索上方的外胚层细胞增生加厚，形成较厚的神经板。以后神经板中央凹陷成神经沟，神经沟的两侧隆起称为神经褶。随着神经沟的加深，两侧的神经褶逐渐靠拢，最终愈合形成神经管，并与背侧的外胚层分离。神经管头端膨大发育成脑，其余部分较细，发育成脊髓。在神经褶愈合形成神经管时，一部分细胞没有合并到神经管壁内，而在神经管背外侧形成两条纵行细胞带，称神经嵴，以后细胞带逐渐集中并断裂成若干个细胞团，由此发育成神经节，此外，还有一部分发生迁移，形成肾上腺髓质等。其余的外胚层将分化成表皮及其衍生物、眼、耳、鼻的感觉上皮，垂体，牙釉质等。

② 中胚层的分化　中胚层最初只是一层细胞，随着胚胎的发育，胚内中胚层细胞进一步增生，从脊索两侧向外扩展，顺序分化成体节、间介中胚层和侧中胚层。分散的中胚层细胞为间充质，将分化为结缔组织，软骨、骨、肌肉、心血管及淋巴管的内皮。

表 15-1　三胚层分化形成的组织器官简表

分化物 / 胚层		外胚层	中胚层	内胚层
基本组织	上皮组织	可分化	可分化	可分化
	结缔组织	不能分化	可分化	不能分化
	肌组织	可分化（虹膜、汗腺、乳腺）	可分化	不能分化
	神经组织	可分化	可分化（小神经胶质细胞）	不能分化
器官系统	消化器官	口腔及肛门上皮、釉质、味蕾、唾液腺上皮、全部消化器官的神经成分	消化管的固有膜、结缔组织、脉管、肌层和浆膜	消化管上皮、肝、胰、胆囊的上皮
	呼吸器官	鼻腔上皮和腺体、全部呼吸器官神经成分	结缔组织、软骨和肌肉、肺胸膜	喉以下的上皮
	泌尿器官	神经和雄性尿道末端上皮	肾、输尿管、膀胱一部分上皮、结缔组织、浆膜及外膜，平滑肌	雌性尿道上皮、膀胱大部分上皮
	生殖器官	外生殖器及部分上皮，神经成分	内生殖器官的上皮，结缔组织，肌组织，浆膜	前列腺、尿道球腺、前庭腺上皮
	神经系统	神经元及神经胶质	脉管及少量结缔组织、脑脊膜	
	感觉器官	视网膜、角膜、结膜、泪腺及其导管上皮，膜迷路上皮和外耳上皮	结缔组织、脉管及大部分平滑肌	
	内分泌系统	脑垂体上皮及神经部,肾上腺及松果体	肾上腺皮质,脉管和神经组织	甲状腺上皮及甲状旁腺
	心血管系统	神经成分	心脏、心包膜、血管和血液、骨髓	
	淋巴器官	神经成分	淋巴管、淋巴结、脾和淋巴组织	胸腺
	被皮系统	表皮、毛、蹄、角，皮脂腺、汗腺、乳腺上皮	真皮、皮下组织、腺体内结缔组织，竖毛肌，蹄和角的真皮，乳腺间质	
	运动系统	神经成分	骨组织、骨膜、关节、骨骼肌组织	

注：引自彭克美等．组织学与胚胎学．中国农业出版社，2002。

　　a. 体节　又称上段中胚层，是脊索两侧的中胚层增厚并横裂成左右对称的块状细胞团，从颈部向尾侧依序形成，并随着胚龄的增长而增多。体节是形成中轴骨骼（脊柱、肋骨）、骨骼肌和真皮的原基。

　　b. 间介中胚层　又称中段中胚层或生肾节，位于体节与侧中胚层之间，为一狭长区域，无明显分节现象。它是形成泌尿和生殖器官的原基。

　　c. 侧中胚层　又称下段中胚层，是位于胚胎两侧的中胚层。侧中胚层可分为脏壁中胚层和体壁中胚层（图 15-13）。脏壁中胚层和体壁中胚层相贴，成为体壁的部分原基，形成体壁的骨骼、肌肉和结缔组织等。脏壁中胚层与原始消化管的内胚层相贴，是消化管和呼吸道的部分原基，分化成管壁的肌组织和结缔组织等。脏壁中胚层和体壁中胚层之间为体腔。体腔分为胚内体腔和胚外体腔两部分，两者暂时相通。胚内体腔以后被分隔成心包腔和腹膜腔；胚外体腔将容纳随后形成的胎膜等。

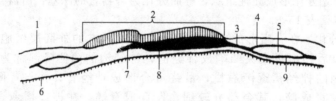

图 15-13　胚层示意图

1—滋养层；2—胚盘；3—中胚层；4—体壁中胚层；5—胚外体腔；6—内胚层；
7—脊索；8—原条；9—脏壁中胚层

　　③ 内胚层的分化　内胚层早期为平板状，随着胚体向腹面卷褶，形成管道，即原肠或原始消化管，原肠从前到后分为前肠、中肠和后肠（图 15-14）；前肠顶端以口咽膜为界，中肠为与卵黄囊相连的部分，后肠终止于泄殖腔膜。原肠分化成消化管、消化腺、下呼吸道和肺的上皮，以及中耳、甲状腺、甲状旁腺、胸腺、膀胱及阴道的上皮组织。

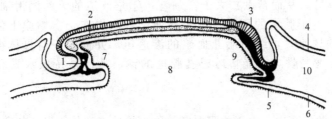

图 15-14 内胚层分化示意图

1—心脏；2—脊索；3—原条；4—体壁中胚层；5—内胚层；6—脏壁中胚层；
7—前肠；8—中肠；9—后肠；10—胚外体腔

三、家畜的胎膜与胎盘

胎膜与胎盘是胚胎发育过程中形成的附属结构，以脐带与胎儿相连，对胚胎起营养、呼吸、排泄和保护作用。分娩时，胎膜、胎儿胎盘与胎儿一起从子宫内排出，剪断脐带，即与胎儿分离。

1. 胎膜

胎膜即胎儿的附属膜，它是胎儿本体以外的四层膜：卵黄囊、羊膜、绒毛膜和尿囊（图15-15）的总称，其作用是与子宫黏膜交换气体、养分及代谢产物，对胚胎的发育极为重要。

（1）卵黄囊 在哺乳动物，卵黄囊由胚胎发育早期的囊胚腔形成。哺乳动物的卵黄囊内只有卵黄体或很小的卵黄块，因此，卵黄囊只在胚胎发育的早期阶段起营养交换作用。以后随着尿囊膜的发育，卵黄囊逐渐萎缩，最后埋藏在脐带里，成为无机能的残留组织，而称为脐囊。猪的卵黄囊在胚胎发育 13 天左右形成，17 天开始退化，1 个月左右完全消失。

（2）羊膜 羊膜是包裹在胎儿外的最内一层膜，由胚外外胚层和无血管的中胚层形成。在胚胎和羊膜之间有一充满液体即羊水的腔，称羊膜腔。羊水由羊膜上皮细胞分泌，呈弱碱

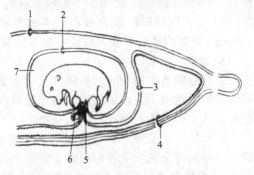

图 15-15 胎膜示意图（猪胚长 30mm）

1—绒毛膜；2—羊膜；3—尿囊；4—尿囊绒毛膜；
5—脐带；6—卵黄囊；7—羊膜腔

性，所含成分不稳定，其中有蛋白质、脂肪、葡萄糖、果糖、无机盐、黏蛋白、尿素等。羊膜上无血管，虽有些动物的羊膜上偶尔看到血管，这是卵黄囊覆盖的缘故。羊膜不仅能保护胚胎免受震荡和压力的损伤，同时，还为胚胎提供了向各个方面自由生长的条件。羊膜能自动收缩，使处于羊水中的胚胎呈略为摇动状态，从而促进胚胎的血液循环。

（3）绒毛膜 在羊膜发育的同时，由胚外外胚层和体壁中胚层形成绒毛膜，是胚胎的最外层膜，它包围着整个胚胎及其他胎膜。绒毛膜表面有绒毛，富含血管网。除马的绒毛膜不和羊膜接触外，其他家畜的绒毛膜均有部分与羊膜接触。

（4）尿囊 尿囊是由胚胎的后肠腹侧向外突出形成的一个盲囊。其内层为胚外内胚层，外层为胚外脏壁中胚层。尿囊在发育过程中不断向胚外体腔扩展，最后与绒毛膜的内壁相贴，共同形成尿囊绒毛膜。尿囊与胚胎将来要形成的膀胱相通，故尿囊可看作是胚胎的体外膀胱。脐带形成后，尿囊借脐尿管与胎儿的膀胱相连，所以尿囊内充满尿水。

羊膜腔里的羊水和尿囊腔内的尿水，总称胎水。胎水的作用有：①缓冲作用，使胎儿身体各部受压均匀，不致造成畸形，也可避免压迫脐带，影响胎儿血液循环，还可阻止外来的机械冲击；②防止胎儿与周围组织或胎儿本身的皮肤彼此粘连；③分娩时子宫壁的收缩可将胎水推

压到松软的子宫颈管，从而帮助扩大子宫颈管；④是产道的天然润滑剂，以利胎儿产出，避免擦伤胎儿；⑤由于胎水的压力，可能有助于滋养层在子宫黏膜上的初期附植；⑥由低渗的尿液构成的尿水，可维持胎儿血浆的渗透压，并能防止对母体循环的危害。猪的尿囊绒毛膜具有分泌特性，并能转运尿囊腔里的钠，从而维持尿水具有比膀胱和血清相对低的渗透压。

2. 脐带

在哺乳动物胚胎发育中，由于羊膜向胚体腹部扩展，致使不发达的卵黄囊和尿囊受其挤压而逐渐缩小，并把它们包围起来，最后彼此合并伸长，形成一条长索状结构，称为脐带。脐带是胎儿与母体之间唯一的通道，起着吸取营养、排泄代谢产物的作用。各种家畜脐带的构造大同小异。

（1）外表构造　马类动物的脐带外面，在羊膜腔内靠近胎儿的部分为羊膜包被，称为脐带的羊膜部分；在尿囊内距胎儿较远部分为尿囊膜所包被，称为脐带的尿膜部分。其他家畜的脐带则以羊膜包被，故只有脐带的羊膜部分。

（2）内部构造　脐带内部有五种结构：脐尿管、脐动脉、脐静脉、肉冻状组织和卵黄囊遗迹。牛、羊的脐带内含两条动脉和两条静脉（进入脐孔汇为一条），马、猪的有两条动脉和一条静脉。

（3）脐带的长度　脐带的长度种间差异较大。猪的脐带相对较长，一般与胎猪的体长一样，平均 20～25cm，但由于子宫和阴道的总长度较长，分娩时，多数自行断裂；牛的脐带30～40cm，分娩时，多为自断；羊的脐带 7～12cm，其特点与牛相似；马的脐带 70～100cm，马多为躺卧分娩，脐带一般不能自行断裂。

3. 胎盘

胎盘是哺乳动物胎儿和母体进行物质交换的特殊结构，由母体胎盘和胎儿胎盘两部分组成。母体胎盘由子宫内膜构成，胎儿胎盘由各种胎膜构成。胚胎在母体子宫内发育，通过胎盘从母体获得营养，并进行物质交换。

（1）胎盘的类型　家畜的胎盘为尿囊绒毛膜胎盘，即其胎儿胎盘是由尿囊绒毛膜构成的。由尿囊部分的绒毛膜与母体子宫壁之间建立联系，营养通过尿囊血管传递给胚胎。

① 根据尿囊绒毛膜上绒毛的分布方式，家畜的胎盘可以分为散布胎盘、绒毛叶胎盘、环状胎盘、盘状胎盘（图 15-16）。

a. 散布胎盘　除尿囊绒毛膜两端外，大部分绒毛膜表面均匀地分布着绒毛或皱褶，绒毛（马）或皱褶（猪）附着在子宫内膜上，与子宫内膜相应的凹陷部分相嵌合，建立胎盘联系。猪和马的胎盘属于此种类型。

b. 绒毛叶胎盘　绒毛膜表面的绒毛成簇分布，构成胎儿胎盘的子叶；母体胎盘上有相应的突起，称为子宫肉阜；胎儿子叶与子宫肉阜相嵌合，建立起胎盘联系。大多反刍动物属于此类胎盘，如牛、羊。牛的胎儿子叶中央凹陷，包裹子宫肉阜；而羊的子宫肉阜中央凹陷，包裹胎儿子叶。

c. 环状胎盘　绒毛膜上的绒毛呈宽带状分布于中部，相当于胎儿腰部位置，在此与子宫内膜相结合而形成胎盘。肉食动物的胎盘即为环状胎盘，如猫、狗。

d. 盘状胎盘　绒毛膜上的绒毛虽然均匀分布，但仅在一盘状区域与子宫内膜基

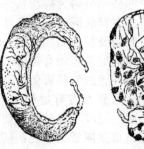

图 15-16　家畜胎盘的类型
1—散布胎盘；2—绒毛叶胎盘；3—环状胎盘

质相结合形成胎盘,灵长类和啮齿类(如兔)动物属于此类胎盘。

② 根据胎盘屏障的组织类型,可将胎盘分为上皮绒毛膜胎盘、结缔绒毛膜胎盘、内皮绒毛膜胎盘和血绒毛膜胎盘4类。

尿囊绒毛膜胎盘的胎儿胎盘是尿囊绒毛膜,包括三层组织:胎儿绒毛膜毛细血管内皮、胎儿绒毛膜间质层(胚胎性结缔组织)和胎儿绒毛膜上皮。母体胎盘由子宫内膜构成,有三层结构:子宫内膜上皮、子宫内膜结缔组织和子宫内膜毛细血管内皮。因此,胎儿与母体的血液之间进行物质交换必须通过这六层结构,称该结构为胎盘屏障。胎儿部分的三层结构在各种胎盘中变化不大,但胎盘的母体部分在不同动物却有很大差别。

a. 上皮绒毛膜胎盘　子宫组织的所有三层都存在。猪和马的胎盘属于这一类,大多数反刍动物的子叶胎盘初期也属于这一类。

b. 结缔绒毛膜胎盘　子宫内膜上皮溶解,子宫内膜结缔组织和子宫内膜毛细血管内皮完好。反刍动物的胎盘后期属于这一类。

c. 内皮绒毛膜胎盘　子宫内膜上皮和子宫内膜结缔组织都溶解了,只剩下母体子宫内膜毛细血管内皮与胎儿绒毛膜上皮接触。猫、狗等肉食动物的胎盘属于此类。

d. 血绒毛膜胎盘　所有三层子宫组织都缺,绒毛膜上的绒毛直接插入到子宫内膜绒毛间腔的血液中。人和某些啮齿类(如兔)动物属于这类胎盘。

③ 根据分娩时对子宫组织损伤程度,可把胎盘分为非蜕膜胎盘和蜕膜胎盘。

a. 非蜕膜胎盘　胎儿绒毛膜与子宫内膜接触时,子宫内膜没有破坏或破坏轻微,分娩时胎儿胎盘和母体胎盘各自分离,没有出血现象,也没有子宫内膜的脱落,称非蜕膜胎盘。上皮绒毛膜胎盘和结缔绒毛膜胎盘属于此类。

b. 蜕膜胎盘　胎儿胎盘深入子宫内膜,子宫内膜被破坏的组织较多,分娩时不仅母体子宫会发生出血现象,而且有子宫内膜的大部分或全部脱落,称为蜕膜胎盘。内皮绒毛膜胎盘和血绒毛膜胎盘属于此类。

(2) 胎盘的功能　胎盘是一个功能极其复杂的器官,对于胎儿它起着成体胃肠道、肺、肾、肝和内分泌腺的作用。此外,胎盘将母体与胎儿分隔开来,确保胎儿发育的独立性。

① 物质交换　胎儿与母体间的物质交换靠胎盘完成。胎儿和母体的血液循环在胎盘中并不直接相通,是靠绒毛膜和子宫黏膜的紧密接触,使胎儿通过胎盘从母体血液中获得氧和所需的营养物质(如电解质、水、葡萄糖、氨基酸、大部分水溶性维生素、激素和抗体等),并带走胎儿的代谢产物。

② 新陈代谢　胎盘组织内酶系统极为丰富。所有已知的酶类,在胎盘中均有发现,一般活性极高,因此胎盘组织具有高度的生化活性,因而具有广泛的合成和分解代谢功能。胎盘能从醋酸或丙酮酸合成脂肪酸,从醋酸盐合成胆固醇,也能从简单的基础物质合成核酸及蛋白质,并具有葡萄糖、戊糖磷酸盐、三羧酸循环及电子转移系统。所有这些功能对胎盘的物质交换及下述的激素合成功能都很重要。

③ 内分泌　胎盘是一个很重要的内分泌器官,可合成和分泌多种激素。胎盘既能合成蛋白质激素(绒毛膜促性腺激素、绒毛膜促乳腺激素等),又能合成甾体激素(孕激素、雌激素等)。这些激素释放到胎儿和母体循环中,其中一些进入羊水被母体或胎儿重吸收,在维持妊娠和胚胎发育中起调节作用。胎盘合成甾体激素的性质和母体合成的相同。但胎儿和胎盘都缺少生成类固醇激素的某种必不可少的酶,然而在胎儿内缺少的酶却在胎盘内存在,在胎盘内缺少的酶又在胎儿内存在。两者的结合构成甾体激素合成的独立的酶系统,从而产生有激素功能的类固醇。

④ 保护　胎盘屏障是由母体子宫内膜和胎儿的绒毛膜共同构成的。该屏障不妨碍母体与胎儿之间的物质交换,但却能阻止母体内可能存在的病菌的通过,从而保护胎儿免受感染。

第二节 禽类的胚胎发育

家禽为卵生动物，其繁殖方式不同于哺乳动物，胚胎发育在卵内进行，在母体外完成，由母禽抱孵或人工孵化。

一、家禽生殖细胞的结构特点

1. 精子

鸡的精子如同其他动物一样也分为头、颈、尾三部分，但外形纤细（图 15-17）。头部约长 $14\mu m$，长柱状，前端略尖。核的前端亦有一帽状的顶体，长约 $2.5\mu m$。顶体下腔内有一穿孔器（或称顶体下棒）。顶体由顶体内膜和顶体外膜所包，内有胰酶样物质，细胞化学染色表明为磷脂类物质。穿孔器在顶体反应时不形成顶体突起。细胞核内染色质致密，但不呈匀质。颈部甚短，之后为尾部，约长 $90\mu m$，亦由中段、主段和末段三部分组成。

图 15-17 鸡的精子

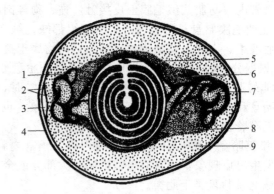

图 15-18 鸡蛋的结构

1,7—系带；2—壳膜；3—气室；4—蛋壳；5—胚珠或胚盘；
6—浓蛋白；8—卵黄膜；9—稀蛋白

2. 蛋和卵细胞

家禽胚胎发育过程中所需要的各种营养必须由卵提供，所以禽卵的结构比较特殊，现以鸡蛋为例说明其结构。

鸡蛋由蛋壳、壳膜、气室、蛋白、系带和卵黄组成（图 15-18）。蛋壳、壳膜、蛋白等均属卵膜，只有卵黄部分才是真正的卵细胞。鸡卵细胞含大量卵黄物质，属端黄卵。卵黄是无生命的营养物质，是在卵母细胞发育过程中逐渐沉积形成的。大量的卵黄把很少的细胞质连同细胞核一起挤到卵的一端成一小的白色圆盘状结构，称胚珠，直径约 $3\sim4mm$。此时的鸡卵是没有分裂的次级卵母细胞。受精后，次级卵母细胞经过分裂，原先小盘状的胚珠区域变得很大，称作胚盘，为受精卵分裂的细胞团块。卵黄物质分白卵黄（蛋白含量多）和黄卵黄（脂类含量多）两种，二者以同心圆分层次相间排列。细胞核原来所在的位置及其移向表面时留下的通道由白卵黄填充，形成卵黄心和卵黄心颈。在卵黄膜的外面依次包有由输卵管分泌的浓卵白和稀卵白。在浓卵白内，有扭索状结构，称为卵系带，它粘着蛋的两端，使卵黄保持悬浮在卵白的中央位置，并使胚盘始终位于卵黄上方。卵白是胚胎发育的营养物质，对胚胎还有机械性和生物性保护作用。在卵白外还包有壳膜和蛋壳。壳膜可分为内壳膜和外壳膜。内壳膜很薄，约为 $0.015mm$，直接与卵白接触，故亦称为蛋白膜；外壳膜约为 $0.05mm$，紧贴蛋壳的内壁。由于内、外壳膜有大量气孔，所以具有较好的通气性。在气室处由空气将内、外壳膜分开，其他部位两层则是紧贴一起的。蛋壳位于壳膜外，是光滑、坚硬的石灰质结构，除有保护作用外，还可以供给胚胎发育所需的钙质。蛋壳上有很多微孔，空气可由微孔自由出入，这对于胚胎发育极为重要。蛋壳外有一薄层凝固的可透性角质层，可防止蛋内水分丧失和微生物的侵入。

二、鸡胚的早期发育

1. 受精

禽类受精部位是在输卵管漏斗部。由卵巢排出的卵子进入输卵管漏斗部时，与沿输卵管向上迁移并贮存在输卵管漏斗部的精子相遇，发生受精。受精在卵子从卵巢排出后不久进行，此时禽卵处于第二次成熟分裂中期。鸡为多精入卵，一般一次受精有3～5个精子进入卵内，而只有一个能与卵核结合起到受精作用，其余的则被溶解。精子入卵后，卵子排出第二极体，卵细胞核形成雌原核，精子的头部膨胀，形成雄原核。雌雄原核结合后，形成合子，进行第一次卵裂。

发生受精交配后精子存留于漏斗部的黏膜褶皱中，存活时间可达15～20天，故每一次交配，至少可使一周内母鸡排出的卵子受精。

2. 卵裂与囊胚的形成

卵子在输卵管漏斗部受精后，在输卵管中边移行边发育，沿途包上各层卵膜（未受精也包上各层卵膜）。受精后至整个蛋的形成，禽卵在输卵管内停留约24h。禽的体温为42～43℃，是胚胎发育的良好条件。家禽受精卵的卵裂为不全卵裂，或称盘状卵裂，即卵裂仅限于胚盘处，下面的卵黄不分裂（图15-19）。卵裂前，胚盘是一个白色的圆形区域，直径3mm左右，中央区稍透明，其四周（胚周区）稍暗。精子入卵后，约3～5h受精卵到达狭窄部，进行第一次卵裂。最早的卵裂仅在中央区进行，以后才逐渐扩展到胚周区。第三次卵裂以后卵子进入子宫，进行第四次卵裂后，形成8个中央细胞和8个以上的边缘细胞。到第五次卵裂，约有32个卵裂球。此时中央的细胞和下面的卵黄开始脱离，露出一个狭窄的扁腔，即

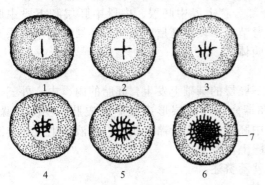

图 15-19 鸡的卵裂和囊胚形成过程
1—第一次卵裂；2—第二次卵裂；3—第三次卵裂；4—第四次卵裂；5—第五次卵裂；6—早期囊胚；7—胚盘

分裂腔。第六次卵裂起卵裂不仅经裂，也有纬裂，所以胚盘中的分裂球有两层。在以后的发育中，中央区的细胞层数不断增加，但胚周区的细胞层数较少。随着卵裂的进行，胚盘的卵裂球不断增加，其下的分裂腔不断扩大并充满液体，这个位于胚盘细胞与卵黄之间的腔隙，称为囊胚腔或胚下腔，此时的胚胎称为囊胚（图15-20）。此时，胚盘形成了两个透明度不同的区域：胚盘中央部分因其下面有囊胚腔，较透明，故称明区；胚盘周围部分与卵黄相贴，不透明，故称暗区。随着胚胎的发育，明区不断扩大，暗区逐渐向周围扩展。胚盘后部暗区的细胞向下分离并向前迁移而铺展到卵黄表面上一层，形成所谓的下胚层，上面的胚盘改名为上胚层。

囊胚期的上、下胚层不是分别代表外、内胚层。将来胚胎三个胚层由上胚层形成，下胚层只形成胚外部分如卵黄囊。

3. 原肠形成

具有内、外两个胚层的胚胎叫做原肠胚。原肠形成就是原来处于囊胚壁上的部分细胞进入囊胚腔内，形成内胚层。由于禽卵子中含有大量的卵黄，故原肠形成的细胞运动发生在胚盘的上胚层中。在孵育3～4h（原肠形成早期）时，由于胚盘表面细胞向明区后部中央集

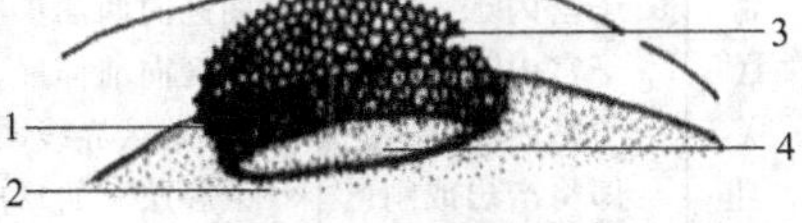

图 15-20 囊胚断面
1—连接带；2—卵黄；3—胚盘；4—囊胚腔

中，导致该处细胞层增多，形成一加厚区域，这就是原条的开始。以后，此加厚区明显地沿中线向前伸展，到孵育12h时形成明显的条状结构，即原条。孵育16h时，在原条中央产生一浅沟，此即原沟，原沟两侧隆起为原褶，原沟最前端形成的一深窝为原窝，原窝周围有一增厚突起称为原结，也称亨氏节。在原条形成和伸长过程中，明区也随之伸长，由圆形变成椭圆形。

原条形成后就从其前部向内陷入许多细胞，加入到下胚层中，将来形成胚内内胚层。原来的下胚层形成胚外内胚层。至此，胚胎的内胚层完成，禽的原肠形成结束。

一般情况下家禽在蛋产出时，胚胎多数都已发育到了原肠胚早期。蛋产出体外后，胚胎的发育暂时停止而呈现"休眠"状态，这种"休眠"对家禽胚胎的正常发育来说似乎是必需的，实践证明，若将刚产出的受精蛋直接放入孵化器中则会出现较多的弱胚。

4. 中胚层和脊索的形成

在胚内内胚层细胞自原条前部迁入之后，上胚层细胞经原窝和原条继续卷入囊胚腔中。从原窝处卷入的细胞向前延伸，形成脊索和索前板，使胚盘前端表面出现一个黑色的暗影，叫头突。从原沟处卷入的细胞向两侧和前方扩展，形成中胚层。脊索逐渐向前和向后延伸，原条完成使命后也逐渐向后退缩，最终消失。

中胚层在脊索两侧形成之后，分化出三个部分：上段中胚层、中段中胚层和下段中胚层。上段中胚层也叫体节，中段中胚层又叫生肾节，下段中胚层叫做侧中胚层。侧中胚层又分出体壁中胚层和脏壁中胚层，二者之间的腔叫体腔。

5. 三胚层的分化

家禽和家畜一样，全身的组织器官，都在三胚层的基础上发生。胚胎的内、中、外三个胚层形成后，将分化形成胚胎中所有的组织和器官。外胚层形成胚胎的皮肤、羽毛、喙、爪、耳、口腔、眼、神经系统和泄殖腔上皮，中胚层演化为骨骼、肌肉、血液、生殖和排泄器官，内胚层分化为呼吸和内分泌器官及消化腺上皮等。

家禽三胚层的分化发展与家畜相似，这里就不赘述。

6. 鸡胚发育分期

为了统一认识，胚胎学家们将鸡胚发育过程划分为若干时期，现在广泛采用两个发育时期表：一是 Eyal-Giladi 和 Kopchav（1976）主要根据受精卵在母体内发育的情况而制定的，共分14期，均以罗马字 I～XIV 表示（表15-2）；二是 Hamburger 和 Hamilton（1951）将初产的受精卵到孵育21天出雏为止，共分46期，均以阿拉伯字 1～46 表示（表15-3）。

表 15-2　鸡胚正常发育时期表（从卵裂到原条期）（Eyal-Giladi 和 Kopchav）

分期	在体内或孵育时间	胚 胎 特 征	备 注
I		2～12个分裂球，卵裂不同步	第一阶段卵裂期
II	子宫内 2h	14～16个分裂球，未见横分裂沟	第一阶段卵裂期
III	子宫内 3～4h	胚盘上层80～90个分裂球，下层10～16个分裂球	第一阶段卵裂期
IV	子宫内 5h	胚盘上层250～300个分裂球，下层80～90个分裂球，产生胚下腔	第一阶段卵裂期
V	子宫内 8～9h	上、下层分裂球呈圆形，数量增多，胚下腔向四周扩大	第一阶段卵裂期
VI	子宫内 10～11h	上、下两层同样厚度，胚盘形成	第二阶段明区形成
VII	子宫内 12～14h	胚盘后半部下层细胞向下迁移，胚盘后半部透明，明区初显	第二阶段明区形成
VIII	子宫内 15～17h	明区向两侧扩展呈镰刀状，暗区初显	第二阶段明区形成
IX	子宫内 17～19h	明区向前伸展，明区即将完成。明、暗区界线尚不明显	第二阶段明区形成
X	子宫内 20h	明、暗区界线明显	第三阶段下胚层形成
XI	即将产出或刚产出的鸡卵	下胚层开始形成	
XII	已产出的鸡卵	下胚层向前推进。下胚层仅在上胚层后半部（原条前期）	
XIII	起始孵育	下胚层完全形成，开始形成原条	
XIV	孵育 6～7h	原条早期	

表 15-3　鸡胚正常发育时期表（从产卵前到产雏）（Hamburger 和 Hamilton）

分期	在体内或孵育时间	胚 胎 特 征	备 注
孵育前第 1 期		受精后，开始卵裂	
孵育前第 2 期	在子宫中 2h	开始卵裂到 32 个分裂球(卵裂早期)	相当于 Eyal-Giladi 和 Kochav Ⅰ、Ⅱ 期
孵育前第 3 期	在子宫中 20h 后到产卵前	卵裂晚期到开始形成下胚层	相当于 Eyal-Giladi 和 Kochav Ⅹ、Ⅺ 期
孵育后第 1 期	开始孵育	胚盘后部细胞层加厚，出现"胚盾"	相当于 Eyal-Giladi 和 Kochav Ⅻ、Ⅷ 期
第 2 期	孵育 6～7h	在胚盘后部形成雏形的原条(原条早期)	相当于 Eyal-Giladi 和 Kochav Ⅹ、Ⅳ 期
3	12～13h	原条向前伸至胚盘中央，原沟未出现(原条中期)	
4	18～19h	原条完成，并形成原沟、原窝和原结(原条后期)	
5	19～22h	出现头突(头突期)	
6	23～25h	在脊索前出现头褶(关褶期)	
7	23～26h	第 1 对体节出现，开始形成神经褶	
8	26～29h	4 对体节，出现盘岛	
9	29～33h	7 对体节，出现眼泡	
10	33～38h	10 对体节，心脏开始向右弯曲，形成 3 个脑泡	第一对体节消失，以后计数可少计 1 对
11	40～45h	13 对体节，眼泡明显分出。心脏向右弯曲，突出于胚体外	
12	45～49h	16 对体节，头转向右，听窝出现，心脏成 S 形	
13	48～52h	19 对体节，头曲和颈曲明显，羊膜头褶边缘已达到后脑的前部	
14	50～53h	22 对体节，胚体转到 7～9 对体节，第 1～2 对鳃弓和鳃裂出现	
15	50～55h	24～27 对体节，第 3 对鳃弓和鳃裂出现，肢芽原基出现	
16	53～56h	26～28 对体节，前肢芽为嵴状，后肢芽扁平，尾芽从胚盘后端突出	
17	52～64h	29～32 对体节，肢芽明显，形成脑上腺	
18	孵育 3 天	33～36 对体节，尿囊出现，尾芽呈 90°弯曲，羊膜完全封闭	
19	3 天到 3 天半	37～40 对体节，第 4 对鳃裂初显，胚体开始完全左侧卧于卵黄上	
20	3 天半	40～43 对体节，尿囊为泡状，眼出现黑色素，后肢芽明显大于前肢芽	
21	3 天半	43～44 对体节，端脑弯到前肢下方几乎与尿囊接触，第 4 对鳃弓明显	
22	4 天	体节到尾端，眼呈淡黑色	
23	4 天	肢芽长和宽大致相等	
24	4 天半	肢芽长比宽略长，后肢芽前端开始出现趾板	
25	4 天半到 5 天	肘和膝关节出现，前肢芽出现指板	
26	5 天	指板和趾板上有指(趾)痕，第 3 对和第 4 对鳃弓和鳃裂已经消失	
27	5 天到 5 天半	指(趾)痕明显，喙已微露	
28	5 天半到 6 天	喙突出现，前指 3 个，后趾 4 个	
29	6 天到 6 天半	喙突明显，指(趾)之间有浅沟，将指(趾)明显分开	
30	6 天半到 7 天	肘和膝曲出现，羽原基出现，喙突更突出	
31	7 天到 7 天半	股部出现羽原基，眼出现 6 个巩膜突起	
32	7 天半	第 5 趾消失，巩膜突起增至 8 个，羽原基扩大到肩胛	
33	7 天半到 8 天	13 个巩膜突起，尾部出现 3 行羽原基	
34	8 天	13～14 个巩膜突起，羽原基几乎遍及头、背、胸、腹等部	
35	8 天半到 9 天	指间蹼不明显，趾节明显，前肢接近成体翼，眼睑明显	
36	10 天	眼睑周围变为椭圆形，鸡冠初显，前肢外形上成为真正的翼	
37	11 天	冠齿出现，下眼睑已覆盖角膜 1/3～1/2	
38	12 天	后肢部和趾部出现鳞片，上、下眼睑靠近	
39	13 天	喙长约 3.5mm，上、下眼睑靠近汇成一月牙形眼缝	
40	14 天	喙长约 4.0mm，中趾长 12.5～13mm	
41	15 天	喙长约 4.5mm，中趾长 14.5～15mm，上下眼睑合拢，眼紧闭	
42	16 天	喙长约 4.8mm，中趾长 16.5～17mm	
43	17 天	喙长约 5.0mm，中趾长 18.5～19mm	
44	18 天	喙长约 5.7mm，中趾长 20.5～21mm，卵齿锐利和坚硬	
45	19 天到 20 天	喙由于表层组织脱落而发亮，卵黄囊被吸入一半	
46	20 天到 21 天	初生雏	

注：孵化温度 38℃。

三、胎膜

　　家禽属卵生动物，其胚胎发育主要在体外孵化过程中进行。禽蛋含有丰富的卵黄和蛋白营养物质，供胚胎发育利用，不形成胎盘，但有发达的胎膜。胎膜（胚膜）是禽类胚胎外面的膜组织，可保护胚胎，吸收营养物质，完成气体交换以及存放、排泄代谢产物等，不仅是完成胚胎发育的一些重要结构，同时也是鉴定胚胎发育状况的重要依据。

鸡胚的胎膜有四种：卵黄囊、羊膜、浆膜和尿囊。其中卵黄囊形成最早，尿囊形成最晚。家禽胎膜与哺乳动物有许多相同之处，但也有差别。

1. 卵黄囊

四种胎膜中卵黄囊形成最早。它的形成和消化道的建立有着密切的联系。最初原始消化道与卵黄是相通的，随着前后消化道的形成，前消化道不断地向后延伸，后消化道则向前迁移，中消化道就变得越来越小，最后中消化道缩小成为卵黄柄的出口，这样消化道与卵黄就逐渐分开。当胚外中胚层分化出胚外腔时，胚外脏壁中胚层和胚外内胚层开始向整个卵黄铺展，最后将整个卵黄包起来构成一个完整的卵黄囊。卵黄囊以卵黄柄和胚胎肠道相通。卵黄囊形成的同时，卵黄囊上的中胚层分化形成间充质，由间充质先形成血岛，以后形成原始血管网并分布于整个卵黄，用以输送被吸收的养料。

卵黄囊的内胚层细胞直接与卵黄接触，这些细胞能产生消化酶，将卵黄物质水解，卵黄壁细胞吸收后通过卵黄血管输送到胚体。在发育较晚的一些胚体中，卵黄囊壁上形成许多皱襞，称为卵黄囊隔，嵌入到卵黄中，从而扩大与卵黄的接触面，加速营养物质的吸收。在整个发育过程中，卵黄囊逐渐缩小。在孵出前几天，未消耗完的卵黄被逐渐地吸收到胚胎的腹腔中，成为幼雏生长的营养来源之一。

2. 羊膜与浆膜

羊膜和浆膜是同时发生的，其形成方式是起褶式。鸡卵在孵化30h左右，在胚体向卵黄下沉的同时胚体四周的胚外外胚层和胚外体壁中胚层向上包卷形成羊膜褶，首先在头部形成浆羊膜头褶，继之在尾部形成羊膜尾褶，最后在两侧出现羊膜侧褶。然后头褶向后延伸，尾褶向前伸展，侧褶向中央靠拢，这样前后左右的羊膜褶在胚胎背侧稍后处愈合成较厚的羊膜嵴。这样胚胎全部被包在膜内：其内包绕胚胎的膜称羊膜，羊膜与胚胎之间的腔隙称羊膜腔；其外贴壳膜的称浆膜，浆膜与羊膜之间的空腔为浆羊膜腔，即胚外体腔，将来被尿囊所充满。胚外体腔和胚内体腔相通，到发育晚期仅在卵黄柄处保持相通。

羊膜的内层为胚外外胚层，称羊膜上皮，能分泌羊水于羊膜腔，使胚胎生活在液体中，不仅可以自由活动，并可平衡外界的压力。羊膜的外层是胚外体壁的中胚层，此层分化出间充质，在羊膜壁内形成血管和平滑肌，使羊膜进行节律性收缩，胚胎在羊水中轻轻摇动，以防止胚胎与胎膜粘连和胚胎血管中血液的停滞，促使胚胎血液循环。

浆膜的组成与羊膜相反。外层为胚外外胚层，其细胞分化出与肺泡上皮类似的呼吸上皮，以利于与壳膜进行气体交换；内层是胚外体壁中胚层，以后与尿囊外面的脏中胚层相贴，分化出间充质并形成血管，执行呼吸功能。

3. 尿囊

尿囊是从胚体内部发生的，由后肠的腹壁向外突出而成的一个盲囊。这是尿囊形成的开始。然后尿囊向胚外体腔迅速发展，第五天接触浆膜，成为尿囊浆膜。尿囊发展很快，不仅填满了胚外体腔，而且几乎包围了羊膜和卵黄囊。在羊膜外形成了包围胚胎的第二个含有液体的囊腔。随着尿囊在胚外体腔中扩展，覆盖羊膜及卵黄囊，它还不断推动浆膜一起向蛋的锐端扩展，在靠近卵白处包围已逐渐变稠的卵白而形成卵白囊。卵白囊的内层为浆膜，外层为尿囊。以后卵白被吸收，卵白囊便消失。

尿囊是个呼吸器官，其囊壁分布有丰富的血管网，由于尿囊外壁与浆膜紧贴，所以该处的微血管在壳膜内进行气体交换，尿囊壁上分布有尿囊动脉和尿囊静脉，通过尿囊柄与胚体相连，建立起尿囊循环，从而起到呼吸作用。尿囊包围着卵白，可借血液循环将少量经水解稀释的卵白输送入胚体，这与卵黄囊血管吸收卵黄的作用类似。但胚胎吸收蛋白主要靠吞食羊水蛋白，尿囊吸收量甚少。尿囊同时还是排泄器官，胚胎排泄的废物集中在尿囊中，作为胚胎时期排泄物的收容处。当雏鸡孵化时，剩余的卵黄囊被吸收到体内，组成中肠壁的一小部分，而尿囊柄发生断裂，尿囊及其内排泄物以及羊膜均附在破壳上而废弃。

【复习思考题】

1. 简述家畜、家禽生殖细胞形态结构及生理特性。
2. 简述受精的过程与意义。
3. 什么是植入?
4. 试述三胚层的形成与初步分化。
5. 试述哺乳动物胎盘的类型、构造及功能。
6. 试述家畜胎膜的类型。
7. 试述家禽胎膜的类型、构造及功能。

【本章小结】

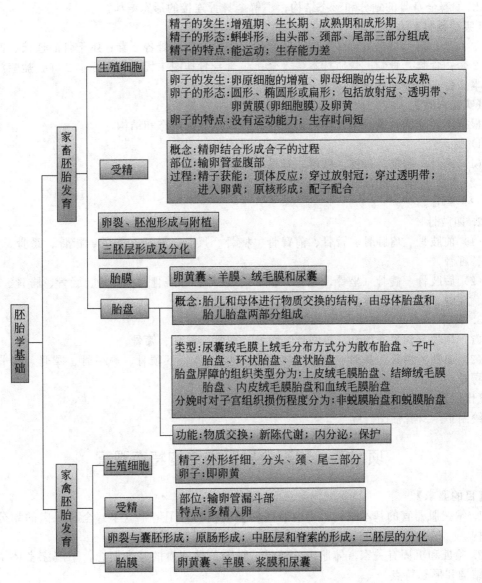

实验实训项目

项目一　家畜全身骨及骨连接的形态结构观察

【目的要求】

1. 掌握骨器官的基本结构；掌握骨连接的类型；掌握关节的基本结构和辅助结构。

2. 了解全身骨的划分和形态结构；了解全身骨连接的形态结构。

【实验器材】

牛、羊、猪、马全身骨各1套；躯干骨、头骨、四肢骨各2套；躯干骨的连接、四肢关节各2套；骨膜、骨髓、骨质标本各1套；牛全身骨挂图1幅；骨膜标本2件；盐酸浸泡的骨标本2件；煅烧的骨标本2件。

【实验内容】

根据不同动物骨骼标本及挂图识别并区分以下骨的形态和结构。

1. 躯干骨

（1）椎骨　颈椎、胸椎、腰椎、荐椎、尾椎。

（2）肋　肋骨、肋软骨。

（3）胸骨。

2. 四肢骨

（1）前肢骨　肩胛骨、臂骨、前臂骨、桡骨、尺骨、腕骨、掌骨、指骨、系骨、冠骨、蹄骨、籽骨。

（2）后肢骨　髋骨（坐骨、耻骨、髂骨）、股骨、膝盖骨、小腿骨、胫骨、腓骨、跗骨、跖骨、趾骨、系骨、冠骨、蹄骨、籽骨。

3. 头骨

（1）颅骨　枕骨、顶骨、顶间骨、额骨、颞骨、蝶骨、筛骨。

（2）面骨　泪骨、鼻骨、颧骨、上颌骨、切齿骨、下颌骨、鼻甲骨、犁骨、翼骨、舌骨、腭骨。

【作业】

绘制牛全身骨骼图。

项目二　家畜全身肌肉结构特点观察

【目的要求】

1. 掌握肌器官的基本结构；了解肌肉的辅助结构；了解牛（羊）全身肌肉的划分和形态结构。

2. 验证和巩固有关家畜体肌肉、筋膜、腱鞘、黏液囊的基本概念，了解家畜体全身肌肉的结构和形态特点。

【实验器材】

牛、羊全身肌肉标本各 1 套，头部肌、四肢肌干制标本各 2 套。

【实验内容】

根据肌肉标本识别家畜的肌肉结构和特点。

1. 皮肌及筋膜。

2. 头部肌　咀嚼肌、开口肌、闭口肌、颜面肌。

3. 前肢肌

(1) 肩带肌　斜方肌、菱形肌、背阔肌、胸肌、臂头肌、肩胛横突肌、下锯肌。

(2) 肩部肌　冈上肌、冈下肌、三角肌、大圆肌、肩胛下肌。

(3) 臂部肌　臂三头肌、臂二头肌、臂肌。

(4) 前臂部及前脚部肌　腕桡侧伸肌、腕斜伸肌、指内侧伸肌、指外侧伸肌、指总伸肌、腕桡侧屈肌、腕尺侧屈肌、腕外侧屈肌、指浅屈肌、指深屈肌。

4. 后肢肌

(1) 臀部肌　臀中肌、臀深肌、腰大肌、髂肌。

(2) 股部肌　股后肌群——臀股二头肌、半腱肌、半膜肌。

　　　　　　股前肌群——股四头肌、股阔筋膜张肌。

　　　　　　股内侧肌群——股薄肌、缝匠肌、内收肌、耻骨肌。

(3) 小腿及后脚部肌　腓骨第三肌、趾内侧伸肌、胫骨前肌、趾总伸肌、趾外侧伸肌、腓骨长肌、趾浅屈肌、趾深屈肌、腓肠肌。

5. 躯干肌

(1) 脊柱肌　脊柱背侧——背腰最长肌、髂腰肌、夹肌、头半棘肌。

　　　　　　脊柱腹侧——颈长肌、腰小肌。

(2) 颈腹侧肌　胸头肌、胸骨甲状舌骨肌。

(3) 呼吸肌　肋间内肌、肋间外肌、膈肌。

(4) 腹壁肌　腹外斜肌、腹内斜肌、腹横肌、腹直肌。

【作业】

绘制牛、羊全身浅层肌肉图。

项目三　家畜消化器官的形态结构观察

【目的要求】

1. 掌握家畜消化系统的组成；掌握牛、羊消化器官的形态结构特点；掌握猪消化器官的形态结构特点。

2. 验证和巩固有关家畜消化系统的知识。

【实验器材】

牛、羊、猪口咽各 2 套，牛、羊、猪腹腔器官各 1 套，牛肝、猪肝各 2 套，牛消化器官模型 1 套，齿标本若干。

【实验内容】

根据家畜消化器官模型及标本，观察不同器官的形态结构及特点。

1. 口腔　唇、齿、齿龈、舌、口腔底、硬腭、颊、软腭的构造。

2. 咽　咽的构造及鼻咽部、口咽部、喉咽部的划分，咽与外界的开口。

3. 食管　位置、分段、管壁的构造。

4. 胃　复胃——牛、羊各胃的形态、位置关系和结构，各胃黏膜的特点，大网膜、小网膜，食管沟的结构。

5. 小肠　十二指肠位置、管壁构造、走向与空肠的分界；空肠形态、空肠系膜；回肠的回盲韧带、与空肠的分界、回盲口。

6. 大肠

盲肠——各动物盲肠的形态特点、在腹腔中的位置。

结肠——各动物结肠的形态特点、构造。

直肠——各动物直肠的位置、直肠壶腹。

7. 唾液腺　腮腺位置、形态、腮腺管的走行及开口；颌下腺位置、形态、导管的开口部位；舌下腺位置、形态、导管的开口部位。

8. 肝　形态、分叶、位置及相连基本结构。

9. 胆囊　形态，胆囊管的开口。

【作业】

绘制牛、羊消化系统简图。

项目四　家畜呼吸器官、泌尿器官形态结构观察

【目的要求】

1. 掌握家畜呼吸系统、泌尿系统的基本组成。

2. 了解家畜鼻、喉的形态特点；了解家畜肺、胸膜和纵隔的结构特点。

3. 掌握肾的一般结构特点；比较各种类型肾的特点；了解膀胱和尿道的形态特点。

【实验器材】

牛、羊、猪鼻咽器官各2套；牛、羊、猪喉各2套；牛肺、猪肺各2套；牛肾、羊肾、猪肾各2套；膀胱、雄性尿道、雌性尿道各1套；雄性、雌性生殖器官教学挂图各1套。

【实验内容】

根据家畜呼吸器官、泌尿器官的标本及挂图，识别以下器官的形态结构及特点。

1. 呼吸系统

(1) 鼻　鼻前庭、鼻腔、上鼻道、中鼻道、下鼻道、总鼻道、鼻泪管口、上颌窦、下颌窦。

(2) 咽　见消化系统。

(3) 喉　喉软骨、喉肌、喉黏膜、喉前庭、喉后腔、声带、声门裂。

(4) 气管及支气管　位置、管壁构造。

(5) 肺　分叶；三面——肋面、底面、纵隔面；三缘——背侧缘、底缘、腹侧缘；肺门及肺根。

2. 泌尿系统

(1) 肾　基本构造——被膜、皮质、髓质、肾小盏、肾盂、集收管、肾窦。

类型——各种类型肾的结构特点。

(2) 输尿管　位置、走向及管壁构造。

(3) 膀胱　位置，管壁构造，生殖褶、侧韧带、圆韧带、腹侧正中韧带，膀胱颈、膀胱顶、膀胱体。

【作业】

绘制牛肾、牛肺的简图。

项目五　生殖器官的形态结构观察

【目的要求】

1. 掌握家畜雄性、雌性生殖系统的基本组成。

2. 了解家畜雄性生殖器官的形态特点；了解家畜雌性生殖器官的结构特点。

【实验器材】

牛、羊、猪雄性生殖器官各 2 套，牛、羊、猪雌性生殖器官各 2 套，牛雌性生殖器官模型 1 套，羊胎儿、胎膜标本 2 套，家畜生殖器官教学挂图 2 件。

【实验内容】

根据不同家畜的生殖系统标本及挂图，识别雄性、雌性生殖器官的形态及结构。

1. 雄性生殖系统

（1）睾丸　位置、形态、构造。

（2）附睾　位置、构造，睾丸固有韧带、附睾韧带、功能。

（3）精索　位置、组成、功能。

（4）输精管　位置，输精管壶腹、开口部位。

（5）副性腺　精囊腺、前列腺、尿道球腺的形态、位置、开口部位。

（6）尿生殖道　管壁构造、走行。

（7）阴茎　构造、划分、各动物的特点。

（8）包皮　构造。

2. 雌性生殖系统

（1）卵巢　形态、位置、基本构造。

（2）输卵管　位置、划分。

（3）子宫　分部、管壁构造。

（4）阴道　管壁构造。

（5）尿生殖前庭　管壁构造，前庭腺，阴瓣。

【作业】

绘制公、母牛生殖器官图各 1 幅。

项目六　心血管及淋巴系统形态结构观察

【目的要求】

1. 掌握家畜心血管系统的基本组成；掌握淋巴系统的基本组成；熟悉和掌握牛心的形态、位置和结构。

2. 了解家畜体循环大动脉、大静脉和浅表静脉的分布、位置；了解门脉循环的特点；了解胎儿血液循环的结构基础。

3. 了解胸导管的走向和分布；了解胸腺和脾的位置。

4. 掌握牛、羊、猪浅表淋巴结的位置；了解支气管淋巴结、肠系膜淋巴结、咽后内侧淋巴结的位置、形态。

【实验器材】

牛、猪心标本各 6 套，牛、羊全身动脉、静脉标本各 1 套；牛、羊、猪脾瓶装标本各 1 件，牛、羊、猪浅表淋巴结标本各 1 件，胎儿整体、胎心标本各 1 套。牛全身淋巴管分布模式图 1 幅。

【实验内容】

根据所提供的实验器材，按照如下步骤及提示识别相应器官的形态和结构。

1. 心脏　心包，右心房、右心室，左心房与左心室，心基部各大血管与心各部的通路，心脏的瓣膜，乳头肌，心的传导系，心脏的血管及心脏的神经分布。

2. 全身动脉干　主动脉分段、分支及位置，颈总动脉的分支，左、右锁骨下动脉的主要分支的位置，髂外动脉的主要分支的位置，髂内动脉的主要分支的位置。

3. 主要静脉　汇入前腔静脉和后腔静脉的主要静脉血管。

4. 淋巴结及淋巴管　淋巴结的基本构造，全身重要淋巴结的部位、引流区域。选取健康动物兔，肠注射墨汁，观察淋巴管。

【作业】

绘制牛心内部构造右侧面观的解剖结构图。

项目七　神经系统及内分泌系统形态结构观察

【目的要求】

1. 掌握家畜神经系统的基本组成；了解脑、脊髓的形态结构。

2. 了解家畜外周神经系统的组成和分布；了解畜体主要内分泌腺的位置、形态。

【实验器材】

牛、羊、猪脑浸渍标本各 2 套，牛、羊外周神经浸渍标本各 1 套，家畜脑模型 3 套，内分泌腺 1 套。

【实验内容】

根据所提供家畜品种的系统标本、模型，按照如下步骤及提示识别神经系统的组成及重要器官的位置和形态结构。

1. 脊髓　脊髓外部构造及断面构造。

2. 脑　外部构造及划分；脑神经根在脑的部位；脑室；脑脊膜。

3. 脑神经　自脑发出的部位，所含神经纤维的性质、行程位置，主要分布器官及作用。

4. 脊神经　脊神经与脊髓的关系及脊神经节，脊神经背侧支、脊神经腹侧支的分布区域，臂神经丛，腰荐神经丛。

5. 植物性神经　植物性神经与中枢的联系，植物性神经的主干行程及主要分布特点。主要植物性神经节的位置，植物性神经的功能。

【作业】

绘制牛脑正中矢状面图。

项目八　鸡的解剖

【目的要求】

掌握鸡的解剖程序，鸡各系统的组成和形态学特点，培养学生的实际解剖技能。

【实验器材】

活鸡，解剖器械 1 套。

【实验内容】

桥静脉放血将鸡致死，开水浸烫，拔除羽毛。将鸡尸体仰面固定好，把准备好的玻璃管插入气管，向肺及气囊内吹气，待气囊充气后，结扎气管。按以下顺序解剖观察。

1. 剥离

（1）在仰放着的鸡腹部后方正中处，用左手指提起皮肤将剪刀插入皮下，沿正中线向前剪，剪到下颌的后方，向后剪到肛门（注意勿伤肌肉），后用解剖刀将皮肤向两侧剥离，在颈后部要注意勿伤锁骨间气囊和颈气囊。

（2）在胸部露出胸浅肌，将此肌肉由正中向两侧切开，此时应注意在胸浅肌与胸深肌间有一个小的气囊憩室（由锁骨间气囊形成的），注意不要碰破，然后再将胸深肌切除。

（3）肌肉除去后，露出胸部骨骼，然后小心地用骨剪剪断锁骨、乌喙骨，沿胸骨两侧剪断肋骨，注意勿伤气囊和肺，此时注意观察胸前气囊和胸后气囊。

（4）小心地打开腹腔，观察腹气囊（可对照气囊标本进行观察）。

2. 颈部观察

（1）气管　在颈腹侧，由很多软骨环组成，在心脏的背侧接鸣管。

（2）食管　与气管一起偏于颈的右侧，在锁骨的前方膨大成嗉囊。嗉囊以下的食管沿着气管的背侧进入胸腔。

（3）胸腺　幼鸡明显，位于颈两侧皮下，长形分叶状，浅黄粉色。

（4）甲状腺　在颈后部胸腔前部，颈静脉内侧，为椭圆形红色腺体。

3. 观察消化器官及脾的位置

（1）肝　较大，位于胸骨背侧，分左、右两叶，右叶有一胆囊。左叶的肝管直接开口于十二指肠终部，右叶的肝管先到胆囊，再由胆囊发出胆管到十二指肠。

（2）脾　位于腺胃右侧，呈不正的球形。

（3）前胃（腺胃）　由左侧拉开肝的左叶，在左叶背侧有接腺胃及十二指肠的开口。

（4）十二指肠　围在肌胃的右侧及后方，呈马蹄形，在十二指肠袢间有胰腺，呈米黄色，长条状，分三叶。

（5）盲肠　在十二指肠右后方，可见到盲肠的一部分，拉开盲肠观察，是两条长的盲管，盲端朝后。

（6）空肠　主要位于腹部右侧，拉开空肠观察小肠系膜，空肠中部有一个小突起，叫卵黄囊憩室。

（7）回肠　短而较直，以系膜与两盲肠相连。

（8）胰管、胆管的开口　将十二指肠拉开，在肝的背侧，可见到两条管子，注意用镊子分离结缔组织，找出左侧的肝管和右侧的胆管，都开口在十二指肠的末端；在胰腺的前端分离结缔组织，可找到三条胰管，与胆管一起开口于十二指肠的末端。

（9）将肝取下，在紧靠腺胃的前方将食管切断，用手将胃及肠向外拉出，剪断肠系膜，把胃及肠管放在腹腔外，详细观察各器官的形态结构。

4. 观察肺及鸣管　两肺位于胸腔背侧部，不分叶，鲜红色，肋面上有较深的肋沟，肺门位于腹侧面的前部，肺上还有一些与气囊相通的开口。

鸣管位于气管末端，分叉处有一呈锲状的鸣骨，鸣管有两对弹性薄膜，叫内、外鸣膜，形成一对狭缝，为鸡的发声器官。

5. 观察生殖器官

（1）雄性生殖器官

① 睾丸　睾丸位于腹腔内，在肾的前部腹侧，其大小因年龄和季节而有变化。睾丸的背内侧缘有一扁平突出物称为附睾。

② 输精管　是一对弯曲的细管，与输尿管并列而行，后端开口于泄殖腔。

（2）雌性生殖器官

① 卵巢　位置与睾丸相同，仅左侧发育（右侧已退化），呈葡萄状，均为处于不同发育时期的卵泡，卵泡呈黄色，卵巢表面密布血管。卵巢的大小与年龄和产卵期有关。

② 输卵管　只有左侧发育，是一条长而弯曲的管道。根据其构造和功能，由前向后依次分为五部分：漏斗部——中央有输卵管腹腔口，边缘薄呈伞状；膨大部或称蛋白分泌部——是最长最弯曲的部分；峡部——为膨大部后方的缩细部分；子宫部——扩大成囊状，壁较厚；阴道部——变细弯曲成"S"形，后端开口于泄殖腔的左侧。

6. 观察泌尿器官　肾狭长呈荚状，位于腰荐骨两旁和髂骨的肾窝内。分前、中、后三部分。肾周围没有脂肪。输尿管从肾中部走出，沿肾的腹侧面向后伸延，最后开口于泄殖腔顶壁两侧，鸡没有膀胱。

【作业】

绘制鸡的消化系统模式图。

项目九　猪的解剖

【目的要求】

掌握猪各系统的形态结构特点，特别注意观察其消化系统与其他家畜形态上的差异。培养学生的实际解剖技能。

【实验器材】

小公猪或小母猪或架子猪 1 头，解剖器械 1 套，乳胶手套，输液胶管，放血用玻璃插管，缝线，搪瓷盆，吊桶或下口瓶，量杯，探针等。

【实验内容】

1. 浅表淋巴结的观察

（1）下颌淋巴结　下颌间隙靠后，表面有腮腺覆盖。

（2）腮腺淋巴结　位于颞下颌关节后下方，部分或全部被腮腺覆盖。

（3）颈浅淋巴结　位于肩前，肩关节前上方，被臂头肌覆盖。

（4）髂下淋巴结　又称股前淋巴结，位于膝关节上方，股阔筋膜张肌前缘皮下。

（5）腹股沟浅淋巴结　位于腹股沟部皮下。公畜的在阴茎两侧，称阴茎背侧淋巴结；母猪的在倒数第二对乳头的外侧。

（6）腘淋巴结　腓肠肌的后方，臀股二头肌与半腱肌之间的下方。

2. 观察腹肌　将尸体左侧倒卧，剥去腰、腹部的皮肤，顺序观察皮肌、腹外斜肌、腹内斜肌、腹直肌和腹横肌。

3. 观察内脏器官　切断股部内侧部分皮肤和肌肉使髋关节脱臼，以支撑尸体呈仰卧位，便于从腹侧观察内脏器官。沿肋骨切开腹肌，从剑状软骨到耻骨前缘做切线，打开腹腔，观察腹腔各器官的位置、相互关系和形态特点。

（1）口腔、咽及食管　在尸体标本和头纵断面标本上，可见猪的口裂较大，面颊相对较小，上唇与鼻端连在一起成同一平面，并向前形成吻突，下唇尖而小；硬腭前端第 1、2 腭褶间有近似三角形的淋巴组织，叫腭扁桃体；齿均为短冠齿。

在头部纵断面标本上，观察咽与邻近器官相通的 7 个孔道，在食管口上方有向上的咽后隐窝，在咽顶壁耳咽管口之间有卵圆形的咽扁桃体。

在耳根腹侧，下颌骨后缘，剥离皮下脂肪及耳下肌，可见较发达的呈三角形的腮腺，腺小叶疏松，形似肌肉。腮腺管经下颌腹侧缘转至咬肌前缘，开口于第 4～5 上臼齿相对处的颊黏膜上。分离并翻起腮腺，去掉下颌支，分离颈外静脉及颌内静脉，可见呈圆形的较致密的颌下腺。颌下腺管在下颌骨内侧前伸，开口于口腔底舌系带的两侧。在舌体两侧的黏膜之下，为呈带状的舌下腺。在腮腺前缘深面和前下方有腮腺淋巴结和下颌淋巴结，应注意与腺体的区别。

（2）胃、肠、肝、胰的观察　胃横位于肝的后面，大部分位于左季肋部和剑状软骨部。胃的前面和右端接肝、膈，并以小网膜与肝门相连；后面邻接胰和肠管；腹侧大弯部连大网膜，并与腹底壁相接；左端连脾，近贲门处有一大的突起，称胃憩室，背侧的胃盲囊与腹腔顶壁相接触。向腹下部拨动肠管，可见十二指肠自胃幽门走向后上方，到右肾下部，转向内侧前方，到胃的后部再转向右侧移行为空肠。十二指肠在腹腔同侧形成"U"形袢。

胰略呈三角形，在肝的后上方，相当于后两个胸椎和前两个腰椎的腹侧，中间部有门静脉穿过。

空肠大部分位于腹腔右半部，在结肠圆锥的右侧，有一小部分游离于腹腔左侧，空肠以较长的空肠系膜与总肠系膜相连，由于系膜较长，故空肠位置常有变化。回肠为小肠的最后一段，短而直，以回盲韧带连于盲肠，借此作为空、回肠的分界处。盲肠呈短而粗的圆锥状，有三条纵肌带和三列肠袋，大部分在左髂部，盲端向后抵达骨盆腔前口。结肠起自回盲结口，管径与盲肠相似，以后逐渐变细。结肠前部在肠系膜内盘曲形成结肠圆锥（又称结肠旋襻），大部分位于左侧腹前部和腹中部，胃的后方。从背侧观察：结肠圆锥外周的肠管较粗，呈顺时针旋转约三圈至锥顶，为向心回，表面有两条纵肌带和两列肠袋。离心回从锥顶逆时针旋转到锥底，且位于结肠圆锥的内心，肠管较细而平滑，无纵肌带和肠袋。继离心回向后，在肠系膜根部盘曲成环形襻，为结肠后部，称结肠终襻，邻于结肠锥底的背侧。结肠终襻向后伸入骨盆腔，移行为直肠。

摘除消化管，观察肝的形态。肝较大，以三个明显的切迹分左内叶、左外叶、右内叶和右外叶。胆囊位于右内叶的胆囊窝内。胆囊管与肝管汇合成胆管，开口于十二指肠憩室。切开胃壁，将黏膜面翻出，可见胃黏膜无腺部较小、色白；有腺部较大，分贲门区，胃底腺区和幽门腺区。

（3）观察肾　左、右肾的位置，肾脂囊，在肾的内侧寻找肾上腺。

（4）观察生殖器官　对母猪，观察卵巢、输卵管和子宫；对公猪，观察副性腺、精索和腹股沟管。

（5）观察内脏器官的淋巴结。

【作业】

绘制猪的消化系统图。

项目十　羊（牛）的解剖

【目的要求】

掌握羊、牛各系统的形态结构特点，特别注意观察运动、消化、泌尿、生殖等系统与其他家畜形态上的差异。培养学生的实际解剖技能。

【实验器材】

羊（或牛）1只，解剖器械1套，墨汁水，乳胶手套，输液胶管，放血用玻璃插管，缝线，搪瓷盆，吊桶或下口瓶，量杯，探针等。

【实验内容】

1. 观察腹壁肌肉　剥去腰、腹部皮肤，顺序观察皮肌、腹外斜肌、腹直肌和腹横肌。

2. 观察腹腔器官及腹膜

① 使尸体左侧倒卧，沿肋弓切除腹壁肌肉，然后切开腹膜。

② 观察大网膜　打开右侧腹壁后，可见大网膜包裹了十二指肠外的绝大部分肠管，位于表面的是大网膜的浅层，剪开浅层可见大网膜深层，观察深层和浅层大网膜的起始部。

③ 观察小网膜　与哪些器官的什么部位相连。

④ 观察各肠段的位置关系　剪开大网膜深层，观察：

a. 十二指肠　从皱胃的幽门起始，向上形成"乙状"弯曲，在肝的脏面附近转向后走，绕过右肾，再向前方折转，重新达到肝的脏面附近向下延续为空肠。

b. 总肠系膜　两层腹膜先将盲肠、结肠初襻和终襻包住，然后将结肠旋襻包在中间，向下延续为小肠系膜，小肠位于结肠旋襻的右侧和下方，羊的结肠旋襻的离心回最后一圈远离旋袢，延伸在小肠系膜之中，肠管内已形成粪球。

c. 肝　牛肝分叶不明显，由发达的胆囊和圆韧带把肝分成左叶、中叶和右叶，寻找胆管，观察其在"乙状弯曲"的入口。羊肝的右叶在右背侧，后端接右肾。右叶背面有尾叶的尾状突，肝左叶位于腹侧。边缘较薄，胆囊附在中叶与右叶之间。

d. 胰　位于十二指肠肠袢之间，呈不正四边形，粉红色。寻找胰管，牛的胰管约在距幽门30cm处，单独汇入十二指肠。羊的胰形状不规则，胰管与胆管汇合后共同开口于十二指肠"乙状弯曲"。

e. 盲肠　盲肠的盲端伸向骨盆腔入口处，寻找回肠进入盲肠的部位，观察盲肠转为结肠的部位，观察回盲韧带。

f. 胃　牛羊胃约占据腹腔的3/4，瘤胃左侧与左腹壁相邻，右侧与肠相邻。网胃在瘤胃的前下方与膈相邻，瓣胃位于瘤胃的右前方。皱胃位于瓣胃的下方和后方。

将胃肠道从腹腔摘出后，观察胃的内部结构：剪开瘤胃，观察瘤胃肉柱，瘤胃乳头；剪开网胃，观察其黏膜结构：牛的网胃内常有金属异物存在；观察食管沟，注意其沟唇，食管沟的经路；剪开瓣胃观察瓣叶结构特点，观察纵向分布的黏膜褶。

g. 唾液腺　腮腺的形状和位置，寻找腮腺管及其通入口腔的部位；下颌腺位于腮腺的深面。注意观察其形状，呈长条状，伸向下颌间隙，左、右两侧的下颌腺前端几乎相连。

⑤ 肾　在腰椎下方，找到左肾和右肾，比较二肾的形态、位置特点，牛肾的外边包有脂肪囊，称为肾脂囊，小心剥离肾脂囊在肾的腹侧寻找输尿管，观察其进入膀胱的部位。

⑥ 脾　脾位于瘤胃背囊的背侧及左侧。观察脾与胃的联系。

⑦ 盆腔器官　盆腔内直肠、子宫（母畜）、副性腺（公畜）与膀胱的位置关系，沿子宫角寻找卵巢，观察卵巢的形状、大小和位置。

3. 观察胸腔器官和胸膜

（1）纵隔淋巴结　在纵隔上，分为纵隔前、纵隔中和纵隔后淋巴结，它们分别位于心的前方，心的背侧和心的后方。牛、羊的纵隔后淋巴结常常很大，当患结核病时，该淋巴结常常肿大，压迫食管，影响嗳气。

（2）胸腔器官

① 观察肺的分叶、气管、支气管及右肺尖叶支气管。

② 观察心包、膈神经。

③ 观察食管，迷走神经的背侧干和腹侧干。

④ 观察主动脉及其在胸腔内的分支。

⑤ 观察交感神经干及星状神经节。

⑥ 观察胸导管的毗邻关系，胸导管汇入静脉的入口。

4. 观察羊的口腔器官　羊消化器官部分以及呼吸器官部分，观察唾液腺，注意下颌淋巴结的位置及其与下颌腺的关系。观察羊的甲状腺。

5. 淋巴管注射示教　任选一个瘤胃和肠段，用2%～5%的墨汁水溶液，用细针头做淋巴管注射，观察器官浆膜下淋巴管并可做淋巴结补充注射，观察淋巴干和胸导管。

【作业】

绘制羊的消化系统及呼吸系统的形态图。

项目十一　显微镜的构造、使用和保养办法

【目的要求】

掌握显微镜的构造，初步学会使用方法和保养方法。

【实验器材】

显微镜，组织切片。

【实验内容】

1. 显微镜的一般构造　生物显微镜的种类很多，但其构造均分以下两部分：

(1) 机械部分

① 镜座　位于镜臂下方，直接与实验台相接触，用以稳固和支持镜身。

② 镜臂　中部弯曲，上接镜筒，下连载物台，把持移动显微镜用。

③ 粗调节器　位于镜臂的下方，可以转动，以便使载物台能上下移动，使物镜与标本间距离改变，从而调节焦距。粗调节轮旋转时，载物台升降距离较大。

④ 细调节器　位于粗调节螺旋外方，它的移动范围较粗调节螺旋小，可以细调焦距。旋转一周，可使镜头升或降 0.1mm。

⑤ 镜筒　接目镜和物镜之间的金属筒，镜筒上端装有目镜，下端装有转换器。

⑥ 物镜转换器　位于镜筒下部，上装有各种放大倍数的物镜，可转换物镜用。

⑦ 载物台　为放组织标本的平台，分圆形和方形两种，载物台中央有一圆形或椭圆形的透光孔。载物台上有金属夹片夹，是用来卡住载玻片的夹子。

⑧ 推进器　载物台下方一螺旋，转动推进器可使切片在载物台上前后、左右移动。

⑨ 聚光器调节螺旋　在镜臂前，它可以使聚光器升降，用以调节光线的强弱，下降时明亮度降低，上升时明亮度加强。

(2) 光学部分

① 接目镜（简称目镜）　安装在镜筒的上端，它可以使物镜成倍地分辨、放大物像，目镜上的数字表示放大倍数，有 5×、8×、10×、15×、16× 和 25× 等。

② 接物镜（简称物镜）　是显微镜最贵重的光学部分，安装在物镜转换器上，也是由一组透镜组成的，能够把物体清晰地放大物镜上刻有的放大倍数，可分为低倍、高倍和油镜三种。低倍镜有 8、10、20～25 倍。高倍镜有 40、45 倍。油镜在镜头上一般有一红色、黄色、黑色横线作标志，一般为 100 倍。显微镜的放大倍数等于目镜的放大倍数乘以物镜的放大倍数。例如目镜是 10 倍，物镜是 45 倍，则显微镜的放大倍数为 10×45＝450（倍）。

③ 反光镜　有两个面，一面为平面，一面为凹面，或直接安装灯泡作光源。

④ 聚光器　位于载物台下，旋动聚光器升降螺旋，可改变聚光器的位置，借以调节被检物体上的光线强度，聚光器抬升时光线增强，下降时光线减弱。在较高级显微镜的聚光器上还装有虹彩光圈，是由许多重叠的铜片组成，旁边有一条扁柄，左右移动可使虹彩的开孔扩大或缩小，以调节进光量。虹彩光圈下常附有金属圈，其上装有滤光片，可调节光源的色调。

标本的放大主要由物镜完成，物镜放大倍数越大，它的焦距越短。焦距越小，物镜的透镜和玻片间距离（工作距离）也小。油镜的工作距离很短，使用时需格外注意。目镜只起放大作用，不能提高分辨率，标准目镜的放大倍数是 10 倍。聚光镜能使光线照射标本后进入物镜，形成一个大角度的锥形光柱，因而对提高物镜分辨率是很重要的。聚光镜可以上下移动，以调节光的明暗，可变光栅可以调节入射光束的大小。

显微镜用光源，自然光和灯光都可以，以灯光较好，因光色和强度都容易控制。一般的显微镜可用普通的灯光，质量高的显微镜要用显微镜灯，才能充分发挥其性能。有些需要很强照明，如暗视野照明、摄影等，常常使用卤素灯作为光源。

2. 显微镜的使用方法

(1) 显微镜的取放　取放显微镜时，须一手握镜壁，另一手托镜座。将显微镜轻置于实验桌上，并避免阳光直射。镜座应距桌沿 6～7cm。然后熟悉掌握该显微镜的结构：电源开关、光强度控制开关、目镜、物镜（一般有 10×，40×，100× 等三个）、标本推动器的旋钮以及粗、细调焦轮等。

（2）对光　带电源的显微镜：将电源插头插入实验教室墙上或桌上的插座后，打开镜座左前方的电源开关，将镜座左侧的光强度控制开关开大（收显微镜时，先将光强度控制开关关到最小，再关电源开关，拔插头）。将低倍物镜转移至对准载物台中央的通光孔，转动粗调焦轮使物镜距载物台约 1cm。左眼在目镜上观察，看到一个明亮的合适的圆形视野即可。

不带电源的显微镜，将低倍物镜转移至对准载物台中央的通光孔，转动粗调焦轮使物镜距载物台约 1cm。左眼在目镜上观察，转动反光镜，直到看到一个明亮的合适的圆形视野即可。在使用反光镜时，对于平行光线（如阳光），原则上用平面镜，但若因此映入外界景物（如窗格、树叶）妨碍观察时，可改用凹面镜；而点状光线（如灯泡），原则上用凹面镜，因可聚集光线增加强度。除日光灯外，一般电灯光下看镜时，应在集光器下插入蓝玻璃滤光片，以吸收黄色光线。

（3）低倍镜观察　置切片于载物台上，将标签端放于左侧，盖玻片面向上，用弹簧夹固定好切片。调节推片器将标本的切片移至载物台通光孔中央。转动粗调焦轮此时应将头偏向一侧，注视接物镜下降程度，使物镜与标本片的距离缩到最小（0.5cm 左右），以防物镜压碎组织切片，特别当转换高倍镜或油镜观察时更要当心。然后用左眼在目镜上观察，同时转动粗调节轮，拉远物镜与标本距离，至视野中物像清楚为止，还可用细调进一步调节。除少数显微镜外，聚光镜的位置都要放在最高点。如果视野中出现外界物体的图像，可以将聚光镜稍微下降，图像就可以消失。聚光镜下的虹彩光圈应调到适当的大小，以控制射入光线的量，增加明暗差。视野中见到的为倒置的图像，与标本的方位相反。

（4）高倍镜观察　在低倍镜视野中先将要用高倍镜观察的结构移到视野中央（因为高倍视野只能看到低倍视野的中央部分），然后转换高倍物镜（40×）。由于显微镜的设计一般是共焦点的，所以低倍镜对准焦点后，转换到高倍镜基本上也对准焦点，只要稍微转动微调即可。有些简易的显微镜不是共焦点，或者是由于物镜的更换而达不到共焦点，就要采取将高倍物镜下移，再向上调准焦点的方法。虹彩光圈要放大，使之能形成足够的光锥角度。稍微上下移动聚光镜，观察图像是否清晰。

（5）油浸镜观察　组织学标本多半在高倍镜下即可辨认，如需采用油镜观察时，应先用高倍镜观察，把欲观察的部位置于视野的中央，然后移开高倍镜，把香柏油（檀香油）滴在标本上，转换油镜，将油浸镜下移到油滴中，到停止下降为止，然后用微调向上提升调准焦点，直至获得最清晰的物像为止。

使用油镜时，显微镜要平置，镜台要保持水平，防止油流动；光线要强，故聚光镜要提高到最高点，并放大聚光镜下的虹彩光圈，将视野尽可能调节明亮。

观察完毕，用擦镜纸轻拭去镜头上的油，再用滴有二甲苯的擦镜纸轻轻擦拭。标本上的油也用二甲苯擦镜纸拭净。若为无盖片的血涂片，须取擦镜纸平铺于涂片上，滴 1～2 滴二甲苯，轻轻拖擦镜纸几次即可，以免将血膜擦掉。

3. 显微镜的保养方法

① 显微镜使用后，取下组织标本，将转换器稍微旋转，使物镜叉开（呈八字形），并转动粗调节器使镜筒稍微下移，然后用绸布包好，装入显微镜箱内。

② 不论目镜或物镜，若有灰尘，严禁用口吹或手抹，应用擦镜纸擦净。

③ 勿用暴力转动粗、细调节器，并保持该部齿轮之清洁。

④ 显微镜勿置于日光下或靠近热源处。

⑤ 活动关节不要随意弯曲，以防机件由于磨损而失灵。

⑥ 显微镜的部件不要随意拆下，箱内所装之附件，也不要随意取出，以免损坏或丢失。

⑦ 在使用过程中，切勿使酒精或其他药品污染显微镜。显微镜一定要保存在干燥的地方，不能使其受潮，否则会使透镜发霉或机械部件生锈，特别在多雨地区或多雨季节更应注意。最好用显微镜橱保存。

⑧ 用完油镜时，应以擦镜纸蘸少量二甲苯，将镜头上和标本上的油擦去，再用干擦镜纸擦干净。对于无盖玻片的标本，可采用"拉纸法"，即把小张擦镜纸盖在玻片上的香柏油处，加数滴二甲苯，趁湿向外拉擦镜纸，拉出去后丢掉，如此连续 3～4 次即可将标本上的油去净。

4. 注意事项　在电光源显微镜中，其镜筒是固定不动的，而是利用载物台的上下移动来调节接物镜与组织切片的距离。

项目十二　上皮组织与结缔组织的观察

【目的要求】
1. 认识单层柱状上皮和疏松结缔组织的特点。
2. 进一步熟悉显微镜的使用方法。

【实验器材】
显微镜，小肠组织切片（HE 染色）、皮下疏松结缔组织切片（HE 染色）、鸡、羊（哺乳动物）血涂片、软骨切片、骨磨片等。

【实验内容】
1. 单层柱状上皮（小肠）
（1）用低倍镜观察　整个小肠壁由几层组织膜构成，低倍镜下可见小肠绒毛呈手指状，其表面覆盖有一层柱状上皮，由于材料和制片关系，有的绒毛横断呈游离状态，选择一部分切面比较正，细胞核呈单层排列的上皮进行观察。
（2）用高倍镜观察　可见细胞排列紧密，细胞核呈椭圆形，蓝紫色，位于细胞基底部。细胞顶端有一层粉红色的膜状结构（纹状缘），在上皮的基底面有染成粉红色的条状结构（基膜），此外，在柱状上皮细胞之间，有散在的杯状细胞存在。

2. 疏松结缔组织（蜂窝组织）
（1）用低倍镜观察　选择标本最薄处，可以见到交叉成网的纤维与许多散在纤维之间的细胞，纤维与细胞之间为无定形基质。
（2）用高倍镜观察　胶原纤维为红色粗细不等的索状结构，数量甚多，交叉排列，有的较直，也有的呈波浪形。混杂在胶原纤维之间有细的紫蓝色弹性纤维，仔细观察可见其有分支，彼此交叉，在纤维之间可辨认以下几种细胞。
① 成纤维细胞　数量较多，细胞轮廓不明显，多数细胞只见椭圆形的细胞核，染色质少，核仁比较明显，有时在细胞核外面隐约可见浅蓝紫色的细胞质。
② 组织细胞（巨噬细胞）　细胞轮廓清楚，有圆形、卵圆形或梭形，常有短而钝的小突起，胞质和胞核均较成纤维细胞染色深，胞核较小，位于细胞中央，胞质中含有大小不等的蓝色颗粒。
③ 肥大细胞　多呈椭圆形，胞质中颗粒粗大而密，紫蓝色，胞核被颗粒遮盖看不清楚。
④ 浆细胞　在油镜下可见浆细胞的细胞质呈紫红色，胞核偏于细胞一侧，紫蓝色的染色质块在核内排列成车轮状，近核部位的细胞质染色略浅。

3. 血涂片观察
（1）鸡血涂片观察（油镜观察）　鸡的红细胞呈卵圆形，内有一个卵圆形的细胞核。
（2）羊血涂片观察（油镜观察）

① 红细胞 为无核、红色的扁圆形小体。由于它是双凹盘形，所以中央染色较边缘为淡。

② 嗜中性粒细胞 细胞质内含有淡红色微细颗粒，胞核有2～5个分叶。

③ 嗜酸性粒细胞 细胞质内含有深红色大而圆的颗粒，核通常有2～3个分叶。

④ 嗜碱性粒细胞 细胞质内含有粗细不等的紫蓝色颗粒，核分叶不明显。

⑤ 淋巴细胞

a. 小淋巴细胞 细胞形态小，核椭圆形或豆形，染成蓝色，细胞质很小，染成浅蓝色。

b. 中或大淋巴细胞 细胞较大，细胞较多，核的周围有亮晕。

⑥ 单核细胞 较淋巴细胞大，细胞质亦较多，细胞核是肾形或马蹄形。

⑦ 血小板 体形甚小，形态不规则，内含紫色颗粒，无核，常聚集成团。

4. 软骨

（1）透明软骨（HE染色） 先在低倍镜下找到气管的透明软骨环部分，它在气管壁的中央染成粉红色。在它的两边各有一条染成红色的薄层结缔组织，为软骨膜，换高倍镜从软骨膜逐渐往深处仔细观察。

① 软骨膜 由致密的胶原纤维和梭形的成纤维细胞所组成。软骨膜以胶原纤维直接通入软骨基层，与软骨紧密连接。

② 软骨细胞 近软骨膜的软骨细胞还保留着梭形，单个分布，平行于软骨膜排列，细胞较大、核清楚，由软骨边缘至中部可以看到软骨细胞的形态逐渐由梭形演变为椭圆形或圆形。核也是椭圆形或圆形，细胞由2～4个成群分布，称同族细胞群。细胞存在的地方称软骨陷窝。

③ 基质 为嗜酸性、均质，但靠近细胞周围染色深蓝，称软骨囊。另外，基质内有许多胶原纤维，但由于与粘在一起的软骨基质有相同的折射率，所以分辨不出。

（2）弹性软骨（地衣红染色） 弹性软骨的结构和透明软骨相似，主要区别在于基质中含有被染色的弹性纤维，纤维形成网状结构，在软骨陷窝的周围较致密，软骨边缘直接与软骨膜中的弹性纤维相连。

（3）纤维软骨（HE染色） 基质中粉红色的胶原纤维成束平行排列；软骨细胞为圆形或椭圆形，也位于软骨囊所包围的空隙中；软骨细胞成行地夹在纤维束之间。

5. 骨磨片（美蓝染色） 先用低倍镜观察骨的外面，有平行于骨面的数层骨板。骨外面的称外环骨板，骨内面的称内环骨板。在内外环骨板之间，可见许多骨板以同心圆形式排列的哈弗系统。每个哈弗系统与周围分界明显。在圆形的哈弗系统之间还存在着一些骨板，彼此也互相平行排列，但不成同心圆，即为骨间板。另外，在哈弗系统中央的管称哈弗管，与哈弗管相接或横过内外环骨板的管道称弗氏管。

换高倍镜观察环绕着哈弗管的同心圆排列的环板。其上有许多如蚂蚁的空腔，称骨陷窝。骨陷窝又有许多微细突出的小管称骨小管。

【作业】

1. 高倍镜下绘制部分单层柱状上皮或疏松结缔组织图。

2. 绘制各种血细胞结构图（油镜）。

3. 高倍镜下绘制骨组织结构图。

项目十三 肌组织与神经组织的观察

【目的要求】

1. 认识平滑肌纤维和脊髓腹侧角内运动神经元的形态特征。

2. 进一步熟练显微镜的使用方法。

【实验器材】

显微镜，平滑肌纵切片或分离装片（HE 染色），骨骼肌切片（HE 染色）、心肌切片（HE 染色）、脊髓切片等。

【实验内容】

1. 平滑肌

（1）用低倍镜观察　在分离装片可以看到平滑肌纤维，呈红色。

（2）用高倍镜观察　可见肌细胞呈长梭形，两端尖，中央有椭圆形的细胞核，细胞膜不明显。

2. 横纹肌切片观察

（1）低倍镜观察　纵断面肌纤维呈带状，横断面呈不规则的多角形，肌纤维间均由结缔组织填充。

（2）高倍镜观察　纵断面肌纤维边缘，肌膜下方有许多卵圆形的细胞核，肌原纤维沿着肌纤维的长轴排列，肌纤维的横纹很清楚，染色深的为暗带，染色浅的为明带。

3. 心肌切片观察

（1）用低倍镜观察　纵断面为分支的带状，横断面为多角形。

（2）用高倍镜观察　纵断面心肌纤维彼此分支吻合成网状，核大，呈卵圆形，位于纤维的中央，有 1～2 个；肌浆丰富，浅色染，有横纹但不如骨骼肌明显；肌原纤维多在肌纤维的边缘。在相邻两个肌纤维间，可见染色较深的横纹，或呈阶梯状，称闰盘。肌纤维之间有结缔组织及血管。

4. 神经元

（1）低倍镜观察　在腹侧角内有许多大小形态不同而呈棕褐色的神经细胞，选择一个突起较多而又切上胞核的神经元用高倍镜观察。

（2）高倍镜观察　细胞核大而圆，着淡黄色，有的呈空泡状，中央有一个深色的圆点状核仁，细胞体及突起内有棕褐色的细丝状神经原纤维，从细胞体四周发出许多突起。

【作业】

高倍镜下绘制骨骼肌纤维纵、横切面结构图。

项目十四　消化器官组织结构的观察

【目的要求】

联系其机能认识消化系统主要器官的形态结构。注意以比较的方法进行观察，以达到牢固掌握的目的。

【实验器材】

显微镜，猪胃底部切片，猪空肠切片，食管横切片，猪十二指肠、回肠、结肠切片，猪肝切片，猪胰腺切片。

【实验内容】

1. 食管（HE 染色）

① 黏膜层上皮为复层扁平上皮；固有膜为疏松结缔组织，有淋巴细胞散布；黏膜肌层为固有膜外的一薄层平滑肌。

② 黏膜下层由疏松结缔组织构成，内有较多的神经、血管及食管腺。

③ 肌层多由不整齐的 2～3 层肌肉层组成。

④ 外膜是疏松结缔组织，含有大量的血管、神经、淋巴管等。

2. 胃（底部，HE 染色）

（1）先在低倍镜下分辨以下各层

① 黏膜　上皮是单层柱状细胞，向固有膜内陷入形成胃小凹；固有膜充满胃腺；黏膜肌层由薄层内环行、外纵行的平滑肌组成。

② 黏膜下层　由较致密的结缔组织组成，其中有血管、神经及淋巴管，并可见脂肪细胞。

③ 肌层　由较厚的几层平滑肌组成，有肌间神经丛。

④ 浆膜　由疏松结缔组织外覆以间皮形成。

（2）用高倍镜观察黏膜上皮及胃底腺的结构

① 黏膜上皮　主要由高柱状细胞构成，核位于细胞基部。顶端胞质含黏液，被染成淡蓝色或无色。

② 胃底腺　胃底腺的腺腔狭窄，注意观察胃腺的细胞组成并根据细胞分布及部位区分胃底腺的颈、体和底部。

③ 壁细胞　较大，圆形或多角形，细胞质着粉红色，多位于腺体的颈部和体部。

④ 主细胞　位于腺体部与底部，胞体呈柱状或锥体状，较小，细胞质染成紫红色或深蓝色。

⑤ 颈黏液细胞　位于腺的颈部，胞体较小呈三角形，胞质染成淡蓝色。

3. 空肠（HE 染色）

用低倍镜先区分出肠壁的四层结构。

（1）黏膜　肠腔表面有许多绒毛，绒毛外有一层上皮，中心为固有膜，其内有毛细血管及一条中央乳糜管，平滑肌纤维分布在上皮下面，顺绒毛的长轴排列。

上皮主要是柱状的吸收细胞及其之间夹杂的杯状细胞构成，吸收细胞表面有纹状缘。绒毛基部有小肠腺的开口，肠腺中主要是柱状和杯状细胞，此外在肠腺基部有潘氏细胞。潘氏细胞呈柱状，几个细胞常并列在一起。

固有膜是网状结缔组织，并有淋巴细胞、血管、淋巴管及平滑肌纤维。

黏膜肌层由内环行、外纵行两层平滑肌组成。

（2）黏膜下层　为疏松结缔组织，其中胶原纤维较多，并有较大的血管、淋巴管和黏膜下神经丛。

（3）肌层　内环行、外纵行平滑肌。两肌层之间的结缔组织内有肌间神经丛。

（4）浆膜　由疏松结缔组织与间皮组成。

4. 十二指肠（HE 染色）

与空场管壁结构相似，只是黏膜下层内充满十二指肠腺，导管开口于肠腺的底部。

5. 结肠（HE 染色）

与小肠比较，注意观察下列特点：黏膜平整，无绒毛，上皮内杯状细胞增多；固有膜内淋巴小结较多。肠腺较长，杯状细胞很多，没有潘氏细胞。

6. 肝（HE 染色）

先用低倍镜观察，肝被膜结缔组织伸向肝内将肝实质分隔成许多断面呈多边形的肝小叶，小叶内的肝细胞结合成肝细胞索，以中央静脉为中心向周围作辐射状排列，并分支相接成网状，网眼内为肝血窦。

以下换高倍镜观察。

① 肝细胞索　由肝细胞组成，由小叶中央向四周呈放射状排列，有分支。肝细胞较大，为多边形，核圆形，可见有双核。

② 肝血窦　在肝细胞索间，形状不规则，以放射状集中于中央静脉，肝血窦壁由内皮

细胞组成，窦腔内有较大的巨噬细胞即枯否细胞。

③门管区或汇管区　位于小叶间结缔组织内，有三种管道，即管壁厚、管腔小的小叶间动脉；管壁薄、管腔大的小叶间静脉；管壁是单层立方上皮的小叶间胆管。

④小叶下静脉　由中央静脉汇集形成单独走于小叶间结缔组织内，有时可见中央静脉汇入处。

7. 肝（胆管注入，示范）

胆小管位于肝细胞之间，在小叶内成致密的网状。

8. 胰（HE染色）

（1）腺泡　胰腺上皮围成腺泡，腺细胞呈锥形，核圆形，位于细胞中央，细胞基部有染成紫色的物质，细胞游离端染成粉红色。

（2）导管　闰管细长分支，由单层扁平上皮及立方上皮构成；排泄管由立方形上皮或柱状上皮组成，多分布在小叶间。

（3）胰岛　在腺泡之间可见由染成淡粉红色的细胞索组成的细胞团，细胞界限不清楚，只见胞核。

【作业】

高倍镜下绘制胃黏膜层图。

项目十五　呼吸器官组织结构的观察

【目的要求】

联系其功能认识呼吸系统气管和肺的结构。

【实验器材】

显微镜，猪气管切片，猪肺切片。

【实验内容】

1. 气管（HE染色）

先用低倍镜观察气管管壁，区分黏膜、黏膜下层和外膜，然后用高倍镜观察黏膜层结构。

黏膜上皮为假复层纤毛柱状上皮，柱状细胞间夹有杯状细胞。固有膜和黏膜下层无明显分界，黏膜下层内有大量气管腺及导管。外膜由C形的透明软骨及结缔组织构成，结缔组织内含血管、神经，在软骨缺口处有平滑肌纤维。

2. 肺（HE染色）

肺的表面由间皮和结缔组织构成浆膜，浆膜下肺的实质主要由各级肺内支气管和无数肺泡组成。

（1）肺内支气管　管壁基本结构与气管相同，但管径由大到小，上皮逐渐变为单层纤毛柱状上皮，黏膜下层变薄，腺体逐渐消失，平滑肌束逐渐形成连续的环行层。软骨分散成小片，由大、多到小、少。

（2）细支气管　上皮为单层纤毛柱状上皮；无腺体；无软骨。

（3）呼吸性细支气管　接细支气管，上皮逐渐变化为单层柱状上皮，单层立方上皮或单层扁平上皮。

（4）肺泡管　为肺泡共同开口的管道，只在肺泡口周围有1～2条平滑肌环绕，在切片中仅见肺泡间隔处增厚成结节状，即为其管壁。

（5）肺泡　薄壁，不规则的球形，一侧开向肺泡囊、肺泡管及呼吸性细支气管，内层为单层扁平上皮，由扁平的Ⅰ型肺泡细胞和散在的Ⅱ型肺泡细胞构成。

【作业】

高倍镜下绘制肺泡结构图。

项目十六 泌尿器官组织结构的观察

【目的要求】

联系其机能认识主要泌尿器官——肾的结构特点。

【实验器材】

显微镜，兔肾纵切片，猪输尿管切片，猪膀胱切片。

【实验内容】

1. 肾（兔肾纵切，HE 染色）

用肉眼分清染色较深的表层皮质及染色较浅的深层髓质。

低倍镜观察肾脏外表面是结缔组织的被膜，内部为皮质及髓质，皮质中可见由肾小管与肾小体所组成的迷路及由髓质中的肾小管伸入迷路间而形成的髓放线。

（1）肾小体 在皮质内，球形，由肾小球及肾小囊两部分构成。肾小球是一团毛细血管。肾小囊包在肾小球外面，分为壁层和脏层：壁层在外围，由单层扁平上皮组成；脏层紧贴毛细血管，与毛细血管壁不易分清。

（2）近端小管曲部 染成深红色，管壁上皮细胞呈锥体状，细胞间界限不清楚。细胞核圆而大，多位于基部。细胞游离缘有刷状缘（在电镜下为微绒毛），管腔小而不规则。

（3）远端小管曲部 胞质染色较淡，呈立方形或低柱状，细胞分界不明显，管腔较大，管壁较薄。细胞数量比近端小管曲部的多，胞核排列较整齐。

（4）将视野移到近乳头部观察

① 细段 在许多长袢之间寻找，该管横断面上可见为扁平细胞，3～4 个细胞围成一管腔。注意不要与毛细血管相混淆，后者更细且管内有血细胞。

② 集合管 管壁细胞由立方上皮移行为矮柱状上皮，细胞界限清楚，胞质清亮，核呈圆形。

③ 乳头管 管壁由高柱状细胞移行为复层柱状细胞，在肾乳头开口处逐渐转为变移上皮。

2. 球旁器（示范）

位于肾小球血管极，在入球和出球小动脉之间，其中包括：

（1）致密斑 远曲小管的起始部，细胞高柱状，胞质淡染，核密集。

（2）球旁细胞 入球小动脉近肾小球处，其平滑肌细胞变肥大，而染色浅似上皮样细胞。

（3）球外细膜细胞 位于致密斑，入球和出球小动脉之间的一小堆淡染的小细胞。

3. 肾血管（示范）

注意：皮质髓质间的弓形动脉、弓形静脉及走向皮质的小叶间动脉，小叶间静脉与去髓部的直小动脉，直小静脉。

由小叶间动脉分出侧支为入球小动脉，进入肾小体形成血管球，有时可看到出球小动脉。

4. 输尿管（示范，HE 染色）

辨认以下四层：

（1）黏膜 由变移上皮与固有膜组成。

（2）黏膜下膜 与固有膜无明显的分界。

（3）肌膜　外环、内纵平滑肌，排列不规则。

（4）纤维膜　肌膜外有疏松结缔组织，其中有很多血管。

5. 膀胱（示范 HE 染色）

与输尿管结构相似，仅肌膜有错综的三层，内层外层是纵肌，中层是环肌，但不易分辨出。

【作业】

高倍镜下绘制部分肾皮质结构图。

项目十七　生殖器官组织结构的观察

【目的要求】

通过认识生殖器官的形态结构，了解生殖细胞的发生过程。

【实验器材】

显微镜，兔睾丸、卵巢切片，猪输卵管、子宫切片。

【实验内容】

1. 睾丸（HE 染色）

表面是单层扁平上皮构成的鞘膜，内层为疏松结缔组织。白膜由致密的结缔组织构成。白膜结缔组织伸入睾丸实质形成小叶间隔。

（1）曲细精管　管壁由多层细胞组成，细胞外面有较厚的基膜。幼稚的细胞在基膜上，逐渐成熟的细胞位于管腔面。

① 精原细胞　直接附着于基膜上，排列成一层或两层，胞体较小，核圆形，染色深。

② 初级精母细胞　在精原细胞内侧有 2～3 层圆形或椭圆形细胞，胞体大，核大，常因处于分裂状态而可见密集成团的染色体。

③ 次级精母细胞　存在时间短，切片不易发现，胞体较小，胞核也小，常处于分裂状态。

④ 精子细胞　胞体小，位于管腔面，核圆形着色深。

⑤ 精子　在管腔中多个精子的头端常附在支持细胞上，有细长的尾。

⑥ 支持细胞　数目少，单独分散在各级生精细胞之间。一端位于基膜上，顶端伸入管腔，形状不规则，多为锥体形，切片上只能清楚地看到细胞核的部分，胞核大呈椭圆形或三角形，染色质少，着色极浅，有一个明显的核仁。

（2）睾丸间质　在各曲细精管之间有聚集在一起的间质细胞，胞体大，呈多边形，核圆形，染色质较少。

2. 附睾（HE 染色）

（1）附睾管　管形规则，管腔圆形，管壁上皮为假复层纤毛柱状上皮，内层是静纤毛柱状上皮细胞，排列整齐，部分直接附着到基膜上，部分下面有较低的圆形或多边形的底细胞，使得腔面呈波浪形。

（2）睾丸输出小管　管壁是假复层柱状上皮，基膜外有薄层固有膜及少量的环行平滑肌。

3. 输精管（HE 染色）

输精管的管壁分三层。

（1）黏膜　有纵行的皱襞，上皮是假复层柱状纤毛上皮，基膜明显，固有膜内有较多的弹性纤维。

（2）肌层　平滑肌，分为内环行和外纵行。

（3）外膜　结缔组织，内有血管及散在的平滑肌。

4. 卵巢（HE染色）

先在低倍镜下观察皮质与髓质两部分。髓质在中间，富于疏松结缔组织，其中含有大量血管、神经及平滑肌。髓质外的皮质由较致密的结缔组织构成基质，其中有各种不同发育程度的卵泡。卵巢表面为立方形的一层上皮，下方为致密结缔组织构成的白膜。

（1）原始卵泡　密集排列在白膜下，其中多数可见中间有较大的卵细胞，核圆形，卵细胞周围有一层扁平或立方形的卵泡细胞环绕。

（2）生长卵泡　卵细胞体积增大，卵泡细胞数量和层数增加，近卵细胞的一层柱状细胞叫放射冠，卵细胞与放射冠之间有染成粉红色较厚的透明带出现。在卵泡细胞层中，常有大小不等、数量不定的卵泡腔，腔中充满卵泡液（粉红色的区域）。在卵泡外面，有梭形的结缔组织细胞排列形成数层，构成了卵泡膜。

（3）成熟卵泡　选择一较大的含有大的明显卵泡腔的卵泡，注意观察其结构特点。

① 卵泡膜　分为内外两层，内层细胞核是圆形或椭圆形，有许多毛细血管分布其间。外层是致密的梭形结缔组织细胞，与周围基质无明显分界。

② 颗粒层　在卵泡膜内，由数层多边形卵泡细胞组成，包在卵泡腔周围以基膜与卵泡膜分开。

③ 卵泡腔　已合为一个。

④ 卵丘　包在卵细胞外面的卵泡细胞呈密集的丘陵状。透明带和放射冠明显。

（4）退化卵泡　散在于基质内，数量多，大小不等，退化程度也不同，卵细胞退化消失，透明带皱褶，结缔组织分散其中。

（5）黄体　先用肉眼或低倍镜找到黄体的位置，然后进行观察。粒性黄体细胞体大，膜性黄体细胞小，分布在黄体边缘。

5. 输卵管（HE染色）

（1）黏膜　上皮为单层柱状纤毛上皮，形成许多皱襞，固有膜伸入皱襞内。

（2）肌膜　薄，只有环行肌。

（3）浆膜　外为间皮，内为结缔组织。

6. 子宫（HE染色）

子宫的黏膜层很厚。

（1）黏膜　上皮是单层柱状细胞，固有膜内有子宫腺、网状结缔组织，有大量的血管及淋巴管。

（2）肌膜　很厚，层次不分明，有血管层出现。

（3）浆膜　同输卵管。

【作业】

低倍镜下绘制卵巢次级卵泡的结构图。

项目十八　血液循环器官组织结构的观察

【目的要求】

联系其机能认识血管系统与淋巴管的显微结构特点。

【实验器材】

显微镜，猪动、静脉切片，猪心脏切片。

【实验内容】

1. 中型动脉、静脉（HE染色）

观察组成动脉壁的三层膜。

（1）内膜　最内为内皮，内皮以外为内皮下层，为薄层网状结缔组织，最外为波纹状的内弹性膜。

（2）中膜　内含丰富的肌纤维，核呈梭形，纤维环绕血管排列，其中杂有弹性纤维和胶原纤维。

（3）外膜　为结缔组织，其厚度约与中膜相等，近中膜外有粗大的弹性膜，染成淡的粉红色，似平滑肌，但无核。外膜主要为胶原纤维，弹性纤维较少。

观察比较中型静脉与中型动脉，注意以下特点：管壁的厚度；各层膜的厚度及其分层的清晰程度；平滑肌的含量。

2. 中型动脉、静脉（雷锁辛品红染色，示弹性纤维）

内、外弹性膜被染成黑色或深的紫红色。

3. 大型动脉、静脉（HE染色）

大动脉的三层膜的厚度，以中膜最厚，有丰富的弹性纤维，其中杂有少许平滑肌，内、外弹性膜不明显。大静脉能看到瓣膜。

4. 大型动脉、静脉（地衣红染色）

注意观察被染成深红色的弹性纤维的分布特点。

5. 小动脉、静脉（食管的HE染色）

在食管的壁内观察：小动脉的管腔小而圆，管壁较厚，内膜有明显的内弹性膜，中膜较厚，平滑肌层数多；小静脉的管腔大而扁或不规则，管壁较薄，平滑肌较薄，数量较少。

6. 毛细血管（疏松结缔组织HE染色，示范）

毛细血管彼此相连成网，管壁只有一层内皮细胞，其外是薄层结缔组织，注意观察内皮细胞的轮廓。

7. 心脏（HE染色）

心脏壁的结构与血管相似，也分为三层：

（1）心内膜　与动静脉内膜相连续，腔面为内皮，内皮下面是由结缔组织构成的内皮下层。

（2）心肌层　相当于血管的中膜，由各种方向排列的心肌纤维构成，肌纤维间有结缔组织及通行其中的小血管。

（3）心外膜　由结缔组织构成，其中可见脂肪细胞、血管、神经及心外膜外表面的间皮。

【作业】

高倍镜下绘制中动脉组织结构图。

项目十九　淋巴器官组织结构的观察

【目的要求】

联系其功能了解淋巴器官的显微结构的共同特点及主要淋巴器官的结构特点。

【实验器材】

显微镜，兔淋巴结切片，牛脾脏切片，猪胸腺切片。

【实验内容】

1. 淋巴结（HE染色）

肉眼观察淋巴结切片，表面是粉红色的被膜，浅层是紫红色的皮质，中间色淡为疏松的髓质。显微镜下观察淋巴结的表面是比较致密的被膜，它伸入实质形成小梁。网状组织形成淋巴结内部的支架。

（1）皮质　位于被膜下方，主要由淋巴小结、皮质淋巴窦和副皮质区组成。

淋巴小结外周染成深紫色，为多而密的小淋巴细胞，核小而圆，染色深。淋巴小结中央染色略浅，为生发中心，有中、大型淋巴细胞和网状细胞。其中淋巴细胞为圆形，核多呈圆形，染色深，细胞质少。网状细胞核呈椭圆形或不规则圆形，染色淡，细胞质较多，有突起。

皮质淋巴窦是淋巴小结间与被膜或小梁之间的网状空隙。内含疏松的网状组织及少量的淋巴细胞。

副皮质区位于淋巴小结间以及皮质和髓质交界处，为较疏松的淋巴组织。淋巴细胞主要是 T 细胞。此区多见淋巴器官中特有的毛细血管后微静脉，其内皮呈立方形或柱状。

（2）髓质　位于淋巴结的中央部分，包括由皮质伸延来的小梁，由淋巴小结延伸来呈索状的髓索成分，以及网状的髓质淋巴窦构成。

2. 脾（HE 染色）

先观察被膜与小梁，注意其中夹杂有平滑肌纤维。小梁中还有小梁动脉与小梁静脉。

（1）白髓　由密集淋巴组织围绕中央动脉形成动脉周围淋巴组织鞘和淋巴小结共同组成。

（2）红髓　填充于白髓之间，由脾血窦和脾索构成。脾血窦相当于淋巴结中的淋巴窦，窦壁细胞由细胞核部位突入窦腔的长杆状细胞围成；脾索为含有大量血细胞的淋巴索。在红髓内有髓动脉，其中膜只有一层平滑肌；鞘毛细血管，其管腔小无平滑肌层，内皮外包以巨噬细胞与网状纤维构成的鞘。

（3）边缘区　由白髓外周较致密的淋巴组织构成，其中分布有丰富的毛细血管。

3. 胸腺（HE 染色）

胸腺结缔组织被膜伸入实质内，将其分隔成许多不完全隔开的小叶，被膜下是由密集的小淋巴细胞和少量网状细胞形成的皮质。皮质下的髓质淋巴细胞较稀疏，网状细胞较多。髓质内有胸腺小体，染成粉红色的圆形小体，大小不等，由同心圆排列的扁平细胞组成。小体外周的细胞呈月牙形，中央的细胞退化，结构不清。胸腺髓质中有毛细血管后微静脉。

【作业】

低倍镜下绘制脾脏组织结构图。

项目二十　神经器官组织结构的观察

【目的要求】

1. 联系其机能掌握神经元的各部分结构。

2. 识别神经胶质细胞。

3. 认识大脑、小脑、脊髓及神经节的主要结构。

【实验器材】

显微镜，脊髓横切片，大脑切片，小脑切片。

【实验内容】

1. 脊髓（镀银法）

先在低倍镜下观察脊髓外包有薄层结缔组织的脊软膜，脊髓腹面中央有腹正中裂，背面有背正中沟，在腹正中裂的两侧有发出脊神经腹根的腹外侧沟，在背正中沟的两侧有发出脊神经背根的背外侧沟。脊髓内部周围为白质，中央为呈蝴蝶状的灰质，中心为中央管。在蝴蝶形的灰质中，比较狭窄的为背侧角，比较宽的为腹侧角，在腹侧角内有许多较大的染成深红色的多角形细胞即为多极运动神经元。

选择一个较大的运动神经元以高倍镜进行观察：运动神经元的突起虽然很多，但不在一个平面上，所以在切片上仅见到少量突起，细胞核大而圆，居细胞中央，核内有染色较深的核仁。

神经原纤维：细胞质内有棕色的粗细不等的神经原纤维，它们在胞体中交织成网状，在树突及轴突中平行排列。

白质因为有沟裂的存在被分成背侧索、腹侧索和外侧索。

2. 尼氏体（苯胺蓝染色）

在神经原细胞质中有蓝色块状的尼氏体，又称虎斑，其大小形状不一致。在树突中有，轴突中没有。

3. 有髓神经纤维纵横切（HE 染色）

低倍镜下观察神经纤维平行排列成束。选择一清楚的部分以高倍镜观察单条的神经纤维。在神经纤维的中央有染色较深的轴突，外面有呈网状的髓鞘。在髓鞘的外面是薄层的雪旺鞘，紧靠膜的内方有杆状的细胞核即雪旺细胞核。在髓鞘上可以找到环状缩细的部分即郎飞结。纤维间可看到椭圆形的细胞核是结缔组织的成纤维细胞核。

横切面上神经纤维中的轴索呈圆点状，周围染色浅的为髓鞘，最外一层染色深的为雪旺鞘。

4. 运动终板（氯化金染色法）

低倍镜下可见横纹肌为粉红色，平行排列成束。在其中分布有染成深紫色的传出神经纤维。以高倍镜仔细观察，有髓神经纤维接近肌肉时形成末端粗大似爪状的分支，伸向肌纤维，与肌纤维共同形成运动终板，即看到的一团团黑色斑块。

5. 神经胶质（镀银染色，示范）

（1）星形胶质细胞

① 原浆性星形胶质细胞　在神经细胞之间有许多似菊花形的细胞，其分支多而短。

② 纤维性星形胶质细胞　细胞突起较少，长而直，分支少。注意细胞突起与血管之间的关系。

（2）小胶质细胞　胞体最小，呈梭形，胞质少，核呈杆状，突起少，短而粗，突起上有小刺。

（3）少突胶质细胞　为球形细胞，胞体小，突起少、细小、呈串珠状，分支不多。

（4）室管膜细胞　在脊髓的中央管壁衬有一层单层柱状纤毛细胞。

6. 大脑皮层（HE 染色）

（1）分子层　神经细胞不多，仅有些水平细胞和颗粒细胞。

（2）外颗粒层　多数是小型锥体细胞，树突上伸，轴突进髓质。还可见有些颗粒细胞。

（3）外锥体层　以中型锥体细胞为主，树突伸向分子层，轴突入髓质。夹有小颗粒细胞。

（4）内颗粒层　细胞密集，多数是星形细胞。

（5）内锥体层　此层含有大、中、小型锥体细胞。主要是大、中锥体细胞，树突伸入以上各层，轴突进入髓质。

（6）多形细胞层　细胞是梭形和多角形，树突可伸至分子层，轴突伸进髓质。

7. 小脑皮质（HE 染色）

先在低倍镜下分出皮质与髓质。小脑皮质分为三层结构，自外向内分为分子层、蒲肯野细胞层及颗粒层。

（1）蒲肯野细胞层　是小脑皮质的中间层，细胞体大，呈梨形，排列成单行。

（2）颗粒层　此层由浓密排列的颗粒细胞形成。小脑的颗粒细胞胞体小，轴突伸向表层，树突较细，伸向小脑白质，但切片上只能看到接近胞体的一小段。

（3）分子层　此层除蒲肯野细胞的树突和颗粒细胞的轴突外，还有少数星状细胞，分布在较浅层。较深层为篮状细胞。

8. 神经节（HE 染色）

神经节外包结缔组织被膜，结缔组织并伸入节内形成网。节内神经细胞被结缔组织与神经纤维隔开，成群分布。神经元的胞体呈圆形，核大而圆，核仁显著。在每个细胞体的周围可见多个小而圆或卵圆形的核，即卫星细胞的核，它是外周的一种神经胶质细胞。

【作业】

高倍镜下绘制多极神经元结构图。

项目二十一　内分泌器官组织结构的观察

【目的要求】

认识内分泌腺的结构，并进一步掌握内分泌器官的特点。

【实验器材】

显微镜，羊甲状腺切片，猪脑垂体切片，猪肾上腺切片。

【实验内容】

1. 甲状腺（HE 染色）

（1）先在低倍镜下观察，甲状腺外被结缔组织的被膜，结缔组织伸入腺内，将腺体分为许多小叶，并进入小叶内围绕腺上皮围成的滤泡。

（2）滤泡大小不一，泡壁一般由单层立方上皮组成，滤泡内有胶体，胶体与上皮间有大小不同的泡状空隙。在滤泡上皮细胞间或滤泡间的结缔组织内，有成群分布的滤泡旁细胞，其染色较淡。

（3）滤泡间的结缔组织内有丰富的毛细血管。

2. 脑垂体（HE 染色）

（1）远侧部　细胞排列成索、团块或泡状，含有丰富的血窦。

① 嗜酸细胞　胞体较大，细胞质内有红色的颗粒，数目多。

② 嗜碱细胞　胞体较嗜酸细胞大，细胞内有蓝色的颗粒，数目少。

③ 嫌色细胞　细胞较前两种小，细胞界线不很清楚，胞质粉红色。

（2）结节部　细胞排列成索、团或小滤泡状，细胞胞质嗜碱性。

（3）神经部　可见许多神经纤维，在纤维之间有椭圆形的细胞核，即垂体细胞的核。还有大小不一的蓝色团块即赫令体，是神经分泌细胞轴突的局部膨大处。

（4）中间部　在远侧部与神经部之间，由嗜碱性细胞组成，细胞排列成滤泡状或条索状。

3. 肾上腺（HE 染色）

先在低倍镜下分出被膜、皮质与髓质。

（1）被膜　分内外两层，外层是疏松结缔组织，内层是较致密的结缔组织。

（2）皮质　由于细胞的排列不同，由外向内可区分为球状带、束状带和网状带。

① 球状带　很薄，由被膜伸入的结缔组织把细胞分隔成圆形或卵圆形小团，细胞呈柱状，核染色深，细胞质少。

② 束状带　最厚，细胞较大，呈立方形或多边形，核位于中心，平行排列成索状，细胞质内含较多脂质颗粒形成的许多空泡。

③ 网状带　紧接髓质部，细胞索连接成网状，与髓质的分界参差不齐，有细胞索伸入髓质内，细胞为多边形，但较小、着色较深。

（3）髓质　是腺体的中心部分，细胞排列成索，连接成网，细胞也为多边形，核大染色深。在髓质部有时可见胞体较大、核大而圆、核仁清晰的神经细胞，是交感神经节细胞。

【作业】

低倍镜下绘制部分肾上腺皮质和髓质结构图。

项目二十二　被皮及其衍生物组织结构的观察

【目的要求】
1. 掌握皮肤的组织结构。
2. 掌握皮肤衍生物毛、皮脂腺、汗腺和乳腺的组织结构。

【实验器材】
显微镜，猪皮肤切片，牛泌乳期乳腺切片。

【实验内容】
1. 皮肤切片（HE 染色）
（1）低倍镜观察　可见皮肤分为表皮、真皮和皮下组织三层。表层为复层扁平上皮，真皮的乳头层与表皮相邻，真皮网状层与乳头层分界不明显。皮下组织为疏松结缔组织。
（2）高倍镜观察
① 表皮　包括基底层、棘细胞层、颗粒层、透明层和角质层。位于表皮最深的一层是基底层，它是由单层矮柱状细胞组成，其底面紧贴基膜。胞质内含有棕色细小颗粒，胞质多突起，基底层细胞具有强的分裂能力。
位于基底层上面的是棘细胞层，它是由多层菱形或多边形细胞形成。细胞表面有许多微小突起并与相邻的细胞突起相接触，构成细胞间桥。调暗光线，可以看到细胞间桥，电镜图片上可见细胞间桥是桥粒结构，棘细胞层的深层也见有色素细胞，其星状突起伸入表皮细胞间。该层的浅层细胞逐渐变为扁平。
颗粒层位于棘细胞层的浅面，由数层梭状细胞组成。细胞长轴平行于皮肤表面，细胞核深染，固缩，并逐渐退化消失。胞质内出现透明角质颗粒，HE 染色，角质颗粒被苏木素染成深蓝色。
透明层呈均质红染，由数层扁平无核细胞组成，由于胞质中充满了磷脂类结合蛋白，其反光性强，呈透明状。
角质层位于表皮的最外层，它由多层无核的扁平细胞组成，胞质中充满角蛋白，角质层细胞逐渐脱落形成皮屑。
② 真皮　包括乳头层和网状层。乳头层与表皮基底层相邻，它由致密结缔组织组成，内含纤细的胶原纤维、弹力纤维，交织成网，细胞成分少，该层向表皮深层形成乳头状隆起，称为真皮乳头，无毛或少毛皮肤，真皮乳头高而窄。乳头层内富有毛细血管，淋巴管和神经末梢。
网状层位于乳头层的深侧，两层之间无明显分界。网状层含有粗大的胶原纤维和弹性纤维束，两种纤维束交错排列，细胞成分少。
③ 皮下组织　是位于真皮下的疏松结缔组织。
2. 毛
以高倍镜观察毛的结构。
（1）毛分三部分　突出于体表的游离部分为毛干；位于毛囊内的部分为毛根；毛根末端的膨大部分为毛球。毛球底部的凹陷为毛乳头，内含真皮的结缔组织，血管和神经纤维。
（2）毛的结构　中轴称为髓质，由数层疏松排列的扁平或立方形角化细胞构成，皮质位于髓质的外周由数行多边形或棱形角化细胞构成，细胞内含色素决定毛的颜色。毛的最外层为毛小皮，由单层扁平角化细胞成复瓦状排列，其游离缘向上，呈锯齿状。
（3）毛囊是皮肤下陷形成的，移动推进尺，观察毛囊和皮肤，毛的各层关系，毛囊分为毛根鞘和结缔组织鞘两部分。毛根鞘是由表皮转化而来，又分为内根鞘和外根。外根鞘相当于表皮的基底层和棘层。内根鞘相当于表皮角质层，该层最内层为鞘小皮与毛小皮相延续。玻璃膜相当于表皮的基膜。结缔组织鞘同真皮相延续，毛乳头相当于真皮乳头。

（4）竖毛肌是一束连于毛囊基部，斜向穿过真皮层的平滑肌。

3. 皮脂腺

皮脂腺位于毛囊周围，为分支或不分支的泡状腺，开口于毛囊。可分为分泌部和导管部，分泌部内充满多角形细胞，被染成淡粉红色，核大而圆，淡染。分泌部周缘靠近基膜的细胞体积小，扁平，可不断增殖新细胞，导管部很短，为复层扁平上皮。

4. 汗腺

为单管状腺，分泌部位于皮下组织，盘曲成团，由单层立方上皮组成。管腔较大，在上皮与基膜之间，有一层棱形细胞分布，称为肌上皮细胞，导管部管腔小，穿过真皮，开口于表皮表面，它由单层较扁的立方上皮构成，胞核扁平。

5. 乳腺（HE染色）

（1）低倍镜观察　乳腺小叶内有密集的腺泡和小的排泄管，以及管间结缔组织，内有丰富的血管。各个小叶处于不同分泌状态，有的腺泡呈卵圆形或球形，腺腔充满分泌物，有的腺腔分泌物较少。

（2）高倍镜下观察　腺泡由腺上皮和肌上皮构成。腺细胞因所处的机能状态不同，而出现扁平、立方形、柱状及高柱状。同一腺泡腺上皮细胞大小均匀，胞质嗜酸性，核位于细胞中央或细胞基底部。在腺上皮与基膜之间，有肌上皮细胞。

【作业】
高倍镜下绘制哺乳期乳腺部分腺泡结构图。

项目二十三　胚胎早期发育特征的观察

【目的要求】
1. 掌握禽类早期胚胎发育的一般规律及各种胎膜形态特征。
2. 了解鸡胚早期胚胎发育的主要过程。

【实验器材】
显微镜，24h鸡胚装片，48h鸡胚装片，72h鸡胚装片，96h鸡胚装片。

【实验内容】
1. 孵化24h鸡胚

胚胎已发生较大变化。胚胎处于原线状态，染色较深的一端为头部，染色较浅的一端为尾部。胚胎中出现了初期的血岛，脊索原基与神经板皆已形成。

2. 孵化48h鸡胚

产生颈曲与背曲，脑已分化为前、中、后脑三部分；体节已发展到16～23对；视、听囊出现，心脏开始搏动；胚盘血管已形成并与体内建立了联系；胚体长度达9～12mm。

3. 孵化72h鸡胚

脑已清楚地分为5个部分；体节数达33对左右；前、后肢芽出现，鳃弓具有5对；尿囊出现。

4. 孵化96h鸡胚

头部显著增大，大脑半球明显；眼发育极快，眼内色素沉着，眼球明显；鳃弓和鳃囊开始模糊不清，全部体节约50对；心脏发育已近似成体心脏；胚体已极度弯曲，大脑半球与前肢芽几乎和尿囊接触。

【作业】
任选一鸡胚绘图。

参 考 文 献

[1] 马仲华等著. 家畜解剖学及组织胚胎学. 第 3 版. 北京：中国农业出版社，2002.

[2] 董常生等著. 家畜解剖学. 第 3 版. 北京：中国农业出版社，2006.

[3] 李德雪等著. 动物组织学与胚胎学. 长春：吉林人民出版社，2003.

[4] 沈霞芬等著. 家畜组织学与胚胎学. 第 3 版. 北京：中国农业出版社，2001.

[5] Dellmann H-D, Bvown E M 著. 兽医组织学. 第 2 版. 秦鹏春等译. 北京：农业出版社，1989.

[6] 杨维泰等著. 家畜解剖学. 北京：中国科学技术出版社，1998.

[7] 秦鹏春等著. 哺乳动物胚胎学. 北京：科学出版社，2001.

[8] 成令忠. 组织学与胚胎学. 第 4 版. 北京：人民卫生出版社，2000.

[9] 王树迎，王政富. 动物组织学与胚胎学. 北京：中国农业科技出版社，2000.

[10] 程会昌，李敬双. 畜禽解剖与组织胚胎学. 郑州：河南科学技术出版社，2006.